——普通高等教育土木工程研究生精品教材

工程连续介质力学

(第2版)

郭少华　杜金龙　编著

U0332030

中南大學出版社
www.csupress.com.cn
·长沙·

图书在版编目(CIP)数据

工程连续介质力学 / 郭少华，杜金龙编著. —2 版
—长沙：中南大学出版社，2020.4
ISBN 978 -7 -5487 -3998 -2

Ⅰ.①工… Ⅱ.①郭… ②杜… Ⅲ.①工程材料—连续介质力学—研究 Ⅳ.①TB301

中国版本图书馆 CIP 数据核字(2020)第 054136 号

工程连续介质力学(第 2 版)
GONGCHENG LIANXU JIEZHI LIXUE(DI-ER BAN)

郭少华　杜金龙　编著

□**责任编辑**　刘锦伟
□**责任印制**　周　颖
□**出版发行**　中南大学出版社
社址：长沙市麓山南路　　邮编：410083
发行科电话：0731 -88876770　　传真：0731 -88710482
□**印　　装**　长沙市宏发印刷有限公司

□**开　　本**　787 mm×1092 mm　1/16　□**印张** 16.75　□**字数** 422 千字
□**版　　次**　2020 年 4 月第 2 版　□**印次**　2020 年 4 月第 1 次印刷
□**书　　号**　ISBN 978 -7 -5487 -3998 -2
□**定　　价**　68.00 元

内容简介

本书简明、系统地叙述了张量分析、连续介质力学的基本概念和基本原理。在此基础上，分别介绍了各向同性与各向异性的弹性本构理论、塑性本构理论、黏性本构理论、损伤本构理论以及不可逆热力学内变量理论等，并且给出了这些本构理论在混凝土、岩石和土等工程材料上的具体应用。书中内容既传承连续介质力学经典的描述，也介绍了一些编著者提出的新理论，同时还在该领域著作中首次介绍了连续介质失稳的内容。

本书可作为高等院校土木工程、工程力学等学科博士研究生专业基础课教材或参考用书，也可供相关领域科技人员、教师阅读参考。

第 2 版前言

本书自 2018 年出版以来，一直作为中南大学土木、交通及力学等专业博士研究生“连续介质力学”的教材和科研的参考用书，并得到了国内同行的积极评价、支持与鼓励。在教学实施过程中，师生们根据实际情况也提出了不少宝贵的意见。编著者根据这些意见及该领域新的发展情况对本书进行了修改和完善，增添了一些内容，同时增加了思考题、例题和习题部分。

本书第 2 版继续得到了中南大学土木工程“双一流”建设基金以及中南大学出版基金的资助，编著者一并表示感谢。

由于编著者水平有限，书中难免出现缺点和错误，敬请读者批评指教。

郭少华　杜金龙

2020. 2. 18 于岳麓山下

前　言

连续介质力学被誉为工程科学的“大统一理论(grand unified theory)”，是工程科学的理论基础和基本框架。连续介质力学涵盖了固体力学、流体力学和流变力学。连续介质力学对工程学科，尤其是土木工程学科研究生和科研人员而言，是非常重要而又十分深奥的一门专业基础课程。编著者十余年来一直在给土木工程、交通运输工程和工程力学博士生开授这门课程，更是从中体会到该门课程对奠定研究生科研基础、开拓研究生科研思路以及了解工程科学前沿动态起到了十分重要的积极作用，同时也认识到迫切需要一本能够适应相关学科领域的“连续介质力学”教材，正是这一动机促使编著者决心编著这本具有工程化背景的“连续介质力学”教材。

该教材课程内容的组织和编排，充分考虑了工程学科研究生的数理基础及研究需求，内容安排如下：第 1 章介绍了连续介质力学的研究方法和方程结构；第 2 章介绍了连续介质力学的数学表征——张量分析；第 3 章介绍了连续介质变形场分析，给出了不同构形下应变张量的定义；第 4 章介绍了连续介质应力场分析，给出了不同构形下应力张量的定义；第 5 章介绍了连续介质力学的基本定律以及哈密顿原理；第 6 章介绍了弹性本构理论，给出了线弹性、次弹性及超弹性本构方程；第 7 章介绍了塑性本构理论，给出了经典塑性本构方程及非经典塑性本构方程；第 8 章介绍了黏性本构理论，给出了牛顿黏性、黏弹性及黏塑性本构方程；第 9 章介绍了损伤本构理论，给出了弹性损伤、塑性损伤及黏性损伤本构方程及损伤演化方程；第 10 章介绍了不可逆热力学内变量理论，给出了现代本构理论的基本框架和若干应用；第 11 章介绍了混凝土材料本构建模的基本特点和若干经典模型；第 12 章介绍了岩石材料本构建模的基本特点和若干经典模型；第 13 章介绍了土壤材料本构建模的基本特点和若干经典模型；第 14 章介绍了连续介质力学几个重要的表观失稳理论。本教材在系统总结了几何表象下经典连续介质力学的基础上，还在主要章节加入了编著者在这一领域新的研究成果，即物理表象下的连续介质力学基本方程的模态化分析方法。

本教材的出版得到了中南大学土木工程学科“双一流”建设基金的支持，在此表示衷心的感谢，还要特别感谢杜金龙博士在本书撰写过程中给予的热情帮助。

由于作者知识、水平有限，书中难免有不足之处，敬请读者批评指正。

郭少华　蒋树农

2018.10.8 于岳麓山下

前言

目 录

第1章　绪　论

1.1　连续介质力学基本假定

连续介质力学(continuum mechanics)是物理学(特别是力学)中的一个分支，是研究包括固体和流体在内的所谓“连续介质”宏观力学性质和规律的一门科学，例如，应力、应变、质量守恒、动量和角动量定理、热力学定律等。

连续介质力学的最基本假设是“连续介质假设”，即认为真实流体或固体所占的空间可以近似地看作连续地无空隙地充满着“质点”。质点所具有的宏观物理量(如质量、速度、压力、温度等)满足一切应该遵循的物理定律，例如质量守恒定律、牛顿运动定律、能量守恒定律、热力学定律以及扩散、黏性及热传导等输运性质。这一假设忽略物质的具体微观结构(对固体和液体微观结构研究属于凝聚态物理学的范畴)，而用一组偏微分方程来表达宏观物理量(如质量、速度、力等)。所谓质点指的是微观上充分大、宏观上充分小的分子团(也叫微元)。一方面，分子团的尺度和分子运动的尺度相比应足够大，使分子团中包含大量的分子，对分子团进行统计平均后能得到确定的值；另一方面，又要求分子团的尺度和所研究问题的特征尺度相比要充分地小，使一个分子团的平均物理量可看成是均匀不变的，因而可以把分子团近似地看成是几何上的一个点。对于进行统计平均的时间，还要求它是微观充分长、宏观充分短的。即进行统计平均的时间应选得足够长，使在这段时间内，微观的性质，例如分子间的碰撞已进行多次，在这段时间内进行统计平均能够得到确定的数值。进行统计平均的宏观时间也应选得比所研究问题的特征时间小得多，以至我们可以把进行平均的时间看成是一个瞬间。

与质点力学不同，由于连续介质力学最基本的假设是“连续介质假设”，其中所用的状态变量都是场的概念，即它们相对于坐标和时间的依存关系都是连续的。连续介质力学是一门唯象的理论，它是实验现象概括的总结和提炼。唯象理论对物理现象有描述与预言功能，但没有解释功能。

工程领域所遇到的物质都是由大量的微观粒子(如原子、分子)组成的，但连续介质力学并不考察单个粒子的运动规律，而是研究这些粒子运动的统计平均效应，即物质的宏观力学行为。因此，我们通常所说的宏观物质单元实际上包含了大量的粒子，并由此引进的宏观物理量，如温度、密度、应力、应变等都是相应的微观量的统计平均。基于这种认识，在连续介质力学中，真实的物质将被抽象为一个连续体。因为，在连续体中的宏观物理量一般要随物质点的改变而改变，所以关于连续介质力学的基本理论是在场论的基础上建立起来的。

连续介质力学的唯象模型要求：

(1)在空间尺度上“宏观无限小、微观无限大”。此时存在两个特征尺度，一是外部特征尺度L(如物体尺度、裂纹长度、载荷作用范围)，另一个是材料内部特征尺度l(如晶格尺度、骨料尺度、微裂纹尺度)，只有当$L/l \gg 1$时，连续介质力学的经典场论才成立。

(2)在时间尺度上“宏观无限短、微观无限长”。宏观无限短是为了保证足以测量出宏观量随时间的变化，而微观无限长则主要是保证宏观量在统计上的意义。相应地可以定义两个特征时间尺度，也就是外部特征时间T和内部特征时间τ(又称材料的弛豫时间)。同样，只有当$T/\tau \gg 1$时，连续介质力学的经典场论才成立。

采用连续介质力学方法对岩石和混凝土等工程材料变形、强度、应力及本构方程进行探讨时，假设整个物体的体积被组成这个物体的物质微元连续分布占据。在此前提下，物体响应的一些力学量，如位移、应力、应变等，才可能是连续变化的，可用位置坐标的连续函数表示它们的变化规律，以及使用数学分析方法研究这些规律。

岩石和混凝土在细观的晶粒尺寸范围会出现不连续性，因而需要进一步认识连续介质假设的适用性，这需要讨论组成物体的微元尺度。确定连续体的微元尺度应考虑以下两个条件：(1)微元尺度与物体的尺度相比要足够小，使之在数学处理时可以近似作为数学点看待，以保证各力学量从一点到另一点的连续变化；(2)微元尺度与其所含的空隙、颗粒尺度相比要足够大，以至包含足够数量的空隙和颗粒，从而保证各力学量有稳定的统计平均值可作为单个微元的力学量。上述两个条件用数学语言来说，就是微元尺度相对物体尺度为无限小，相对于细观的空隙和颗粒尺度则为无限大。满足上述两个条件的微元的线性尺度记为δ_c，具有这种尺度的微元也称为代表体元(representative element volume, REV)。显然，所研究的工程对象不同，其相应的REV的尺度也不相同。例如，金属和合金材料$\delta_c = 0.5$ mm，木材$\delta_c = 10$ mm，混凝土$\delta_c = 100$ mm。有了微元或代表体元的概念，就保证了连续介质力学和无限小分析得到的数学结果在实际工程应用中具有可靠性和合理性。

连续介质是一个抽象的概念，它不具体针对某一变形物质而又包含了所有可变形的物质。同时我们习惯上又把变形物质分为固体和流体，把材料分成弹性体和塑性体等，实际上这些概念都是相对的、有条件的，它们同物质的结构、荷载特性和环境因素等有关。例如，在一定温度下缓缓拉伸沥青，它的变形近似于流体的流动，但如果在高速拉伸下，其试样则呈现出脆性固体断裂时那种光滑断口；又如在人类通常的活动时间内考察各类岩体的变化是难以看出它们变形的，但如果从地质构造的长远周期来考察，则会发现岩体本身也在蠕变。因此，介质的定义存在这样一个特征时间，以便与外界的作用时间或观察时间作相对的比较。例如流变学中的松弛时间就是特征时间的一个例子。如果有两个地质层构造，一个特征(松弛)时间长而另一个短，则在相同的地质力作用下，一个可能不会造成损害而另一个可能在较短时间内引起较大的蠕变而塌方。

连续介质力学的广泛应用，要求作为其分析基础的概念更加清晰。连续介质力学属于唯象学理论，它不采用物质的宏观行为由粒子理论推导的本质论的观点，而采用连续介质的假设，这使与连续场论有关的数学分析都可以方便地进行。由于这种方法远比本质论方法简单实用，并且由于它所依据的是宏观实验，而且所得到的结论仍然用于宏观世界，因此又是合理的。正因为此，它在工程领域应用极为广泛。但是，由于连续介质的概念是一种数学上的抽象，因而当将它用到真实的物理世界时必须十分谨慎，应当注意将连续介质的观点与粒子论的观点很好地协调起来。解决这一“实际粒子离散”与“模型介质连续”概念上困难的办法是宏观无限小和微观无限大的模型。这一模型认为在连续介质中所使用的微元体(也称代表单元)不是一个点，它应包含大量的粒子，以便从物理的观点来看，它使温度、熵、质量和能量密度等具有确定的物理内涵；另一方面，它又足够小，以至从场的分析观点来看，它在无穷小的尺度范围内，均匀性的假定对场论中数学分析引起的误差可以忽略不计。这种宏观无限小和微观无限大的模型表面上看有些奇怪，实际上是一种很有用的研究连续介质的力学模型。当然，这种唯象学的模型也有一定的使用条件，如果考察的范围小到与材料的特征尺度密切相关的某种尺度以下，该模型的误差就可能是很大的。例如混凝土的特征尺寸为 $1\times10\sim1\times10^3$ mm，因此如果考虑混凝土弹性、塑性及其他非线性响应，我们可以考虑混凝土是连续介质；而对混凝土骨料及微裂纹来说，其特征尺寸为 $1\times10^{-3}\sim1\times10$ mm，如果我们考虑的问题中的尺寸小于 10 mm，则由此模型引入的误差就会很大。

1.2 连续介质力学研究内容

连续介质力学大致上可以分为固体力学、流体力学和流变力学。连续介质力学关注的是连续体的宏观性质，也就是在三维 Euclid 空间和均匀流逝时间下受牛顿力学支配的物质行为。

具体研究内容包括：

(1)固体。当固体不受外力时，具有确定的形状。固体包括不可变形的刚体和可变形固体。刚体在一般力学中通常用刚体力学来研究；连续介质力学中的固体力学则研究可变形固体在应力、应变等外界因素作用下的变化规律，主要包括弹性和塑性问题。

(2)流体。流体包括液体和气体，无确定形状，可流动。流体最重要的性质是黏性，它是流体对由剪切力引起的形变的抵抗力。无黏性的理想气体，不属于流体力学的研究范围。从理论研究的角度，流体常被分为牛顿流体和非牛顿流体。

(3)流变体。流变体又称非牛顿流体，它是不满足牛顿黏性定律的物体，是介于固体和牛顿流体之间的物质形态，主要包括黏弹性和黏塑性等。

连续介质力学不是将上述问题的理论简单地加起来，而是进行一般性的理论概括，在高度概括的基础上，形成理论，反过来又具体指导各门具体力学理论。

早期连续介质力学侧重于研究两种典型的理想物质，即线性弹性物质和线性黏性物质。弹性物质是指应力只由应变来决定的物质。当变形微小时，应力可以表示为应变张量的线性函数，这种物质称为线性弹性固体。本构方程中的系数称为弹性常数。对各向异性弹性固体最多可有 21 个弹性常数，而各向同性弹性固体则只有 2 个弹性常数。黏性物质是指应力与变形速率有关的物质。对流体来说，如果这个关系是线性的，就称为线性黏性流体或牛顿流体。对线性黏性流体只有 2 个黏性系数。这两种典型物质能很好地表示出工程技术上所处理的大部分物质的特性。

近现代连续介质力学是 1945 年以后逐渐发展起来的，它在下列几个方面对古典连续介质力学进行了推广和扩充：(1)物体不必只看作是点的集合体，它可能是由具有微结构的物质点组成；(2)运动不必总是光滑的，激波以及其他间断性物理现象、扩散等，都是容许的；(3)物体不必只承受力的作用，它也可以承受体力偶、力偶应力以及电磁场所引起的效应等；

(4)对本构关系进行更加概括的研究；(5)重点研究非线性问题，研究非线性连续介质问题的理论称为非线性连续介质力学。

近现代连续介质力学在深度和广度方面都已取得很大的进展，并出现下列三个发展方向：(1)按照理性力学的观点和方法研究连续介质理论，从而发展成为理性连续介质力学；(2)把近代连续介质力学和电子计算机结合起来，从而发展成为计算连续介质力学；(3)把近代连续介质力学的研究对象扩大，从而发展成为连续统物理学。

连续介质力学是研究连续介质宏观力学性状的分支学科。宏观力学性状是指在三维欧氏空间和均匀流逝时间下受牛顿力学支配的物质性状。连续介质力学对物质的结构不作任何假设，它与物质结构理论并不矛盾，而是相辅相成的。物质结构理论研究特殊结构的物质性状，而连续介质力学则研究具有不同结构的许多物质的共同性状。连续介质力学的主要目的在于建立各种物质的力学模型和把各种物质的本构关系用数学形式确定下来，并在给定的初始条件和边界条件下求出问题的解答。它通常包括下述基本内容：(1)变形几何学，研究连续介质变形的几何性质，确定变形所引起物体各部分空间位置和方向的变化以及各邻近点相互距离的变化，这里包括运动、构形、变形梯度、应变张量、变形的基本定理、极分解定理等重要概念；(2)运动学，主要研究连续介质力学中各种量的时间率，这里包括速度梯度、变形速率和旋转速率、里夫林－埃里克森张量等重要概念；(3)基本方程，根据适用于所有物质的守恒定律建立的方程，例如，连续性方程、运动方程、能量方程、熵不等式等；(4)本构关系，包括弹性理论、黏性流体理论、塑性理论、黏弹性理论、热弹性固体理论、热黏性流体理论等。

由于新型材料的不断出现以及传统材料使用环境的日益极端化，本构方程的研究已经成为工程力学最重要内容之一。连续介质力学所建立起来的共性的基本原理，为具体材料本构关系的构造提供了相应的理论基础。因此，学习连续介质力学不仅对于更深刻地了解力学各个分支学科(如弹性力学、塑性力学、流体力学以及流变力学等)的内容有根本的帮助，而且对于深入研究材料本构方程也是必不可少的。

工程科学和连续介质力学之间的关系可用“鱼”和“水”、“树”和“根”来形容。根深方能叶茂，本固方能枝荣。从20世纪中叶以来，应用力学学科受到了科学与技术若干个发展的强烈影响：理性力学的复兴，计算机的发明和计算力学的兴起，航空航天的巨大成就，信息技术、生物医学工程及微纳米技术的广泛应用等。后续新兴学科的发展为连续介质力学的发展注入了新的巨大的活力。

1.3 连续介质力学方程架构

连续介质力学的基本方程有三类：

(1)关于物体变形和运动的几何学描述，它具有任意要求的精度。

(2)适用于一切连续介质的物理基本定律，如质量守恒定律、动量守恒定律、热力学定律。由于未考虑量子效应和相对论效应，它仅在一定的尺度范围内和较小的运动速度下近似成立。

(3)描述材料的力学性质的本构方程。由于材料力学性能的多样性和复杂性，以及现有实验条件的限制，通常所建立的本构关系方程不可能达到以上两类方程的精度。

以上三类方程是基本方程，连同相应的初始条件和边界条件，将构成所研究问题的数学物理方程的初、边值问题的完整提法。因此，连续介质力学的任务首先是讨论基本方程的建立，其次是关于初、边值问题的求解（由日益成熟的有限元方法取代），并由此揭示物体在变形和运动过程中的基本特性。

材料本构方程是指材料在某一类物理量（力、电、磁、热等）作用下产生相关的响应量随材料性能而变化的关系，并受到服役状态和工作环境影响。它刻画的是材料的物质属性，反映了材料特有的物质规律。显然，材料的物性不同，其本构行为也不同，相应的数学方程（即本构方程）也不一样。

本构方程是构筑连续介质力学理论体系的三大基石之一。连续介质力学为了求解变形体在外部作用下的全部响应（含 3 个位移、6 个应变和 6 个应力，共 15 个未知量），必须同时满足三大基本方程（即力学的应力平衡方程、几何学的变形协调方程以及物理学的本构方程），缺一不可。

然而，力学中的应力平衡方程是基于牛顿力学建立起来的，在三维几何空间中可以列出三个微分方程；几何学中的变形协调方程是基于连续性公理推出的，共有 6 个微分方程；物理学中的本构方程是反映材料物性的特有规律，有 6 个线性或非线性的代数方程。同时满足这三大方程的变形体正好提供了 15 个方程，可以完备地求解待求的 15 个响应量。学习连续介质力学更要了解的是，应力平衡方程和变形协调方程是普适的，是所有连续介质共同满足的基本方程，由理论推导可以完全确定。而本构方程是所研究的具体材料所特有的，不同的材料在不同的载荷环境下会有不同的响应特征。因此，本构方程的研究是一个不断探索、不断进步、没有止境的内容。在这一过程中理论和实验同等重要，理论可以指导实验方案，反过来实验现象可以推进本构建模的发展和进步。

材料本构建模研究包含应力状态、应变状态、应力 – 应变关系以及破坏机理等方面的内容。应力状态研究包含不同构形下应力的定义，一点应力状态的各种表述（例如应力张量、正应力与剪应力、球应力与偏应力、主应力与应力不变量、八面体应力以及工程应力等），各种应力率，以及不同构形下应力场平衡律的方程。应变状态研究包含不同构形下应变的定义，一点应变状态的各种表述（例如应变张量、正应变与剪应变、球应变与偏应变、主应变与应变不变量、八面体应变以及工程应变等），各种应变率以及应变场协调律的微分表述方程。

如前所述，本构关系方程和运动方程与几何方程一起构成了连续介质力学三大基本方程结构。后两者是普适的，即满足连续介质基本假定的所有材料都遵循的方程；前者是特定的，不同的材料、不同的加载路径、不同的受载阶段，都展现出不同的本构特性。尽管材料本构方程的研究非常复杂，影响因素很多，但本构关系也必须遵循若干公理约束。它可以帮助我们认清本构方程的本质。Eringen 将本构公理归纳为八个，有兴趣的读者可以参考他的著作。

练习与思考

1. 工程材料连续介质假定在数学上的意义是什么?

2. 为什么说工程连续介质力学研究的核心问题是本构建模?

3. 为什么连续介质力学单元要采用宏观无限小和微观无限大假定?

4. 如何从超静定结构力学的求解思路来理解组成连续介质力学的方程结构?

5. 工程材料除了连续介质假定之外，还有裂隙介质假定、块体介质假定，思考它们求解方法上的差异性。

第 2 章　张量分析初步

2.1　张量的概念

自然界的物理性质与自然规律一样是一种客观的存在，它不受描述它的方法的影响。为了对物质的物理性质及物理规律进行数学描述，通常需要某种方便描述的坐标系当参照物。但是往往同一物理规律或物理属性采用不同坐标系描述时常呈现出不同的形式，这里必然夹杂了由具体坐标系的选择所带来的与物理规律与物理属性无关的东西，引起问题不必要的复杂化，甚至由此模糊了现象的物理本质，而这种物理本质应该是同具体坐标系的选择、坐标系的变换无关的。因此，人们很早就试图寻找某些数学量，用这些量来描述物理现象时可以摆脱具体坐标系的影响，其中人们熟知的标量和矢量就是这样的量。标量可以描述诸如密度、温度、能量等物理性质，在任何坐标系里标量都具有相同的值；矢量可以描述诸如力、位移、速度、加速度等力学量，用矢量形式写出的物理定律（如平衡方程等）是与具体坐标系无关的，虽然其在不同坐标系中的形式不同，但当它从一个坐标系变换到另一个坐标系时其分量是按一定的变换规律变换的。

通常人们选择在某一特定的坐标系来研究某些物理量及其规律，但这些物理量和所遵循的规律是客观存在的，并不随坐标系的选取而改变。因此，在不同的坐标系中，相应的物理量之间就必然要满足某种不变性关系，张量分析的目的就是寻求不变性的关系。

标量只有一个分量，矢量在笛卡尔坐标系下有三个分量，但是连续介质力学中最基本的状态变量如应力、应变等在笛卡尔坐标系下却有九个分量，因此必须将矢量的概念进一步推广，而引入张量的概念。在 n 维空间中，一个 p 阶张量有 n^p 个分量。矢量可以看成是一阶张量，因此它在三维空间中有三个分量，应力、应变为二阶张量，它在三维空间中有 $3^2=9$ 个分量。

张量是一群分量的集合，用这群分量可以完全确定地表示更为复杂的几何或物理现实。而且当坐标变换时，这种张量还可以按一定的规律进行变换且保持其几何或物理属性不变。尤其是用张量方程写出的物理定律或几何定理在任何坐标系中都具有不变的形式，这一点给理论研究带来很大的方便。例如可以不必针对每一个坐标系推导有关方程的形式，而只需从其中任一坐标系（通常是最简单的笛卡尔坐标系）下推出结果，然后将它转换为张量方程，就可以适用于其他坐标系。不仅如此，张量还是研究不变量的数学工具，使用这一工具可以大大简化复杂物理模型的数学描述。

2.2 张量表征

张量有两种表示方法，一种是绝对表示，另一种是相对表示。绝对表示法类似于矢量，不论阶数多少，均用黑体字母表示，如 $\boldsymbol{A}$，$\boldsymbol{B}$ 或 $\boldsymbol{T}$。

相对张量是用指标符号来描述的，指标符号是带有上标或者下标，或者既有上标又有下标的符号，表示描述该张量所选用的坐标系。例如速度可以用 v^i 表示，i 为上标。在三维空间中，指标 i 取值 1 ~ 3。在笛卡尔坐标系中，v^1，v^2，v^3 分别表示沿 x，y，z 轴方向的速度分量，注意此处上标不是乘方。又如应力用 σ^{ij}表示，i，j = 1，2，3。在笛卡尔坐标系中，σ^{11}表示在垂直于 x 轴的坐标面上沿 x 轴方向的正应力分量 σ_{xx}，而 σ^{12}表示在垂直于 x 轴的坐标面上沿 y 轴方向的剪应力分量 σ_{xy}。又如应变也用同样的指标系统表示，即 ε_{ij}，这里 i，j 为下标。以后将了解到，上标与下标具有不同的意义，但在笛卡尔坐标系中，上、下标没有区别，因而统一采用下标。在一般情况下张量既可带有上标也可同时带有下标，例如：$R^{ijk}{}_{\cdots lmn}$，$P^{i}{}_{\cdot jk}$，$Q^{i\cdot k}{}_{\cdot j\cdot l}$，…。在有上、下标的情况下，规定每一列只能写一个指标。对已经有了一个指标的列在相应的上、下指标处加点符号。

张量代表一个物理现实的整体，其指标通常是未被赋值指标符号，例如 σ^{ij}，而当给指标符号赋予确定值后，例如 σ^{12}，则表示此现实中的某一分量。

此外，单指标符号(即一阶张量)可以用列(或行)矩阵来表示，而双指标符号(即二阶张量)可以用方阵来表示，例如：

$$\boldsymbol{v} = \{v^i\} = \begin{Bmatrix} v^1 \\ v^2 \\ v^3 \end{Bmatrix} \tag{2.1}$$

$$\boldsymbol{\sigma} = [\sigma_{ij}] = \begin{pmatrix} \sigma_{11} & \sigma_{12} & \sigma_{13} \\ \sigma_{21} & \sigma_{22} & \sigma_{23} \\ \sigma_{31} & \sigma_{32} & \sigma_{33} \end{pmatrix} \tag{2.2}$$

2.3 指标约定

在指标符号表示的张量中，我们把不重复的指标称为自由指标。但在指标符号表示的张量中也常常会出现两个指标相同的情况，我们将这种重复的指标常称为哑标。Einstein 为此提出了著名的求和约定，即若在一项指标中有两个相同符号，则对该指标从 1 至 n 自动求和，这里 n 为坐标空间的维数。例如在三维空间中，n = 3，则

$$\sigma_{ii} = \sum_{i=1}^{3} \sigma_{ii} = \sigma_{11} + \sigma_{22} + \sigma_{33} \tag{2.3}$$

$$R^{i}_{\cdot k} x^k = \sum_{k=1}^{3} R^{i}_{\cdot k} x^k = R^{i}_{\cdot 1} x^1 + R^{i}_{\cdot 2} x^2 + R^{i}_{\cdot 3} x^3 \tag{2.4}$$

哑标只能重复一次，重复两次或更多次是没有意义的。另外，哑标符号可以任意更换而不改变其求和值，例如上面两式又可以写为 $\sigma_{ii} = \sigma_{kk}$，$R^{i}{}_{\cdot k} x^k = R^{i}{}_{\cdot n} x^n$。

在一个由指标符号写成的方程中，各项指标的符号、个数、位置都应相同，即指标量纲

一致。而每一对哑标则应在一上一下，仅仅在笛卡尔坐标系时由于上、下标没有区别，可以将全部指标都写在下方，例如

在任意坐标下：

$$R^{i}{}_{\cdot j} = R^{i}{}_{\cdot k} P^{k}{}_{\cdot j} + Q^{ik} L_{kj} \tag{2.5}$$

笛卡尔坐标下：

$$R_{ij} = R_{ik} P_{kj} + Q_{ik} L_{kj} \tag{2.6}$$

指标符号（矢量和张量的分量）对坐标求偏导数表示法：若对物质坐标求偏导数，则采用逗号加大写字母的下标表示，例如 $x_{i,J}$ 表示 $\frac{\partial x_i}{\partial X_J}$；若对空间坐标求偏导数，则采用逗号加小写字母的下标表示，例如 $v_{i,j}$ 表示 $\frac{\partial v_i}{\partial x_j}$。

当采用上述规定时，笛卡尔坐标系中的三个平衡方程就可以用下面张量方程简洁地表示出来

$$\sigma_{ij,i} + \rho f_i = 0,\ j = 1,\ 2,\ 3 \tag{2.7}$$

而六个几何方程可以写成

$$\varepsilon_{ij} = \frac{1}{2}(u_{i,j} + u_{j,i}),\ i,\ j = 1,\ 2,\ 3 \tag{2.8}$$

2.4　直线坐标张量

笛卡尔坐标是三维直角直线坐标系，每一个坐标轴用 x_i 表示，而该坐标轴方向的单位基矢量用 $\boldsymbol{I}_i$ 表示。由于是直线坐标，所以笛卡尔坐标系下所有空间各点单位基矢量 $\boldsymbol{I}_i$ 的方向都是相同的，且 $\boldsymbol{I}_i = \boldsymbol{I}^i$。

考虑三维笛卡尔坐标系中一个矢量 $\boldsymbol{V}$，它可以写成沿三个坐标轴分量和的形式，即

$$\boldsymbol{V} = v_i \boldsymbol{I}_i = v^i \boldsymbol{I}^i \tag{2.9}$$

同样，考虑三维笛卡尔坐标系中一个二阶张量 $\boldsymbol{\sigma}$，它可以写成在三个坐标面上沿三个坐标轴分量和的形式，即

$$\boldsymbol{\sigma} = \sigma^{ij} \boldsymbol{I}_i \boldsymbol{I}_j = \sigma_{ij} \boldsymbol{I}^i \boldsymbol{I}^j \tag{2.10}$$

笛卡尔坐标系中的基本张量如下。

1. Kronecker 符号

Kronecker 符号是由笛卡尔坐标基矢量的点积构成，它是一个二阶张量，即

$$\delta^{ij} = \delta_{ij} = \boldsymbol{I}_i \cdot \boldsymbol{I}_j = \boldsymbol{I}^i \cdot \boldsymbol{I}^j \tag{2.11}$$

它有 9 个分量，由定义式显然有

$$\delta_{ij} = \begin{cases} 1,\ i = j \\ 0,\ i \neq j \end{cases} \tag{2.12}$$

或

$$\delta_{ij} = \begin{bmatrix} 1 & 0 & 0 \\ 0 & 1 & 0 \\ 0 & 0 & 1 \end{bmatrix} \tag{2.13}$$

δ_{ij}张量有如下性质和应用：

$$\delta_{ij}=\delta_{ji} \tag{2.14}$$

$$\delta_{ii}=\delta_{11}+\delta_{22}+\delta_{33}=3 \tag{2.15}$$

$$\sigma_{ij}\delta_{jk}=\sigma_{ik} \tag{2.16}$$

$$\delta_{ik}\delta_{kj}=\delta_{ij} \tag{2.17}$$

2. 排列符号

排列符号是由笛卡尔坐标基矢量的三重积构成，它是一个三阶张量，即

$$e^{ijk}=e_{ijk}=\boldsymbol{I}_i\cdot(\boldsymbol{I}_j\times\boldsymbol{I}_k)=\boldsymbol{I}^i\cdot(\boldsymbol{I}^j\times\boldsymbol{I}^k) \tag{2.18}$$

它有 $3^3=27$ 个分量，只能取1，-1，0 三个值。即如果 i, j, k 按1, 2, 3 循环排列，则取值为1；若 i, j, k 按3, 2, 1 循环排列，则取值为 -1；若 i, j, k 有两个或两个以上重复，则取值为0。

此外，e_{ijk}对任意两个指标都是反对称的，即任意对换两个指标的相互位置，其值变号

$$e_{ijk}=-e_{jik},\ e_{ikj}=-e_{ijk} \tag{2.19}$$

δ_{ij}张量和 e_{ijk}张量既然都是由单位基矢量之积所构成，两者之间必然存在一定的关系。实际上，根据矢量点叉积的行列式表示法，可以将式(2.18)用行列式表示为

$$e_{ijk}=\begin{vmatrix}\boldsymbol{I}_i\cdot\boldsymbol{I}_1 & \boldsymbol{I}_i\cdot\boldsymbol{I}_2 & \boldsymbol{I}_i\cdot\boldsymbol{I}_3\\ \boldsymbol{I}_j\cdot\boldsymbol{I}_1 & \boldsymbol{I}_j\cdot\boldsymbol{I}_2 & \boldsymbol{I}_j\cdot\boldsymbol{I}_3\\ \boldsymbol{I}_k\cdot\boldsymbol{I}_1 & \boldsymbol{I}_k\cdot\boldsymbol{I}_2 & \boldsymbol{I}_k\cdot\boldsymbol{I}_3\end{vmatrix}=\begin{vmatrix}\delta_{i1} & \delta_{i2} & \delta_{i3}\\ \delta_{j1} & \delta_{j2} & \delta_{j3}\\ \delta_{k1} & \delta_{k2} & \delta_{k3}\end{vmatrix} \tag{2.20}$$

此外，由 e_{ijk}张量可以定义所谓的广义 Kronecker 符号，即

$$\delta_{ijk}^{pqr}=e_{ijk}e^{pqr}=\begin{vmatrix}\delta_{i1} & \delta_{i2} & \delta_{i3}\\ \delta_{j1} & \delta_{j2} & \delta_{j3}\\ \delta_{k1} & \delta_{k2} & \delta_{k3}\end{vmatrix}\begin{vmatrix}\delta^{p1} & \delta^{p2} & \delta^{p3}\\ \delta^{q1} & \delta^{q2} & \delta^{q3}\\ \delta^{r1} & \delta^{r2} & \delta^{r3}\end{vmatrix}=\begin{vmatrix}\delta_i^p & \delta_i^q & \delta_i^r\\ \delta_j^p & \delta_j^q & \delta_j^r\\ \delta_k^p & \delta_k^q & \delta_k^r\end{vmatrix} \tag{2.21}$$

式(2.21)可以对指标缩并，例如令指标 $r=k$，并对其求和，得

$$\delta_{ijk}^{pqk}=\begin{vmatrix}\delta_i^p & \delta_i^q & \delta_i^k\\ \delta_j^p & \delta_j^q & \delta_j^k\\ \delta_k^p & \delta_k^q & \delta_k^k\end{vmatrix}=\delta_{ip}\delta_{jq}-\delta_{iq}\delta_{jp}=\delta_{ij}^{pq} \tag{2.22}$$

式(2.22)再对 j 和 q 进行缩并，得

$$\delta_{ijk}^{pjk}=3\delta_{ip}-\delta_{ip}=2\delta_{ip} \tag{2.23}$$

再对 i 和 p 缩并得

$$\delta_{ijk}^{ijk}=3!\ =6 \tag{2.24}$$

e_{ijk}张量在矩阵行列式运算中有广泛的运用。例如一个三阶矩阵 $\boldsymbol{A}=[a_{ij}]$，$i, j=1, 2, 3$，其行列式可以用排列张量表示如下：

$$a=\begin{vmatrix}a_{11} & a_{12} & a_{13}\\ a_{21} & a_{22} & a_{23}\\ a_{31} & a_{32} & a_{33}\end{vmatrix}=\begin{vmatrix}a_{i1}\delta_{i1} & a_{j2}\delta_{j1} & a_{k3}\delta_{k1}\\ a_{i1}\delta_{i2} & a_{j2}\delta_{j2} & a_{k3}\delta_{k2}\\ a_{i1}\delta_{i3} & a_{j2}\delta_{j3} & a_{k3}\delta_{k3}\end{vmatrix}=a_{i1}a_{j2}a_{k3}\begin{vmatrix}\delta_{i1} & \delta_{j1} & \delta_{k1}\\ \delta_{i2} & \delta_{j2} & \delta_{k2}\\ \delta_{i3} & \delta_{j3} & \delta_{k3}\end{vmatrix}$$

$$=a_{i1}a_{j2}a_{k3}e_{ijk}=e_{ijk}a_{1i}a_{2j}a_{3k}=-e_{ijk}a_{2i}a_{1j}a_{3k} \tag{2.25}$$

由此得

$$ae_{pqr} = a_{pi}a_{qj}a_{rk}e_{ijk} \tag{2.26}$$

式(2.26)两边乘以 e_{pqr}，并利用式(2.24)，最后得

$$a = \frac{1}{6}e_{pqr}e_{ijk}a_{pi}a_{qj}a_{rk} \tag{2.27}$$

矢量代数的指标符号表示如下。

(1)矢量的分量：

$$a_i = \boldsymbol{A} \cdot \boldsymbol{I}_i \tag{2.28}$$

(2)矢量的点积：

$$\boldsymbol{A} \cdot \boldsymbol{B} = a_i\boldsymbol{I}_i \cdot b_j\boldsymbol{I}_j = a_ib_j\delta_{ij} = a_ib_i \tag{2.29}$$

(3)矢量的叉积：

$$\boldsymbol{C} = \boldsymbol{A} \times \boldsymbol{B} = a_i\boldsymbol{I}_i \times b_j\boldsymbol{I}_j = a_ib_j(\boldsymbol{I}_i \times \boldsymbol{I}_j) = c_k\boldsymbol{I}_k \tag{2.30}$$

并且

$$c_k = a_ib_j\boldsymbol{I}_k \cdot (\boldsymbol{I}_i \times \boldsymbol{I}_j) = a_ib_je_{ijk} \tag{2.31}$$

(4)矢量三重积：

$$\boldsymbol{A} \cdot (\boldsymbol{B} \times \boldsymbol{C}) = a_ib_jc_k\boldsymbol{I}_i \cdot (\boldsymbol{I}_j \times \boldsymbol{I}_k) = a_ib_jc_ke_{ijk} \tag{2.32}$$

2.5　曲线坐标张量

为了引入一般空间下的曲线坐标系，先将三维笛卡尔坐标扩展至一般 n 维欧氏空间。假定在 n 维欧氏空间也存在一个正交的直线坐标系，即笛卡尔坐标系 $\{y^1, y^2, \cdots, y^n\}$，则相应该坐标系的基矢量为 $\boldsymbol{I}_i(i=1, 2, \cdots, n)$，它们在空间各点都是相同的，且满足 $\boldsymbol{I}_i \cdot \boldsymbol{I}_j = \delta_{ij}$，即各坐标轴之间是相互正交的。

n 维欧氏空间上一点 p 的位置矢量 $\boldsymbol{r}$ 可以由此笛卡尔坐标系确定，即

$$\boldsymbol{r} = y^i\boldsymbol{I}_i \tag{2.33}$$

取 n 个笛卡尔坐标系上的纯函数 x^i，即

$$x^i = x^i\{y^1, y^2, \cdots, y^n\}, \ i=1, 2, \cdots, n \tag{2.34}$$

假定：(1)函数 x^i 在所研究的域内单值连续，且有一阶连续偏导数；

(2)函数 x^i 的 Jacobi 行列式不为零。

满足这两个条件的变换称为容许变换。若给定某个 x^i 以定值，则式(2.34)决定了一个 $n-1$ 维超曲面，n 个 $n-1$ 维的超曲面相交于空间一点。若除了 $i=N$ 的 x^i 外，给其余 $n-1$ 个 x^i 以定值，则可以得到一条坐标线 x^N，当 N 取 1, 2, ⋯, n 各值时，就可以得到 n 条坐标线。这样，空间每一点都有 n 条坐标线通过，此空间的 n 族坐标线就构成了 n 维空间的坐标系。若式(2.34)是线性函数，则该坐标系称为仿射坐标系(或斜角坐标系)，若式(2.34)不是线性函数，则该坐标系就是曲线坐标系。

假定某曲线坐标系 $\{x^1, x^2, \cdots, x^n\}$。在该坐标系下，空间一点 p 的位置矢量可以用该坐标系表示为

$$\boldsymbol{r} = \boldsymbol{r}(x^1, x^2, \cdots, x^n) \tag{2.35}$$

从 p 点至邻近一点的微矢量 $\mathrm{d}\boldsymbol{r}$ 为

$$\mathrm{d}\boldsymbol{r} = \frac{\partial \boldsymbol{r}}{\partial x^i}\mathrm{d}x^i \tag{2.36}$$

其中的偏导数定义为

$$\boldsymbol{g}_i = \frac{\partial \boldsymbol{r}}{\partial x^i} \tag{2.37}$$

它是在 p 点沿 x^i 曲线坐标轴的切向量，称为曲线坐标基矢量。由于上述定义式里的基矢量为下标，故称 $\boldsymbol{g}_i$ 为协变基矢。

需要指出的是：在曲线坐标系中，$\boldsymbol{g}_i$ 的大小和方向都是随空间点连续变化的。但是空间每一点 P 都可以由一组正交基矢量 $\{\boldsymbol{g}_i\}$ 形成一个局部正交直线坐标系，它可以用来研究 P 点无限小邻域内的力学响应特性。

不同于直线坐标系，在曲线坐标系中除了可以在 p 点定义一组协变基矢 $\boldsymbol{g}_i$ 外，还可以利用下式定义另一组基矢 $\boldsymbol{g}^i$，后者称为逆变基矢。

$$\boldsymbol{g}^i \cdot \boldsymbol{g}_j = \delta^i_j \tag{2.38}$$

由此可见，逆变基矢 $\boldsymbol{g}^i$ 是与除 $\boldsymbol{g}_i$ 外所有协变基矢 $\boldsymbol{g}_j(i \neq j)$ 正交，因而沿包含所有这些基矢的超曲面 $x^i = x^i(p)$ 在 p 点处的法向方向。于是逆变基矢 $\boldsymbol{g}^i$ 在空间每一点 p 也可以由一组正交基矢量 $\{\boldsymbol{g}^i\}$ 形成一个局部正交直线坐标系，它同样可以用来研究 p 点无限小邻域内的力学响应特性。

曲线坐标系中的基本张量如下。

1. 度量张量

曲线坐标空间中位置矢量微分 $\mathrm{d}\boldsymbol{r}$ 的长度平方为

$$\mathrm{d}s^2 = \mathrm{d}\boldsymbol{r} \cdot \mathrm{d}\boldsymbol{r} = g_{ij}\mathrm{d}x^i\mathrm{d}x^j \geqslant 0 \tag{2.39}$$

式中等号只有在 $\mathrm{d}x^i$ 全为零时成立，并且

$$g_{ij} = \boldsymbol{g}_i \cdot \boldsymbol{g}_j \tag{2.40}$$

由于它起着曲线坐标空间长度的尺规作用，所以称为度量张量。在上述定义式里的指标为下标，故称 g_{ij} 为协变度量张量。

同样，我们也可以用逆变基矢 $\boldsymbol{g}^i$ 定义度量张量，即

$$g^{ij} = \boldsymbol{g}^i \cdot \boldsymbol{g}^j \tag{2.41}$$

称它为逆变度量张量。

度量张量的一个重要应用是可以起着升、降基矢量指标的作用，例如

$$\boldsymbol{g}_i = g_{ij}\boldsymbol{g}^j \tag{2.42}$$

$$\boldsymbol{g}^i = g^{ij}\boldsymbol{g}_j \tag{2.43}$$

将式(2.42)两边点积 $\boldsymbol{g}^j$，可得

$$g_{ik}g^{kj} = \delta^j_i \tag{2.44}$$

若 g_{ij} 已知，则式(2.44)就是关于 g^{ij} 的 n^2 个线性方程组，其解为

$$g^{ij} = \frac{1}{g}\frac{\partial g}{\partial g_{ij}} \tag{2.45}$$

下面给出曲线坐标基矢量与度量张量的计算。

由曲线坐标协变基矢定义可得

$$\boldsymbol{g}_i = \frac{\partial \boldsymbol{r}}{\partial x^i} = \frac{\partial \boldsymbol{r}}{\partial y^k}\frac{\partial y^k}{\partial x^i} = \frac{\partial y^k}{\partial x^i}\boldsymbol{I}_k \tag{2.46}$$

利用式(2.46)，再由协变度量张量定义可得

$$g_{ij}=\boldsymbol{g}_i\cdot\boldsymbol{g}_j=\frac{\partial y^k}{\partial x^i}\boldsymbol{I}_k\cdot\frac{\partial y^m}{\partial x^j}\boldsymbol{I}_m=\frac{\partial y^k}{\partial x^i}\frac{\partial y^m}{\partial x^j}\boldsymbol{I}_k\cdot\boldsymbol{I}_m=\frac{\partial y^k}{\partial x^i}\frac{\partial y^m}{\partial x^j}\delta_{km}=\frac{\partial y^k}{\partial x^i}\frac{\partial y^k}{\partial x^j}\tag{2.47}$$

将它写成矩阵形式，则有

$$[g_{ij}]=\left[\frac{\partial y^k}{\partial x^i}\right]^{\mathrm{T}}\left[\frac{\partial y^k}{\partial x^j}\right]\tag{2.48}$$

对式(2.48)取行列式得

$$g=\left|\frac{\partial y^k}{\partial x^i}\right|^2\tag{2.49}$$

或

$$\sqrt{g}=\left|\frac{\partial y^k}{\partial x^i}\right|\tag{2.50}$$

为获得逆变基矢量及逆变度量张量计算式，考虑下面两个等式

$$\left[\frac{\partial x^j}{\partial y^k}\right]\left[\frac{\partial y^k}{\partial x^i}\right]=[\delta_i^j]\tag{2.51}$$

和

$$[g_{ik}][g^{kj}]=[\delta_i^j]\tag{2.52}$$

由此得

$$\left[\frac{\partial y^k}{\partial x^i}\right]^{-1}=\left[\frac{\partial x^i}{\partial y^k}\right]\tag{2.53}$$

和

$$[g^{ij}]=[g_{ij}]^{-1}\tag{2.54}$$

于是得到

$$[g^{ij}]=\left[\frac{\partial y^k}{\partial x^j}\right]^{-1}\left[\frac{\partial y^k}{\partial x^i}\right]^{-\mathrm{T}}=\left[\frac{\partial x^j}{\partial y^k}\right]\left[\frac{\partial x^i}{\partial y^k}\right]^{\mathrm{T}}\tag{2.55}$$

它又可以写成

$$g^{ij}=\frac{\partial x^i}{\partial y^k}\frac{\partial x^j}{\partial y^k}\tag{2.56}$$

而逆变基矢可由下式求得

$$\boldsymbol{g}^i=g^{ij}\boldsymbol{g}_j=\frac{\partial x^i}{\partial y^k}\frac{\partial x^j}{\partial y^k}\frac{\partial y^p}{\partial x^j}\boldsymbol{I}_p=\frac{\partial x^i}{\partial y^k}\delta_k^p\boldsymbol{I}_p=\frac{\partial x^i}{\partial y^k}\boldsymbol{I}_k=\nabla x^i\tag{2.57}$$

由式(2.57)可知，逆变基矢 $\boldsymbol{g}^i$ 即为超曲面 $x^i=x^i(y^k)$ 的梯度，其中∇为矢量微分算子，即

$$\nabla=\frac{\partial}{\partial y^k}\boldsymbol{I}_k\tag{2.58}$$

2. Eddington 张量

Eddington 张量是三维欧氏空间中基矢量的三重积，即

$$\epsilon_{ijk}=\boldsymbol{g}_i\cdot(\boldsymbol{g}_j\times\boldsymbol{g}_k)=\frac{\partial y^p}{\partial x^i}\frac{\partial y^q}{\partial x^j}\frac{\partial y^r}{\partial x^k}e_{pqr}=e_{ijk}\left|\frac{\partial y^p}{\partial x^i}\right|=e_{ijk}\sqrt{g}\tag{2.59}$$

或

$$\epsilon^{ijk}=\boldsymbol{g}^i\cdot(\boldsymbol{g}^j\times\boldsymbol{g}^k)=\frac{\partial x^i}{\partial y^p}\frac{\partial x^j}{\partial y^q}\frac{\partial x^k}{\partial y^r}e^{pqr}=e^{ijk}\left|\frac{\partial x^i}{\partial y^p}\right|=\frac{1}{\sqrt{g}}e^{ijk}\tag{2.60}$$

Eddington 张量的性质：

$$\epsilon^{ijk}\epsilon_{pqr}=e^{ijk}e_{pqr} \tag{2.61}$$

$$\boldsymbol{g}^j\times\boldsymbol{g}^k=\epsilon^{ijk}\boldsymbol{g}_i \tag{2.62}$$

$$\boldsymbol{g}_j\times\boldsymbol{g}_k=\epsilon_{ijk}\boldsymbol{g}^i \tag{2.63}$$

进一步，用 ϵ_{rjk}左乘式(2.62)，并利用式(2.61)和式(2.21)，可得

$$\epsilon_{rjk}\boldsymbol{g}^j\times\boldsymbol{g}^k=2\boldsymbol{g}_r \tag{2.64}$$

由此可得

$$\boldsymbol{g}_i=\frac{1}{2}\epsilon_{ijk}\boldsymbol{g}^j\times\boldsymbol{g}^k \tag{2.65}$$

同理可得

$$\boldsymbol{g}^i=\frac{1}{2}\epsilon^{ijk}\boldsymbol{g}_j\times\boldsymbol{g}_k \tag{2.66}$$

由前文可知，在 n 维欧氏空间中存在有两组基矢量，即$\{\boldsymbol{g}_i\}$和$\{\boldsymbol{g}^i\}$，则任意张量可以沿此两组基矢量分解。

(1)一阶张量(矢量)的分解：

$$V=v^i\boldsymbol{g}_i=v_i\boldsymbol{g}^i \tag{2.67}$$

式中：分解系数 v^i 和 v_i 分别称为(绝对)矢量 $\boldsymbol{V}$ 的逆变分量和协变分量，显然有

$$v^i=\boldsymbol{V}\cdot\boldsymbol{g}^i \tag{2.68}$$

$$v_i=\boldsymbol{V}\cdot\boldsymbol{g}_i \tag{2.69}$$

(2)二阶张量的分解：

$$\boldsymbol{T}=T^{ij}\boldsymbol{g}_i\boldsymbol{g}_j=T_{ij}\boldsymbol{g}^i\boldsymbol{g}^j=T^i{}_{\cdot j}\boldsymbol{g}_i\boldsymbol{g}^j \tag{2.70}$$

这里两基矢量之间没有运算，故称为并矢。$\boldsymbol{T}$ 为二阶绝对张量，T^{ij}，T_{ij}和 $T^i{}_{\cdot j}$分别为此二阶张量的逆变分量、协变分量和混变分量。

通过度量张量的升、降指标的作用，可以从一种张量分量过渡到另一种分量。例如

$$\boldsymbol{T}=T_{ij}\boldsymbol{g}^i\boldsymbol{g}^j=T_{ij}g^{ik}\boldsymbol{g}_k\boldsymbol{g}^j \tag{2.71}$$

对比式(2.70)，可以得到

$$T^k{}_{\cdot j}=T_{ij}g^{ik} \tag{2.72}$$

同理可有

$$T^k{}_{\cdot j}=T^{ki}g_{ij} \tag{2.73}$$

这说明各种不同分量之间不是相互独立的，其不同的表示法是非本质的。

(3)高阶张量的分解。

一般高阶张量可以做如下分解

$$\boldsymbol{T}=T^{i\cdots j}{}_{k\cdots l}\sqrt{g}^{\,-q}\boldsymbol{g}_i\cdots\boldsymbol{g}_j\boldsymbol{g}^k\cdots\boldsymbol{g}^l \tag{2.74}$$

式中：$\boldsymbol{T}$ 在任意坐标系中带有 r 个上标和 s 个下标，是 $r+s$ 阶张量，而 $T^{i\cdots j}{}_{k\cdots l}$是其 r 阶逆变、s 阶协变分量；g 为度量张量行列式值；q 为张量的权，权和阶相同的张量称为同型张量。

张量代数规则：

(1)张量的加法。

两同型张量相加，结果仍为同型张量。设有两个同型张量 $\boldsymbol{A}=\sqrt{g}^{-q}A^{ij}_{\cdot\cdot k}\boldsymbol{g}_i\boldsymbol{g}_j\boldsymbol{g}^k$ 和 $\boldsymbol{B}=\sqrt{g}^{-q}B^{ij}_{\cdot\cdot k}\boldsymbol{g}_i\boldsymbol{g}_j\boldsymbol{g}^k$，其和为

$$\boldsymbol{A}+\boldsymbol{B}=\sqrt{g}^{-q}A^{ij}_{\cdot\cdot k}\boldsymbol{g}_i\boldsymbol{g}_j\boldsymbol{g}^k+\sqrt{g}^{-q}B^{ij}_{\cdot\cdot k}\boldsymbol{g}_i\boldsymbol{g}_j\boldsymbol{g}^k=\sqrt{g}^{-q}(A^{ij}_{\cdot\cdot k}+B^{ij}_{\cdot\cdot k})\boldsymbol{g}_i\boldsymbol{g}_j\boldsymbol{g}^k=\sqrt{g}^{-q}C^{ij}_{\cdot\cdot k}\boldsymbol{g}_i\boldsymbol{g}_j\boldsymbol{g}^k=\boldsymbol{C} \tag{2.75}$$

其中

$$C^{ij}_{\cdot\cdot k}=A^{ij}_{\cdot\cdot k}+B^{ij}_{\cdot\cdot k} \tag{2.76}$$

即两同型张量相加，只要将其同型分量相加即可。

一个重要的推论：任一个二阶张量可以唯一地分解为对称张量与反对称张量之和。

$$T^{ij}=\frac{1}{2}(T^{ij}+T^{ji})+\frac{1}{2}(T^{ij}-T^{ji})=\overset{\mathrm{s}}{T}{}^{ij}+\overset{\mathrm{a}}{T}{}^{ij} \tag{2.77}$$

其中，对称张量部分为

$$\overset{\mathrm{s}}{T}{}^{ij}=\frac{1}{2}(T^{ij}+T^{ji})=\overset{\mathrm{s}}{T}{}^{ji} \tag{2.78}$$

反对称张量部分为

$$\overset{\mathrm{a}}{T}{}^{ij}=\frac{1}{2}(T^{ij}-T^{ji})=-\overset{\mathrm{a}}{T}{}^{ji} \tag{2.79}$$

(2)张量的外积。

张量的外积也称为并积，任意两个张量并积的结果仍为张量，其权与阶分别等于两个张量权与阶之和。例如 $\boldsymbol{A}=A^{i}_{\cdot j}\sqrt{g}^{-q_1}\boldsymbol{g}_i\boldsymbol{g}^j$，$\boldsymbol{B}=B_{k}^{\cdot l}\sqrt{g}^{-q_2}\boldsymbol{g}^k\boldsymbol{g}_l$，则

$$\boldsymbol{AB}=(A^{i}_{\cdot j}\sqrt{g}^{-q_1}\boldsymbol{g}_i\boldsymbol{g}^j)(B_{k}^{\cdot l}\sqrt{g}^{-q_2}\boldsymbol{g}^k\boldsymbol{g}_l)=(A^{i}_{\cdot j}B_{k}^{\cdot l})\sqrt{g}^{-(q_1+q_2)}\boldsymbol{g}_i\boldsymbol{g}^j\boldsymbol{g}^k\boldsymbol{g}_l=C^{il}_{\cdot jk\cdot}\sqrt{g}^{-q}\boldsymbol{g}_i\boldsymbol{g}^j\boldsymbol{g}^k\boldsymbol{g}_l \tag{2.80}$$

其中

$$q=q_1+q_2 \tag{2.81}$$

$$C^{il}_{\cdot jk\cdot}=A^{i}_{\cdot j}B_{k}^{\cdot l} \tag{2.82}$$

注意，张量的并积与先后次序有关，即

$$\boldsymbol{AB}\neq\boldsymbol{BA} \tag{2.83}$$

(3)张量的内积。

张量的内积涉及张量上、下指标之间的缩并，所谓缩并就是并矢中的基矢量作点积，例如 $\boldsymbol{g}_i\cdot\boldsymbol{g}^j=\delta^j_i$。若两张量在并乘的过程中，一个张量的上标(或下标)与另一个张量的下标(或上标)进行缩并，则会得到一个新的张量，其阶次为两个张量阶次之和减一，故称此运算为内积。用并矢记法时，内积是两张量基矢间的点积，例如

$$\begin{aligned}\dot{\overline{\boldsymbol{AB}}}&=(A^{mn}\sqrt{g}^{-q_1}\boldsymbol{g}_m\boldsymbol{g}_n)(B_{r\cdot t}^{\cdot s\cdot}\sqrt{g}^{-q_2}\boldsymbol{g}^r\boldsymbol{g}_s\boldsymbol{g}^t)=(A^{mn}B_{r\cdot t}^{\cdot s\cdot})\sqrt{g}^{-(q_1+q_2)}(\boldsymbol{g}_m\cdot\boldsymbol{g}^r)\boldsymbol{g}_n\boldsymbol{g}_s\boldsymbol{g}^t\\&=(A^{mn}B_{r\cdot t}^{\cdot s\cdot})\sqrt{g}^{-(q_1+q_2)}\delta^r_m\boldsymbol{g}_n\boldsymbol{g}_s\boldsymbol{g}^t=C^{ns}_{\cdot\cdot t}\sqrt{g}^{-(q_1+q_2)}\boldsymbol{g}_n\boldsymbol{g}_s\boldsymbol{g}^t\end{aligned} \tag{2.84}$$

若点积是在两张量相邻的基矢量间进行，则记为 $\boldsymbol{A}\cdot\boldsymbol{B}$。例如式(2.84)成为

$$\begin{aligned}\boldsymbol{A}\cdot\boldsymbol{B}&=(A^{mn}\sqrt{g}^{-q_1}\boldsymbol{g}_m\boldsymbol{g}_n)(B_{r\cdot t}^{\cdot s\cdot}\sqrt{g}^{-q_2}\boldsymbol{g}^r\boldsymbol{g}_s\boldsymbol{g}^t)=(A^{mn}B_{r\cdot t}^{\cdot s\cdot})\sqrt{g}^{-(q_1+q_2)}(\boldsymbol{g}_n\cdot\boldsymbol{g}^r)\boldsymbol{g}_m\boldsymbol{g}_s\boldsymbol{g}^t\\&=(A^{mn}B_{r\cdot t}^{\cdot s\cdot})\sqrt{g}^{-(q_1+q_2)}\delta^r_n\boldsymbol{g}_m\boldsymbol{g}_s\boldsymbol{g}^t=C^{ms}_{\cdot\cdot t}\sqrt{g}^{-(q_1+q_2)}\boldsymbol{g}_m\boldsymbol{g}_s\boldsymbol{g}^t\end{aligned} \tag{2.85}$$

例如 $\boldsymbol{T}$ 为一个二阶张量，$\boldsymbol{a}$ 为一个矢量，则 $\boldsymbol{T}\cdot\boldsymbol{a}$ 为一新矢量 $\boldsymbol{b}$，即

$$\boldsymbol{b}=\boldsymbol{T}\cdot\boldsymbol{a}=(T^{i}_{\cdot j}\boldsymbol{g}_i\boldsymbol{g}^j)\cdot(a^k\boldsymbol{g}_k)=T^{i}_{\cdot j}\boldsymbol{g}_i a^k(\boldsymbol{g}^j\cdot\boldsymbol{g}_k)=T^{i}_{\cdot j}\boldsymbol{g}_i a^k\delta^j_k=T^{i}_{\cdot j}a^j\boldsymbol{g}_i=b^i\boldsymbol{g}_i \tag{2.86}$$

其中

$$b^i = T^i_{\cdot j} a^j \tag{2.87}$$

这时 $\boldsymbol{T}$ 起着线性变换的作用，也称仿射变换。

若两张量的两对相邻基矢量同时进行点积，则记为 $\boldsymbol{A}:\boldsymbol{B}$，例如：

$$\begin{aligned}
\boldsymbol{A}:\boldsymbol{B} &= (A^{ij}_{\cdot\cdot kl}\sqrt{g}^{-q_1}\boldsymbol{g}_i\boldsymbol{g}_j\boldsymbol{g}^k\boldsymbol{g}^l)(B^{pq}_{\cdot\cdot rs}\sqrt{g}^{-q_2}\boldsymbol{g}_p\boldsymbol{g}_q\boldsymbol{g}^r\boldsymbol{g}^s) \\
&= (A^{ij}_{\cdot\cdot kl}B^{pq}_{\cdot\cdot rs})\sqrt{g}^{-(q_1+q_2)}(\boldsymbol{g}^k\cdot\boldsymbol{g}_p)(\boldsymbol{g}^l\cdot\boldsymbol{g}_q)\boldsymbol{g}_i\boldsymbol{g}_j\boldsymbol{g}^r\boldsymbol{g}^s \\
&= (A^{ij}_{\cdot\cdot kl}B^{pq}_{\cdot\cdot rs})\sqrt{g}^{-(q_1+q_2)}\delta^k_p\delta^l_q\boldsymbol{g}_i\boldsymbol{g}_j\boldsymbol{g}^r\boldsymbol{g}^s = C^{ij}_{\cdot\cdot rs}\sqrt{g}^{-(q_1+q_2)}\boldsymbol{g}_i\boldsymbol{g}_j\boldsymbol{g}^r\boldsymbol{g}^s
\end{aligned} \tag{2.88}$$

例如，线弹性应变比能就是应力张量 $\boldsymbol{\sigma}$ 与应变张量 $\boldsymbol{\varepsilon}$ 双点积的一半，即

$$\begin{aligned}
W &= \frac{1}{2}\boldsymbol{\sigma}:\boldsymbol{\varepsilon} = \frac{1}{2}(\sigma^{ij}\boldsymbol{g}_i\boldsymbol{g}_j):(\varepsilon_{kl}\boldsymbol{g}^k\boldsymbol{g}^l) = \frac{1}{2}\sigma^{ij}\varepsilon_{kl}(\boldsymbol{g}_i\cdot\boldsymbol{g}^k)(\boldsymbol{g}_j\cdot\boldsymbol{g}^l) \\
&= \frac{1}{2}\sigma^{ij}\varepsilon_{kl}\delta^k_i\delta^l_j = \frac{1}{2}\sigma^{ij}\varepsilon_{ij}
\end{aligned} \tag{2.89}$$

2.6 张量的空间导数

由前文可知，不同于笛卡尔坐标，在一般曲线坐标下，基矢量是随空间点位置变化而变化的，因此对曲线坐标中的张量求导数必然涉及对基矢量求导数，为此需要引进 Christoffel 符号系统。

Christoffel 假定：基矢量的导数仍然可以用基矢量表示，于是可以将它写成

$$\frac{\partial \boldsymbol{g}_m}{\partial x^n} = \Gamma^j_{mn}\boldsymbol{g}_j = \Gamma_{mnj}\boldsymbol{g}^j \tag{2.90}$$

式中：Γ_{mnj} 和 Γ^j_{mn} 分别称为第一类和第二类 Christoffel 符号。由于

$$\frac{\partial \boldsymbol{g}_m}{\partial x^n} = \frac{\partial}{\partial x^n}\left(\frac{\partial \boldsymbol{r}}{\partial x^m}\right) = \frac{\partial}{\partial x^m}\left(\frac{\partial \boldsymbol{r}}{\partial x^n}\right) = \frac{\partial \boldsymbol{g}_n}{\partial x^m} \tag{2.91}$$

因此有

$$\Gamma^j_{mn} = \Gamma^j_{nm} \tag{2.92}$$

$$\Gamma_{mnj} = \Gamma_{nmj} \tag{2.93}$$

即第一类 Christoffel 符号关于前两个下标对称，而第二类 Christoffel 符号关于两个下标对称。

为求得这两类 Christoffel 符号，需要用到对度量张量的坐标偏导数，即

$$\begin{aligned}
\frac{\partial g_{mn}}{\partial x^j} &= \frac{\partial}{\partial x^j}(\boldsymbol{g}_m\cdot\boldsymbol{g}_n) = \boldsymbol{g}_m\cdot\frac{\partial \boldsymbol{g}_n}{\partial x^j} + \frac{\partial \boldsymbol{g}_m}{\partial x^j}\cdot\boldsymbol{g}_n = \Gamma_{njk}\boldsymbol{g}^k\cdot\boldsymbol{g}_m + \Gamma_{mjk}\boldsymbol{g}^k\cdot\boldsymbol{g}_n \\
&= \Gamma_{njk}\delta^k_m + \Gamma_{mjk}\delta^k_n = \Gamma_{njm} + \Gamma_{mjn}
\end{aligned} \tag{2.94}$$

循环置换下标可得

$$\frac{\partial g_{nj}}{\partial x^m} = \Gamma_{jmn} + \Gamma_{nmj} \tag{2.95}$$

$$\frac{\partial g_{jm}}{\partial x^n} = \Gamma_{mnj} + \Gamma_{jnm} \tag{2.96}$$

将式(2.95)与式(2.96)相加，然后减去式(2.94)，即得

$$\Gamma_{mnj} = \frac{1}{2}\left(\frac{\partial g_{nj}}{\partial x^m} + \frac{\partial g_{mj}}{\partial x^n} - \frac{\partial g_{mn}}{\partial x^j}\right) \tag{2.97}$$

即第一类 Christoffel 符号是度量张量偏导数的函数。

第二类 Christoffel 符号可以通过度量张量的升降指标作用获得，即

$$\Gamma^k_{mn} = g^{jk}\Gamma_{mnj} \tag{2.98}$$

或

$$\Gamma^k_{mn} = \frac{1}{2}g^{jk}\left(\frac{\partial g_{nj}}{\partial x^m} + \frac{\partial g_{mj}}{\partial x^n} - \frac{\partial g_{mn}}{\partial x^j}\right) \tag{2.99}$$

同样，第一类 Christoffel 符号也可以通过度量张量对第二类 Christoffel 符号降指标获得，即

$$\Gamma_{mnk} = g_{jk}\Gamma^j_{mn} \tag{2.100}$$

逆变基矢的偏导数可以通过对关系 $\boldsymbol{g}_i \cdot \boldsymbol{g}^j = \delta^j_i$ 求偏导获得，即

$$\boldsymbol{g}_{i,k} \cdot \boldsymbol{g}^j + \boldsymbol{g}_i \cdot \boldsymbol{g}^j_{,k} = 0 \tag{2.101}$$

于是有

$$\boldsymbol{g}_i \cdot \boldsymbol{g}^j_{,k} = -\boldsymbol{g}_{i,k} \cdot \boldsymbol{g}^j = -\Gamma^n_{ik}\boldsymbol{g}_n \cdot \boldsymbol{g}^j = -\Gamma^n_{ik}\delta^j_n = -\Gamma^j_{ik} \tag{2.102}$$

由此得

$$\frac{\partial \boldsymbol{g}^j}{\partial x^k} = -\Gamma^j_{ik}\boldsymbol{g}^i \tag{2.103}$$

在张量求导计算中，常常会用到度量张量行列式根号对坐标的偏导数，即$\frac{\partial\sqrt{g}}{\partial x^m}$，下面给出其计算公式

$$\frac{\partial g}{\partial x^m} = \frac{\partial g}{\partial g_{jr}}\frac{\partial g_{jr}}{\partial x^m} \tag{2.104}$$

由式(2.45)，有

$$\frac{\partial g}{\partial g_{jr}} = g g^{jr} \tag{2.105}$$

将式(2.105)代入式(2.104)，并利用度量张量的求导式(2.94)，得

$$\frac{\partial g}{\partial x^m} = g g^{jr}(\Gamma_{mjr} + \Gamma_{mrj}) = g(\Gamma^j_{mj} + \Gamma^r_{mr}) = 2g\Gamma^j_{jm} \tag{2.106}$$

或

$$\Gamma^j_{jm} = \frac{1}{2g}\frac{\partial g}{\partial x^m} = \frac{\partial}{\partial x^m}\ln\sqrt{g} \tag{2.107}$$

于是得

$$\frac{\partial\sqrt{g}}{\partial x^m} = \sqrt{g}\,\Gamma^j_{jm} \tag{2.108}$$

下面给出张量的协变导数。

考虑一个矢量场 $\boldsymbol{V}$，在曲线坐标下有

$$\boldsymbol{V} = v^i\boldsymbol{g}_i = v_i\boldsymbol{g}^i \tag{2.109}$$

求该矢量的第一式对坐标 x^i 的偏导数，则有

$$\frac{\partial \boldsymbol{V}}{\partial x^j}=\frac{\partial v^i}{\partial x^j}\boldsymbol{g}_i+v^i\frac{\partial \boldsymbol{g}_i}{\partial x^j} \tag{2.110}$$

将式(2.90)代入式(2.110)，得

$$\frac{\partial \boldsymbol{V}}{\partial x^j}=\frac{\partial v^i}{\partial x^j}\boldsymbol{g}_i+v^i\boldsymbol{\Gamma}_{ij}^k\boldsymbol{g}_k=\left(\frac{\partial v^k}{\partial x^j}+v^i\boldsymbol{\Gamma}_{ij}^k\right)\boldsymbol{g}_k=\nabla_j v^k\boldsymbol{g}_k \tag{2.111}$$

式中：$\nabla_j v^k$ 为矢量$\frac{\partial \boldsymbol{V}}{\partial x^j}$在坐标线切线方向的分量，称为一阶逆变分量 v^k 的协变导数，即

$$\nabla_j v^k=\frac{\partial v^k}{\partial x^j}+v^i\boldsymbol{\Gamma}_{ij}^k \tag{2.112}$$

同样，对式(2.109)第二式对坐标 x^i 求偏导数，则有

$$\frac{\partial \boldsymbol{V}}{\partial x^j}=\frac{\partial v_i}{\partial x^j}\boldsymbol{g}^i+v_i\frac{\partial \boldsymbol{g}^i}{\partial x^j} \tag{2.113}$$

将式(2.103)代入式(2.113)，得

$$\frac{\partial \boldsymbol{V}}{\partial x^j}=\frac{\partial v_i}{\partial x^j}\boldsymbol{g}^i-v_i\boldsymbol{\Gamma}_{jk}^i\boldsymbol{g}^k=\left(\frac{\partial v_k}{\partial x^j}-v_i\boldsymbol{\Gamma}_{jk}^i\right)\boldsymbol{g}^k=\nabla_j v_k\boldsymbol{g}^k \tag{2.114}$$

式中：$\nabla_j v_k$ 为矢量$\frac{\partial \boldsymbol{V}}{\partial x^j}$在逆变基矢 $\boldsymbol{g}^k$ 方向的分量，称为一阶协变分量 v_k 的协变导数，即

$$\nabla_j v_k=\frac{\partial v_k}{\partial x^j}-v_i\boldsymbol{\Gamma}_{jk}^i \tag{2.115}$$

在笛卡尔坐标系情况下，由于 $g_{ij}=\delta_{ij}$，$\boldsymbol{\Gamma}_{ijk}=\boldsymbol{\Gamma}_{jk}^i=0$，故协变导数即为普通偏导数。不难证明：$\nabla_j v_k$ 和$\nabla_j v^k$ 都满足二阶张量分量的坐标变换律，但矢量$\frac{\partial \boldsymbol{V}}{\partial x^j}$并不是二阶张量。于是定义矢量 $\boldsymbol{V}$ 的绝对微商如下

$$\nabla\boldsymbol{V}=\boldsymbol{g}^j\frac{\partial \boldsymbol{V}}{\partial x^j}=\nabla_j v_i\boldsymbol{g}^j\boldsymbol{g}^i=\nabla_j v^i\boldsymbol{g}^j\boldsymbol{g}_i \tag{2.116}$$

它是二阶张量，其中∇为 Hamilton 算子，即

$$\nabla=\boldsymbol{g}^j\frac{\partial}{\partial x^j} \tag{2.117}$$

利用绝对微商可以将式(2.117)推广到任意高阶张量 $\boldsymbol{T}$，即

$$\nabla\boldsymbol{T}=\boldsymbol{g}^j\frac{\partial}{\partial x^j}\boldsymbol{T} \tag{2.118}$$

例如，考虑如下高阶张量

$$\boldsymbol{T}=T^{i\cdots j}{}_{k\cdots l}\sqrt{g}^{-q}\boldsymbol{g}_i\cdots\boldsymbol{g}_j\boldsymbol{g}^k\cdots\boldsymbol{g}^l \tag{2.119}$$

对它绝对微商，则有

$$\begin{aligned}\nabla\boldsymbol{T}&=\boldsymbol{g}^r\frac{\partial}{\partial x^r}\left(T^{i\cdots j}{}_{k\cdots l}\sqrt{g}^{-q}\boldsymbol{g}_i\cdots\boldsymbol{g}_j\boldsymbol{g}^k\cdots\boldsymbol{g}^l\right)\\&=\boldsymbol{g}^r\frac{\partial}{\partial x^r}\left(T^{i\cdots j}{}_{k\cdots l}\right)\sqrt{g}^{-q}\boldsymbol{g}_i\cdots\boldsymbol{g}_j\boldsymbol{g}^k\cdots\boldsymbol{g}^l+\boldsymbol{g}^rT^{i\cdots j}{}_{k\cdots l}\frac{\partial}{\partial x^r}\left(\sqrt{g}^{-q}\right)\boldsymbol{g}_i\cdots\boldsymbol{g}_j\boldsymbol{g}^k\cdots\boldsymbol{g}^l+\end{aligned}$$

$$\boldsymbol{g}^r T^{i\cdots j}_{k\cdots l}\sqrt{g}^{-q}\left(\frac{\partial \boldsymbol{g}_i}{\partial x^r}\boldsymbol{g}_j\cdots\boldsymbol{g}^k\cdots\boldsymbol{g}^l+\boldsymbol{g}_i\cdots\frac{\partial \boldsymbol{g}_j}{\partial x^r}\boldsymbol{g}^k\cdots\boldsymbol{g}^l+\cdots+\boldsymbol{g}_i\cdots\boldsymbol{g}_j\boldsymbol{g}^k\cdots\frac{\partial \boldsymbol{g}^l}{\partial x^r}\right) \tag{2.120}$$

将协变及逆变基矢导数公式式(2.90)、式(2.103)以及式(2.108)代入式(2.120)，有

$$\nabla \boldsymbol{T}=\left[\frac{\partial}{\partial x^r}(T^{i\cdots j}_{k\cdots l})-q\Gamma^s_{sr}T^{i\cdots j}_{k\cdots l}+\Gamma^i_{rs}T^{s\cdots j}_{k\cdots l}+\cdots+\Gamma^j_{rs}T^{i\cdots s}_{k\cdots l}-\Gamma^s_{rk}T^{i\cdots j}_{s\cdots l}-\cdots-\Gamma^s_{rl}T^{i\cdots j}_{k\cdots s}\right]\cdot$$
$$\sqrt{g}^{-q}\boldsymbol{g}^r\boldsymbol{g}_i\cdots\boldsymbol{g}_j\boldsymbol{g}^k\cdots\boldsymbol{g}^l=(\nabla_r T^{i\cdots j}_{k\cdots l})\sqrt{g}^{-q}\boldsymbol{g}^r\boldsymbol{g}_i\cdots\boldsymbol{g}_j\boldsymbol{g}^k\cdots\boldsymbol{g}^l \tag{2.121}$$

显而易见，式(2.121)是比张量 $\boldsymbol{T}$ 高一阶的张量。式中

$$\nabla_r T^{i\cdots j}_{k\cdots l}=\frac{\partial}{\partial x^r}(T^{i\cdots j}_{k\cdots l})-q\Gamma^s_{sr}T^{i\cdots j}_{k\cdots l}+\Gamma^i_{rs}T^{s\cdots j}_{k\cdots l}+\cdots+\Gamma^j_{rs}T^{i\cdots s}_{k\cdots l}-\Gamma^s_{rk}T^{i\cdots j}_{s\cdots l}-\cdots-\Gamma^s_{rl}T^{i\cdots j}_{k\cdots s} \tag{2.122}$$

它称为 $\boldsymbol{T}$ 张量分量 $T^{i\cdots j}_{k\cdots l}$ 的协变导数。

同样，利用度量张量升降指标的作用，可以从协变导数求导逆变导数，即

$$\nabla^s T^{i\cdots j}_{k\cdots l}=g^{rs}\nabla_r T^{i\cdots j}_{k\cdots l} \tag{2.123}$$

几个基本张量的协变导数如下。

(1)度量张量的协变导数。

根据张量协变导数公式(2.122)，有

$$\nabla_k g_{ij}=\frac{\partial g_{ij}}{\partial x^k}-g_{pj}\Gamma^p_{ik}-g_{ip}\Gamma^p_{jk} \tag{2.124}$$

由于

$$\frac{\partial g_{ij}}{\partial x^k}=\Gamma_{ikj}+\Gamma_{jki}=g_{pj}\Gamma^p_{ik}+g_{pi}\Gamma^p_{jk} \tag{2.125}$$

所以有

$$\nabla_k g_{ij}=0 \tag{2.126}$$

同理也有

$$\nabla_k g^{ij}=0 \tag{2.127}$$

(2)Eddington 张量的协变导数。

由式(2.122)可得

$$\nabla_r \epsilon^{ijk}=\frac{\partial \epsilon^{ijk}}{\partial x^r}+\epsilon^{sjk}\Gamma^i_{sr}+\epsilon^{isk}\Gamma^j_{sr}+\epsilon^{ijs}\Gamma^k_{sr} \tag{2.128}$$

利用式(2.60)和式(2.108)，式(2.128)第一项为

$$\frac{\partial \epsilon^{ijk}}{\partial x^r}=e^{ijk}\frac{\partial}{\partial x^r}\left(\frac{1}{\sqrt{g}}\right)=-e^{ijk}\frac{1}{g}\frac{\partial\sqrt{g}}{\partial x^r}=-e^{ijk}\frac{\Gamma^s_{sr}}{\sqrt{g}}=-\epsilon^{ijk}\Gamma^s_{sr} \tag{2.129}$$

再改写式(2.128)，有

$$\nabla_r \epsilon^{ijk}=\frac{\partial \epsilon^{ijk}}{\partial x^r}+\epsilon^{ijk}(\Gamma^i_{ir}+\Gamma^j_{jr}+\Gamma^k_{kr})=\frac{\partial \epsilon^{ijk}}{\partial x^r}+\epsilon^{ijk}\Gamma^s_{sr}=-\epsilon^{ijk}\Gamma^s_{sr}+\epsilon^{ijk}\Gamma^s_{sr}=0 \tag{2.130}$$

同理也有

$$\nabla_r \epsilon_{ijk}=0 \tag{2.131}$$

2.7 张量的时间导数

同其他物理量一样，任一张量 $\boldsymbol{T}$ 也有物质描述和空间描述两种方法，即

$$\boldsymbol{T}=\boldsymbol{T}(X^i,\ t) \tag{2.132}$$

和

$$\boldsymbol{T}=\boldsymbol{T}(x^i,\ t) \tag{2.133}$$

张量的物质导数是保持物质坐标 X^i 不变的情况下对时间 t 求导。它反映的是张量 $\boldsymbol{T}$ 在某质点处的变化率，以符号$\dfrac{\mathrm{D}\boldsymbol{T}}{\mathrm{D}t}$表示。

对瞬时构形下的空间描述，张量 $\boldsymbol{T}$ 采用式(2.133)的形式，于是其物质导数可以写为

$$\frac{\mathrm{D}\boldsymbol{T}}{\mathrm{D}t}=\frac{\partial\boldsymbol{T}}{\partial t}+\frac{\partial\boldsymbol{T}}{\partial x^r}\frac{\mathrm{d}x^r}{\mathrm{d}t} \tag{2.134}$$

式中：$\dfrac{\mathrm{d}x^r}{\mathrm{d}t}$是在 X^i 保持不变情况下 x^r 对时间求导数，因此为质点的速度 v^r。式中右边第一项是在空间坐标不变时对时间求偏导数，它描述空间某点的张量随时间的变化率，称为当地导数；而第二项是物质导数的迁移部分，称为迁移导数，它是由于不均匀的张量场 $\boldsymbol{T}(x^i,\ t)$ 中质点的运动引起的。

考虑如下形式的张量

$$\boldsymbol{T}=T^{ij}_{\cdot\cdot kl}\sqrt{g}^{\,-q}\boldsymbol{g}_i\boldsymbol{g}_j\boldsymbol{g}^k\boldsymbol{g}^l \tag{2.135}$$

根据张量导数公式(2.121)，有

$$\frac{\partial\boldsymbol{T}}{\partial x^r}=\nabla_r T^{ij}_{\cdot\cdot kl}\sqrt{g}^{\,-q}\boldsymbol{g}_i\boldsymbol{g}_j\boldsymbol{g}^k\boldsymbol{g}^l \tag{2.136}$$

将它们代入物质导数公式(2.134)，得

$$\frac{\mathrm{D}\boldsymbol{T}}{\mathrm{D}t}=\left[\frac{\partial T^{ij}_{\cdot\cdot kl}}{\partial t}+v^r\ \nabla_r T^{ij}_{\cdot\cdot kl}\right]\sqrt{g}^{\,-q}\boldsymbol{g}_i\boldsymbol{g}_j\boldsymbol{g}^k\boldsymbol{g}^l=\frac{\mathrm{D}T^{ij}_{\cdot\cdot kl}}{\mathrm{D}t}\sqrt{g}^{\,-q}\boldsymbol{g}_i\boldsymbol{g}_j\boldsymbol{g}^k\boldsymbol{g}^l \tag{2.137}$$

式中：

$$\frac{\mathrm{D}T^{ij}_{\cdot\cdot kl}}{\mathrm{D}t}=\frac{\partial T^{ij}_{\cdot\cdot kl}}{\partial t}+v^r\ \nabla_r T^{ij}_{\cdot\cdot kl} \tag{2.138}$$

称它为张量分量 $T^{ij}_{\cdot\cdot kl}$的物质导数。

如质点加速度 $\boldsymbol{a}$ 为质点速度 $\boldsymbol{v}$ 的物质导数，即

$$\begin{aligned}\boldsymbol{a}&=\frac{\mathrm{D}\boldsymbol{V}}{\mathrm{D}t}=\frac{\partial\boldsymbol{V}}{\partial t}+v^r\ \frac{\partial\boldsymbol{V}}{\partial x^r}=\left(\frac{\partial v^i}{\partial t}+v^r\ \nabla_r v^i\right)\boldsymbol{g}_i\\&=\left(\frac{\partial v^i}{\partial t}+v^r\ \frac{\partial v^i}{\partial x^r}+v^r v^s\Gamma^i_{rs}\right)\boldsymbol{g}_i=\left(\frac{\mathrm{d}v^i}{\mathrm{d}t}+v^r v^s\Gamma^i_{rs}\right)\boldsymbol{g}_i\end{aligned} \tag{2.139}$$

由此得加速度的逆变分量为

$$a^i=\frac{\mathrm{D}v^i}{\mathrm{D}t}=\frac{\mathrm{d}v^i}{\mathrm{d}t}+v^r v^s\Gamma^i_{rs} \tag{2.140}$$

其中

$$\frac{\mathrm{d}v^i}{\mathrm{d}t}=\frac{\partial v^i}{\partial t}+v^r\ \frac{\partial v^i}{\partial x^r} \tag{2.141}$$

由加速度公式(2. 140)可以看出，质点加速度是由两部分构成的，第一部分为质点的速度分量是随时间变化引起的，第二部分是由坐标线的弯曲引起的。

同样可以得到加速度的协变分量，即

$$\begin{aligned}\boldsymbol{a} &= \frac{\mathrm{D}\boldsymbol{V}}{\mathrm{D}t} = \left(\frac{\partial v_i}{\partial t} + v^r \nabla_r v_i\right)\boldsymbol{g}^i \\ &= \left(\frac{\partial v_i}{\partial t} + v^r \frac{\partial v_i}{\partial x^r} - v^r v_s \boldsymbol{\Gamma}_{ri}^s\right)\boldsymbol{g}^i = \left(\frac{\mathrm{d}v_i}{\mathrm{d}t} - v^r v_s \boldsymbol{\Gamma}_{ri}^s\right)\boldsymbol{g}^i \end{aligned} \tag{2. 142}$$

由此得

$$a_i = \frac{\mathrm{d}v_i}{\mathrm{d}t} - v^r v_s \boldsymbol{\Gamma}_{ri}^s \tag{2. 143}$$

及

$$\frac{\mathrm{d}v_i}{\mathrm{d}t} = \frac{\partial v_i}{\partial t} + v^r \frac{\partial v_i}{\partial x^r} \tag{2. 144}$$

练习与思考

1. 试验证关系式 $\boldsymbol{g}_j = g_{ji}\boldsymbol{g}^i$ 或 $\boldsymbol{g}^i = g^{ij}\boldsymbol{g}_j$。

2. 已知 v_k 为一矢量的协变分量，试证明：$\dfrac{\partial v_m}{\partial x^n} - \dfrac{\partial v_n}{\partial x^m}$为一反对称二阶张量的协变分量。

3. 已知 $\boldsymbol{a}$、$\boldsymbol{b}$ 为矢量，试用指标方法证明：$\boldsymbol{a} \cdot (\boldsymbol{a} \times \boldsymbol{b}) = 0$。

4. 已知 A_i、B_i 和 C_{ij}为张量，试用坐标变换的方法证明下面各式为张量，并给出张量的阶数：①$C_{ij}C_{ij}$；②$A_iC_{ij}A_j$；③B_iA_j；④$C_{ij}B_j$；⑤$C_{ij}B_k$。

5. 已知任意二阶张量 $\boldsymbol{T}$ 及其转置 $\boldsymbol{T}^{\mathrm{T}}$，及其任意矢量 $\boldsymbol{u}$，求证 $\boldsymbol{T} \cdot \boldsymbol{u} = \boldsymbol{u} \cdot \boldsymbol{T}^{\mathrm{T}}$。

6. 已知 $\boldsymbol{Q}$ 为正交张量，$\boldsymbol{u}$ 和 $\boldsymbol{v}$ 为任意矢量，求证$(\boldsymbol{Q} \cdot \boldsymbol{u}) \cdot (\boldsymbol{Q} \cdot \boldsymbol{v}) = \boldsymbol{u} \cdot \boldsymbol{v}$。

7. 已知球坐标系(r, θ, φ)，求 Christoffel 符号分量。

8. 抛物柱面坐标 x^k 和直角坐标 z^k 之间的关系为

$$z^1 = a(x^1 - x^2),\ z^2 = 2a\sqrt{x^1x^2},\ z^3 = x^3$$

这里 a 是常数。试求：

①基矢量和度量张量；

②求第一类和第二类 Christoffel 符号分量。

9. 圆环坐标 x^k 和直角坐标 z^k 之间的关系为

$$z^1 = \frac{a\sinh x^1\cos x^3}{\cosh x^1 - \cos x^2},\ z^2 = \frac{a\sinh x^1\sin x^3}{\cosh x^1 - \cos x^2},\ z^3 = \frac{a\sin x^2}{\cosh x^1 - \cos x^2}$$

这里 a 是常数。试求：

①基矢量和度量张量；

②求第一类和第二类 Christoffel 符号分量。

10. 给定一组协变基矢量 $\boldsymbol{g}_1 = (0, 1, 1)^{\mathrm{T}}$，$\boldsymbol{g}_2 = (2, 0, 0)^{\mathrm{T}}$，$\boldsymbol{g}_3 = (1, 1, 0)^{\mathrm{T}}$，试求：

①逆变基矢 $\boldsymbol{g}^1$，$\boldsymbol{g}^2$，$\boldsymbol{g}^3$；

②度量张量 g^{ij}；

③若在协变基矢下，矢量 $\boldsymbol{a}$ 的逆变分量为$(p, q, r)^{\mathrm{T}}$，求该矢量在逆变基矢下的协变分量。

第 3 章　连续介质变形分析

3.1　基本概念

研究连续介质域内的变形必须遵从局部作用原理，即连续介质一点处的变形只与该质点无限小领域内各质点间的相对运动有关，而与有限距离质点的运动无关。研究的内容包括参考坐标系的选择、构形的描述以及变形的度量等。

连续介质可以看成是所谓“质点”构成的一个集合 Ω_x。这里的“质点”是指构成连续介质的某一无限小的物质部分，即微元体。而所谓“点”则是指占据空间某一确定位置的几何点。假定集合 Ω_x 的每一个质点占有确定的空间位置，而 Ω_x 的每一个空间点也恰被一个质点所占据。质点与空间点的这种对应关系是双向单值的，即集合 Ω_x 对应的空间域内充满着连续介质。

连续介质集合 Ω_x 在空间所占据的域称为构形，任意瞬时的构形记为χ。连续介质构形随时间的变化称为运动或流动。塑性力学中的流动则带有引起永久变形的运动的含义。

连续介质变形则是指已经变形的构形相对于初始（未变形）的自然构形的改变。运动不一定产生变形，只有当连续介质域中各质点间有相对运动时才产生变形。因此，研究构形的变形就是确定由初始构形到变形构形间的相对运动，以得到变形场的合适描述。此外，研究变形时，强调的是初始构形与瞬时构形间的相对关系，不去注意中间构形或是经过了怎样的路径才从初始构形达到的瞬时构形。

研究连续介质变形的前提条件是选取一个适当的参考坐标系，并在此基础上选择某一特定瞬时的构形作为参考构形χ_0 去考察构形的运动变化。参考构形的选取是任意的，不失一般性，可以取 $t=0$ 时刻或未变形构形作为参考构形。为方便起见，可以选择一个固定的笛卡尔坐标系，参考构形中的质点 p 在此固定的笛卡尔坐标系中以大写字母 $\boldsymbol{X}(X_1, X_2, X_3)$ 表示。不论物体以后怎样运动，该质点在参考构形中的坐标是确定不变的。因此，这类坐标又可以看成是识别各个“质点”的标记，所以称 $\boldsymbol{X}(X_1, X_2, X_3)$ 为物质坐标或 Lagrange 坐标，简称物质坐标为 $\boldsymbol{X}$ 的质点为质点 $\boldsymbol{X}$。

另一方面，在 t 瞬时，质点 $\boldsymbol{X}$ 运动到了新的空间点位置，记为 $\boldsymbol{x}(x_1, x_2, x_3)$。显然，$\boldsymbol{x}$ 随质点的物质坐标 $\boldsymbol{X}$ 和时间 t 而变化，因此有

$$\boldsymbol{x}=\boldsymbol{x}(\boldsymbol{X}, t) \tag{3.1}$$

坐标 $\boldsymbol{x}$ 则可作为识别“空间点”的标记，在不同的时刻它们由不同的质点 $\boldsymbol{X}$ 所占据，因此也称 $\boldsymbol{x}$ 为空间坐标或 Eular 坐标。

通常连续介质集合 Ω_x 的参考构形和瞬时构形要用不同的坐标系来确定，如图 3－1 所示。相对于描述初始构形的固定的物质坐标系 $\boldsymbol{X}$，空间坐标 $\boldsymbol{x}$ 常常是随物体一起运动拖带坐标系。

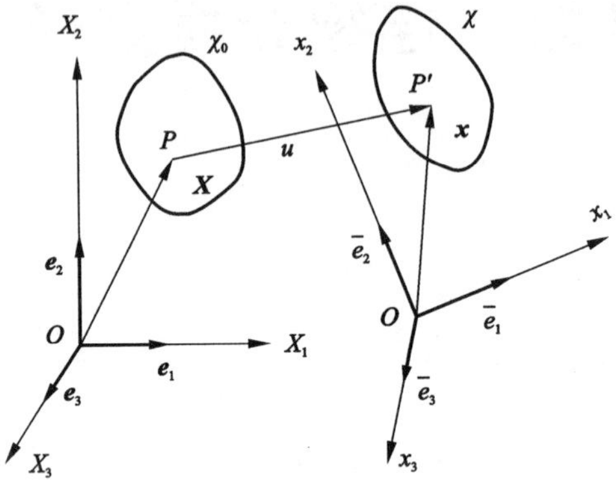

图 3－1 物质坐标与空间坐标

在连续介质力学中，物理量或力学量可以用物质坐标 $\boldsymbol{X}$ 为自变量描述，称为物质描述，又称为 Lagrange 描述；也可以用空间坐标 $\boldsymbol{x}$ 为自变量描述，称为空间描述，又称为 Eular 描述。前者可以给出任意质点在任意瞬时的物理力学量的变化值，这样所有质点的信息就给出了连续介质场的充分描述。而后者则给出的是任意空间位置点在任意瞬时的物理力学量的变化值，显然，不同瞬时该空间点将被不同的质点所占据。在研究运动学或大变形连续介质力学时，往往采用 Lagrange 描述较为简单；而研究动力学或是小变形连续介质力学时，往往采用 Eular 描述较为简单。

Lagrange 描述和 Eular 描述在一定条件下是可以互换的。假设某物理量的空间描述为

$$f=f(\boldsymbol{x},\ t) \tag{3.2}$$

将式(3.1)代入式(3.2)，便可以将空间描述变换成物质描述，即

$$g=f[\boldsymbol{x}(\boldsymbol{X},\ t),\ t]=g(\boldsymbol{X},\ t) \tag{3.3}$$

同样，如果式(3.1)的函数为单值、连续，并存在一阶连续偏导数，且其 Jacobian(雅可比)行列式在给定的域中满足

$$J=\left|\frac{\partial x_i}{\partial X_J}\right|>0 \tag{3.4}$$

就存在唯一的反函数

$$\boldsymbol{X}=\boldsymbol{X}(\boldsymbol{x},\ t) \tag{3.5}$$

于是，某物理量 g 的物质描述式(3.2)，又可以将式(3.5)逆变换为原来的空间描述形式，即

$$g=g[\boldsymbol{X}(\boldsymbol{x},\ t),\ t]=f(\boldsymbol{x},\ t) \tag{3.6}$$

为了区别不同坐标系的张量表示，物质坐标系中(参考构形)的物理力学张量的分量，其下标习惯上采用大写字母，如 I, J, K 等；而空间坐标系中(瞬时构形)的物理力学张量的分量，其下标习惯上采用小写字母，如 i, j, k 等。有些张量(如混变张量)同时联系着初始构形与瞬时构形，则其下标为混合形式，既有小写字母下标，又有大写字母下标。

3.2 变形梯度

对工程类学生而言，为便于理解，采用同一个笛卡尔坐标系既作为物质坐标系也作为空间坐标系，如图 3 -2 所示。

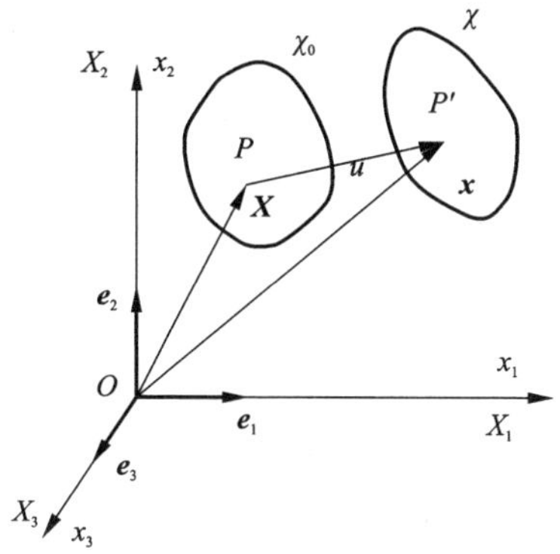

图 3 -2　采用同一坐标系的参考构形与瞬时构形描述

为研究连续介质变形，在初始构形上考虑两个无限接近的质点 $\boldsymbol{X}$ 和 $\boldsymbol{X}+\mathrm{d}\boldsymbol{X}$。经过变形后其矢径差已经从 $\mathrm{d}\boldsymbol{X}$ 变成为 $\mathrm{d}\boldsymbol{x}$，则在瞬时构形中，它们分别占有空间位置 $\boldsymbol{x}$ 和 $\boldsymbol{x}+\mathrm{d}\boldsymbol{x}$。

根据式(3.1)，可以得到

$$\boldsymbol{x}+\mathrm{d}\boldsymbol{x}=\boldsymbol{x}(\boldsymbol{X}+\mathrm{d}\boldsymbol{X},\ t) \tag{3.7}$$

由图 3 -2 可知，质点 $\boldsymbol{X}$ 相对于参考构形的位移为

$$\boldsymbol{u}=\boldsymbol{x}(\boldsymbol{X},\ t)-\boldsymbol{X} \tag{3.8}$$

写成分量形式，则有

$$u_i=x_i-X_I \tag{3.9}$$

将式(3.7)在($\boldsymbol{X}$, t)处用泰勒级数展开，并忽略二阶以上小量，有

$$\mathrm{d}\boldsymbol{x}=\frac{\partial \boldsymbol{x}}{\partial \boldsymbol{X}}\mathrm{d}\boldsymbol{X} \tag{3.10}$$

写成分量形式，式(3.10)成为

$$\mathrm{d}x_i=\frac{\partial x_i}{\partial X_J}\mathrm{d}X_J \tag{3.11}$$

定义变形梯度张量为

$$\boldsymbol{F}=\frac{\partial \boldsymbol{x}}{\partial \boldsymbol{X}}=\begin{bmatrix}\dfrac{\partial x_1}{\partial X_1} & \dfrac{\partial x_1}{\partial X_2} & \dfrac{\partial x_1}{\partial X_3}\\ \dfrac{\partial x_2}{\partial X_1} & \dfrac{\partial x_2}{\partial X_2} & \dfrac{\partial x_2}{\partial X_3}\\ \dfrac{\partial x_3}{\partial X_1} & \dfrac{\partial x_3}{\partial X_2} & \dfrac{\partial x_3}{\partial X_3}\end{bmatrix} \tag{3.12}$$

它是一个二阶张量，其分量可表示为

$$F_{iJ}=\frac{\partial x_i}{\partial X_J}=x_{i,J} \tag{3.13}$$

将式(3.9)代入式(3.13)，则有

$$F_{iJ}=\delta_{iJ}+u_{i,J} \tag{3.14}$$

其中

$$u_{i,J}=\frac{\partial u_i}{\partial X_J} \tag{3.15}$$

于是，可以将式(3.10)写成

$$\mathrm{d}\boldsymbol{x}=\boldsymbol{F}\mathrm{d}\boldsymbol{X} \tag{3.16}$$

由此可见，变形梯度反映了质点 $\boldsymbol{X}$ 邻域的相对运动。

此外，变形梯度的行列式

$$J=\det\boldsymbol{F}\neq 0 \tag{3.17}$$

称为 Jacobian(雅可比)行列式，它给出了质点 $\boldsymbol{X}$ 邻域无限小单元的瞬时构形与参考构形的体积比。

变形梯度张量 $\boldsymbol{F}$ 为非奇异张量，因此具有逆张量 $\boldsymbol{F}^{-1}$，其分量为

$$F_{Ji}^{-1}=\frac{\partial X_J}{\partial x_i}=\delta_{Ji}-u_{J,i} \tag{3.18}$$

尽管变形梯度张量 $\boldsymbol{F}$ 反映了质点 $\boldsymbol{X}$ 邻域的相对运动，但它并不是反映实际变形程度的合适度量。事实上，能作为变形程度度量的量必须排除刚体运动效果，即刚体运动时它应该保持不变，而变形梯度张量 $\boldsymbol{F}$ 不满足这个条件。例如，考察物体绕 z 轴作刚体转动的情况，如图 3-3 所示。

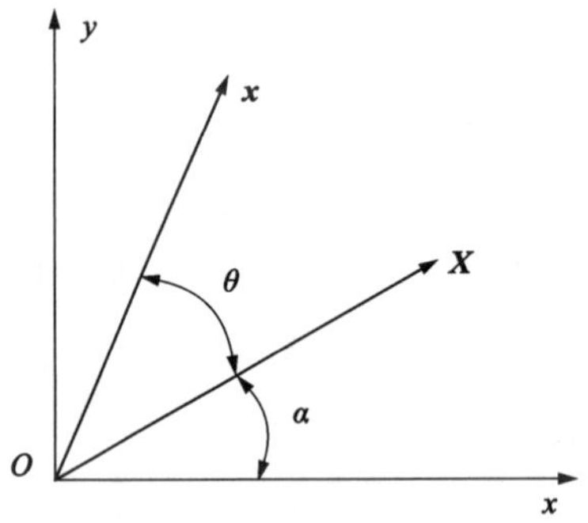

图 3-3 绕 z 轴作刚体转动

此时，由坐标变换关系得

$$\begin{cases}x=X\cos\theta-Y\sin\theta\\ y=X\sin\theta+Y\cos\theta\\ z=Z\end{cases} \tag{3.19}$$

由式(3.12)计算得

$$\boldsymbol{F}=\frac{\partial \boldsymbol{x}}{\partial \boldsymbol{X}}=\begin{bmatrix}\cos\theta & -\sin\theta & 0\\ \sin\theta & \cos\theta & 0\\ 0 & 0 & 1\end{bmatrix}\neq \text{const} \tag{3.20}$$

这说明变形梯度包含了质点 $\boldsymbol{X}$ 邻域的变形与转动。因此，必须将变形梯度分解为反映变形和转动的两个相继过程部分。

根据张量的极分解定理，非奇异方阵 $\boldsymbol{F}$ 可唯一地分解为下面两个乘积之一，即

$$\boldsymbol{F}=\boldsymbol{R}\boldsymbol{U} \tag{3.21}$$

$$\boldsymbol{F}=\boldsymbol{V}\boldsymbol{R} \tag{3.22}$$

式中：$\boldsymbol{R}$ 为正交矩阵，它满足

$$\boldsymbol{R}^{\mathrm{T}}\boldsymbol{R}=\boldsymbol{R}\boldsymbol{R}^{\mathrm{T}}=1 \tag{3.23}$$

而 $\boldsymbol{U}$ 和 $\boldsymbol{V}$ 为正定对称矩阵。由于 $\boldsymbol{R}$ 反映了质点 $\boldsymbol{X}$ 邻域绕过 $\boldsymbol{X}$ 的瞬时转动轴作刚体转动，因而 $\boldsymbol{U}$ 和 $\boldsymbol{V}$ 反映了质点 $\boldsymbol{X}$ 邻域的变形。

表示纯变形的张量 $\boldsymbol{U}$ 和 $\boldsymbol{V}$ 由于它们在极分解时分别位于转动矩阵 $\boldsymbol{R}$ 的右边和左边，故分别称其为右 Cauchy - Green 伸长张量和左 Cauchy - Green 伸长张量。这两种伸长张量间的关系，由式(3.21)与式(3.22)可得

$$\boldsymbol{U}=\boldsymbol{R}^{\mathrm{T}}\boldsymbol{V}\boldsymbol{R} \tag{3.24}$$

$$\boldsymbol{V}=\boldsymbol{R}\boldsymbol{U}\boldsymbol{R}^{\mathrm{T}} \tag{3.25}$$

定义可以用变形梯度 $\boldsymbol{F}$ 直接表示的左、右 Cauchy - Green 张量，它们也反映了质点 $\boldsymbol{X}$ 邻域的纯变形的效应。

$$\boldsymbol{B}=\boldsymbol{F}\boldsymbol{F}^{\mathrm{T}}=\boldsymbol{V}\boldsymbol{R}\boldsymbol{R}^{\mathrm{T}}\boldsymbol{V}^{\mathrm{T}}=\boldsymbol{V}\boldsymbol{V}^{\mathrm{T}}=\boldsymbol{V}^2 \tag{3.26}$$

$$\boldsymbol{C}=\boldsymbol{F}^{\mathrm{T}}\boldsymbol{F}=\boldsymbol{U}^{\mathrm{T}}\boldsymbol{R}^{\mathrm{T}}\boldsymbol{R}\boldsymbol{U}=\boldsymbol{U}^{\mathrm{T}}\boldsymbol{U}=\boldsymbol{U}^2 \tag{3.27}$$

式中：$\boldsymbol{B}$ 为左 Cauchy - Green 张量；$\boldsymbol{C}$ 为右 Cauchy - Green 张量。它们的分量形式可由式(3.13)得到

$$B_{ij}=F_{iK}F_{jK}=\frac{\partial x_i}{\partial X_K}\frac{\partial x_j}{\partial X_K} \tag{3.28}$$

$$C_{IJ}=F_{kI}F_{kJ}=\frac{\partial x_k}{\partial X_I}\frac{\partial x_k}{\partial X_J} \tag{3.29}$$

3.3　有限变形

首先考虑微线元长度平方问题。

在物质坐标下，质点 p 的位置矢量 $\boldsymbol{X}$ 为

$$\boldsymbol{X}=X_K\boldsymbol{I}_K \tag{3.30}$$

其无限小矢量可表示为

$$\mathrm{d}\boldsymbol{X}=\mathrm{d}X_K\boldsymbol{I}_K \tag{3.31}$$

于是在物质坐标下，一段微元的长度平方为

$$\mathrm{d}S^2=\mathrm{d}\boldsymbol{X}\cdot\mathrm{d}\boldsymbol{X}=\mathrm{d}X_K\mathrm{d}X_L\boldsymbol{I}_K\cdot\boldsymbol{I}_L=\delta_{KL}\mathrm{d}X_K\mathrm{d}X_L=\mathrm{d}X_K\mathrm{d}X_K \tag{3.32}$$

同样，在空间坐标下，质点 p'的位置矢量 $\boldsymbol{x}$

$$\boldsymbol{x}=x_k\boldsymbol{i}_k \tag{3.33}$$

其无限小矢量可表示为

$$\mathrm{d}\boldsymbol{x}=\mathrm{d}x_k\boldsymbol{i}_k \tag{3.34}$$

于是在空间坐标下，一段微元的长度平方为

$$\mathrm{d}s^2=\mathrm{d}\boldsymbol{x}\cdot\mathrm{d}\boldsymbol{x}=\mathrm{d}x_k\mathrm{d}x_l\boldsymbol{i}_k\cdot\boldsymbol{i}_l=\delta_{kl}\mathrm{d}x_k\mathrm{d}x_l=\mathrm{d}x_k\mathrm{d}x_k \tag{3.35}$$

一个微元体的变形，除了有线段长度的改变之外，还有线段间角度的改变。因此考虑参考构形内任一质点 p 与 p 邻域内的另外两个质点 p_1 和 p_2，它们分别构成无限小的物质线元 pp_1 和 pp_2，并分别用矢量 $\mathrm{d}\boldsymbol{X}$ 和 $\delta\boldsymbol{X}$ 表示，如图 3－4 所示。两矢量间的夹角为 θ_0，长度分别为 $\mathrm{d}s_0$ 和 δs_0，其方向余弦分别为 $N_I=\dfrac{\mathrm{d}X_I}{\mathrm{d}s_0}$和 $M_I=\dfrac{\delta X_I}{\delta s_0}$。

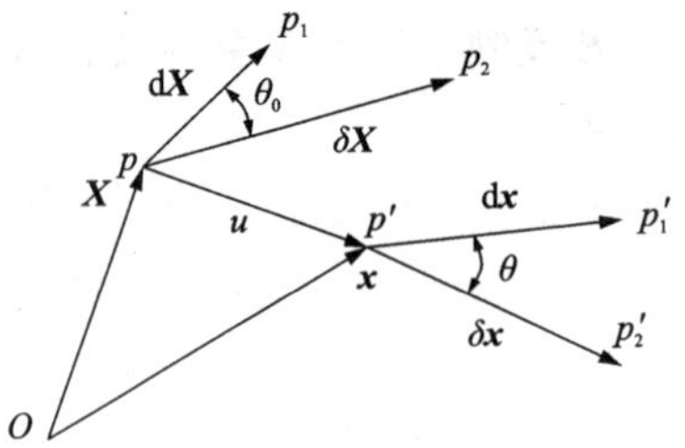

图 3－4　p 点邻域的运动

经过时间段 t 的变形后，质点 p 位移到 p'，质点 p_1 位移到 p_1'，质点 p_2 位移到 p_2'。此刻在瞬时构形上，物质线元 $p'p_1'$和 $p'p_2'$分别用矢量 $\mathrm{d}\boldsymbol{x}$ 和 $\delta\boldsymbol{x}$ 表示，此两矢量间的夹角变为 θ，长度分别变为 $\mathrm{d}s$ 和 δs，其方向余弦分别变为 $n_i=\dfrac{\mathrm{d}x_i}{\mathrm{d}s}$和 $m_i=\dfrac{\delta x_i}{\delta s}$。

变形后与变形前此两矢量标积之差可以反映该 p 质点邻域的变形程度，即

$$\mathrm{d}\boldsymbol{x}^{\mathrm{T}}\delta\boldsymbol{x}-\mathrm{d}\boldsymbol{X}^{\mathrm{T}}\delta\boldsymbol{X}=\mathrm{d}\boldsymbol{X}^{\mathrm{T}}(\boldsymbol{F}^{\mathrm{T}}\boldsymbol{F}-\boldsymbol{I})\delta\boldsymbol{X}=2\mathrm{d}\boldsymbol{X}^{\mathrm{T}}\boldsymbol{E}\delta\boldsymbol{X} \tag{3.36}$$

式(3.36)是在参考构形下观察到的 p 质点邻域的变形，写成分量形式有

$$\mathrm{d}x_k\delta x_k-\mathrm{d}X_K\delta X_K=2E_{IJ}\mathrm{d}X_I\delta X_J \tag{3.37}$$

另一方面，也可以在瞬时构形下观察 p 质点邻域的变形，此时有

$$\mathrm{d}\boldsymbol{x}^{\mathrm{T}}\delta\boldsymbol{x}-\mathrm{d}\boldsymbol{X}^{\mathrm{T}}\delta\boldsymbol{X}=\mathrm{d}\boldsymbol{x}^{\mathrm{T}}[\boldsymbol{I}-(\boldsymbol{F}\boldsymbol{F}^{\mathrm{T}})^{-1}]\delta\boldsymbol{x}=2\mathrm{d}\boldsymbol{x}^{\mathrm{T}}\boldsymbol{e}\delta\boldsymbol{x} \tag{3.38}$$

写成分量形式有

$$\mathrm{d}x_k\delta x_k-\mathrm{d}X_K\delta X_K=2e_{ij}\mathrm{d}x_i\delta x_j \tag{3.39}$$

如果 p 质点无限小邻域作刚体运动，则三角形元素 pp_1p_2 在运动中不改变其形状和大小，于是式(3.36)和式(3.38)左边之值为零，则必有 $\boldsymbol{E}=0$ 和 $\boldsymbol{e}=0$。因此，量纲为一的量 $\boldsymbol{E}$ 和 $\boldsymbol{e}$ 满足作为一点邻域变形程度度量的必要条件，它们分别是

$$\boldsymbol{E}=\frac{1}{2}(\boldsymbol{F}^{\mathrm{T}}\boldsymbol{F}-\boldsymbol{I}) \tag{3.40}$$

$$\boldsymbol{e}=\frac{1}{2}[\boldsymbol{I}-(\boldsymbol{F}\boldsymbol{F}^{\mathrm{T}})^{-1}] \tag{3.41}$$

式中：$\boldsymbol{E}$ 和 $\boldsymbol{e}$ 分别为基于初始构形描述的应变张量和基于瞬时构形描述的应变张量，前者称为 Green 应变张量，后者称为 Almansi 应变张量，它们都是二阶对称张量。

将式(3.40)和式(3.41)写成分量形式则有

$$E_{IJ}=\frac{1}{2}(F_{kI}F_{kJ}-\delta_{IJ})=\frac{1}{2}\left(\frac{\partial x_k}{\partial X_I}\frac{\partial x_k}{\partial X_J}-\delta_{IJ}\right) \tag{3.42}$$

$$e_{ij}=\frac{1}{2}[\delta_{ij}-F_{Ki}^{-1}F_{Kj}^{-1}]=\frac{1}{2}\left[\delta_{ij}-\frac{\partial X_K}{\partial x_i}\frac{\partial X_K}{\partial x_j}\right] \tag{3.43}$$

利用式(3.14)，上面两式还可以用位移分量表示如下：

$$E_{IJ}=\frac{1}{2}\left(\frac{\partial u_I}{\partial X_J}+\frac{\partial u_J}{\partial X_I}+\frac{\partial u_k}{\partial X_I}\frac{\partial u_k}{\partial X_J}\right) \tag{3.44}$$

$$e_{ij}=\frac{1}{2}\left[\frac{\partial u_i}{\partial x_j}+\frac{\partial u_j}{\partial x_i}-\frac{\partial u_K}{\partial x_i}\frac{\partial u_K}{\partial x_j}\right] \tag{3.45}$$

从几何意义上来说，Green 应变 $\boldsymbol{E}$ 是以变形前的构形为基准(所谓物质描述)，刚体转动不影响此基准；而 Almansi 应变 $\boldsymbol{e}$ 则是以变形后构形为基准(所谓空间描述)，刚体转动显然影响变形后的构形。因此，刚体转动时 $\boldsymbol{E}$ 不变，而 $\boldsymbol{e}$ 要变化。

在小应变和小转动情况下，以上应变张量可以线性化简化。为此，将变形梯度 $\boldsymbol{F}$ 分解为

$$\boldsymbol{F}=\boldsymbol{I}+\boldsymbol{\varepsilon}+\boldsymbol{\Omega} \tag{3.46}$$

其中

$$\boldsymbol{\varepsilon}=\frac{1}{2}(\boldsymbol{F}+\boldsymbol{F}^{\mathrm{T}})-\boldsymbol{I} \tag{3.47}$$

$$\boldsymbol{\Omega}=\frac{1}{2}(\boldsymbol{F}-\boldsymbol{F}^{\mathrm{T}}) \tag{3.48}$$

显然，$\boldsymbol{\varepsilon}$ 为对称张量，$\boldsymbol{\Omega}$ 为反对称张量，即 $\boldsymbol{\Omega}^{\mathrm{T}}=-\boldsymbol{\Omega}$，于是有

$$\boldsymbol{C}=\boldsymbol{F}^{\mathrm{T}}\boldsymbol{F}=(\boldsymbol{I}+\boldsymbol{\varepsilon}-\boldsymbol{\Omega})(\boldsymbol{I}+\boldsymbol{\varepsilon}+\boldsymbol{\Omega})=\boldsymbol{I}+\boldsymbol{\varepsilon}^2+2\boldsymbol{\varepsilon}-\boldsymbol{\Omega}^2 \tag{3.49}$$

因此，有

$$\boldsymbol{E}=\frac{1}{2}(\boldsymbol{C}-\boldsymbol{I})=\frac{1}{2}(2\boldsymbol{\varepsilon}+\boldsymbol{\varepsilon}^2-\boldsymbol{\Omega}^2)=\boldsymbol{\varepsilon}+\frac{1}{2}(\boldsymbol{\varepsilon}^2-\boldsymbol{\Omega}^2) \tag{3.50}$$

由于 $\boldsymbol{\Omega}$ 为与 $\boldsymbol{\varepsilon}$ 同阶或更高阶的小量，于是 $\boldsymbol{\varepsilon}^2$ 与 $\boldsymbol{\Omega}^2$ 项均可以略去，有

$$\boldsymbol{E}\approx\boldsymbol{\varepsilon} \tag{3.51}$$

以及

$$\boldsymbol{B}=\boldsymbol{V}^2=\boldsymbol{F}\boldsymbol{F}^{\mathrm{T}}\approx\boldsymbol{I}+2\boldsymbol{\varepsilon} \tag{3.52}$$

$$\boldsymbol{C}=\boldsymbol{U}^2=\boldsymbol{F}^{\mathrm{T}}\boldsymbol{F}\approx\boldsymbol{I}+2\boldsymbol{\varepsilon} \tag{3.53}$$

在与式(3.51)同阶的近似条件下，有

$$\boldsymbol{V}\approx\boldsymbol{I}+\boldsymbol{\varepsilon} \tag{3.54}$$

$$\boldsymbol{U}\approx\boldsymbol{I}+\boldsymbol{\varepsilon} \tag{3.55}$$

而

$$\boldsymbol{U}^{-1}\approx\boldsymbol{I}-\boldsymbol{\varepsilon} \tag{3.56}$$

于是

$$\boldsymbol{R}=\boldsymbol{F}\boldsymbol{U}^{-1}\approx(\boldsymbol{I}+\boldsymbol{\varepsilon}+\boldsymbol{\Omega})\cdot(\boldsymbol{I}-\boldsymbol{\varepsilon})\approx\boldsymbol{I}+\boldsymbol{\Omega} \tag{3.57}$$

因此，与应变 $\boldsymbol{\varepsilon}$ 相比，在转动 $\boldsymbol{\Omega}$ 为同阶或更高阶小量的情况下，Green 应变张量 $\boldsymbol{E}$ 就等于线性化应变张量 $\boldsymbol{\varepsilon}$，而 $\boldsymbol{R}-\boldsymbol{I}$ 就等于线性化转动张量 $\boldsymbol{\Omega}$。此时，应变与转动分量的公式就线性化为

$$E_{IJ}=\frac{1}{2}\left(\frac{\partial u_I}{\partial X_J}+\frac{\partial u_J}{\partial X_I}\right) \tag{3.58}$$

$$\Omega_{IJ}=\frac{1}{2}\left(\frac{\partial u_I}{\partial X_J}-\frac{\partial u_J}{\partial X_I}\right) \tag{3.59}$$

下面给出连续介质单元体积与面积的变化。

(1)体积变化。

为了求连续介质变形过程中 p 质点邻域内体积的改变，过 p 点取三个不在同一平面内的物质线元 $\mathrm{d}\boldsymbol{X}$，$\delta\boldsymbol{X}$ 和 $\Delta\boldsymbol{X}$，由它们构成平行六面体，则该六面体的体积为

$$\mathrm{d}V_0=\mathrm{d}\boldsymbol{X}\cdot(\delta\boldsymbol{X}\times\Delta\boldsymbol{X})=e_{LMN}\mathrm{d}X_L\delta X_M\Delta X_N \tag{3.60}$$

变形后，该六面体的体积为

$$\begin{aligned}\mathrm{d}V&=\mathrm{d}\boldsymbol{x}\cdot(\delta\boldsymbol{x}\times\Delta\boldsymbol{x})=e_{ijk}\mathrm{d}x_i\delta x_j\Delta x_k=e_{ijk}F_{iL}F_{jM}F_{kN}\mathrm{d}X_L\delta X_M\Delta X_N\\&=Je_{LMN}\mathrm{d}X_L\delta X_M\Delta X_N=J\mathrm{d}V_0\end{aligned} \tag{3.61}$$

即变形后与变形前的体积之比就等于雅可比行列式 J。式(3.61)用到了下面的行列式公式

$$e_{ijk}F_{iL}F_{jM}F_{kN}=(\det\boldsymbol{F})e_{LMN}=Je_{LMN} \tag{3.62}$$

(2)面积变化。

变形过程中面元的改变，可以考察变形前由物质线元 $\mathrm{d}\boldsymbol{X}$ 和 $\delta\boldsymbol{X}$ 构成的平行四边形的面积矢量，即

$$\mathrm{d}\boldsymbol{A}=\mathrm{d}\boldsymbol{X}\times\delta\boldsymbol{X} \tag{3.63}$$

其分量形式为

$$\mathrm{d}A_L=e_{LMN}\mathrm{d}X_M\delta X_N \tag{3.64}$$

而变形后面元的改变为

$$\mathrm{d}\boldsymbol{a}=\mathrm{d}\boldsymbol{x}\times\delta\boldsymbol{x} \tag{3.65}$$

其分量形式为

$$\mathrm{d}a_i=e_{ijk}\mathrm{d}x_j\delta x_k=e_{ijk}F_{jM}F_{kN}\mathrm{d}X_M\delta X_N \tag{3.66}$$

式(3.66)两边同乘以 F_{iL}，并注意到式(3.62)，得

$$F_{iL}\mathrm{d}a_i=Je_{LMN}\mathrm{d}X_M\delta X_N=J\mathrm{d}A_L \tag{3.67}$$

于是得

$$\mathrm{d}a_i=JF_{Li}^{-1}\mathrm{d}A_L=J\frac{\partial X_L}{\partial x_i}\mathrm{d}A_L \tag{3.68}$$

或矢量表示为

$$\mathrm{d}\boldsymbol{a}=J(\boldsymbol{F}^{-1})^{\mathrm{T}}\mathrm{d}\boldsymbol{A} \tag{3.69}$$

反之也有

$$\mathrm{d}\boldsymbol{A}=\frac{1}{J}\boldsymbol{F}^{\mathrm{T}}\mathrm{d}\boldsymbol{a} \tag{3.70}$$

3.4 应变分析

物体一点的应变状态可以有多种变量形式，它们是从不同观察角度定义的、且等效的状态变量。

(1)应变张量。

应变张量 $\boldsymbol{\varepsilon}$ 描述一点的应变状态时可以采用任意直角坐标系中的应变分量 ε_{ij}来表示，即

$$\boldsymbol{\varepsilon} = \varepsilon_{ij}\boldsymbol{e}_i\boldsymbol{e}_j \tag{3.71}$$

这里 $\boldsymbol{e}_i(i=1, 2, 3)$是笛卡尔坐标基矢量，式中

$$\varepsilon_{ij} = \begin{bmatrix} \varepsilon_{11} & \varepsilon_{21} & \varepsilon_{31} \\ \varepsilon_{12} & \varepsilon_{22} & \varepsilon_{32} \\ \varepsilon_{13} & \varepsilon_{23} & \varepsilon_{33} \end{bmatrix} \tag{3.72}$$

或

$$\varepsilon_{ij} = \begin{bmatrix} \varepsilon_{11} & \frac{1}{2}\gamma_{21} & \frac{1}{2}\gamma_{31} \\ \frac{1}{2}\gamma_{12} & \varepsilon_{22} & \frac{1}{2}\gamma_{32} \\ \frac{1}{2}\gamma_{13} & \frac{1}{2}\gamma_{23} & \varepsilon_{33} \end{bmatrix} \tag{3.73}$$

称为笛卡尔坐标下的应变张量，它是与坐标轴平行的三个微元面上的 9 个应变分量。

(2)工程应变。

应变张量是对称张量，即一点的应变状态实际上只需要 6 个分量便可以确定。因此，我们将这 6 个独立的分量按工程应力同样的指标顺序排列成一个六维的列矢量，同时采用剪应变定义，则

$$\varepsilon_I = \{\varepsilon_1, \varepsilon_2, \varepsilon_3, \varepsilon_4, \varepsilon_5, \varepsilon_6\}^{\mathrm{T}} \tag{3.74}$$

或

$$\varepsilon_I = \{\varepsilon_1, \varepsilon_2, \varepsilon_3, \gamma_{23}, \gamma_{31}, \gamma_{12}\}^{\mathrm{T}} \tag{3.75}$$

这里 $\varepsilon_I(I=1, 2, \cdots, 6)$可以看成是六维空间中的一个矢量，称为工程应变。

(3)主应变和应变张量不变量。

与主应力分析类似，在应变主微元面上，只有正应变存在，而无剪应变。则该正应变对应的状态称为主应变状态，即

$$\boldsymbol{\varepsilon} = \varepsilon_1\boldsymbol{e}_1\boldsymbol{e}_1 + \varepsilon_2\boldsymbol{e}_2\boldsymbol{e}_2 + \varepsilon_3\boldsymbol{e}_3\boldsymbol{e}_3 \tag{3.76}$$

这里，$\boldsymbol{e}_1$，$\boldsymbol{e}_2$，$\boldsymbol{e}_3$ 为三个主平面单位法向量，并且主应变

$$\varepsilon_i = \begin{bmatrix} \varepsilon_1 & 0 & 0 \\ 0 & \varepsilon_2 & 0 \\ 0 & 0 & \varepsilon_3 \end{bmatrix} \tag{3.77}$$

主应变 ε_i 求解它等价于下列展开式

$$\varepsilon^3 - I_1'\varepsilon^2 + I_2'\varepsilon - I_3' = 0 \tag{3.78}$$

式中：

$$I_1' = \varepsilon_{kk} = \varepsilon_{11} + \varepsilon_{22} + \varepsilon_{33} \tag{3.79}$$

$$I_2' = \frac{1}{2}(\varepsilon_{ij}\varepsilon_{ji} - \varepsilon_{ii}\varepsilon_{jj}) \tag{3.80}$$

$$I_3' = \frac{1}{6}e_{ijk}e_{pqr}\varepsilon_{ip}\varepsilon_{jq}\varepsilon_{kr} \tag{3.81}$$

式(3.78)有三个实根，通常以 ε_1，ε_2，ε_3 表示，这就是三个主应变。而 I_1'，I_2'，I_3'则分别称为应变张量的第一、第二和第三不变量。在各向同性条件下，主应力轴与主应变轴是一致的。同样值得注意的是，应变张量不变量也可以作为一点应变状态的描述，且它们也具有体积变形和纯剪切变形等明确的物理意义。

(4)最大剪应变。

与应力分析完全相似的关系，最大剪应变的三组方程的解分别为

$$\gamma_1 = \varepsilon_2 - \varepsilon_3 \tag{3.82}$$

$$\gamma_2 = \varepsilon_1 - \varepsilon_3 \tag{3.83}$$

$$\gamma_3 = \varepsilon_1 - \varepsilon_2 \tag{3.84}$$

(5)偏应变张量与球张量。

偏应变张量定义为

$$e_{ji} = \varepsilon_{ij} - \frac{1}{3}\varepsilon_{kk}\delta_{ij} \quad i \neq j \tag{3.85}$$

其中，体积应变

$$\theta = \varepsilon_{kk} \tag{3.86}$$

(6)主偏应变和偏应变张量不变量。

偏应变张量类似偏应力张量，其主值为

$$e_i = \varepsilon_i - \frac{1}{3}\varepsilon_{kk} \tag{3.87}$$

它满足以下三次方程

$$e^3 - J_1'e^2 + J_2'e - J_3' = 0 \tag{3.88}$$

式中：

$$J_1' = e_{kk} = 0 \tag{3.89}$$

$$J_2' = \frac{1}{2}e_{ij}e_{ji} \tag{3.90}$$

$$J_3' = \frac{1}{3}e_{ij}e_{jk}e_{ki} \tag{3.91}$$

这里，J_1'，J_2'，J_3'分别称为偏应变张量的第一、第二和第三不变量。其中，偏应变张量第二不变量在塑性力学中尤为重要，即

$$\begin{aligned} J_2' &= \frac{1}{6}[(e_1 - e_2)^2 + (e_2 - e_3)^2 + (e_3 - e_1)^2 + 6(e_{12}^2 + e_{23}^2 + e_{31}^2)] \\ &= \frac{1}{6}\left[(\varepsilon_1 - \varepsilon_2)^2 + (\varepsilon_2 - \varepsilon_3)^2 + (\varepsilon_3 - \varepsilon_1)^2 + \frac{3}{2}(\gamma_{12}^2 + \gamma_{23}^2 + \gamma_{31}^2)\right] \end{aligned} \tag{3.92}$$

(7)八面体上的应变。

主应变空间的八面体平面上的应变分析和应力分析相同，于是有

八面体上的正应变为

$$\varepsilon_{\text{oct}} = \frac{1}{3}\varepsilon_{kk} = \frac{1}{3}(\varepsilon_{11} + \varepsilon_{22} + \varepsilon_{33}) \tag{3.93}$$

八面体上的剪应变为

$$\gamma_{\text{oct}} = \frac{2}{3}[(\varepsilon_1 - \varepsilon_2)^2 + (\varepsilon_2 - \varepsilon_3)^2 + (\varepsilon_3 - \varepsilon_1)^2]^{\frac{1}{2}} \tag{3.94}$$

由此可见，八面体上的正应变等效于应变张量的第一不变量；而八面体上的剪应变为等效于偏应变张量的第二不变量。

八面体上的剪应变用应变偏量第二不变量表示为

$$\gamma_{oct}=\frac{2\sqrt{2}}{\sqrt{3}}\sqrt{J_2'} \tag{3.95}$$

(8)广义剪应变。

广义剪应变又称应变强度，它定义为

$$\bar{\gamma}=\frac{2}{\sqrt{3}}\sqrt{J_2'}=\sqrt{\frac{2}{9}[(\varepsilon_1-\varepsilon_2)^2+(\varepsilon_2-\varepsilon_3)^2+(\varepsilon_3-\varepsilon_1)^2]} \tag{3.96}$$

(9)π 平面应变。

与应力空间一样，由三个主应变构成的三维空间称为应变空间，它用来描述应变状态，即应变空间中的一点对应着一定的应变状态。在图 3－5 中的等倾线 On，在该线上 $\varepsilon_1=\varepsilon_2=\varepsilon_3$，与此线垂直的平面称为应变 π 平面。

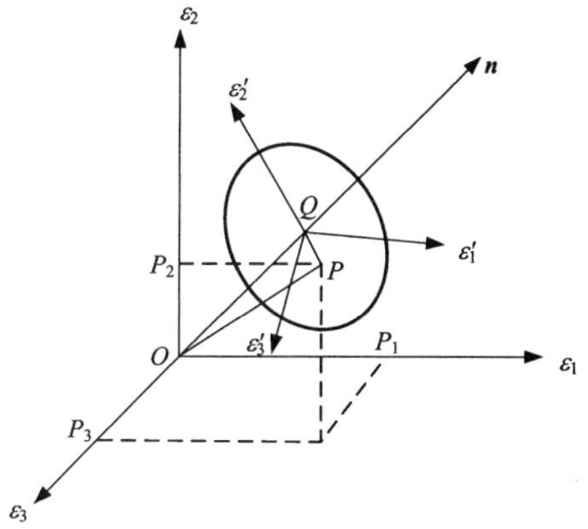

图 3－5　应变空间与应变 π 平面

在 π 平面上，即 $\varepsilon_1+\varepsilon_2+\varepsilon_3=$常数的面上，其法向应变 ε_π 和切向应变 γ_π 分别为

$$\varepsilon_\pi=\frac{\sqrt{3}}{3}(\varepsilon_1+\varepsilon_2+\varepsilon_3) \tag{3.97}$$

$$\gamma_\pi=2\varepsilon_\pi=2\sqrt{2}\sqrt{J_2'} \tag{3.98}$$

式中：J_2'为应变偏量的第二不变量。

(10)Lode 应变。

在应变 π 平面上取极坐标 r_ε，θ_ε，则有

$$r_\varepsilon=\frac{1}{\sqrt{3}}[(\varepsilon_1-\varepsilon_2)^2+(\varepsilon_2-\varepsilon_3)^2+(\varepsilon_3-\varepsilon_1)^2]^{\frac{1}{2}}=\varepsilon_\pi \tag{3.99}$$

$$\tan\theta_\varepsilon=\frac{1}{\sqrt{3}}\frac{2\varepsilon_2-\varepsilon_1-\varepsilon_3}{\varepsilon_1-\varepsilon_3}=\frac{1}{\sqrt{3}}\mu_\varepsilon \tag{3.100}$$

式中：θ_ε，μ_ε 分别称为应变 Lode 角和 Lode 参数。

同样，主应变也可以用 Lode 角和 Lode 参数表示为

$$\begin{cases} \varepsilon_1 = \sqrt{\dfrac{2}{3}} r_\varepsilon \sin\left(\theta_\varepsilon + \dfrac{2}{3}\pi\right) + \varepsilon_m \\ \varepsilon_2 = \sqrt{\dfrac{2}{3}} r_\varepsilon \sin\theta_\varepsilon + \varepsilon_m \\ \varepsilon_3 = \sqrt{\dfrac{2}{3}} r_\varepsilon \sin\left(\theta_\varepsilon - \dfrac{2}{3}\pi\right) + \varepsilon_m \end{cases} \tag{3.101}$$

式中：$\varepsilon_m = \frac{1}{3}(\varepsilon_{11} + \varepsilon_{22} + \varepsilon_{33})$为平均应变。

(11) Haigh – Westergard 应变。

同应力分析一样，Haigh – Westergard 坐标中的ξ'，ρ'和θ'分别为

$$\xi' = \frac{1}{\sqrt{3}} I_1' = \sqrt{3}\varepsilon_{oct} \tag{3.102}$$

$$\rho' = \sqrt{2J_2'} = \frac{\sqrt{3}}{2}\gamma_{oct} \tag{3.103}$$

$$\cos\theta' = \frac{3\varepsilon_1 - I_1'}{2\sqrt{3}\sqrt{J_2'}} \tag{3.104}$$

3.5 形变速率

连续介质的瞬时运动可以由速度场 $\boldsymbol{v}(\boldsymbol{x})$ 来描述。现考虑分别具有瞬时坐标 $\boldsymbol{x}$ 和 $\boldsymbol{x} + \mathrm{d}\boldsymbol{x}$ 的质点 p 和 p_1。质点 p_1 相对于质点 p 的相对速度为

$$\mathrm{d}\boldsymbol{v} = \boldsymbol{L}\mathrm{d}\boldsymbol{x} \tag{3.105}$$

式中：$\boldsymbol{L}$ 称为速度梯度张量

$$\boldsymbol{L} = \frac{\partial \boldsymbol{v}}{\partial \boldsymbol{x}} \tag{3.106}$$

式(3.105)也可以写成分量的形式，即

$$\mathrm{d}v_k = L_{kj}\mathrm{d}x_j \tag{3.107}$$

式中：L_{kj}为速度梯度张量分量

$$L_{kj} = v_{k,j} = \frac{\partial v_k}{\partial x_j} \tag{3.108}$$

速度梯度张量是一个二阶张量。根据张量的数学性质，它可以分解为对称的和反对称的两部分之和，即

$$\boldsymbol{L} = \boldsymbol{V} + \boldsymbol{W} \tag{3.109}$$

或

$$L_{kj} = V_{kj} + W_{kj} \tag{3.110}$$

式中：$\boldsymbol{V}$ 为对称部分，称其为形变率张量。它反映着质点 p 邻域的变形速率，其分量为

$$V_{kj} = \frac{1}{2}(v_{k,j} + v_{j,k}) \tag{3.111}$$

而 $\boldsymbol{W}$ 为反对称部分，称为涡旋张量。它反映着质点 p 邻域的旋转速率，其分量为

$$W_{kj} = \frac{1}{2}(v_{k,j} - v_{j,k}) \tag{3.112}$$

质点 p 领域的旋转速率也可以用角速度矢量 $\boldsymbol{\omega}$ 来描述，即

$$\boldsymbol{\omega} = \frac{1}{2}\mathrm{curl}\boldsymbol{v} \tag{3.113}$$

式(3.113)用分量表示，可以写成

$$\omega_i = \frac{1}{2}e_{ijk}v_{k,j} = \frac{1}{2}e_{ijk}L_{kj} = \frac{1}{2}e_{ijk}W_{kj} \tag{3.114}$$

式(3.114)推导用到了排列张量 e_{ijk} 与对称张量 V_{kj} 之积为零的结果。

显然有

$$\mathrm{div}\boldsymbol{\omega} = \omega_{i,i} = \frac{1}{2}e_{ijk}v_{k,ji} = 0 \tag{3.115}$$

式(3.115)成立是由于 $v_{k,ji}$ 对 j 和 i 是对称的，而 e_{ijk} 对任意两个下标则是反对称的，故式(3.115)对 j 和 i 指标求和时其值为零。

此外，将式(3.114)两边同乘 e_{imn}，并注意到 $e_{imn}e_{ijk} = \delta_{mj}\delta_{nk} - \delta_{mk}\delta_{nj}$ 以及 W_{kj} 的反对称性，可得

$$W_{kj} = e_{ijk}\omega_i \tag{3.116}$$

3.6　应变率

在连续介质力学的许多问题中，人们不只关心介质的形状、大小和位置的改变，还关心这种改变的速率。例如，在流体力学中，人们关心的是瞬时构形中某空间区域的速度场和形变速率场；在黏性体中，应力的大小直接和变形速率有关。然而，在考虑运动的不同构形后，连续介质某质点的物理、力学量的变化速率不仅要涉及其空间域的变化速率，而且要涉及物质域的变化速率。因此，有必要引进关于时间的物质导数的概念。

设在构形 χ 的域中定义一个参量 p，其物质描述记为 $p = p(\boldsymbol{X}, t)$，而空间描述记为 $p = p(\boldsymbol{x}, t)$。参量 p 可以是标量、矢量或者张量及其分量。若要求得参量 p 在 χ 域中任一质点 $\boldsymbol{X}$ 处的时间变化率，就需要将该量的物质描述 $p = p(\boldsymbol{X}, t)$ 对时间求偏导数而保持 $\boldsymbol{X}$ 固定不变，这种导数就称为参量 p 的物质导数，并用在 p 上加一点或符号 $\frac{\mathrm{D}p}{\mathrm{D}t}$ 表示，即

$$\dot{p} = \frac{\mathrm{D}p}{\mathrm{D}t} = \left.\frac{\partial p}{\partial t}\right|_{\boldsymbol{X}=\mathrm{const}} = \frac{\partial p(\boldsymbol{X}, t)}{\partial t} \tag{3.117}$$

但参量 p 采用空间描述时，可以用复合函数求导数的规则求物质导数，即

$$\frac{\mathrm{D}p}{\mathrm{D}t} = \frac{\partial p(\boldsymbol{x}, t)}{\partial t} + \frac{\partial p(\boldsymbol{x}, t)}{\partial x_i}\frac{\partial x_i(\boldsymbol{X}, t)}{\partial t} \tag{3.118}$$

由于 $\frac{\partial x_i(\boldsymbol{X}, t)}{\partial t} = v_i(\boldsymbol{X}, t)$ 为质点 $\boldsymbol{X}$ 的运动速度，则采用空间描述时，参量 p 的物质导数为

$$\frac{\mathrm{D}p}{\mathrm{D}t} = \frac{\partial p(\boldsymbol{x}, t)}{\partial t} + v_i\frac{\partial p(\boldsymbol{x}, t)}{\partial x_i} \tag{3.119}$$

其中，式(3.119)右边第一项为物质导数的当地变化率部分，被称为当地导数，它描述着空间

某点的参量p随时间的变化率；第二项为物质导数的迁移部分，它是由非均匀参量场$p(\boldsymbol{x},t)$中质点的运动而引起的，被称为迁移导数。

于是连续介质某质点的速度$\boldsymbol{v}$是指质点$\boldsymbol{X}$在空间的位置矢径$\boldsymbol{x}$随时间改变的速度，可用$\boldsymbol{x}$的物质导数表示

$$\boldsymbol{v}=\frac{\mathrm{D}\boldsymbol{x}}{\mathrm{D}t}=\dot{\boldsymbol{x}}=\frac{\partial\boldsymbol{x}(\boldsymbol{X},t)}{\partial t} \tag{3.120}$$

其分量为

$$v_i=\frac{\mathrm{D}x_i}{\mathrm{D}t}=\dot{x}_i=\frac{\partial x_i(\boldsymbol{X},t)}{\partial t} \tag{3.121}$$

同样，连续介质某质点的加速度$\boldsymbol{a}$则为某质点$\boldsymbol{X}$的速度$\boldsymbol{v}$对时间的变化率，可用$\boldsymbol{v}$的物质导数表示

$$\boldsymbol{a}=\frac{\mathrm{D}\boldsymbol{v}}{\mathrm{D}t}=\dot{\boldsymbol{v}}=\frac{\partial\boldsymbol{v}(\boldsymbol{X},t)}{\partial t}=\frac{\partial\boldsymbol{v}(\boldsymbol{x},t)}{\partial t}+v_i\frac{\partial\boldsymbol{v}(\boldsymbol{x},t)}{\partial x_i} \tag{3.122}$$

或

$$\boldsymbol{a}=\frac{\partial\boldsymbol{v}(\boldsymbol{x},t)}{\partial t}+(\boldsymbol{v}\cdot\nabla)\boldsymbol{v}(\boldsymbol{x},t) \tag{3.123}$$

其中，$\nabla=\frac{\partial}{\partial x_i}\boldsymbol{e}_i$为Hamilton算子；$\boldsymbol{e}_i$为笛卡尔坐标轴方向的单位矢量。加速度$\boldsymbol{a}$的分量可以写为

$$a_i=\frac{\mathrm{D}v_i}{\mathrm{D}t}=\frac{\partial v_i(\boldsymbol{X},t)}{\partial t}=\frac{\partial v_i(\boldsymbol{x},t)}{\partial t}+v_k\frac{\partial v_i(\boldsymbol{x},t)}{\partial x_k} \tag{3.124}$$

下面给出无限小线元的物质导数。

在质点p领域内取质点p_1和质点p_2，这三点的瞬时坐标分别为$\boldsymbol{x}$，$\boldsymbol{x}+\mathrm{d}\boldsymbol{x}$和$\boldsymbol{x}+\delta\boldsymbol{x}$。质点$p_1$和质点$p_2$相对于质点$p$的速度分别为

$$\mathrm{d}\boldsymbol{v}=\boldsymbol{L}\mathrm{d}\boldsymbol{x} \tag{3.125}$$

$$\mathrm{d}\boldsymbol{v}=\boldsymbol{L}\delta\boldsymbol{x} \tag{3.126}$$

其分量形式为

$$\mathrm{d}v_k=v_{k,j}\mathrm{d}x_j \tag{3.127}$$

$$\mathrm{d}v_k=v_{k,j}\delta x_j \tag{3.128}$$

线元的物质导数是

$$\frac{\mathrm{D}}{\mathrm{D}t}(\mathrm{d}x_k)=\frac{\mathrm{D}}{\mathrm{D}t}\left(\frac{\partial x_k}{\partial X_J}\mathrm{d}X_J\right)=\frac{\partial}{\partial X_J}\left(\frac{\mathrm{D}x_k}{\mathrm{D}t}\right)\mathrm{d}X_J=\frac{\partial v_k}{\partial X_J}\mathrm{d}X_J=\mathrm{d}v_k=v_{k,j}\mathrm{d}x_j \tag{3.129}$$

这里，求导数时用到了物质坐标$\boldsymbol{X}$和$\mathrm{d}\boldsymbol{X}$不变的性质。

于是，质点p邻域内相交的二线元标积的物质导数为

$$\frac{\mathrm{D}}{\mathrm{D}t}(\mathrm{d}x_k\delta x_k)=v_{k,j}\mathrm{d}x_j\delta x_k+v_{k,j}\mathrm{d}x_k\delta x_j=(v_{k,j}+v_{j,k})\mathrm{d}x_j\delta x_k=2V_{kj}\mathrm{d}x_j\delta x_k \tag{3.130}$$

将式(3.130)中的瞬时构形坐标$\mathrm{d}x_j$和δx_k用初始构形中的坐标$\mathrm{d}X_P$和δX_Q表示，则有

$$\frac{\mathrm{D}}{\mathrm{D}t}(\mathrm{d}x_k\delta x_k)=2V_{kj}x_{j,P}x_{k,Q}\mathrm{d}X_P\delta X_Q \tag{3.131}$$

由式(3.131)可知，当质点p邻域作刚体运动时，其形变率张量V_{kj}为零。

几个应变张量的物质导数如下。

(1) Green 应变张量物质导数。

由前节可知，Green 应变张量由下式定义

$$\mathrm{d}x_k\delta x_k - \mathrm{d}X_K\delta X_K = 2E_{IJ}\mathrm{d}X_I\delta X_J \tag{3.132}$$

对式(3.132)两边取物质导数，并考虑到求导数时物质坐标 $\boldsymbol{X}$ 和 $\mathrm{d}\boldsymbol{X}$ 不变的性质，得

$$\frac{\mathrm{D}}{\mathrm{D}t}(\mathrm{d}x_k\delta x_k) = 2\frac{\mathrm{D}E_{PQ}}{\mathrm{D}t}\mathrm{d}X_P\delta X_Q \tag{3.133}$$

将它与式(3.131)比较得

$$\frac{\mathrm{D}E_{PQ}}{\mathrm{D}t} = V_{kj}x_{j,P}x_{k,Q} \tag{3.134}$$

由此可见，当质点 p 邻域作刚体运动时，Green 应变张量的物质导数也为零。另外，当瞬时构形与参考构形重合时，即 $x_i = X_I$，有

$$\frac{\mathrm{D}E_{PQ}}{\mathrm{D}t} = V_{PQ} \tag{3.135}$$

(2) Almansi 应变张量物质导数。

由前节可知，Almansi 应变张量为

$$e_{pq} = \frac{1}{2}\left[\delta_{pq} - \frac{\partial X_I\partial X_I}{\partial x_p\,\partial x_q}\right] \tag{3.136}$$

对式(3.136)两边取物质导数，则有

$$\frac{\mathrm{D}e_{pq}}{\mathrm{D}t} = -\frac{1}{2}\left[\frac{\mathrm{D}}{\mathrm{D}t}\left(\frac{\partial X_I}{\partial x_p}\right)\frac{\partial X_I}{\partial x_q} + \frac{\partial X_I}{\partial x_p}\frac{\mathrm{D}}{\mathrm{D}t}\left(\frac{\partial X_I}{\partial x_q}\right)\right] \tag{3.137}$$

又由式(3.119)可知，若参量选择为物质坐标 X_I，则其物质导数可写为

$$\frac{\mathrm{D}X_I}{\mathrm{D}t} = \frac{\partial X_I}{\partial t} + v_p\frac{\partial X_I}{\partial x_p} \tag{3.138}$$

由于物质坐标的物质导数为零，即$\dfrac{\mathrm{D}X_I}{\mathrm{D}t}=0$，于是有

$$\frac{\partial X_I}{\partial t} + v_p\frac{\partial X_I}{\partial x_p} = 0 \tag{3.139}$$

于是有

$$\begin{aligned}\frac{\mathrm{D}}{\mathrm{D}t}\left(\frac{\partial X_I}{\partial x_p}\right) &= \frac{\partial^2 X_I}{\partial x_p\partial t} + v_k\frac{\partial}{\partial x_k}\left(\frac{\partial X_I}{\partial x_p}\right) = \frac{\partial^2 X_I}{\partial x_p\partial t} + \frac{\partial}{\partial x_p}\left(v_k\frac{\partial X_I}{\partial x_k}\right) - \frac{\partial v_k}{\partial x_p}\frac{\partial X_I}{\partial x_k}\\ &= \frac{\partial}{\partial x_p}\left(\frac{\partial X_I}{\partial t} + v_k\frac{\partial X_I}{\partial x_k}\right) - \frac{\partial v_k}{\partial x_p}\left(\frac{\partial X_I}{\partial x_k}\right) = -\frac{\partial v_k}{\partial x_p}\frac{\partial X_I}{\partial x_k}\end{aligned} \tag{3.140}$$

将它代入式(3.137)，再利用式(3.136)简化，则有

$$\frac{\mathrm{D}e_{pq}}{\mathrm{D}t} = \frac{\partial v_k}{\partial x_p}\left(\frac{1}{2}\delta_{kq} - e_{kq}\right) + \frac{\partial v_k}{\partial x_q}\left(\frac{1}{2}\delta_{kp} - e_{kp}\right) = V_{pq} - e_{kq}\frac{\partial v_k}{\partial x_p} - e_{kp}\frac{\partial v_k}{\partial x_q} \tag{3.141}$$

由此可见，当质点 p 邻域作刚体运动时，即 $V_{pq}=0$，但 Almansi 应变张量分量的物质导数并不等于零。因此$\dfrac{\mathrm{D}e_{pq}}{\mathrm{D}t}$不能用于本构方程中作为应变 e_{pq} 的变化率的度量，而$\dfrac{\mathrm{D}E_{PQ}}{\mathrm{D}t}$则可以直接应用于本构方程的建模中，这也是 Lagrange 描述的一个优点。

练习与思考

1. 试推导曲线坐标下的应变。

2. 试求格林应变张量的应变率。

3. 设位移场是物质坐标的齐次线性函数 $u_I=a_{IJ}X_J$，证明：

①变形前的直线，变形后仍为直线；

②变形前相互平行的直线，变形后仍然保持平行；

③变形前的平面，变形后仍为平面；

④变形前相互平行的平面，变形后仍然保持平行。

4. 证明在均匀变形场 $x_i=F_{iJ}X_J$ 中(F_{iJ}为常数)，变形前的球面 $X_IX_I=R^2$，变形后变为椭球面。

5. 设变形场为 $x_1=X_1$，$x_2=X_2+aX_3$，$x_3=X_3+aX_2$，其中 a 为常数。

①计算 Green 应变张量 $\boldsymbol{E}$ 和 Almansi 应变张量 $\boldsymbol{e}$；

②计算 $\mathrm{d}X_2$ 和 $\mathrm{d}X_3$ 伸长应变；

③计算变形前 $\boldsymbol{N}=\left(0,\ \dfrac{\sqrt{3}}{2},\ \dfrac{1}{2}\right)$方向上的伸长，并计算其变形后的方向 $\boldsymbol{n}$；

④对该变形场的变形梯度 $\boldsymbol{F}$ 作极分解，并求 Cauchy - Green 伸长张量 $\boldsymbol{U}$ 及转动张量 $\boldsymbol{R}$。

6. 设变形场为 $x_1=X_1+2X_3$，$x_2=X_2-2X_3$，$x_3=X_3-2X_1+2X_2$，试确定其 Green 应变张量 $\boldsymbol{E}$ 和 Almansi 应变张量 $\boldsymbol{e}$，以及它们的主值和主方向。

7. 设均匀变形场为 $x_1=\sqrt{3}X_1$，$x_2=2X_2$，$x_3=\sqrt{3}X_3-X_2$，求该变形场 Cauchy - Green 伸长张量 $\boldsymbol{U}$ 及转动张量 $\boldsymbol{R}$。

8. 设速度场为 $v_1=\dfrac{x_1}{1+t}$，$v_2=\dfrac{2x_2}{1+t}$，$v_3=\dfrac{3x_3}{1+t}$，其中 x_i 为空间坐标。

①求 Eular 描述的加速度分量；

②求 Lagrange 描述的加速度分量；

③确定位移场 $x_i=x_i(\boldsymbol{X},\ t)$。

9. 对稳定速度场 $\boldsymbol{v}=3x_1^2x_2\boldsymbol{e}_1+2x_2^2x_3\boldsymbol{e}_2+x_1x_2x_3^2\boldsymbol{e}_3$，试求空间点 $P(1,\ 1,\ 1)$在 $\boldsymbol{n}=\dfrac{1}{5}(3\boldsymbol{e}_1-4\boldsymbol{e}_3)$方向的伸长率，以及在两正交方向 $\boldsymbol{n}$ 与 $\boldsymbol{m}=\dfrac{1}{5}(4\boldsymbol{e}_1+3\boldsymbol{e}_3)$之间的剪切率。

10. 给出 Lagrange 描述下的 Green 应变张量与 Euler 描述下的 Almansi 应变张量之间的关系。

11. 假定某初始构形与瞬时构形间的转换关系是

$$x_1=X_1+\frac{\sqrt{2}}{2}X_2,\quad x_2=\frac{\sqrt{2}}{2}X_1+X_2,\quad x_3=X_3$$

其中，$(X_1,\ X_2,\ X_3)$为初始构形点坐标，$(x_1,\ x_2,\ x_3)$为瞬时构形点坐标，试求：

①变形梯度张量 $\boldsymbol{F}$；

②左 Cauchy - Green 张量 $\boldsymbol{B}$；

③右 Cauchy - Green 张量 $\boldsymbol{C}$；

④Green 应变张量 $\boldsymbol{E}$；

⑤Almansi 应变张量 $\boldsymbol{e}$。

12. 连续体内任意点，初始时刻坐标为(X, Y)，经过 t 时刻后变为(x, y)。其中 $x = X + atY$，$y = Y$，试求：

①速度梯度张量 $\boldsymbol{L}$；

②形变率张量 $\boldsymbol{V}$；

③Green 应变率张量 $\dot{\boldsymbol{E}}$。

第 4 章　连续介质应力分析

4.1　应力概念

作用在连续体任意部分上的力可以分为体积力和面积力两种。设想在连续体内任取一体积元 ΔV，并假定作用于此体元上的体积力的合力为 $\Delta \boldsymbol{F}$，则单位质量上的体力 $\boldsymbol{f}$ 取下列比值的极限

$$\boldsymbol{f} = \lim_{\Delta V \to 0} \frac{\Delta \boldsymbol{F}}{\rho \Delta V} = \frac{1}{\rho} \frac{\mathrm{d}\boldsymbol{F}}{\mathrm{d}V} \tag{4.1}$$

式中：ρ 为物体密度。

假设体积力是外部因素引起的，与连续体是否存在于某处无关，因而可以看成是质点瞬时坐标 $\boldsymbol{x}$ 和时间 t 的函数，即

$$\boldsymbol{f} = \boldsymbol{f}(\boldsymbol{x},\ t) \tag{4.2}$$

再设想一个位于连续体内的封闭面 s，其外法线矢量为 $\boldsymbol{n}$，方向由 s 的内部指向外部并垂直于 Δs。由此外法线 $\boldsymbol{n}$，面元 Δs 可以分为正侧和负侧两部分，正侧对应于 $\boldsymbol{n}$ 的正向，负侧则反之。

假设处于 Δs 正侧一边的物质部分对处于 Δs 负侧一边的物质部分的接触作用力为 $\Delta \boldsymbol{P}$，则应力矢量 $\boldsymbol{T}$ 定义为下列比值的极限

$$\boldsymbol{T} = \lim_{\Delta S \to 0} \frac{\Delta \boldsymbol{P}}{\Delta S} = \frac{\mathrm{d}\boldsymbol{P}}{\mathrm{d}S} \tag{4.3}$$

当 s 为连续体的外表面时，$\boldsymbol{T}$ 即为外界作用于连续体的面力。

面积力 $\boldsymbol{T}$ 不仅取决于所处的瞬时界面位置 $\boldsymbol{x}$ 和时间 t，还必须指出其作用面的外法线方向 $\boldsymbol{n}$，即

$$\boldsymbol{T} = \boldsymbol{T}(\boldsymbol{x},\ \boldsymbol{n},\ t) \tag{4.4}$$

根据 Cauchy 应力原理的表达式，有

$$\boldsymbol{T}(\boldsymbol{x},\ -\boldsymbol{n}) = -\boldsymbol{T}(\boldsymbol{x},\ \boldsymbol{n}) \tag{4.5}$$

上式表明，当外法线方向反向时，应力矢量也要反向。

4.2　瞬时构形应力

在瞬时构形中考察一个微小四面体，为方便工程类学生理解仍取笛卡尔坐标如图 4 - 1

所示。假定该微元体的三个正交面为外法线指向坐标轴负方向的坐标面，其上的面力矢量分别以 $\overset{1}{\boldsymbol{T}}(-\boldsymbol{e}_1)$、$\overset{2}{\boldsymbol{T}}(-\boldsymbol{e}_2)$ 和 $\overset{3}{\boldsymbol{T}}(-\boldsymbol{e}_3)$ 表示，这里 $\boldsymbol{e}_i$ 为笛卡尔坐标轴正方向的单位矢量。斜面 ABC 的外法线方向单位矢量为 $\boldsymbol{n}$，其上的面力矢量为 $\boldsymbol{T}$。

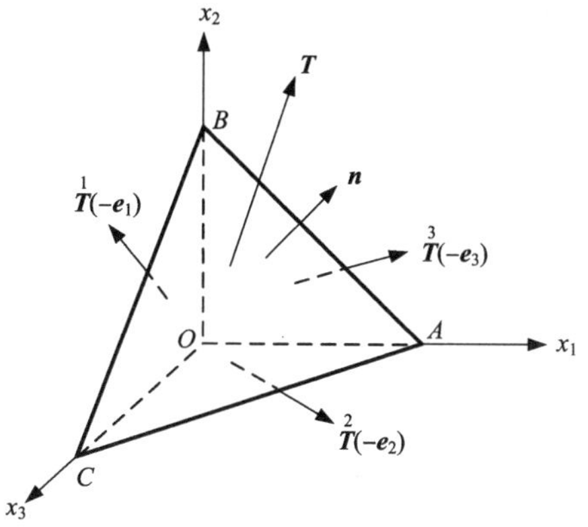

图 4 -1　瞬时构形四面体微元上的应力

根据静力平衡条件，四面体微元表面合力为零(由于四面体原点顶高 $h \to 0$ 故略去体积力和惯性力影响)，即

$$\int_S \boldsymbol{T}\mathrm{d}s = \boldsymbol{T}(\boldsymbol{x},\boldsymbol{n})\mathrm{d}s + \overset{1}{\boldsymbol{T}}(\boldsymbol{x},-\boldsymbol{e}_1)n_1\mathrm{d}s + \overset{2}{\boldsymbol{T}}(\boldsymbol{x},-\boldsymbol{e}_2)n_2\mathrm{d}s + \overset{3}{\boldsymbol{T}}(\boldsymbol{x},-\boldsymbol{e}_3)n_3\mathrm{d}s = 0 \quad (4.6)$$

式中：$\mathrm{d}s$ 为斜截面 ABC 的面积，$n_1\mathrm{d}s$，$n_2\mathrm{d}s$，$n_3\mathrm{d}s$ 分别为三个坐标面的面积。

于是从上式可以得到斜截面应力与正截面应力之间的关系式

$$\boldsymbol{T}(\boldsymbol{n}) = \sum_{i=1}^{3} \overset{i}{\boldsymbol{T}}(\boldsymbol{e}_i)n_i \quad (4.7)$$

另一方面，将正截面上的应力矢量 $\overset{i}{\boldsymbol{T}}(\boldsymbol{e}_i)$ 沿坐标轴方向分解，得

$$\overset{i}{\boldsymbol{T}} = \sigma_{ij}\boldsymbol{e}_j \quad (4.8)$$

式中：σ_{ij} 为 Eular 应力张量，它是一个二阶张量，表示在瞬时构形外法线为 x_i 方向的坐标面元上沿坐标轴 x_j 方向的应力分量。

同样，也可以将斜截面元 ABC 上的应力矢量 $\boldsymbol{T}(\boldsymbol{n})$ 沿坐标轴方向分解，得

$$\boldsymbol{T}(\boldsymbol{n}) = T_j\boldsymbol{e}_j \quad (4.9)$$

将式(4.9)和式(4.8)代入式(4.7)，比较得

$$T_j = \sigma_{ij}n_i \quad (4.10)$$

式(4.10)为 Cauchy 应力定理，其中 σ_{ij} 为瞬时构形下的 Cauchy 应力张量。需要指出的是：不论连续介质是否处于平衡状态，Cauchy 应力原理(4.5)和 Cauchy 应力定理(4.10)均成立。

4.3　应力分析

连续介质一点的应力状态可以有如下几种变量形式。同应变分析一样，它们是从不同观

察角度定义的、且等效的状态。

(1)应力张量。

应力张量 $\boldsymbol{T}$ 描述一点的应力状态时可以采用任意三维直角坐标系中的应力分量 σ_{ij} 来表示，即

$$\boldsymbol{T}=\sigma_{ij}\boldsymbol{e}_i\boldsymbol{e}_j \tag{4.11}$$

这里，$\boldsymbol{e}_i(i=1, 2, 3)$ 是笛卡尔坐标的基矢量，式中

$$\sigma_{ij}=\begin{bmatrix}\sigma_{11} & \sigma_{21} & \sigma_{31}\\ \sigma_{12} & \sigma_{22} & \sigma_{32}\\ \sigma_{13} & \sigma_{23} & \sigma_{33}\end{bmatrix} \tag{4.12}$$

或

$$\sigma_{ij}=\begin{bmatrix}\sigma_{11} & \tau_{21} & \tau_{31}\\ \tau_{12} & \sigma_{22} & \tau_{32}\\ \tau_{13} & \tau_{23} & \sigma_{33}\end{bmatrix} \tag{4.13}$$

称为应力张量，它是与坐标轴平行的三个微元面上的9个应力分量。

(2)工程应力。

根据剪应力互等定律，有

$$\sigma_{ji}=\sigma_{ij} \quad i\neq j \tag{4.14}$$

这说明：应力张量是对称张量，也即一点的应力状态实际上只需要6个应力分量便可以确定。因此，我们将这6个独立的分量按下列指标顺序排列成一个六维的列矢量。

$$11\to1,\ 22\to2,\ 33\to3,\ 23=32\to4,\ 31=13\to5,\ 12=21\to6$$

$$\sigma_I=\{\sigma_1, \sigma_2, \sigma_3, \sigma_4, \sigma_5, \sigma_6\}^{\mathrm{T}} \tag{4.15}$$

或

$$\sigma_I=\{\sigma_1, \sigma_2, \sigma_3, \tau_{23}, \tau_{31}, \tau_{12}\}^{\mathrm{T}} \tag{4.16}$$

则称它为工程应力，它也可以看成是六维空间中的一个矢量。

(3)斜截面应力。

考虑在 x, y, z 坐标空间上的任意倾斜面，其法线 $\boldsymbol{N}$，方向余弦为 l, m, n。此斜截面的合应力 p_N 可以分解为正应力 σ_N 和剪应力 τ_N，即

$$p_N^2=\sigma_N^2+\tau_N^2 \tag{4.17}$$

合应力 p_N 在三个坐标轴上的分量为

$$X_i=\sigma_{ij}n_j \tag{4.18}$$

或

$$\left.\begin{aligned}X&=\sigma_x l+\tau_{xy}m+\tau_{zx}n\\ Y&=\tau_{xy}l+\sigma_y m+\tau_{zy}n\\ Z&=\tau_{xz}l+\tau_{yz}m+\sigma_z n\end{aligned}\right\} \tag{4.19}$$

X, Y, Z 在斜截面法线方向的投影之和，即为该斜截面上的正应力分量

$$\sigma_N=X_i n_i \tag{4.20}$$

或

$$\sigma_N=Xl+Ym+Zn=\sigma_x l^2+\sigma_y m^2+\sigma_z n^2+2\tau_{xy}lm+2\tau_{yz}mn+2\tau_{zx}nl \tag{4.21}$$

(4) 主应力和应力张量不变量。

在主微元面上，只有正应力存在，而无剪应力，则该正应力对应的应力状态称为主应力状态，即

$$\boldsymbol{T}=\sigma_1\boldsymbol{e}_1\boldsymbol{e}_1+\sigma_2\boldsymbol{e}_2\boldsymbol{e}_2+\sigma_3\boldsymbol{e}_3\boldsymbol{e}_3 \tag{4.22}$$

这里，$\boldsymbol{e}_1$，$\boldsymbol{e}_2$，$\boldsymbol{e}_3$ 是三个主平面的单位法向量，式中

$$\sigma_i=\begin{bmatrix}\sigma_1 & 0 & 0\\ 0 & \sigma_2 & 0\\ 0 & 0 & \sigma_3\end{bmatrix} \tag{4.23}$$

在主应力坐标轴上的斜截面合应力 p_N 的三个分量为

$$\left.\begin{aligned}X&=\sigma l\\ Y&=\sigma m\\ Z&=\sigma n\end{aligned}\right\} \tag{4.24}$$

将其代入式(4.19)，可以得到如下三个齐次代数方程

$$\left.\begin{aligned}(\sigma_x-\sigma)l+\tau_{xy}m+\tau_{zx}n&=0\\ \tau_{xy}l+(\sigma_y-\sigma)m+\tau_{zy}n&=0\\ \tau_{xz}l+\tau_{yz}m+(\sigma_z-\sigma)n&=0\end{aligned}\right\} \tag{4.25}$$

此外，法线 $\boldsymbol{N}$ 的三个方向余弦满足

$$l^2+m^2+n^2=1 \tag{4.26}$$

方程(4.25)中未知量 l，m，n 不同时为零的条件是

$$\begin{vmatrix}(\sigma_x-\sigma)l & \tau_{xy}m & \tau_{zx}n\\ \tau_{xy}l & (\sigma_y-\sigma)m & \tau_{zy}n\\ \tau_{xz}l & \tau_{yz}m & (\sigma_z-\sigma)n\end{vmatrix}=0 \tag{4.27}$$

主应力 σ_i 求解它等价于下列展开式

$$\sigma^3-I_1\sigma^2+I_2\sigma-I_3=0 \tag{4.28}$$

式中：

$$I_1=\sigma_{kk}=\sigma_{11}+\sigma_{22}+\sigma_{33} \tag{4.29}$$

$$I_2=\frac{1}{2}(\sigma_{ij}\sigma_{ji}-\sigma_{ii}\sigma_{jj}) \tag{4.30}$$

$$I_3=\frac{1}{6}e_{ijk}e_{pqr}\sigma_{ip}\sigma_{jq}\sigma_{kr} \tag{4.31}$$

这里，e_{ijk} 为三阶排列张量。式(4.28)有三个实根，通常以 σ_1，σ_2，σ_3 表示，这就是三个主应力。而 I_1，I_2，I_3 则分别称为应力张量的第一、第二和第三不变量，尤其值得注意的是，应力张量不变量也可以作为一点应力状态的描述，且它们更具有体积应力和纯剪切应力等的物理意义。

(5) 最大剪应力。

由式(4.17)可得斜截面剪应力为

$$\tau_N^2=p_N^2-\sigma_N^2 \tag{4.32}$$

若用主应力坐标表示，则有

$$\tau_n^2=[(\sigma_1 n_1)^2+(\sigma_2 n_2)^2+(\sigma_3 n_3)^2]-(\sigma_1 n_1^2+\sigma_2 n_2^2+\sigma_3 n_3^2)^2 \tag{4.33}$$

其中

$$n_1^2+n_2^2+n_3^2=1 \tag{4.34}$$

基于式(4.33)的驻值条件，最大剪应力的三组方程的解分别为

第一组解：

$$\left.\begin{array}{l}[n_2=0,\ n_3=0,\ n_1=\pm 1]\\ \left[n_2=0,\ n_3=\pm\frac{1}{\sqrt{2}},\ n_1=\pm\frac{1}{\sqrt{2}}\right]\\ \left[n_3=0,\ n_2=\pm\frac{1}{\sqrt{2}},\ n_1=\pm\frac{1}{\sqrt{2}}\right]\end{array}\right\} \tag{4.35}$$

该方向的剪应力极值为

$$\left[0,\ \pm\frac{1}{2}(\sigma_3-\sigma_1),\ \pm\frac{1}{2}(\sigma_2-\sigma_1)\right] \tag{4.36}$$

第二组解：

$$\left.\begin{array}{l}[n_1=0,\ n_3=0,\ n_2=\pm 1]\\ \left[n_3=0,\ n_1=\pm\frac{1}{\sqrt{2}},\ n_2=\pm\frac{1}{\sqrt{2}}\right]\\ \left[n_1=0,\ n_3=\pm\frac{1}{\sqrt{2}},\ n_2=\pm\frac{1}{\sqrt{2}}\right]\end{array}\right\} \tag{4.37}$$

该方向的剪应力极值为

$$\left[0,\ \pm\frac{1}{2}(\sigma_1-\sigma_2),\ \pm\frac{1}{2}(\sigma_3-\sigma_2)\right] \tag{4.38}$$

第三组解：

$$\left.\begin{array}{l}[n_1=0,\ n_2=0,\ n_3=\pm 1]\\ \left[n_2=0,\ n_1=\pm\frac{1}{\sqrt{2}},\ n_3=\pm\frac{1}{\sqrt{2}}\right]\\ \left[n_1=0,\ n_2=\pm\frac{1}{\sqrt{2}},\ n_3=\pm\frac{1}{\sqrt{2}}\right]\end{array}\right\} \tag{4.39}$$

该方向的剪应力极值为

$$\left[0,\ \pm\frac{1}{2}(\sigma_3-\sigma_1),\ \pm\frac{1}{2}(\sigma_2-\sigma_3)\right] \tag{4.40}$$

(6)偏应力张量与球张量。

偏应力张量定义为

$$S_{ji}=\sigma_{ij}-\frac{1}{3}\sigma_{kk}\delta_{ij}\quad i\neq j \tag{4.41}$$

其中，$\sigma_m=\frac{1}{3}\sigma_{kk}$为平均应力，也称球应力。

(7)主偏应力和偏应力张量不变量。

偏应力张量主轴方向与应力张量的主轴方向一致，其主值为

$$S_i = \sigma_i - \frac{1}{3}\sigma_{kk} \tag{4.42}$$

它满足以下三次方程：

$$S^3 - J_1 S^2 + J_2 S - J_3 = 0 \tag{4.43}$$

式中：

$$J_1 = S_{kk} = 0 \tag{4.44}$$

$$J_2 = \frac{1}{2} S_{ij} S_{ji} \tag{4.45}$$

$$J_3 = \frac{1}{3} S_{ij} S_{jk} S_{ki} \tag{4.46}$$

其中，J_1，J_2，J_3 则分别称为偏应力张量的第一、第二和第三不变量。其中，偏应力张量第二不变量在塑性力学中尤为重要。

$$J_2 = \frac{1}{6}\left[(\sigma_1 - \sigma_2)^2 + (\sigma_2 - \sigma_3)^2 + (\sigma_3 - \sigma_1)^2 + 6(\tau_{12}^2 + \tau_{23}^2 + \tau_{31}^2)\right] \tag{4.47}$$

(8)八面体上的应力。

与三个主应力轴成相等角度的直线称为静水轴(此轴上每一点都对应一个静水应力状态，即 $\sigma_1 = \sigma_2 = \sigma_3$)。垂直于静水压力轴的平面称为偏平面，通过原点的偏平面为 π 平面，π 平面上任一应力点代表一个无静水应力分量的纯剪切状态。

在主应力空间取一平面，使平面的法线与三个主轴夹角相等，此平面称为八面体平面。它的方向余弦彼此相等，且平方和为 1。

$$l = m = n = \frac{1}{\sqrt{3}} \tag{4.48}$$

八面体上的正应力为

$$\sigma_{\text{oct}} = \frac{1}{3}\sigma_{kk} = \frac{1}{3}(\sigma_{11} + \sigma_{22} + \sigma_{33}) \tag{4.49}$$

八面体上的剪应力为

$$\tau_{\text{oct}} = \sqrt{\frac{2}{3}J_2} = \frac{1}{3}\left[(\sigma_1 - \sigma_2)^2 + (\sigma_2 - \sigma_3)^2 + (\sigma_3 - \sigma_1)^2\right]^{\frac{1}{2}} \tag{4.50}$$

由此可见，八面体上的正应力等效于应力张量的第一不变量；而八面体上的剪应力等效于偏应力张量第二不变量。

(9)平均应力与广义剪应力。

根据八面体应力还可定义平均应力 p 和广义剪应力 q 如下

$$p = \frac{1}{3}(\sigma_1 + \sigma_2 + \sigma_3) = \sigma_{\text{oct}} \tag{4.51}$$

$$q = \frac{1}{\sqrt{2}}\sqrt{(\sigma_1 - \sigma_2)^2 + (\sigma_2 - \sigma_3)^2 + (\sigma_3 - \sigma_1)^2} = \frac{3}{\sqrt{2}}\tau_{\text{oct}} \tag{4.52}$$

这里，q 又称应力强度或等效应力。

(10)应力空间与 π 平面。

由三个主应力 σ_1，σ_2，σ_3 为坐标所构成的三维空间称为应力空间，应力空间中的一个点对应着一定的应力状态。

通过坐标原点与三个坐标轴之间夹角相等的一条空间对角线 OQ，即等倾线，其方向余弦均为$\frac{1}{\sqrt{3}}$，在该线上 $\sigma_1 = \sigma_2 = \sigma_3$。于是把垂直于这条空间对角线的任一平面称为 π 平面，如图 4－2 所示。

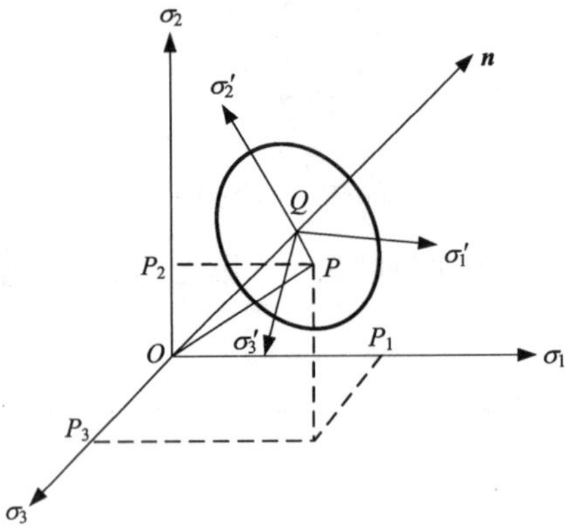

图 4－2　主应力空间与 π 平面

由此可见，在 π 平面上，$\sigma_1 + \sigma_2 + \sigma_3 =$ 常数，在过原点的 π 平面上 $\sigma_1 = \sigma_2 = \sigma_3 = 0$。传统塑性理论中只把其中过原点的平面作为 π 平面。

(11) π 平面应力。

π 平面本身内只有应力偏量，所以又称偏量平面。与八面体正应力与剪应力相似，π 平面上的正应力与剪应力是工程塑性理论中常用的一种参量，即

$$\sigma_\pi = \frac{I_1}{\sqrt{3}} \tag{4.53}$$

$$\tau_\pi = \sqrt{2J_2} = \sqrt{\frac{2}{3}}q \tag{4.54}$$

(12) Lode 应力。

在 π 平面上取极坐标 r_σ，θ_σ，则有

$$r_\sigma = \frac{1}{\sqrt{3}}[(\sigma_1 - \sigma_2)^2 + (\sigma_2 - \sigma_3)^2 + (\sigma_3 - \sigma_1)^2]^{\frac{1}{2}} = \tau_\pi \tag{4.55}$$

$$\tan\theta_\sigma = \frac{1}{\sqrt{3}} \frac{2\sigma_2 - \sigma_1 - \sigma_3}{\sigma_1 - \sigma_3} = \frac{1}{\sqrt{3}}\mu_\sigma \tag{4.56}$$

式中：θ_σ，μ_σ 分别为 Lode 角和 Lode 参数。

由此可见，π 平面上剪应力分量 τ_π 的大小方向可以由极坐标 r_σ，θ_σ 来确定。其中，r_σ 确定应力偏量数值大小，而 Lode 角 θ_σ 或 Lode 参数 μ_σ 则确定应力偏量在 π 平面上的位置。

θ_σ，μ_σ 的变化范围是：

$$-1 \leqslant \mu_\sigma \leqslant 1,\quad -\frac{\pi}{6} \leqslant \theta_\sigma \leqslant \frac{\pi}{6} \tag{4.57}$$

在传统塑性理论中，认为应力球量不影响屈服，所以对应力偏量特别感兴趣，而 Lode 参

数和 Lode 角都是应力偏量的特征量。此外，采用 Lode 参数与 Lode 角研究塑性问题十分方便，因而在工程材料塑性理论研究中应用广泛。洛德角表示主应力如下：

$$\begin{cases}\sigma_1=\dfrac{2}{3}q\sin\left(\theta_\sigma+\dfrac{2}{3}\pi\right)+\sigma_m\\ \sigma_2=\dfrac{2}{3}q\sin\theta_\sigma+\sigma_m\\ \sigma_3=\dfrac{2}{3}q\sin\left(\theta_\sigma-\dfrac{2}{3}\pi\right)+\sigma_m\end{cases}\tag{4.58}$$

或

$$\begin{cases}\sigma_1=\sqrt{\dfrac{2}{3}}r_\sigma\sin\left(\theta_\sigma+\dfrac{2}{3}\pi\right)+\sigma_m\\ \sigma_2=\sqrt{\dfrac{2}{3}}r_\sigma\sin\theta_\sigma+\sigma_m\\ \sigma_3=\sqrt{\dfrac{2}{3}}r_\sigma\sin\left(\theta_\sigma-\dfrac{2}{3}\pi\right)+\sigma_m\end{cases}\tag{4.59}$$

(13) Haigh – Westergard 应力。

定义：

$$\xi=\frac{1}{\sqrt{3}}I_1=\sqrt{3}\sigma_{oct}\tag{4.60}$$

$$\rho=\sqrt{2J_2}=\sqrt{3}\tau_{oct}\tag{4.61}$$

$$\cos\theta=\frac{\sqrt{3}}{2}\frac{s_1}{\sqrt{J_2}}=\frac{2\sigma_1-\sigma_2-\sigma_2}{2\sqrt{3}\sqrt{J_2}}\tag{4.62}$$

由此可见，ξ 和 ρ 分别表示应力状态的静水应力部分和偏应力部分。θ 为相似角，它是主应力空间应力分量 ρ 到 σ_1 轴之间的夹角。对于 $\sigma_1\geqslant\sigma_2\geqslant\sigma_3$，$\theta$ 变换范围为 $0\leqslant\theta\leqslant\dfrac{\pi}{3}$。由 ξ，ρ 和 θ 即组成了三维主应力空间破坏曲面的 Haigh – Westergard 坐标，如图 4 – 3 所示，它们本身也都是应力不变量。

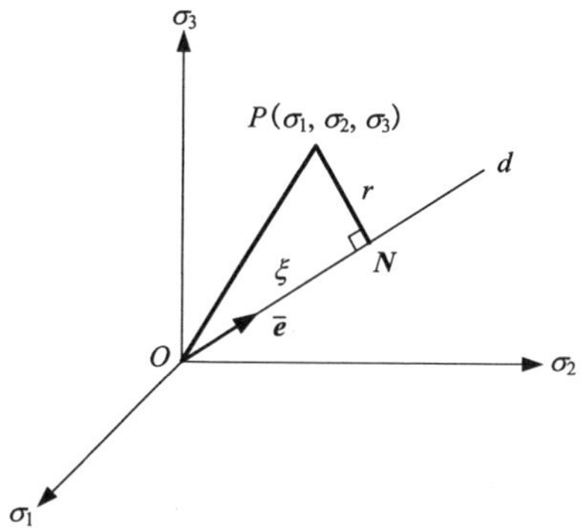

(a)主应力空间中的应力分解

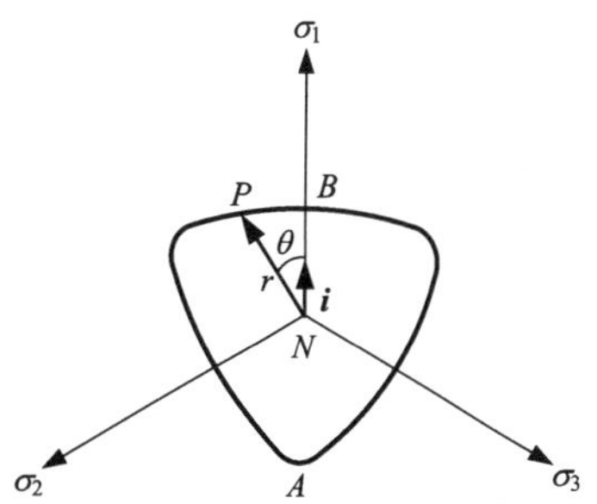

(b)主坐标轴在偏斜平面上的投影

图 4 – 3　Haigh – Westergard 坐标的几何解释

而相似角 θ 和 Lode 角 θ_σ 有如下的关系

$$\theta = \theta_\sigma + \frac{\pi}{6} \tag{4.63}$$

4.4 初始构形应力

在第3章我们看到，应变可以有不同构形下的两种描述。由于物体的本构关系必须是在同一构形中建立的，因而应力也必须有参考构形和瞬时构形下的描述。如果采用初始参考构形的 Lagrange 描述，则瞬时构形下的 Eular 应力也应该以某一确定的规则转换到参考构形中去，从而引入了第一类和第二类 Piola – Kirchhoff 应力张量。

在初始构形中定义与瞬时构形中 Eular 应力 σ_{ij} 相对应的应力张量是人为设想的，但在数学上必须是相容的，下面的分析仍在笛卡尔坐标下进行。

设 d$\boldsymbol{s}$ 为瞬时变形构形中的面元，其分量为 $\mathrm{d}s_i = n_i \mathrm{d}s$。该面元上的面力为 d$\boldsymbol{F}$，其分量为

$$\mathrm{d}F_i = T_i \mathrm{d}s = \sigma_{ij} n_j \mathrm{d}s = \sigma_{ij} \mathrm{d}s_j \tag{4.64}$$

这里，σ_{ij} 为 Eular 应力张量。

在初始构形中，该面元为 d$\bar{\boldsymbol{s}}$，其分量为 $\mathrm{d}\bar{s}_I = N_I \mathrm{d}\bar{s}$。按照 Eular 应力张量的定义方法在初始构形中定义如下的应力张量 T_{Ij}，即

$$\mathrm{d}F_i = T_i^{(L)} \mathrm{d}\bar{s} = T_{Qi} N_Q \mathrm{d}\bar{s} = T_{Qi} \mathrm{d}\bar{s}_Q \tag{4.65}$$

式中：张量 T_{Qi} 称为 Lagrange 应力张量，又称第一类 Piola – Kirchhoff 应力张量。

如图4－4(a)所示，这个定义方法是把瞬时变形构形中的面元 d$\boldsymbol{s}$ 上的面力 d$\boldsymbol{F}$ 不改变大小和方向地直接移植到初始构形中的面元 d$\bar{\boldsymbol{s}}$ 上，由第3章应变分析可知，这两个面元之间满足如下的变换关系

$$\mathrm{d}s_j = J X_{Q,j} \mathrm{d}\bar{s}_Q \tag{4.66}$$

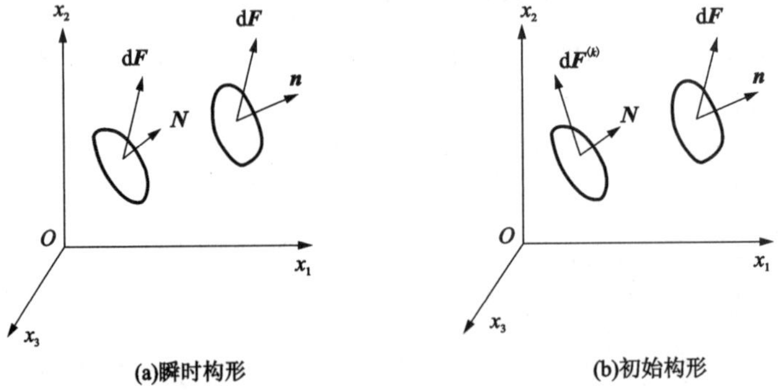

图4－4　Piola – Kirchhoff 应力的两种定义方法

将式(4.66)代入式(4.64)，并与式(4.65)比较即得 Lagrange 应力张量与 Eular 应力张量的关系为

$$T_{Qi} = J X_{Q,j} \sigma_{ij} = X_{Q,j} \tau_{ij} \tag{4.67}$$

式中：$\tau_{ij} = J\sigma_{ij}$ 称为 Kirchhoff 应力张量。

由式(4.67)可见，Lagrange 应力张量是不对称的，因此它难以在本构方程中使用(应变张量的对称性要求相应的应力张量也必须是对称的)。为了克服这个困难，必须采用另一种方法去构造初始构形中符合对称性条件的应力张量。为此，不是把瞬时构形面元上的力 $\mathrm{d}\boldsymbol{F}$ 直接移植到初始构形的面元上，而是先令其受如同 $\mathrm{d}x_i$ 到 $\mathrm{d}X_J$ 的相同变换，如图 4-4(b)所示，即面元 $\mathrm{d}\bar{s}$ 上的面力 $\mathrm{d}\boldsymbol{F}^{(K)}$ 的分量 $\mathrm{d}F_P^{(K)}$ 由下式得到

$$\mathrm{d}F_P^{(K)} = X_{P,i}\mathrm{d}F_i \tag{4.68}$$

然后再由下式定义初始构形中新的应力张量

$$\mathrm{d}F_P^{(K)} = S_{PQ}\mathrm{d}\bar{s}_Q \tag{4.69}$$

此应力张量 S_{PQ} 称为第二类 Piola - Kirchhoff 应力张量。

将式(4.64)代入式(4.68)，并与式(4.69)比较得

$$S_{PQ} = JX_{P,i}X_{Q,j}\sigma_{ij} \tag{4.70}$$

或

$$\boldsymbol{S} = J\boldsymbol{F}^{-1}\boldsymbol{\sigma}(\boldsymbol{F}^{-1})^{\mathrm{T}} \tag{4.71}$$

并且

$$\boldsymbol{S}^{\mathrm{T}} = J(\boldsymbol{F}^{-1}\boldsymbol{\sigma}\boldsymbol{F}^{-\mathrm{T}})^{\mathrm{T}} = J(\boldsymbol{F}^{-\mathrm{T}})^{\mathrm{T}}\boldsymbol{\sigma}^{\mathrm{T}}(\boldsymbol{F}^{-1})^{\mathrm{T}} = J\boldsymbol{F}^{-1}\boldsymbol{\sigma}\boldsymbol{F}^{-\mathrm{T}} = \boldsymbol{S} \tag{4.72}$$

由此可见，第二类 Piola - Kirchhoff 应力张量是对称的，因此它比第一类 Piola - Kirchhoff 应力张量更适合于本构方程中的应用。

两个构形、三种应力张量间的关系如下

$$S_{PQ} = X_{P,i}T_{Qi} \tag{4.73}$$

$$T_{Qi} = x_{i,P}S_{PQ} \tag{4.74}$$

$$\sigma_{ij} = \frac{1}{J}x_{j,Q}T_{Qi} = \frac{1}{J}x_{i,P}x_{j,Q}S_{PQ} \tag{4.75}$$

式中：$J = \dfrac{\rho_0}{\rho}$。

4.5　应力率

在刚体转动的情况下，Cauchy 应力 $\boldsymbol{\sigma}$ 的转换关系是

$$\boldsymbol{\sigma}^* = \boldsymbol{Q}\boldsymbol{\sigma}\boldsymbol{Q}^{\mathrm{T}},\ \boldsymbol{Q}\boldsymbol{Q}^{\mathrm{T}} = 1 \tag{4.76}$$

我们知道，Cauchy 应力张量 $\boldsymbol{\sigma}$ 是一个客观张量，但是对式(4.76)求时间导数却有

$$\frac{\mathrm{d}\boldsymbol{\sigma}^*}{\mathrm{d}t} = \dot{\boldsymbol{\sigma}}^* = \dot{\boldsymbol{Q}}\boldsymbol{\sigma}\boldsymbol{Q}^{\mathrm{T}} + \boldsymbol{Q}\dot{\boldsymbol{\sigma}}\boldsymbol{Q}^{\mathrm{T}} + \boldsymbol{Q}\boldsymbol{\sigma}\dot{\boldsymbol{Q}}^{\mathrm{T}} \tag{4.77}$$

该式表明，一般情况下，$\dot{\boldsymbol{\sigma}}^*$ 并不是客观的时间导数，$\dot{\boldsymbol{\sigma}}^* \neq \boldsymbol{Q}\dot{\boldsymbol{\sigma}}\boldsymbol{Q}^{\mathrm{T}}$。只有当转动率为零，即 $\dot{\boldsymbol{Q}} = 0$，也就是当 $\boldsymbol{Q} = \mathrm{const}$ 时，$\dot{\boldsymbol{\sigma}}^*$ 才是客观性的量，即

$$\dot{\boldsymbol{\sigma}}^* = \boldsymbol{Q}\dot{\boldsymbol{\sigma}}\boldsymbol{Q}^{\mathrm{T}},\ \boldsymbol{Q} = \mathrm{const} \tag{4.78}$$

在某些材料本构建模的过程中，需要考虑应力率与形变率之间的关系，比如次弹性材料等。因此，选取一个恰当的形式作为应力率的定义就显得非常重要。

典型的例子是，当物体作刚体转动时，由第 3 章知识可知，其形变率张量 V_{ij} 为零，但应力的物质导数 $\dfrac{\mathrm{D}\sigma_{ij}}{\mathrm{D}t}$ 一般却不为零。例如一根受拉伸杆绕 z 轴转动，在某瞬时，杆轴平行于 x

轴，此时 $\sigma_x \neq 0$，$\sigma_y = 0$。但在另一瞬时，当杆转到其轴线平行于 y 轴时，则 $\sigma_x = 0$，$\sigma_y \neq 0$。这样，从固结于物体的坐标系上看，杆件中的应力状态并没有发生变化，但从空间固定参考坐标系来看，应力分量在发生变化，因而应力分量的物质导数 $\frac{D\sigma_{ij}}{Dt}$ 也在变化。由此看来，应取跟随物体一起作刚体转动的坐标系 $Ox'y'z'$ 上观察到的应力分量 $\sigma'_{ij}(t)$ 对时间的导数 $\sigma^{\nabla}_{ij}(t)$ 作为应力率才合适。对应力率的要求是，它必须是关于刚体转动的不变量，但是这个要求并没有唯一的解答。下面给出几个重要的结果。

(1) Jaumann 应力率。

Jaumann 应力率定义为

$$\sigma^{\nabla}_{ij}(t) = \lim_{\Delta t \to 0} \frac{1}{\Delta t}[\sigma'_{ij}(t + \Delta t) - \sigma'_{ij}(t)] \tag{4.79}$$

利用应力张量坐标变换规律，坐标系 $Ox'y'z'$ 上的应力分量可以用空间固定参考坐标系 $Oxyz$ 上的应力表示，即

$$\sigma_{ij} = \sigma_{kl} n_{ik} n_{jl} \tag{4.80}$$

其中 $n_{ik} = \cos(x'_i, x_k)$ 为旋转坐标系和固定坐标系坐标轴间夹角的方向余弦。

取物体中任一质点 P，并以 P 作为旋转坐标系和固定坐标系的公共原点，且在 t 时刻，两坐标系重合。注意到平移并不影响应力率，因而只需考虑转动，于是可以假定参考坐标系 x_i 不动，旋转坐标系 x'_i 随 P 点邻域一起以角速度 $\boldsymbol{\omega}$ 转动，如图 4-5 所示。

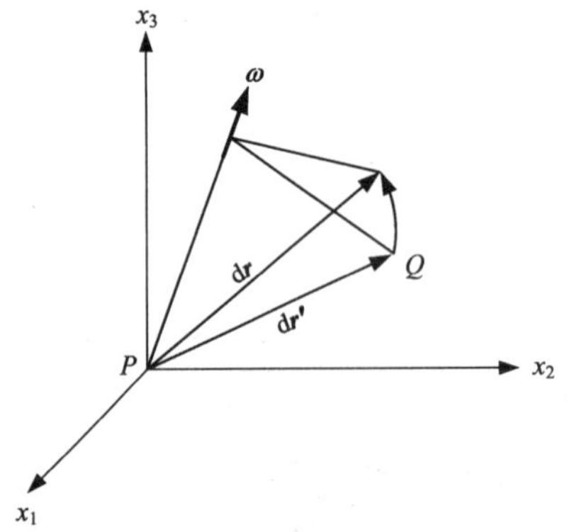

图 4-5　P 点邻域的旋转坐标系和固定坐标系

在转动时，假定 P 点邻域内的一质点 Q 的旋转坐标 dx'_i 不变，因而 Q 质点的固定坐标 dx_i 则发生变化，由图 4-5 可得

$$d\boldsymbol{r}' = d\boldsymbol{r} - \boldsymbol{\omega} dt \times d\boldsymbol{r} \tag{4.81}$$

或

$$dx'_i = dx_i - e_{ijk}\omega_j dt dx_k = (\delta_{ik} - e_{ijk}\omega_j dt) dx_k \tag{4.82}$$

由此得

$$n_{ik} = \delta_{ik} - e_{ijk}\omega_j dt \tag{4.83}$$

在 $t + \Delta t$ 瞬时，质点 P 在参考坐标系 x_i 中的应力分量为

$$\sigma_{ij}(t+\mathrm{d}t)=\sigma_{ij}(t)+\frac{\mathrm{D}\sigma_{ij}}{\mathrm{D}t}\mathrm{d}t \tag{4.84}$$

根据式(4.83)，有

$$\begin{aligned}\sigma'_{ij}(t+\mathrm{d}t)&=n_{ik}n_{jl}\sigma_{kl}(t+\mathrm{d}t)\\&=(\delta_{ik}-e_{imk}\omega_m\mathrm{d}t)(\delta_{jl}-e_{jnl}\omega_n\mathrm{d}t)\left(\sigma_{kl}+\frac{\mathrm{D}\sigma_{kl}}{\mathrm{D}t}\mathrm{d}t\right)\\&=\sigma_{ij}(t)+\left[\frac{\mathrm{D}\sigma_{ij}}{\mathrm{D}t}-e_{imk}\omega_m\sigma_{kj}-e_{jnl}\omega_n\sigma_{il}\right]\mathrm{d}t+O(\mathrm{d}t^2)\end{aligned} \tag{4.85}$$

将式(4.85)代入式(4.79)，并注意到 $\sigma_{ij}(t)=\sigma_{ji}(t)$，最后得

$$\sigma_{ij}^{\nabla}(t)=\frac{\mathrm{D}\sigma_{ij}}{\mathrm{D}t}-e_{ipk}\omega_p\sigma_{kj}-e_{jql}\omega_q\sigma_{il}=\frac{\mathrm{D}\sigma_{ij}}{\mathrm{D}t}-W_{ik}\sigma_{kj}-W_{jl}\sigma_{li} \tag{4.86}$$

或

$$\boldsymbol{\sigma}^{\nabla}=\dot{\boldsymbol{\sigma}}-\boldsymbol{W}\boldsymbol{\sigma}-\boldsymbol{\sigma}\boldsymbol{W} \tag{4.87}$$

式(4.87)就是 Jaumann 应力率的表达式，它是一个二阶对称张量。

Jaumann 应力率的优点之一是因为它直接由跟随质点邻域作瞬时转动的旋转坐标系上观察到的应力分量对时间的变化率来定义的，其力学意义比较明确。

(2) Truesdell 应力率。

Truesdell 给出了下列形式的应力率：

$$\overset{\circ}{\sigma}_{ij}(t)=\frac{\mathrm{D}\sigma_{ij}}{\mathrm{D}t}+\sigma_{ij}v_{p,p}-\sigma_{ip}v_{j,p}-\sigma_{jp}v_{i,p} \tag{4.88}$$

由于，$v_{p,p}=V_{pp}$，$v_{j,p}=V_{jp}+W_{jp}$。将它们代入式(4.88)，并和式(4.86)比较有

$$\overset{\circ}{\sigma}_{ij}(t)-\sigma_{ij}^{\nabla}=\sigma_{ij}V_{pp}-\sigma_{ip}V_{jp}-\sigma_{jp}V_{ip} \tag{4.89}$$

当质点 p 邻域只作刚体运动时，$V_{pp}=V_{ip}=0$，这样 $\overset{\circ}{\sigma}_{ij}$ 就简化为 σ_{ij}^{∇}，由于 σ_{ij}^{∇} 不受刚体转动的影响，故 $\overset{\circ}{\sigma}_{ij}(t)$ 也不受刚体转动的影响。实际上式(4.89)给出的 $\overset{\circ}{\sigma}_{ij}(t)$ 与 σ_{ij}^{∇} 之差反映了质点邻域变形速率的影响。

类似式(4.71)的初始构形应力与瞬时构形应力间的 Piola 变换关系，Cauchy 应力的 Truesdell 率也可以由 Piola 变换关系来定义，即

$$\overset{\circ}{\boldsymbol{\sigma}}=J^{-1}\boldsymbol{F}\dot{\boldsymbol{S}}\boldsymbol{F}^{\mathrm{T}}=J^{-1}\boldsymbol{F}\left[\frac{d}{\mathrm{d}t}(J\boldsymbol{F}^{-1}\boldsymbol{\sigma}\boldsymbol{F}^{-\mathrm{T}})\right]\boldsymbol{F}^{\mathrm{T}} \tag{4.90}$$

将式(4.90)方括号中的时间导数展开，有

$$\begin{aligned}\overset{\circ}{\boldsymbol{\sigma}}=&J^{-1}\boldsymbol{F}(\dot{J}\boldsymbol{F}^{-1}\boldsymbol{\sigma}\boldsymbol{F}^{-\mathrm{T}})\boldsymbol{F}^{\mathrm{T}}+J^{-1}\boldsymbol{F}(J\dot{\boldsymbol{F}}^{-1}\boldsymbol{\sigma}\boldsymbol{F}^{-\mathrm{T}})\boldsymbol{F}^{\mathrm{T}}+J^{-1}\boldsymbol{F}(J\boldsymbol{F}^{-1}\dot{\boldsymbol{\sigma}}\boldsymbol{F}^{-\mathrm{T}})\boldsymbol{F}^{\mathrm{T}}+\\&J^{-1}\boldsymbol{F}(J\boldsymbol{F}^{-1}\boldsymbol{\sigma}\dot{\boldsymbol{F}}^{-\mathrm{T}})\boldsymbol{F}^{\mathrm{T}}=J^{-1}\dot{J}\boldsymbol{\sigma}+\boldsymbol{F}\dot{\boldsymbol{F}}^{-1}\boldsymbol{\sigma}+\dot{\boldsymbol{\sigma}}+\boldsymbol{\sigma}\dot{\boldsymbol{F}}^{-\mathrm{T}}\boldsymbol{F}^{\mathrm{T}}\end{aligned} \tag{4.91}$$

变形梯度的物质导数为

$$\dot{\boldsymbol{F}}=\frac{\partial\boldsymbol{F}}{\partial t}=\frac{\partial}{\partial t}\left(\frac{\partial\boldsymbol{x}}{\partial\boldsymbol{X}}\right)=\frac{\partial}{\partial\boldsymbol{X}}\left(\frac{\partial\boldsymbol{x}}{\partial t}\right)=\frac{\partial\boldsymbol{v}}{\partial\boldsymbol{X}}=\frac{\partial\boldsymbol{v}}{\partial\boldsymbol{x}}\frac{\partial\boldsymbol{x}}{\partial\boldsymbol{X}}=\boldsymbol{L}\boldsymbol{F} \tag{4.92}$$

或

$$\boldsymbol{L}=\dot{\boldsymbol{F}}\boldsymbol{F}^{-1} \tag{4.93}$$

利用式(4.93)，容易得到变形梯度物质导数的转置为

$$\dot{\boldsymbol{F}}^{\mathrm{T}}=\boldsymbol{F}^{\mathrm{T}}\boldsymbol{L}^{\mathrm{T}} \tag{4.94}$$

再利用恒等式 $\boldsymbol{F}\boldsymbol{F}^{-1}=\boldsymbol{I}$，不难获得变形梯度的逆以及逆转置的物质导数为

$$\dot{\boldsymbol{F}}^{-1}=-\boldsymbol{F}^{-1}\dot{\boldsymbol{F}}\boldsymbol{F}^{-1}=-\boldsymbol{F}^{-1}\boldsymbol{L} \tag{4.95}$$

$$\dot{\boldsymbol{F}}^{-\mathrm{T}}=-\boldsymbol{L}^{\mathrm{T}}\boldsymbol{F}^{-\mathrm{T}} \tag{4.96}$$

并且

$$\frac{\dot{J}}{J}=\frac{(\det\boldsymbol{F})^{\bullet}}{J}=\frac{1}{J}\frac{\partial J}{\partial\boldsymbol{F}}:\dot{\boldsymbol{F}}=\frac{1}{J}J\boldsymbol{F}^{-\mathrm{T}}:\dot{\boldsymbol{F}}=\boldsymbol{F}^{-\mathrm{T}}:\dot{\boldsymbol{F}}=\mathrm{tr}(\boldsymbol{F}^{-1}\dot{\boldsymbol{F}})=\mathrm{tr}(\dot{\boldsymbol{F}}\boldsymbol{F}^{-1})=\mathrm{tr}\boldsymbol{L}=\mathrm{tr}\boldsymbol{V} \tag{4.97}$$

将上面结果代入式(4.91)，最终得到

$$\overset{\circ}{\boldsymbol{\sigma}}=J^{-1}J\mathrm{tr}(\boldsymbol{L})\boldsymbol{\sigma}-\boldsymbol{F}\boldsymbol{F}^{-1}\boldsymbol{L}\boldsymbol{\sigma}+\dot{\boldsymbol{\sigma}}-\boldsymbol{\sigma}\boldsymbol{L}^{\mathrm{T}}\boldsymbol{F}^{-\mathrm{T}}\boldsymbol{F}^{\mathrm{T}}=\dot{\boldsymbol{\sigma}}-\boldsymbol{L}\boldsymbol{\sigma}-\boldsymbol{\sigma}\boldsymbol{L}^{\mathrm{T}}+\mathrm{tr}(\boldsymbol{L})\boldsymbol{\sigma} \tag{4.98}$$

(3) Green－Naghdi 应力率。

Green－Naghdi 应力率是 Truesdell 应力率的简化，即假定物体中没有伸长，只有旋转。此时，Cauchy－Green 右伸长张量 $\boldsymbol{U}=\boldsymbol{I}$，于是 $\boldsymbol{F}=\boldsymbol{R}$ 和 $J=1$。

$$\overset{\square}{\boldsymbol{\sigma}}=\boldsymbol{R}\left[\frac{\mathrm{d}}{\mathrm{d}t}(\boldsymbol{R}^{-1}\boldsymbol{\sigma}\boldsymbol{R}^{-\mathrm{T}})\right]\boldsymbol{R}^{\mathrm{T}}=\boldsymbol{R}\left[\frac{\mathrm{d}}{\mathrm{d}t}(\boldsymbol{R}^{\mathrm{T}}\boldsymbol{\sigma}\boldsymbol{R})\right]\boldsymbol{R}^{\mathrm{T}} \tag{4.99}$$

将式(4.99)时间导数展开

$$\overset{\square}{\boldsymbol{\sigma}}=\boldsymbol{R}\dot{\boldsymbol{R}}^{\mathrm{T}}\boldsymbol{\sigma}\boldsymbol{R}\boldsymbol{R}^{\mathrm{T}}+\boldsymbol{R}\boldsymbol{R}^{\mathrm{T}}\dot{\boldsymbol{\sigma}}\boldsymbol{R}\boldsymbol{R}^{\mathrm{T}}+\boldsymbol{R}\boldsymbol{R}^{\mathrm{T}}\boldsymbol{\sigma}\dot{\boldsymbol{R}}\boldsymbol{R}^{\mathrm{T}}=\boldsymbol{R}\dot{\boldsymbol{R}}^{\mathrm{T}}\boldsymbol{\sigma}+\dot{\boldsymbol{\sigma}}+\boldsymbol{\sigma}\dot{\boldsymbol{R}}\boldsymbol{R}^{\mathrm{T}} \tag{4.100}$$

由于 $\boldsymbol{R}\boldsymbol{R}^{\mathrm{T}}=\boldsymbol{I}$，容易得 $\dot{\boldsymbol{R}}\boldsymbol{R}^{\mathrm{T}}=-\boldsymbol{R}\dot{\boldsymbol{R}}^{\mathrm{T}}$，代入式(4.100)则有

$$\overset{\square}{\boldsymbol{\sigma}}=\dot{\boldsymbol{\sigma}}+\boldsymbol{\sigma}\dot{\boldsymbol{R}}\boldsymbol{R}^{\mathrm{T}}-\dot{\boldsymbol{R}}\boldsymbol{R}^{\mathrm{T}}\boldsymbol{\sigma} \tag{4.101}$$

令 $\boldsymbol{\Omega}=\dot{\boldsymbol{R}}\boldsymbol{R}^{\mathrm{T}}$ 是相对旋转率，式(4.101)可写成

$$\overset{\square}{\boldsymbol{\sigma}}=\dot{\boldsymbol{\sigma}}+\boldsymbol{\sigma}\boldsymbol{\Omega}-\boldsymbol{\Omega}\boldsymbol{\sigma} \tag{4.102}$$

(4) Oldroyd 应力率。

Oldroyd 定义了在流变学中得到广泛使用的客观的应力率，为

$$\overset{\Delta}{\boldsymbol{\sigma}}=\boldsymbol{F}\left[\frac{\mathrm{d}}{\mathrm{d}t}(\boldsymbol{F}^{-1}\boldsymbol{\sigma}\boldsymbol{F}^{-\mathrm{T}})\right]\boldsymbol{F}^{\mathrm{T}} \tag{4.103}$$

它的简化形式为

$$\overset{\Delta}{\boldsymbol{\sigma}}=\dot{\boldsymbol{\sigma}}-\boldsymbol{L}\boldsymbol{\sigma}-\boldsymbol{\sigma}\boldsymbol{L}^{\mathrm{T}} \tag{4.104}$$

练习与思考

1. 试推导曲线坐标下四面体单元上的应力。

2. 试证明 Cauchy 应力定理，即当外法线方向反向时，应力矢量也反向。

3. 一点 P 的应力张量为 $\boldsymbol{\sigma}_{ij}=\begin{bmatrix}7 & 0 & -2\\ 0 & 5 & 0\\ -2 & 0 & 4\end{bmatrix}$，试求：

①在 P 点方向为 $\boldsymbol{n}=\frac{2}{3}\boldsymbol{i}-\frac{2}{3}\boldsymbol{j}+\frac{1}{3}\boldsymbol{k}$ 平面上的应力矢量；

②垂直于此平面的应力分量。

4. 求应力张量 $\boldsymbol{\sigma}_{ij}=\begin{bmatrix}12 & 4 & 0\\ 4 & 9 & -2\\ 0 & -2 & 3\end{bmatrix}$ 的球形部分和偏斜部分，并证明第一偏斜不变量为零。

5. 求应力张量 $\boldsymbol{\sigma}_{ij}=\begin{bmatrix}57 & 0 & 24\\ 0 & 50 & 0\\ 24 & 0 & 43\end{bmatrix}$ 在八面体平面 $\left(\frac{1}{\sqrt{3}}, \frac{1}{\sqrt{3}}, \frac{1}{\sqrt{3}}\right)$ 上的正应力 σ_{oct} 和剪应力 τ_{oct}。

6. 求应力张量 $\boldsymbol{\sigma}_{ij}=\begin{bmatrix}5 & 3 & 8\\ 3 & 0 & 3\\ 8 & 3 & 11\end{bmatrix}\times 10^5$ Pa 在 π 平面上的 r_σ 和 θ_σ。

7. 一点的应力状态为

$$\boldsymbol{\sigma}_{ij}=\begin{bmatrix}\sigma & a\sigma & b\sigma\\ a\sigma & \sigma & c\sigma\\ b\sigma & c\sigma & \sigma\end{bmatrix}$$

其中，a，b，c 是常数。若使八面体($\boldsymbol{n}=\frac{1}{\sqrt{3}}\boldsymbol{e}_1+\frac{1}{\sqrt{3}}\boldsymbol{e}_2+\frac{1}{\sqrt{3}}\boldsymbol{e}_3$)上的应力矢量为零，求常数 a，b，c 的大小。

8. 一点的应力状态如下，求其主应力和主方向。

$$\boldsymbol{\sigma}_{ij}=\begin{bmatrix}3 & 1 & 1\\ 1 & 0 & 2\\ 1 & 2 & 0\end{bmatrix}$$

9. 在连续介质内，应力场由如下张量给定，求在点 $P(a, 0, 2\sqrt{a})$ 的主应力、最大剪应力和主偏斜应力。

$$\boldsymbol{\sigma}_{ij}=\begin{bmatrix}x_1^2x_2 & (1-x_2^2)x_1 & 0\\ (1-x_2^2)x_1 & \dfrac{(x_2^3-3x_2)}{3} & 0\\ 0 & 0 & 2x_3^2\end{bmatrix}$$

第 5 章　连续介质几何约束与物理定律

5.1　变形协调方程

连续介质变形的几何约束保证了相邻各单元之间的协调关系，这一关系又是通过变形协调方程加以呈现的。

在第 3 章的笛卡尔坐标系中，六个形变率张量的分量 V_{ij} 是由三个速度分量 v_i 导出的，这表明 V_{ij} 之间并不是完全独立的。反之，任意给定六个形变率张量的分量 V_{ij} 并不能保证速度场 v_i 的存在。为保证速度场 v_i 的存在则形变率张量的分量 V_{ij} 之间必须满足一定的关系，此关系式称为可积性条件。换句话说，当可积性条件满足时，就可以由六个形变率张量的分量 V_{ij} 通过积分求得速度场分量 v_i。

为了得到可积性条件，可由式(3.110)和式(3.116)，将速度梯度写成以下形式

$$v_{j,i} = V_{ji} + W_{ji} = V_{ji} + e_{ijk}\omega_k \tag{5.1}$$

一个单值连续可微的速度场 v_i 的充分必要条件是满足下面的 Stokes 公式，即

$$v_{j,iq} = v_{j,qi} \tag{5.2}$$

引进排列张量 e_{ijk} 作用于对称张量后其值为零的特性，式(5.2)等价于

$$e_{pqi}v_{j,iq} = 0 \tag{5.3}$$

将式(5.1)代入式(5.3)得

$$e_{pqi}(V_{ji,q} + e_{ijk}\omega_{k,q}) = 0 \tag{5.4}$$

或

$$e_{pqi}V_{ji,q} + e_{ipq}e_{ijk}\omega_{k,q} = 0 \tag{5.5}$$

由排列张量性质，即 $e_{ipq}e_{ijk} = \delta_{pj}\delta_{qk} - \delta_{pk}\delta_{qj}$，则式(5.5)成为

$$\omega_{p,j} = e_{pqi}V_{ji,q} \tag{5.6}$$

式(5.6)中已经利用了涡旋场散度为零的条件，即 $\omega_{k,k} = 0$。

为了得到只含形变率分量 V_{ij} 的可积性条件，必须在式(5.6)中消去 $\omega_{p,j}$。注意到对一个单值连续的位移场来说，旋转矢量场 ω_p 也必须是单值连续的，因而同速度梯度张量 $v_{j,i}$ 一样，它也必须满足微分次序无关的 Stokes 公式，即

$$\omega_{p,js} = \omega_{p,sj} \tag{5.7}$$

或

$$e_{rjs}\omega_{p,js} = 0 \tag{5.8}$$

将式(5.6)代入式(5.8)，得

$$e_{rjs}e_{pqi}V_{ji,\ qs}=0 \tag{5.9}$$

式(5.9)也可以写成

$$e_{jrs}e_{ipq}V_{ij,\ qs}=0 \tag{5.10}$$

这组方程即为速度场的可积性条件。

式(5.10)中，对调指标 i 和 j 及 q 和 s，并利用形变率张量 V_{ij} 的对称性和求导运算的次序可交换性则有

$$e_{jrs}e_{ipq}V_{ij,\ qs}=e_{irq}e_{jps}V_{ji,\ sq}=e_{jqs}e_{irq}V_{ij,\ qs} \tag{5.11}$$

由于这些方程中的两个自由指标可以互换，它相应于一个二阶对称张量。故式(5.8)或式(5.10)实际上只对应着六个独立的方程，称为形变率张量的相容方程。这些方程分为两类，一类对应为 $p=r$，另一类为 $p\neq r$。

例如，当瞬时运动为平面运动时，形变率张量中的非零分量仅有 V_{11}，V_{22} 和 V_{12}，且它们均与 x_3 坐标无关。因此，可积性条件归结为

$$V_{22,\ 11}+V_{11,\ 22}-2V_{12,\ 12}=0 \tag{5.12}$$

利用数学上的相似性，可证明小位移情况下变形场的可积性条件，即应变协调方程。

在小位移情况下，物质描述和空间描述可以不加区分，于是 Green 应变张量和 Almansi 应变张量间的差异也消失。线性化的应变张量 ε_{ij} 和线性化的转动张量 Ω_{ij} 同位移 u_i 的关系与形变率张量 V_{ij}、涡旋张量 W_{ij} 同速度 v_i 的关系在数学上完全相似，且有

$$V_{ij}=\frac{\partial}{\partial t}\varepsilon_{ij} \tag{5.13}$$

于是，将式(5.13)代入式(5.10)，就得到与形变率场可积性条件完全相似的变形场可积性条件，即变形相容性方程

$$e_{ikm}e_{jln}\varepsilon_{ij,\ kl}=0 \tag{5.14}$$

如同对形变率的讨论一样，式(5.14)也只有两个自由指标 m 和 n，因此也只有六个独立的方程。再注意到当 i，k，m 三个指标为不同值时，e_{ikm} 才不为零，因此当 m 一定时，i，k 只能取两个不同值，或 i，k，或 k，i，对 e_{jln} 也完全一样。故 i，k 与 j，l 的组合只可能有四种：i，k 与 j，l；k，i 与 j，l；k，i 与 l，j 和 i，k 与 l，j。于是，展开式(5.14)就得

$$\varepsilon_{ij,\ kl}-\varepsilon_{kj,\ il}+\varepsilon_{kl,\ ij}-\varepsilon_{il,\ kj}=0 \tag{5.15}$$

这就是弹性力学中的三维变形协调方程。

5.2　体积分的物质导数

某些连续介质普遍适用的物理定律，常以守恒定律的形式出现，它们可以表述为：在任一连续介质集合内，某物理量的增加率等于其供给率。这些供给率通常是由表面通量和体积内分布的源提供的。连续介质力学通常以这一集合的整体为对象来研究，因而这些定律常常是以积分形式出现的，其中包含了物理量的体积分和面积分。虽然这些体积分和面积分的区域不断地改变其大小、形状和位置，但它们仍属于同一物质集合。因此，当求这些积分的时间的变化率时应采用物质导数。再若对所得的积分形式的守恒律采用局部化假设，即认为这些定律对任意小的部分也成立，就可以得到微分形式或局部形式的守恒定律。

考虑如下体积分的物质导数

$$I = \int_V \varphi \mathrm{d}V \tag{5.16}$$

式中：φ 可以是任一标量、矢量或张量分量函数。此积分是在瞬时 t 计算的，因此积分区域为此瞬时连续介质组成的集合所占有的体积 V，域的界面为 S。质点在 t 瞬时的坐标为 x_i，在 $t+\Delta t$ 瞬时质点坐标变为 $x_i+\Delta x_i$，该连续介质集合占有新的体积 V'，而 t 瞬时处于界面 S 上的质点在 $t+\Delta t$ 瞬时占有邻近的界面 S'。于是体积分的物质导数可计算如下

$$\frac{\mathrm{D}I}{\mathrm{D}t} = \lim_{\Delta t \to 0} \frac{1}{\Delta t}\left[\int_{V'} \varphi(\boldsymbol{x}+\Delta \boldsymbol{x},\ t+\Delta t)\mathrm{d}V' - \int_V \varphi(\boldsymbol{x},\ t)\mathrm{d}V\right] \tag{5.17}$$

这个体积分的改变由两部分构成，一是由 V 和 V' 共有的体积 $V_1 = V \cap V'$ 中的 φ 随时间改变而引起的，即$\int_{V_1} \frac{\partial \varphi}{\partial t}\mathrm{d}t\mathrm{d}V_1$，且$\lim\limits_{\Delta t \to 0} V_1 = V$。另一是由区域边界 S 的推移所产生体积的改变而引起的。若 $\mathrm{d}s$ 边界引起的体积改变为 $\mathrm{d}V_2 = \boldsymbol{v} \cdot \boldsymbol{n}\mathrm{d}t\mathrm{d}s$，这里 $\boldsymbol{n}$ 为边界外法线，则由整个边界面 S 的推移所产生体积分改变为$\int_S \varphi v_i n_i \mathrm{d}t\mathrm{d}s$，将这两部分相加得

$$\frac{\mathrm{D}I}{\mathrm{D}t} = \int_V \frac{\partial \varphi}{\partial t}\mathrm{d}V + \int_S \varphi v_i n_i \mathrm{d}s \tag{5.18}$$

对式(5.18)右边面积分项用高斯公式得

$$\frac{\mathrm{D}I}{\mathrm{D}t} = \int_V \left[\frac{\partial \varphi}{\partial t} + \frac{\partial}{\partial x_i}(\varphi v_i)\right]\mathrm{d}V = \int_V \left[\frac{\partial \varphi}{\partial t} + \mathrm{div}(\varphi v_i)\right]\mathrm{d}V \tag{5.19}$$

再利用参量 φ 本身的物质导数关系，式(5.19)又可以写成

$$\frac{\mathrm{D}I}{\mathrm{D}t} = \int_V \left[\frac{\mathrm{D}\varphi}{\mathrm{D}t} + \varphi \frac{\partial v_i}{\partial x_i}\right]\mathrm{d}V \tag{5.20}$$

作为一个特例，假设 $\varphi = 1$，则体积分 $I = \int_V \mathrm{d}V = V$，而$\frac{\mathrm{D}I}{\mathrm{D}t} = \frac{\mathrm{D}V}{\mathrm{D}t}$。于是式(5.20)成为

$$\frac{\mathrm{D}I}{\mathrm{D}t} = \int_V v_{i,\,i}\mathrm{d}V \tag{5.21}$$

由此可见，速度场的散度 $v_{i,\,i}$ 即为单位体积的体积膨胀率。另外，由式(5.20)可知，只有当体积不变时，即 $v_{i,\,i} = 0$，求物质导数的运算同体积分运算的次序才可以互换，即

$$\frac{\mathrm{D}}{\mathrm{D}t}\int_V \varphi \mathrm{d}V = \int_V \frac{\mathrm{D}\varphi}{\mathrm{D}t}\mathrm{d}V \tag{5.22}$$

5.3 质量守恒定律

假设连续介质在 t 时刻的瞬时构形所占有的体积为 V 和表面积为 S，并假设体内不存在产生质量的源。由于该连续体表面 S 是由同样的质点集组成，并随着这些质点集运动，因此没有质量通过表面 S 流入连续体，连续体质量的增加率为零，即在连续体运动过程中其总质量保持不变。

若以 ρ 和 ρ_0 分别表示连续体在瞬时构形和参考构形中的密度，采用空间描述时，密度 ρ 是质点瞬时坐标 x_i 和时间 t 的函数。根据质量守恒定律有

$$\int_V \rho \mathrm{d}V = \int_{V_0} \rho_0 \mathrm{d}V_0 \tag{5.23}$$

式中：V_0 为参考构形中连续体的体积。

利用参考构形与瞬时构形变形前后体积变化公式(3.61)，式(5.23)可写成

$$\int_{V_0}(J\rho-\rho_0)\mathrm{d}V_0=0 \tag{5.24}$$

根据连续介质力学局部化假设，式(5.24)对体积内任意小的物质部分也成立，由此得

$$J\rho=\rho_0 \tag{5.25}$$

如果在瞬时构形下研究质量守恒定律，可以写成物质导数的形式，即

$$\frac{\mathrm{D}}{\mathrm{D}t}\int_V\rho\mathrm{d}V=0 \tag{5.26}$$

利用式(5.20)，式(5.26)又可以写成

$$\int_V\left[\frac{\partial\rho}{\partial t}+\frac{\partial}{\partial x_j}(\rho v_j)\right]\mathrm{d}V=\int_V\left[\frac{\mathrm{D}\rho}{\mathrm{D}t}+\rho\frac{\partial v_j}{\partial x_j}\right]\mathrm{d}V=0 \tag{5.27}$$

同样，式(5.27)对连续体中的任意小物质部分也成立，由此得被积函数应恒等于零，即

$$\frac{\partial\rho}{\partial t}+\frac{\partial}{\partial x_j}(\rho v_j)=0 \tag{5.28}$$

或

$$\frac{\partial\rho}{\partial t}+\mathrm{div}(\rho\boldsymbol{v})=0 \tag{5.29}$$

式(5.29)也可以用物质导数表示为

$$\frac{\mathrm{D}\rho}{\mathrm{D}t}+\rho\frac{\partial v_j}{\partial x_j}=0 \tag{5.30}$$

或

$$\frac{\mathrm{D}\rho}{\mathrm{D}t}+\rho\mathrm{div}\boldsymbol{v}=0 \tag{5.31}$$

式(5.28)、式(5.29)或式(5.30)、式(5.31)也称为连续性方程，它们在流体力学等变密度介质中广泛应用。

5.4　动量守恒定律

牛顿运动定律是针对质点和离散质点系而言的。欧拉将其推广到连续介质，认为下列定律是对一切连续介质共同成立的一般原理

$$\frac{\mathrm{D}}{\mathrm{D}t}\boldsymbol{P}=\boldsymbol{F} \tag{5.32}$$

$$\frac{\mathrm{D}}{\mathrm{D}t}\boldsymbol{H}=\boldsymbol{L} \tag{5.33}$$

式中：$\boldsymbol{F}$ 为作用于连续体 V 上的外力，$\boldsymbol{L}$ 为这些外力对惯性坐标系原点之矩；$\boldsymbol{P}$ 为瞬时构形中占有体积 V 的任意连续体所具有的线动量；$\boldsymbol{H}$ 为瞬时构形中该体积 V 对惯性坐标系原点的动量矩。它们分别是

$$\boldsymbol{P}=\int_V\rho\boldsymbol{v}\mathrm{d}V \tag{5.34}$$

$$\boldsymbol{H}=\int_V(\boldsymbol{x}\times\boldsymbol{v})\rho\mathrm{d}V \tag{5.35}$$

式(5.32) 表明了连续体的动量守恒原理，即连续体任一物质部分的动量变化率等于作用在该物质部分上所有力的合矢量；而式(5.33) 表明了连续体的动量矩守恒原理，即连续体任一物质部分对惯性坐标系原点的动量矩变化率等于外力对惯性坐标系原点的主矩矢。

将式(5.34) 代入式(5.32)，并考虑体积力与面积力的作用，则动量守恒定律可以写成

$$\frac{\mathrm{D}}{\mathrm{D}t}\int_V \rho \boldsymbol{v}\mathrm{d}V = \int_V \boldsymbol{f}(\boldsymbol{x})\rho\mathrm{d}V + \int_S \boldsymbol{T}(\boldsymbol{x}, \boldsymbol{n})\mathrm{d}s \tag{5.36}$$

写成分量形式，式(5.36) 成为

$$\int_V \rho \frac{\mathrm{D}v_i}{\mathrm{D}t}\mathrm{d}V = \int_V \rho f_i \mathrm{d}V + \int_S T_i \mathrm{d}s \tag{5.37}$$

利用 Cauchy 应力原理和 Gauss 定理，可以将式(5.37) 中的面积分改写成体积分，即

$$\int_V \rho \frac{\mathrm{D}v_i}{\mathrm{D}t}\mathrm{d}V = \int_V \rho f_i \mathrm{d}V + \int_V \sigma_{ji,j}\mathrm{d}V \tag{5.38}$$

它对连续体内任意小的物质部分也应成立，因此得

$$\rho \frac{\mathrm{D}v_i}{\mathrm{D}t} = \sigma_{ji,j} + \rho f_i \tag{5.39}$$

式(5.39)就是局部形式的动量守恒定律，即著名的 Eular 运动方程。

在平衡状态下，$\frac{\mathrm{D}v_i}{\mathrm{D}t}=0$，式(5.39)成为

$$\sigma_{ji,j} + \rho f_i = 0 \tag{5.40}$$

式(5.40)就是弹性力学平衡方程。

前面得到的 Eular 描述的局部形式的运动方程或平衡方程，不论连续体变形的大小都是一样的。但在 Lagrange 描述中，无限小变形和有限变形下的方程却有着实质性的差别。在无限小位移的情况下，忽略变形对微元体各微面及其应力的大小和方向的影响，在列出微元体运动和平衡方程时，认为在瞬时构形和参考构形中，它们没有区别。因此，只要在 Eular 描述的运动方程中，将 x_i 代之以 X_I，即可以得到 Lagrange 描述的运动方程，此时运动方程为线性的。而在有限变形情况下，变形后单元体微面的大小、方向都发生不能忽略的改变，不能再忽视微元体的变形和转动对力的投影的影响，因此在参考构形的 Lagrange 坐标中建立起来的运动方程同在瞬时构形的 Eular 坐标中建立的运动方程，形式上将大不相同。显然前者要复杂得多，但却把问题的几何非线性性质揭示了出来。

考虑一处于变形状态且占有体积 V 和表面积 s 的连续介质，其初始构形占有体积 V_0 和表面积 $\bar{s}$，物体受体力和面力作用。在 Eular 描述中，单位质量的体力为 f_i，微面积 ds 上作用的面力为 $\mathrm{d}F_i = \sigma_{ij}n_j\mathrm{d}s$。而在 Lagrange 描述中，单位质量的体力为 $\overset{0}{f_i}$，微面积 $\mathrm{d}\bar{s}$ 上作用的面力为 $\mathrm{d}F_i = T_{Ji}N_J\mathrm{d}\bar{s}$。假定单位质量的体力与变形无关，即

$$\overset{0}{f_i} = f_i \tag{5.41}$$

由式(5.37)可知，Eular 描述的运动方程的积分形式为

$$\int_S \mathrm{d}F_i + \int_V \rho f_i \mathrm{d}V = \int_V \rho \frac{\mathrm{D}v_i}{\mathrm{D}t}\mathrm{d}V \tag{5.42}$$

根据 Lagrange 应力定义式(4.65)、式(5.41) 的假定和质量守恒式(5.23)，式(5.42) 可以转化为初始构形下 Lagrange 描述的形式

$$\int_{\bar{S}} T_{Ji} N_J \mathrm{d}\bar{s} + \int_{V_0} \rho_0 f_i \mathrm{d}V_0 = \int_{V_0} \rho_0 \frac{\mathrm{D}v_i}{\mathrm{D}t} \mathrm{d}V_0 \tag{5.43}$$

将式(5.43) 面积分化为体积分，整理得

$$\int_{V_0} \left(\frac{\partial T_{Ji}}{\partial X_J} + \rho_0 f_i - \rho_0 \frac{\mathrm{D}v_i}{\mathrm{D}t} \right) \mathrm{d}V_0 = 0 \tag{5.44}$$

式(5.44)对连续介质内的任意微小部分都成立，由此得

$$\frac{\partial T_{Ji}}{\partial X_J} + \rho_0 f_i = \rho_0 \frac{\mathrm{D}v_i}{\mathrm{D}t} \tag{5.45}$$

式(5.45)就是参考构形中用 Lagrange 描述的运动方程。此时的静力平衡方程则为

$$\frac{\partial T_{Ji}}{\partial X_J} + \rho_0 f_i = 0 \tag{5.46}$$

若将式(4.74)代入式(5.45)，就可以得到用 Kirchhoff 应力张量表示的运动方程

$$\frac{\partial}{\partial X_J}(x_{i,P} S_{PJ}) + \rho_0 f_i = \rho_0 \frac{\mathrm{D}v_i}{\mathrm{D}t} \tag{5.47}$$

将变形梯度用位移分量表示，得

$$\frac{\partial}{\partial X_J}\left[S_{JP}\left(\delta_{iP} + \frac{\partial u_i}{\partial X_P} \right) \right] + \rho_0 f_i = \rho_0 \frac{\mathrm{D}v_i}{\mathrm{D}t} \tag{5.48}$$

再将位移梯度$\frac{\partial u_i}{\partial X_P}$用线性化应变分量 ε_{iP}和线性化转动分量 Ω_{iP}表示，即

$$\frac{\partial u_i}{\partial X_P} = \varepsilon_{iP} + \Omega_{iP} \tag{5.49}$$

式中：

$$\varepsilon_{iP} = \frac{1}{2}\left(\frac{\partial u_i}{\partial X_P} + \frac{\partial u_P}{\partial X_i} \right) \tag{5.50}$$

$$\Omega_{iP} = \frac{1}{2}\left(\frac{\partial u_i}{\partial X_P} - \frac{\partial u_P}{\partial X_i} \right) \tag{5.51}$$

于是，式(5.48)最终成为

$$\frac{\partial}{\partial X_J}[S_{JP}(\delta_{iP} + \varepsilon_{iP} + \Omega_{iP})] + \rho_0 f_i = \rho_0 \frac{\mathrm{D}v_i}{\mathrm{D}t} \tag{5.52}$$

由式(5.52)可以看出变形和转动对连续介质运动方程的影响。

5.5　动量矩守恒定律

Eular 运动第二定律式(5.33)阐明了连续介质的动量矩守恒定律，即连续介质内任意物质部分对惯性坐标系原点的动量矩变化等于外力对坐标原点的主矩。此物质部分的动量矩如式(5.35)所示，而外力对坐标原点的矩包括作用于该物质部分上的体力 $\boldsymbol{f}$ 及该物质部分界面上的面积力 $\boldsymbol{T}$ 对坐标原点的矩。此外，对极性物质来说，外力中还可能存在体矩 $\boldsymbol{b}(\boldsymbol{x})$ 和面矩 $\boldsymbol{m}(\boldsymbol{x}, \boldsymbol{n})$，前者是作用于连续介质单位质量上的外力偶矢量，后者是作用于外法线为 $\boldsymbol{n}$ 的面元 ds 上的单位面积的力偶矢量。因此，总的外力矩 $\boldsymbol{L}$ 为

$$\boldsymbol{L} = \int_V (\boldsymbol{x} \times \boldsymbol{f}) \rho \mathrm{d}V + \int_S (\boldsymbol{x} \times \boldsymbol{T}) \mathrm{d}s + \int_V \rho \boldsymbol{b} \mathrm{d}V + \int_S \boldsymbol{m} \mathrm{d}s \tag{5.53}$$

于是，连续介质动量矩守恒定律成为

$$\frac{\mathrm{D}}{\mathrm{D}t}\int_V(\boldsymbol{x}\times\boldsymbol{v})\rho\mathrm{d}V=\int_V(\boldsymbol{x}\times\boldsymbol{f})\rho\mathrm{d}V+\int_S(\boldsymbol{x}\times\boldsymbol{T})\mathrm{d}s+\int_V\rho\boldsymbol{b}\mathrm{d}V+\int_S\boldsymbol{m}\mathrm{d}s \tag{5.54}$$

式(5.54)左边可以改写为

$$\frac{\mathrm{D}}{\mathrm{D}t}\int_V(\boldsymbol{x}\times\boldsymbol{v})\rho\mathrm{d}V=\int_V\left(\frac{\mathrm{D}\boldsymbol{x}}{\mathrm{D}t}\times\boldsymbol{v}+\boldsymbol{x}\times\frac{\mathrm{D}\boldsymbol{v}}{\mathrm{D}t}\right)\rho\mathrm{d}V=\int_V\left(\boldsymbol{x}\times\frac{\mathrm{D}\boldsymbol{v}}{\mathrm{D}t}\right)\rho\mathrm{d}V \tag{5.55}$$

类似 Cauchy 应力原理，面矩也有相应的关系，即

$$\boldsymbol{m}(-\boldsymbol{n})=-\boldsymbol{m}(\boldsymbol{n}) \tag{5.56}$$

式(5.56)表明：界面正侧与负侧的面矩矢量等值反号。式中 $\boldsymbol{m}(\boldsymbol{n})$ 为四面体上外法线为 $\boldsymbol{n}$ 的倾斜面上的面矩矢量，它也可以得到类似斜截面应力与正截面应力之间的关系式

$$\boldsymbol{m}(\boldsymbol{n})=\sum_{i=1}^{3}\overset{i}{\boldsymbol{m}}(\boldsymbol{e}_i)n_i \tag{5.57}$$

式中：$\overset{i}{\boldsymbol{m}}(\boldsymbol{e}_i)$表示外法线指向坐标轴方向的各坐标面上的面矩矢量；$\boldsymbol{e}_i$ 为笛卡尔坐标轴正方向的单位矢量。

另一方面，将 $\boldsymbol{m}(\boldsymbol{n})$ 和 $\overset{i}{\boldsymbol{m}}(\boldsymbol{e}_i)$ 沿坐标轴方向分解，得

$$\boldsymbol{m}=M_j\boldsymbol{e}_j \tag{5.58}$$

$$\overset{i}{\boldsymbol{m}}=m_{ij}\boldsymbol{e}_j \tag{5.60}$$

式中：m_{ij}即为偶应力张量，它是一个二阶张量。将式(5.58)和式(5.59)代入式(5.57)，即得类似于 Cauchy 应力定理的关系式

$$M_j=m_{ij}n_j \tag{5.61}$$

于是，将动量矩定理式(5.33)写成分量形式，有

$$\frac{\mathrm{D}H_i}{\mathrm{D}t}=L_i \tag{5.62}$$

其中

$$\begin{aligned}\frac{\mathrm{D}H_i}{\mathrm{D}t}&=\frac{\mathrm{D}}{\mathrm{D}t}\int_V\rho e_{ijk}x_jv_k\mathrm{d}V=\int_V\rho e_{ijk}\frac{\mathrm{D}}{\mathrm{D}t}(x_jv_k)\mathrm{d}V=\int_V\rho\left(e_{ijk}v_jv_k+e_{ijk}x_j\frac{\mathrm{D}v_k}{\mathrm{D}t}\right)\mathrm{d}V\\&=\int_V\rho e_{ijk}x_j\frac{\mathrm{D}v_k}{\mathrm{D}t}\mathrm{d}V\end{aligned} \tag{5.63}$$

式中：$e_{ijk}v_jv_k$ 为零是因为$(v_j\cdot v_k)$ 对指标j，k对称，而e_{ijk} 对指标j，k反对称。

总的外力矩 $\boldsymbol{L}$ 的分量形式为

$$L_i=\int_V e_{ijk}x_jf_k\mathrm{d}V+\int_S e_{ijk}x_jT_k\mathrm{d}s+\int_V\rho b_i\mathrm{d}V+\int_S M_i\mathrm{d}s \tag{5.64}$$

式(5.64)右边的面积分可以变换为体积分，即

$$\int_S e_{ijk}x_jT_k\mathrm{d}s=\int_S e_{ijk}x_j\sigma_{lk}n_l\mathrm{d}s=\int_V(e_{ijk}x_j\sigma_{lk})_{,l}\mathrm{d}V=\int_V(e_{ijk}\sigma_{jk}+e_{ijk}x_j\sigma_{lk,l})\mathrm{d}V \tag{5.65}$$

$$\int_S M_i\mathrm{d}s=\int_S m_{ji}n_j\mathrm{d}s=\int_V m_{ji,j}\mathrm{d}V \tag{5.66}$$

将以上各式代入方程式(5.62)，得

$$\int_V e_{ijk}\left(\sigma_{lk,l}+\rho f_k-\rho\frac{\mathrm{D}v_k}{\mathrm{D}t}\right)x_j\mathrm{d}V+\int_V(e_{ijk}\sigma_{jk}+m_{ji,j}+\rho b_i)\mathrm{d}V=0 \tag{5.67}$$

根据运动方程式(5.39)，式(5.67)第一个积分为零，因此得

$$\int_V (e_{ijk}\sigma_{jk} + m_{ji,j} + \rho b_i)\mathrm{d}V = 0 \tag{5.68}$$

式(5.68)对连续体任意小物质部分成立，由此得被积函数应恒等于零，即

$$e_{ijk}\sigma_{jk} + m_{ji,j} + \rho b_i = 0 \tag{5.69}$$

然而，绝大多数物质都是非极性物质，因此可以不必考虑体矩和面矩的影响，于是式(5.69)成为

$$e_{ijk}\sigma_{jk} = 0 \tag{5.70}$$

或

$$\sigma_{jk} = \sigma_{kj} \tag{5.71}$$

在这种情况下，动量具有守恒定律等效于应力张量的对称性质。

5.6　Hamilton 原理

Hamilton 原理是弹性动力学问题中的能量极值原理。

对小位移情况，Eular 运动方程(5.39)可以写成

$$\sigma_{ji,j} + \rho f_i = \rho \frac{\partial^2 u_i}{\partial t^2} \tag{5.72}$$

设虚位移 δu_i 为相对于真实位移 u_i 的偏离，即位移变分，它满足 s_u 上的位移边界条件，即

$$\delta u_i = 0 (\text{在 } s_u \text{ 上}) \tag{5.73}$$

表面力 T_i 和体积力 f_i 在此虚位移上所作虚功为

$$\int_V \rho f_i \delta u_i \mathrm{d}V + \int_{S_\sigma} T_i \delta u_i \mathrm{d}s$$

根据连续介质虚功原理：在动平衡状态下，弹性体上的内力和外力(包括惯性力)的虚功之和等于零，即

$$\int_V \sigma_{ij}\delta\varepsilon_{ij}\mathrm{d}V = \int_V \left(\rho f_i - \rho \frac{\partial^2 u_i}{\partial t^2}\right)\delta u_i \mathrm{d}V + \int_{S_\sigma} T_i \delta u_i \mathrm{d}s \tag{5.74}$$

此处 $-\int_V \sigma_{ij}\delta\varepsilon_{ij}\mathrm{d}V$ 即为内力虚功。如若存在应变能函数 W，即 $\delta W = \sigma_{ij}\delta\varepsilon_{ij}$，则式(5.74)成为

$$\delta\int_V W\mathrm{d}V = \int_V \left(\rho f_i - \rho \frac{\partial^2 u_i}{\partial t^2}\right)\delta u_i \mathrm{d}V + \int_{S_\sigma} T_i \delta u_i \mathrm{d}s \tag{5.75}$$

式中：δu_i 是时间 t 和质点空间坐标 x_i 的函数。式(5.75)在任意两个瞬时 t_0 和 t_1 之间积分，得

$$\int_{t_0}^{t_1}\int_V \delta W\mathrm{d}V\mathrm{d}t = \int_{t_0}^{t_1}\mathrm{d}t\int_V \rho f_i \delta u_i \mathrm{d}V + \int_{t_0}^{t_1}\mathrm{d}t\int_{S_\sigma} T_i \delta u_i \mathrm{d}s - \int_{t_0}^{t_1}\mathrm{d}t\int_V \rho \frac{\partial^2 u_i}{\partial t^2}\delta u_i \mathrm{d}V \tag{5.76}$$

将式(5.76)最后一项以 J 表示，改变积分次序，并用分部积分得

$$\begin{aligned} J &= \int_{t_0}^{t_1}\mathrm{d}t\int_V \rho \frac{\partial^2 u_i}{\partial t^2}\delta u_i \mathrm{d}V = \int_V \mathrm{d}V\int_{t_0}^{t_1}\rho \frac{\partial^2 u_i}{\partial t^2}\delta u_i \mathrm{d}t \\ &= \int_V \rho \frac{\partial u_i}{\partial t}\delta u_i \bigg|_{t_0}^{t_1}\mathrm{d}V - \int_V \mathrm{d}V\int_{t_0}^{t_1}\rho \frac{\partial u_i}{\partial t}\frac{\partial \delta u_i}{\partial t}\mathrm{d}t \end{aligned} \tag{5.77}$$

这里因为考虑的是小位移，所以假定ρ不随时间变化。另外，再给时刻t_0和t_1的变分限制如下

$$\delta u_i(t_0) = \delta u_i(t_1) = 0(\text{在 } V \text{ 上}) \tag{5.78}$$

即所有运动学上可能的运动在t_0和t_1时刻与真实运动一致，于是式(5.77)成为

$$J = -\int_{t_0}^{t_1}\int_V \rho \frac{\partial u_i}{\partial t}\frac{\partial \delta u_i}{\partial t}\mathrm{d}V\mathrm{d}t = -\int_{t_0}^{t_1}\int_V \delta\left(\frac{1}{2}\rho\frac{\partial u_i}{\partial t}\frac{\partial u_i}{\partial t}\right)\mathrm{d}V\mathrm{d}t = -\int_{t_0}^{t_1}\delta K\mathrm{d}t \tag{5.79}$$

这里

$$K = \frac{1}{2}\int_V \rho\frac{\partial u_i}{\partial t}\frac{\partial u_i}{\partial t}\mathrm{d}V \tag{5.80}$$

它是物体运动的动能。

将式(5.80)代入式(5.76)，则有

$$\int_{t_0}^{t_1}\delta(U-K)\mathrm{d}t = \int_{t_0}^{t_1}\int_V \rho f_i\delta u_i\mathrm{d}V\mathrm{d}t + \int_{t_0}^{t_1}\int_{S_\sigma}T_i\delta u_i\mathrm{d}s\mathrm{d}t \tag{5.81}$$

式中：$U = \int_V W\mathrm{d}V$为物体的总应变能。

若作用于物体的外力能使得上式右边成为载荷势能A的变分，即

$$-\delta A = \int_V \rho f_i\delta u_i\mathrm{d}V + \int_{S_\sigma}T_i\delta u_i\mathrm{d}s \tag{5.82}$$

例如外力T_i和f_i与位移无关的情况，则式(5.81)成为

$$\int_{t_0}^{t_1}\delta(U-K+A)\mathrm{d}t = 0 \tag{5.83}$$

此即为Hamilton原理。式(5.83)中的被积函数称为Lagrange函数，以L表示

$$L = U - K + A \tag{5.84}$$

而积分函数

$$H = \int_{t_0}^{t_1}(U-K+A)\mathrm{d}t \tag{5.85}$$

则称为Hamilton作用量。

于是，Hamilton原理可以表述为：在满足式(5.73)和式(5.78)约束的运动系上所有可能的运动中，真实的运动使Hamilton作用量达驻值，由于Hamilton原理中的作用量不是正定的，对真实的运动一般只取驻值而不是取极小值。

举例：梁的振动。

某梁如图5-1所示，设其振动发生在包含截面形心主惯性轴的纵向平面内，并以y表示梁轴上某点的挠度，对于小挠度变形，可以忽略剪切变形的影响，于是梁的总应变能为

$$U = \frac{1}{2}\int_0^l EI\left(\frac{\partial^2 y}{\partial x^2}\right)\mathrm{d}x \tag{5.86}$$

梁的动能包括单元平动动能和转动动能两部分，其平动动能为

$$K_1 = \frac{1}{2}\int_0^l m\left(\frac{\partial y}{\partial t}\right)^2\mathrm{d}x \tag{5.87}$$

式中：m为梁单位长度的质量。

令I_p为单位梁长相对于其惯性轴的转动惯量，即

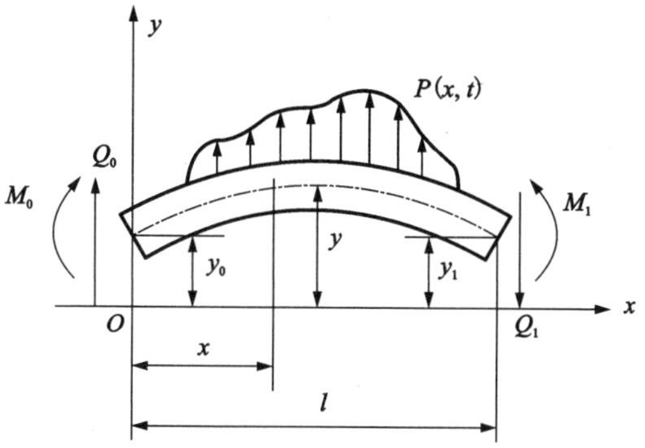

图 5 - 1 Hamilton 原理描述梁的振动

$$I_p = \frac{\gamma}{g}\int_A \bar{y}^2 \mathrm{d}A \tag{5.88}$$

式中：A 为梁横截面积；γ 为梁材料的比值；$\bar{y}$ 为横截面上的点到截面中性轴间的距离。则梁转动动能为

$$K_2 = \frac{1}{2}\int_0^l I_p\left(\frac{\partial^2 y}{\partial x\partial t}\right)^2 \mathrm{d}x \tag{5.89}$$

式中：$\frac{\partial^2 y}{\partial x\partial t}$ 为单元转动角速度。于是梁的总动能为

$$K = \frac{1}{2}\int_0^l m\left(\frac{\partial y}{\partial t}\right)^2 \mathrm{d}x + \frac{1}{2}\int_0^l I_p\left(\frac{\partial^2 y}{\partial x\partial t}\right)^2 \mathrm{d}x \tag{5.90}$$

根据图 5 - 1 受力情况，外载荷的势能为

$$A = -\int_0^l p(x, t)y(x)\mathrm{d}x - M_l\left(\frac{\partial y}{\partial x}\right)_l + M_0\left(\frac{\partial y}{\partial x}\right)_0 + Q_l y_l - Q_0 y_0 \tag{5.91}$$

由 Hamilton 原理式(5.83)，得

$$\delta\int_{t_0}^{t_1}\left\{\int_0^l\left[\frac{1}{2}EI\left(\frac{\partial^2 y}{\partial x^2}\right) - \frac{1}{2}m\left(\frac{\partial y}{\partial t}\right)^2 - \frac{1}{2}I_p\left(\frac{\partial^2 y}{\partial x\partial t}\right)^2 - py\right]\mathrm{d}x - M_l\left(\frac{\partial y}{\partial x}\right)_l + M_0\left(\frac{\partial y}{\partial x}\right)_0 + Q_l y_l - Q_0 y_0\right\}\mathrm{d}t = 0 \tag{5.92}$$

在 t_0 和 t_1 瞬时，有

$$\delta y = 0,\ \frac{\partial\delta y}{\partial x} = \delta\left(\frac{\partial y}{\partial x}\right) = 0 \tag{5.93}$$

对式(5.92) 进行变分运算，有

$$\int_{t_0}^{t_1}\left[\int_0^l\left(EI\frac{\partial^2 y}{\partial x^2}\frac{\partial^2\delta y}{\partial x^2} - m\frac{\partial y}{\partial t}\frac{\partial\delta y}{\partial t} - I_p\frac{\partial^2 y}{\partial x\partial t}\frac{\partial^2\delta y}{\partial x\partial t} - p\delta y\right)\mathrm{d}x - M_l\delta\left(\frac{\partial y}{\partial x}\right)_l + M_0\delta\left(\frac{\partial y}{\partial x}\right)_0 + Q_l\delta y_l - Q_0\delta y_0\right]\mathrm{d}t = 0 \tag{5.94}$$

对式(5.94) 进行分部积分，并注意到条件(5.93)，得

$$\int_{t_0}^{t_1}\int_0^l\left[\frac{\partial^2}{\partial x^2}\left(EI\frac{\partial^2 y}{\partial x^2}\right)+m\frac{\partial^2 y}{\partial t^2}-\frac{\partial^2}{\partial x\partial t}\left(I_p\frac{\partial^2 y}{\partial x\partial t}\right)-p(x,t)\right]\delta y\mathrm{d}x\mathrm{d}t+$$

$$\int_{t_0}^{t_1}\left\{\left[EI\frac{\partial^2 y}{\partial x^2}-M\right]\delta\left(\frac{\partial y}{\partial x}\right)\right\}\Big|_0^l\mathrm{d}t-\int_{t_0}^{t_1}\left\{\left[\frac{\partial}{\partial x}\left(EI\frac{\partial^2 y}{\partial x^2}\right)-\frac{\partial}{\partial t}\left(I_p\frac{\partial^2 y}{\partial x\partial t}\right)-Q\right]\delta y\right\}\Big|_0^l\mathrm{d}t=0 \tag{5.95}$$

由于变分的任意性，则梁的运动方程为

$$\frac{\partial^2}{\partial x^2}\left(EI\frac{\partial^2 y}{\partial x^2}\right)+m\frac{\partial^2 y}{\partial t^2}-\frac{\partial^2}{\partial x\partial t}\left(I_p\frac{\partial^2 y}{\partial x\partial t}\right)=p(x,t) \tag{5.96}$$

以及梁端的边界条件

$$EI\frac{\partial^2 y}{\partial x^2}=M\ 或\ \delta\left(\frac{\partial y}{\partial x}\right)=0 \tag{5.97}$$

$$\frac{\partial}{\partial x}\left(EI\frac{\partial^2 y}{\partial x^2}\right)-\frac{\partial}{\partial t}\left(I_p\frac{\partial^2 y}{\partial x\partial t}\right)=Q\ 或\ \delta y=0 \tag{5.98}$$

这个梁的运动方程包含了转动惯量影响的 Rayleigh 效应，故称为 Rayleigh 方程。若忽略转动惯性的影响(即当波长比梁的横截面尺寸大得多时)，且梁为等截面均质梁，则上述方程可以简化为

$$\frac{\partial^2 y}{\partial t^2}+\frac{EI\partial^4 y}{\rho A\partial x^4}=\frac{1}{\rho A}p(x,t) \tag{5.99}$$

式(5.99)就是细长梁的振动方程。

5.7 能量算子原理

能量算子原理是编著者在规范空间的物理表象框架下给出的基本力学方程，并在此基础上给出了弹性力学的通解格式。

根据附录 B 本征弹性理论，系统应变能可以用下式表示

$$W=\sum_i\frac{1}{2}\sigma_i^*\varepsilon_i^*=\sum_i W_i \tag{5.100}$$

式中：模态应变能 W_i 为

$$W_i=\frac{1}{2}\sigma_i^*\varepsilon_i^* \tag{5.101}$$

式中：σ_i^* 和 ε_i^* 分别是模态应力和模态应变。

由算子化原理，将式(5.100)写成算子形式，有

$$\hat{W}=\sum_i\frac{1}{2}\hat{\sigma}_i^*\varepsilon_i^*=\sum_i\frac{1}{2}\Delta_i^*\varepsilon_i^*\geqslant 0 \tag{5.102}$$

或

$$\hat{W}=\sum_i\frac{1}{2}\hat{\varepsilon}_i^*\sigma_i^*=\sum_i\frac{1}{2}\nabla_i^*\sigma_i^*\geqslant 0 \tag{5.103}$$

式中：Δ_i^* 为应力算子，∇_i^* 为应变算子，它们都是关于空间坐标的二阶微分算子。

根据最小势能原理，准静态弹性场将是式(5.102)和式(5.103)的基态方程，即

$$\Delta_i^*\sigma_i^*=0\quad i=1,2,\cdots,6 \tag{5.104}$$

$$\nabla_i^*\varepsilon_i^*=0\quad i=1,2,\cdots,6 \tag{5.105}$$

式(5.105)用到了正则 Hooke 定律(6.52)。上面两式均为二阶微分方程，从它可以获得弹性场分布的解。

当考虑动力学过程弹性场计算时，最小势能原理将被本征势能原理取代。

根据附录 C 的式(C23)，模态形式的弹性动力学方程为

$$\Delta_i^* \sigma_i^* = \rho \nabla_{tt} \varepsilon_i^* \quad (i = 1, 2, \cdots, 6) \tag{5.106}$$

利用正则 Hooke 定律(6.52)，上式可以写成

$$\lambda_i \Delta_i^* \varepsilon_i^* = \rho \nabla_{tt} \varepsilon_i^* \quad (i = 1, 2, \cdots, 6) \tag{5.107}$$

对模态应变场分离变量，即

$$\varepsilon_i^*(\boldsymbol{x}, t) = f_i(\boldsymbol{x}) g_i(t) \quad (i = 1, 2, \cdots, 6) \tag{5.108}$$

将式(5.108)代入式(5.106)，可得

$$\Delta_i^* f_i(\boldsymbol{x}) = \alpha_i f_i(\boldsymbol{x}) \quad i = 1, 2, \cdots, 6 \tag{5.109}$$

$$\nabla_{tt} g_i(t) = \tau_i g_i(t) \quad i = 1, 2, \cdots, 6 \tag{5.110}$$

式中：$\alpha_i = \dfrac{k_i}{\lambda_i}$，$\tau_i = \dfrac{k_i}{\rho}$，而 k_i 是第 i 阶弹性能级，并由边界条件确定。方程(5.109)的基态($\alpha_i = 0$)正是最小势能原理式(5.104)。

由此可见：本征弹性力学是模态算子化的方程形式，平衡方程与协调方程都具有二阶微分。由于应力平衡方程(5.104)与应变协调方程(5.105)在形式上完全对称，所以可以构造统一形式的应力、应变势函数。

定义应力势函数 Ψ

$$\sigma_i^* = \nabla_i^* \Psi_i \quad i = 1, 2, \cdots, 6 \tag{5.111}$$

或

$$\varepsilon_i^* = \Delta_i^* \Psi_i \quad i = 1, 2, \cdots, 6 \tag{5.112}$$

将式(5.111)和式(5.112)分别代入应力平衡方程(5.104)与应变协调方程(5.105)，可以得到归一化的弹性力学基本方程为

$$\square_i^* \Psi_i = 0 \quad i = 1, 2, \cdots, 6 \tag{5.113}$$

式中：$\square_i^* = \Delta_i^* \nabla_i^*$，称为应变能算子，它是一个四阶微分算子。于是，应力势函数 Ψ 即能够满足应力平衡方程(5.104)，也能够满足应变协调方程(5.105)。由此可见，弹性静力学基本方程实际上就是应变能算符方程的基态。求解弹性静力学问题，就是寻求满足方程(5.113)的势函数 Ψ，然后满足边界条件。

练习与思考

1. 试证明连续方程的物质形式$\dfrac{D(\rho J)}{\mathrm{D}t}=0$与空间形式$\dfrac{\mathrm{D}\rho}{\mathrm{D}t}+\rho v_{k,k}=0$是等价的。

2. 若$\sigma_{ij}=-p\delta_{ij}$，试证明应力功率可用下式表示：

$$V_{ij}\sigma_{ij}=\frac{p}{\rho}\frac{\mathrm{D}\rho}{\mathrm{D}t}$$

式中：V_{ij}为形变率张量。

3. 若$\sigma_{ij}=-p\delta_{ij}+\lambda V_{kk}\delta_{ij}+2\mu V_{ij}$及$h_i=-kT_{,i}$，试证明能量守恒方程可用下式表示：

$$\rho\frac{\mathrm{D}e}{\mathrm{D}t}=\frac{p}{\rho}\frac{\mathrm{D}\rho}{\mathrm{D}t}+(\lambda+2\mu)(J_{(1)})^2-4\mu(J_{(2)})+kT_{,ii}+\rho\dot{q}$$

式中：$J_{(1)}$和$J_{(2)}$分别为形变率张量V_{ij}的第一和第二不变量。

4. 若$\sigma_{ij}=\beta V_{ik}V_{kj}$，试用形变率张量不变量$J_{(1)}$，$J_{(2)}$和$J_{(3)}$表示应力功率$\sigma_{ij}V_{ij}$。

5. 利用坐标变换关系，证明圆柱坐标下的连续方程是

$$r\left(\frac{\partial\rho}{\partial t}\right)+\frac{\partial}{\partial r}(r\rho v_r)+\frac{\partial}{\partial\theta}(\rho v_\theta)+r\frac{\partial}{\partial z}(\rho v_z)=0$$

6. 证明线弹性体在表面力T_i和体积力f_i作用下的体积改变ΔV等于

$$\Delta V=\int_V\theta\mathrm{d}V=\frac{1-2\nu}{E}\left[\int_S T_i x_i\mathrm{d}s+\int_V\rho f_i x_i\mathrm{d}V\right]$$

式中：$\theta=\varepsilon_{kk}$。

7. 试利用 Hamilton 原理推导直杆纵向振动的微分方程和边界条件。

8. 试写出下列坐标中的运动方程：

①柱面坐标；

②球面坐标。

第 6 章　弹性本构方程

6.1　弹性力学实验

所谓弹性，是指物体的应力与应变之间具有单值函数关系，而且在撤除外来作用后，又能恢复原有形状的物性。弹性体的应力只决定于变形前的初始状态和变形后的现时状态，与加载变形的路径与过程无关。闭合循环的加、卸载作用的弹性体虽然在过程中产生了变形，但最终物体还是会回到原来的初始状态，而且对周围环境并不产生任何影响。因此，也将弹性体材料视为无记忆的物质，与加载与变形历史无关。

此外，弹性变形体又有线弹性体和非线弹性体之分。线弹性体的本构关系为广义 Hooke 定律，反映了应力 - 应变的线性关系和变形可逆的特性。而非弹性体虽然保留了变形的可逆特性，但其应力 - 应变关系却呈现非线性的特征，其关系几何图形为折曲线状，如折线型、双曲线型和对数曲线型等。

Truesdell 提出弹性的三种定义，并分别命名为：弹性(elasticity)、次弹性(hypoelasticity)和超弹性(hyperelasticity)。对等温或绝热条件下的小变形线弹性体，这三种定义是等价的。但是当将它们推广到较一般的物质和变形范围时，它们就不再等价了，并且得到三个不同级别的普遍性。

第一种定义是基于 Cauchy 方法。它直接建立应力张量和应变张量间相互单值对应的关系。若材料具有均匀无应力的自然状态，且在此状态的有限邻域内存在 Eular 应力张量 σ_{ij} 和 Almansi 应变张量 e_{ij} 间的一一对应的关系，则称为弹性材料，其普遍本构方程是

$$\sigma_{ij}=f(e_{ij}) \tag{6.1}$$

这样，应力只与当前应变有关，而与应变历史无关。这种定义法是经典弹性理论中采用的基本方法，称这种弹性本构关系为 Cauchy 弹性。

第二种定义是建立率形式的弹性本构关系，若材料应力率分量为形变率分量的齐次线性函数，则称为次弹性材料。

第三种定义则从材料具有储能函数出发。若材料具有作为应变张量解析函数的应变能函数，且应变能函数的变化率等于应力所做的功，则称为超弹性材料。

下面几节分别讨论。

6.2　弹性本构模型

经典的弹性本构模型，即弹性应力－应变关系，就是应力状态和与之相对应的应变状态参数之间的线性方程。

6.2.1　各向同性弹性

(1)应力张量与应变张量本构方程：

张量形式的广义 Hooke 定律为

$$\sigma_{ij}=C_{ijkl}\varepsilon_{kl} \tag{6.2}$$

式中：C_{ijkl}为四阶弹性张量，它具有如下的对称性质

$$C_{ijkl}=C_{klij},\ C_{ijkl}=C_{jikl},\ C_{ijkl}=C_{ijlk} \tag{6.3}$$

由于对称性，其独立的分量数目由 81 个可以减至 21 个。

各向同性情况下，弹性张量可以通过不变量分解写成

$$C_{ijkl}=\lambda\delta_{ijkl}+\mu(\delta_{ik}\delta_{jl}+\delta_{il}\delta_{jk}) \tag{6.4}$$

因此，各向同性弹性本构方程成为：

$$\sigma_{ij}=\lambda\varepsilon_{kk}\delta_{ij}+2\mu\varepsilon_{ij} \tag{6.5}$$

式中：λ 和 μ 分别是拉梅弹性系数。

(2)体积应力与体积应变本构方程：

对式(6.5)进行缩并，可以得到

$$\sigma_{kk}=3K\varepsilon_{kk} \tag{6.6}$$

式中：$K=\frac{1}{3}(3\lambda+2\mu)$为体积弹性模量。

(3)偏应力与偏应变本构方程：

将偏应力与偏应变定义代入方程(6.5)，可以得到

$$S_{ij}=2Ge_{ij} \tag{6.7}$$

式中：$G=\mu$ 为剪切弹性模量。

(4)八面体剪应力与八面体剪应变本构方程：

对各向同性情况，有

$$\tau_{\mathrm{oct}}=G\gamma_{\mathrm{oct}} \tag{6.8}$$

(5)最大剪应力与最大剪应变本构方程：

同样，对各向同性情况有

$$\frac{1}{2}(\sigma_1-\sigma_2)=G(\varepsilon_1-\varepsilon_2) \tag{6.9}$$

$$\frac{1}{2}(\sigma_3-\sigma_2)=G(\varepsilon_3-\varepsilon_2) \tag{6.10}$$

$$\frac{1}{2}(\sigma_3-\sigma_1)=G(\varepsilon_3-\varepsilon_1) \tag{6.11}$$

(6)工程应力与工程应变本构方程：

各向同性材料有 2 个独立系数，即

$$\begin{Bmatrix} \sigma_{11} \\ \sigma_{22} \\ \sigma_{33} \\ \tau_{32} \\ \tau_{31} \\ \tau_{12} \end{Bmatrix} = \begin{bmatrix} c_{11} & c_{12} & c_{12} & 0 & 0 & 0 \\ c_{12} & c_{11} & c_{12} & 0 & 0 & 0 \\ c_{12} & c_{12} & c_{11} & 0 & 0 & 0 \\ 0 & 0 & 0 & c_{44} & 0 & 0 \\ 0 & 0 & 0 & 0 & c_{44} & 0 \\ 0 & 0 & 0 & 0 & 0 & c_{44} \end{bmatrix} \begin{Bmatrix} \varepsilon_{11} \\ \varepsilon_{22} \\ \varepsilon_{33} \\ \gamma_{32} \\ \gamma_{31} \\ \gamma_{12} \end{Bmatrix} \tag{6.12}$$

这里，$c_{44}=\frac{1}{2}(c_{11}-c_{12})$，若令 $\lambda=c_{12}$，$\mu=\frac{1}{2}(c_{11}-c_{12})$：展开式(6.12)，有

$$\left.\begin{aligned} \sigma_{11} &= \lambda\theta+2\mu\varepsilon_{11} \\ \sigma_{22} &= \lambda\theta+2\mu\varepsilon_{22} \\ \sigma_{33} &= \lambda\theta+2\mu\varepsilon_{33} \\ \tau_{23} &= \mu\gamma_{23} \\ \tau_{31} &= \mu\gamma_{31} \\ \tau_{12} &= \mu\gamma_{12} \end{aligned}\right\} \tag{6.13}$$

或

$$\begin{Bmatrix} \varepsilon_{11} \\ \varepsilon_{22} \\ \varepsilon_{33} \\ \gamma_{32} \\ \gamma_{31} \\ \gamma_{12} \end{Bmatrix} = \begin{bmatrix} \frac{1}{E} & -\frac{v}{E} & -\frac{v}{E} & 0 & 0 & 0 \\ -\frac{v}{E} & \frac{1}{E} & -\frac{v}{E} & 0 & 0 & 0 \\ -\frac{v}{E} & -\frac{v}{E} & \frac{1}{E} & 0 & 0 & 0 \\ 0 & 0 & 0 & \frac{1}{G} & 0 & 0 \\ 0 & 0 & 0 & 0 & \frac{1}{G} & 0 \\ 0 & 0 & 0 & 0 & 0 & \frac{1}{G} \end{bmatrix} \begin{Bmatrix} \sigma_{11} \\ \sigma_{22} \\ \sigma_{33} \\ \tau_{32} \\ \tau_{31} \\ \tau_{12} \end{Bmatrix} \tag{6.14}$$

展开有

$$\left.\begin{aligned} \varepsilon_{11} &= \frac{1}{E}[\sigma_{11}-v(\sigma_{22}+\sigma_{33})] \\ \varepsilon_{22} &= \frac{1}{E}[\sigma_{22}-v(\sigma_{33}+\sigma_{11})] \\ \varepsilon_{33} &= \frac{1}{E}[\sigma_{33}-v(\sigma_{11}+\sigma_{22})] \\ \gamma_{23} &= \frac{1}{G}\tau_{23} \\ \gamma_{31} &= \frac{1}{G}\tau_{31} \\ \gamma_{12} &= \frac{1}{G}\tau_{12} \end{aligned}\right\} \tag{6.15}$$

式中：E 和 v 分别为杨氏模量和泊松比；G 为剪切模量。在各向同性条件下，它们之间的关系是

$$G=\frac{G}{2(1+v)} \tag{6.16}$$

6.2.2 各向异性弹性

一般情况下，材料的工程弹性是由下面的广义 Hooke 定律描述的，即

$$\{\sigma\}=[C]\{\varepsilon\} \tag{6.17}$$

写成矩阵形式，有

$$\begin{Bmatrix}\sigma_{11}\\ \sigma_{22}\\ \sigma_{33}\\ \tau_{32}\\ \tau_{31}\\ \tau_{12}\end{Bmatrix}=\begin{Bmatrix}c_{11} & c_{12} & c_{13} & c_{13} & c_{15} & c_{16}\\ c_{21} & c_{22} & c_{23} & c_{24} & c_{25} & c_{26}\\ c_{31} & c_{32} & c_{33} & c_{34} & c_{35} & c_{36}\\ c_{41} & c_{42} & c_{43} & c_{44} & c_{45} & c_{46}\\ c_{51} & c_{52} & c_{53} & c_{54} & c_{55} & c_{56}\\ c_{61} & c_{62} & c_{63} & c_{64} & c_{65} & c_{66}\end{Bmatrix}\begin{Bmatrix}\varepsilon_{11}\\ \varepsilon_{22}\\ \varepsilon_{33}\\ \gamma_{32}\\ \gamma_{31}\\ \gamma_{12}\end{Bmatrix} \tag{6.18}$$

或

$$\begin{Bmatrix}\varepsilon_{11}\\ \varepsilon_{22}\\ \varepsilon_{33}\\ \gamma_{32}\\ \gamma_{31}\\ \gamma_{12}\end{Bmatrix}=\begin{Bmatrix}s_{11} & s_{12} & s_{13} & s_{13} & s_{15} & s_{16}\\ s_{21} & s_{22} & s_{23} & s_{24} & s_{25} & s_{26}\\ s_{31} & s_{32} & s_{33} & s_{34} & s_{35} & s_{36}\\ s_{41} & s_{42} & s_{43} & s_{44} & s_{45} & s_{46}\\ s_{51} & s_{52} & s_{53} & s_{54} & s_{55} & s_{56}\\ s_{61} & s_{62} & s_{63} & s_{64} & s_{65} & s_{66}\end{Bmatrix}\begin{Bmatrix}\sigma_{11}\\ \sigma_{22}\\ \sigma_{33}\\ \tau_{32}\\ \tau_{31}\\ \tau_{12}\end{Bmatrix} \tag{6.19}$$

式中：$[C]$ 为 6×6 阶弹性矩阵；$[S]=[C]^{-1}$ 为 6×6 阶柔度矩阵，由于这 2 个矩阵的对称性质，36 个矩阵元素中只有 21 个独立元素。

对三种工程中常见的各向异性材料，其弹性矩阵如下。

1)各向同性材料：

$$[C]=\begin{bmatrix}c_{11} & c_{12} & c_{12} & 0 & 0 & 0\\ c_{12} & c_{11} & c_{12} & 0 & 0 & 0\\ c_{12} & c_{12} & c_{11} & 0 & 0 & 0\\ 0 & 0 & 0 & c_{44} & 0 & 0\\ 0 & 0 & 0 & 0 & c_{44} & 0\\ 0 & 0 & 0 & 0 & 0 & c_{44}\end{bmatrix} \tag{6.20}$$

式中：$c_{44}=\frac{1}{2}(c_{11}-c_{12})$。

2)横观各向同性材料：

$$[C]=\begin{bmatrix} c_{11} & c_{12} & c_{13} & 0 & 0 & 0 \\ c_{12} & c_{11} & c_{13} & 0 & 0 & 0 \\ c_{13} & c_{13} & c_{33} & 0 & 0 & 0 \\ 0 & 0 & 0 & c_{44} & 0 & 0 \\ 0 & 0 & 0 & 0 & c_{44} & 0 \\ 0 & 0 & 0 & 0 & 0 & c_{66} \end{bmatrix} \tag{6.21}$$

式中：$c_{44}=\frac{1}{2}(c_{11}-c_{12})$。

3）正交各向异性材料：

$$[C]=\begin{bmatrix} c_{11} & c_{12} & c_{13} & 0 & 0 & 0 \\ c_{12} & c_{22} & c_{23} & 0 & 0 & 0 \\ c_{13} & c_{23} & c_{33} & 0 & 0 & 0 \\ 0 & 0 & 0 & c_{44} & 0 & 0 \\ 0 & 0 & 0 & 0 & c_{55} & 0 \\ 0 & 0 & 0 & 0 & 0 & c_{66} \end{bmatrix} \tag{6.22}$$

工程地质材料中的各向异性主要是由周期性薄互层和定向裂隙引起的。下面列出常见地质材料中各向异性地球物理模型，并给出模型分析。

1. 各向同性模型

各向同性地质介质描述的是：微裂隙、结构面、空隙或固体骨架具有统计各向同性的地质体。其地质模型和坐标建立如图6－1所示。

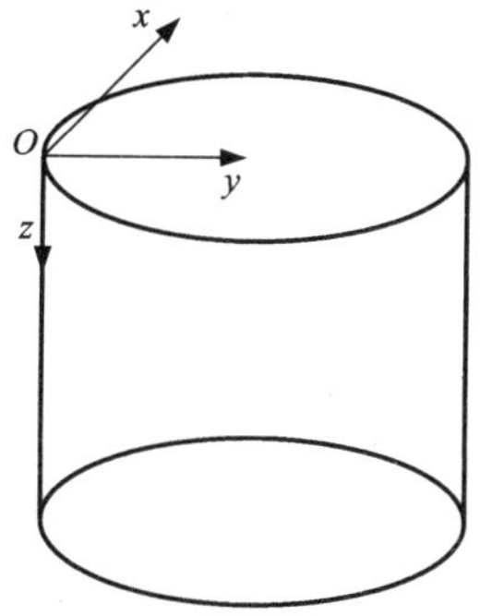

图6－1 各向同性地质模型

弹性系数矩阵是

$$[C]=\begin{bmatrix} c_{11} & c_{12} & c_{12} & 0 & 0 & 0 \\ c_{12} & c_{11} & c_{12} & 0 & 0 & 0 \\ c_{12} & c_{12} & c_{11} & 0 & 0 & 0 \\ 0 & 0 & 0 & c_{44} & 0 & 0 \\ 0 & 0 & 0 & 0 & c_{44} & 0 \\ 0 & 0 & 0 & 0 & 0 & c_{44} \end{bmatrix} \tag{6.23}$$

它有 2 个独立的弹性系数。各向异性组成是 $\boldsymbol{C}_{\text{ani}}=\boldsymbol{C}_{\text{iso}}$。

2. 横观各向同性模型(TIH)

横观各向同性地质介质(TIH)描述的是：有一组发育完好的垂直裂隙的地质体。其地质模型和坐标建立如图 6-2 所示。

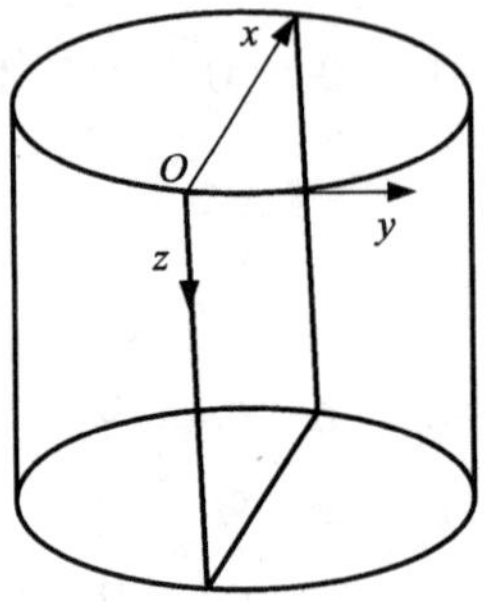

图 6-2　横观各向同性(TIH)地质模型

弹性系数矩阵是

$$[C]=\begin{bmatrix} c_{11} & c_{12} & c_{13} & 0 & 0 & 0 \\ c_{12} & c_{22} & c_{12} & 0 & 0 & 0 \\ c_{13} & c_{12} & c_{11} & 0 & 0 & 0 \\ 0 & 0 & 0 & c_{44} & 0 & 0 \\ 0 & 0 & 0 & 0 & c_{55} & 0 \\ 0 & 0 & 0 & 0 & 0 & c_{44} \end{bmatrix} \tag{6.24}$$

它有 5 个独立的弹性系数。各向异性组成是 $\boldsymbol{C}_{\text{ani}}=\boldsymbol{C}_{\text{iso}}+\boldsymbol{C}'$，其中，$\boldsymbol{C}'$表示裂缝因子矩阵。

3. 横观各向同性模型(TIV)

横观各向同性地质介质(TIV)描述的是：有一组发育完好的水平裂隙的地质体或由水平薄互层组成的地质体。其地质模型和坐标建立如图 6-3 所示。

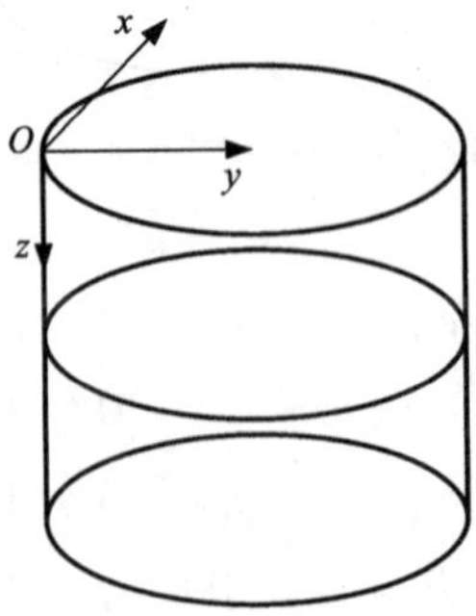

图 6-3　横观各向同性(TIV)地质模型

弹性系数矩阵是

$$
[C]=\begin{bmatrix}
c_{11} & c_{12} & c_{13} & 0 & 0 & 0 \\
c_{12} & c_{11} & c_{13} & 0 & 0 & 0 \\
c_{13} & c_{13} & c_{33} & 0 & 0 & 0 \\
0 & 0 & 0 & c_{44} & 0 & 0 \\
0 & 0 & 0 & 0 & c_{44} & 0 \\
0 & 0 & 0 & 0 & 0 & c_{66}
\end{bmatrix} \tag{6.25}
$$

它有 5 个独立的弹性系数。各向异性组成是 $\boldsymbol{C}_{\text{ani}}=\boldsymbol{C}_{\text{iso}}+\boldsymbol{C}'$，其中，$\boldsymbol{C}'$表示裂缝因子矩阵或地层因子矩阵。

4. 横观各向同性模型(TTI)

横观各向同性地质介质(TTI)描述的是：有一组发育完好的任意方向倾斜裂隙的地质体或由一套任意倾斜薄互层组成的地质体。其地质模型和坐标建立如图 6－4 所示。

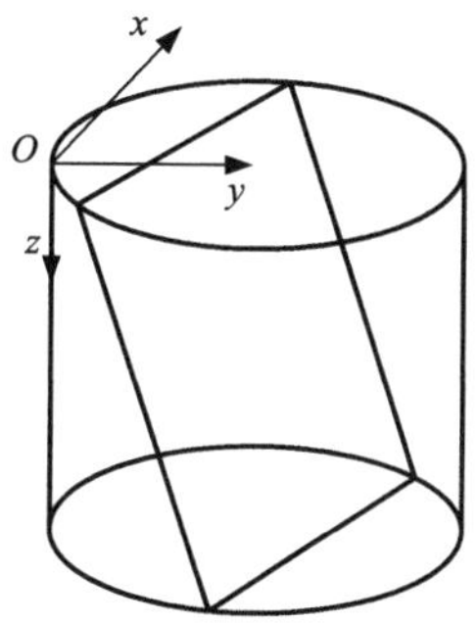

图 6－4　横观各向同性(TTI)地质模型

弹性系数矩阵是

$$
[C]=\begin{bmatrix}
c_{11} & c_{12} & c_{13} & c_{13} & c_{15} & c_{16} \\
c_{21} & c_{22} & c_{23} & c_{24} & c_{25} & c_{26} \\
c_{31} & c_{32} & c_{33} & c_{34} & c_{35} & c_{36} \\
c_{41} & c_{42} & c_{43} & c_{44} & c_{45} & c_{46} \\
c_{51} & c_{52} & c_{53} & c_{54} & c_{55} & c_{56} \\
c_{61} & c_{62} & c_{63} & c_{64} & c_{65} & c_{66}
\end{bmatrix} \tag{6.26}
$$

它有 21 个独立的弹性系数。各向异性组成是 $\boldsymbol{C}_{\text{ani}}=\boldsymbol{C}_{\text{iso}}+\boldsymbol{C}'$，其中，$\boldsymbol{C}'$表示裂缝因子或地层因子矩阵。

5. 正交各向异性模型

正交各向异性地质介质描述的是：有二组发育完好的相互垂直裂隙的地质体或在水平薄互层中发育一组垂直裂隙的地质体。其地质模型和坐标建立如图 6－5 所示。

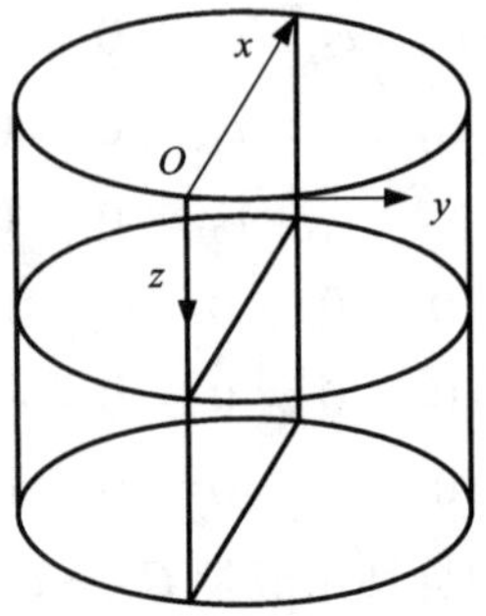

图6-5　正交各向异性地质模型

弹性系数矩阵是：

$$[C]=\begin{bmatrix} c_{11} & c_{12} & c_{13} & 0 & 0 & 0 \\ c_{12} & c_{22} & c_{23} & 0 & 0 & 0 \\ c_{13} & c_{23} & c_{33} & 0 & 0 & 0 \\ 0 & 0 & 0 & c_{44} & 0 & 0 \\ 0 & 0 & 0 & 0 & c_{55} & 0 \\ 0 & 0 & 0 & 0 & 0 & c_{66} \end{bmatrix} \tag{6.27}$$

它有9个独立的弹性系数。各向异性组成是 $\boldsymbol{C}_{\text{ani}}=\boldsymbol{C}_{\text{iso}}+\boldsymbol{C}_1'+\boldsymbol{C}_2'+\boldsymbol{C}_{12}'$，其中，$\boldsymbol{C}_1'$和$\boldsymbol{C}_2'$分别表示二组裂缝因子矩阵或地层因子矩阵，$\boldsymbol{C}_{12}'$表示二组裂缝因子或地层因子相互影响矩阵。

6. 单斜各向异性模型(TIV+斜TIH)

单斜各向异性地质介质(TIV+斜TIH)描述的是：分别含一组水平裂隙和垂直倾斜裂隙的地质体或由在水平薄互层中发育一组垂直倾斜裂隙的地质体。其地质模型和坐标建立如图6-6所示。

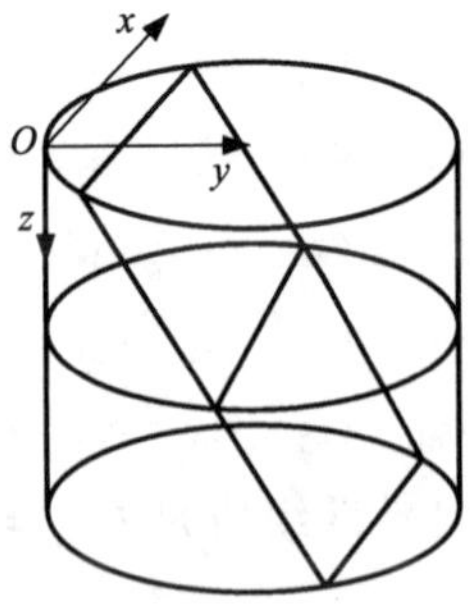

图6-6　单斜各向异性地质(TIV+斜TIH)模型

弹性系数矩阵是

$$
[C]=\begin{bmatrix}
c_{11} & c_{12} & c_{13} & 0 & c_{15} & 0 \\
c_{21} & c_{22} & c_{23} & 0 & c_{25} & 0 \\
c_{31} & c_{32} & c_{33} & 0 & c_{35} & 0 \\
0 & 0 & 0 & c_{44} & 0 & c_{46} \\
c_{51} & c_{52} & c_{53} & 0 & c_{55} & 0 \\
0 & 0 & 0 & c_{64} & 0 & c_{66}
\end{bmatrix} \tag{6.28}
$$

它有 13 个独立的弹性系数。各向异性组成是 $\boldsymbol{C}_{\text{ani}}=\boldsymbol{C}_{\text{iso}}+\boldsymbol{C}_1'+\boldsymbol{C}_2'+\boldsymbol{C}_{12}'$，其中，$\boldsymbol{C}_1'$ 和 $\boldsymbol{C}_2'$ 分别表示两组裂缝因子矩阵或地层因子矩阵，$\boldsymbol{C}_{12}'$ 表示二组裂缝因子或地层因子相互影响矩阵。

7. 单斜各向异性模型(TIH + TIH)

单斜各向异性地质介质(TIH + TIH)描述的是：两组发育完好的非正交垂直裂隙的地质体。其地质模型和坐标建立如图 6 - 7 所示。

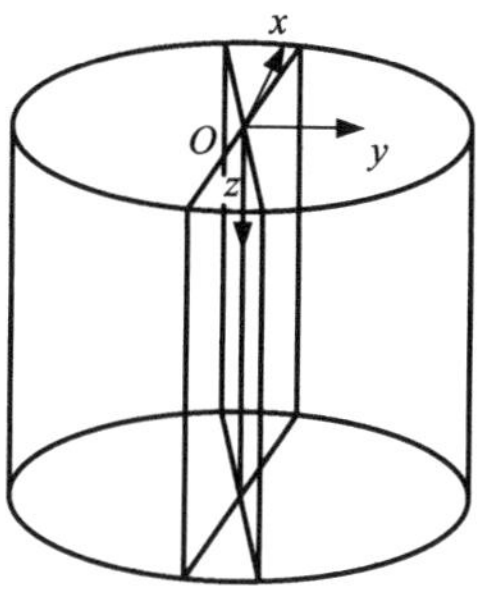

图 6 - 7 单斜各向异性地质(TIH + TIH)模型

弹性系数矩阵是

$$
[C]=\begin{bmatrix}
c_{11} & c_{12} & c_{13} & 0 & 0 & c_{16} \\
c_{21} & c_{22} & c_{23} & 0 & 0 & c_{26} \\
c_{31} & c_{32} & c_{33} & 0 & 0 & c_{36} \\
0 & 0 & 0 & c_{44} & c_{45} & 0 \\
0 & 0 & 0 & c_{54} & c_{55} & 0 \\
c_{61} & c_{62} & c_{63} & 0 & 0 & c_{66}
\end{bmatrix} \tag{6.29}
$$

它有 13 个独立的弹性系数。各向异性组成是 $\boldsymbol{C}_{\text{ani}}=\boldsymbol{C}_{\text{iso}}+\boldsymbol{C}_1'+\boldsymbol{C}_2'+\boldsymbol{C}_{12}'$，其中，$\boldsymbol{C}_1'$ 和 $\boldsymbol{C}_2'$ 分别表示两组裂缝因子矩阵或地层因子矩阵，$\boldsymbol{C}_{12}'$ 表示两组裂缝因子或地层因子相互影响矩阵。

6.2.3 规范空间弹性

前面两小节分别给出了经典弹性理论有两种表达形式，即张量形式的本构方程与工程形式的本构方程。仔细地观察就会发现，这两种形式的本构方程是不等价的，即张量本构方程不能用工程本构方程取代，反之亦然，于是就要有两套弹性力学参数来进行描述。这一节就将给出与张量弹性本构方程等效的矢量弹性本构方程。

张量弹性理论由 Hooke 定律的张量形式表达，即

$$\sigma_{ij} = C_{ijkl}\varepsilon_{kl} \tag{6.30}$$

式中：$C_{ijkl}(i, j, k, l, =1, 2, 3)$为三维空间上的四阶弹性张量。由张量函数理论，对具有不同对称性质的弹性，可以通过若干不变量加以表示。

矢量弹性理论由 Hooke 定律的矢量形式表达，即我们常说的 Voigt 表示

$$\boldsymbol{\sigma} = \boldsymbol{C}\boldsymbol{\varepsilon} \tag{6.31}$$

写成分量形式则有

$$\sigma_I = C_{IJ}\varepsilon_J \tag{6.32}$$

式中：$C_{IJ}(I, J=1, 2, \cdots, 6)$为六维空间上的二阶弹性张量。

$$\boldsymbol{\sigma} = \{\sigma_{11}, \sigma_{22}, \sigma_{33}, \sigma_{23}, \sigma_{31}, \sigma_{12}\}^{\mathrm{T}} = \{\sigma_{11}, \sigma_{22}, \sigma_{33}, \tau_{23}, \tau_{31}, \tau_{12}\}^{\mathrm{T}} \tag{6.33}$$

$$\boldsymbol{\varepsilon} = \{\varepsilon_{11}, \varepsilon_{22}, \varepsilon_{33}, 2\varepsilon_{23}, 2\varepsilon_{31}, 2\varepsilon_{12}\}^{\mathrm{T}} = \{\varepsilon_{11}, \varepsilon_{22}, \varepsilon_{33}, \gamma_{23}, \gamma_{31}, \gamma_{12}\}^{\mathrm{T}} \tag{6.34}$$

因此，实际上矢量弹性理论就是工程弹性理论的另一种表示形式，本质是一样的。而C_{IJ} $(I, J=1, 2, \cdots, 6)$则等价于工程弹性矩阵。

但是，工程弹性理论是一个有天生缺陷的理论：一是六维空间坐标轴的基矢量在三维坐标旋转时不再保持不变；二是工程应力矢量和工程应变矢量在三维坐标旋转时不同步变换。这样，工程化表示的力学矢量状态与张量力学状态不具有物理上的等价性，同时工程弹性系数也不具有二阶张量分量的意义。

为了消除工程矢量弹性理论的不足，则须构造能与张量弹性有物理等效性的新的矢量弹性理论。为此，定义六维空间的基矢量为

$$\begin{cases} \hat{\boldsymbol{e}}_1 = \boldsymbol{e}_1 \otimes \boldsymbol{e}_1 & \hat{\boldsymbol{e}}_4 = \dfrac{1}{\sqrt{2}}(\boldsymbol{e}_2 \otimes \boldsymbol{e}_3 + \boldsymbol{e}_3 \otimes \boldsymbol{e}_2) \\ \hat{\boldsymbol{e}}_2 = \boldsymbol{e}_2 \otimes \boldsymbol{e}_2 & \hat{\boldsymbol{e}}_5 = \dfrac{1}{\sqrt{2}}(\boldsymbol{e}_1 \otimes \boldsymbol{e}_3 + \boldsymbol{e}_3 \otimes \boldsymbol{e}_1) \\ \hat{\boldsymbol{e}}_3 = \boldsymbol{e}_3 \otimes \boldsymbol{e}_3 & \hat{\boldsymbol{e}}_6 = \dfrac{1}{\sqrt{2}}(\boldsymbol{e}_1 \otimes \boldsymbol{e}_2 + \boldsymbol{e}_2 \otimes \boldsymbol{e}_1) \end{cases} \tag{6.35}$$

式中：$\boldsymbol{e}_i(i=1, 2, 3)$是三维直角坐标轴的基矢量。根据张量的等价关系，构造如下的应力矢量和应变矢量

$$\sigma_{ij}\boldsymbol{e}_i \otimes \boldsymbol{e}_j = \hat{\sigma}_I \hat{\boldsymbol{e}}_I \tag{6.36}$$

$$\varepsilon_{ij}\boldsymbol{e}_i \otimes \boldsymbol{e}_j = \hat{\varepsilon}_I \hat{\boldsymbol{e}}_I \tag{6.37}$$

式中：σ_{ij}和$\varepsilon_{ij}(i=1, 2, 3)$分别为应力张量和应变张量，而$\sigma_I$和$\varepsilon_I(I=1, 2, \cdots, 6)$分别为与三维空间上的应力张量和应变张量具有物理等价性的六维空间上的规范应力矢量和规范应变矢量。

将上面两式展开，并引进规范矩阵$\boldsymbol{P}$，则可以将工程应力矢量和工程应变矢量变换到规范应力矢量和规范应变矢量上来

$$\hat{\boldsymbol{\sigma}} = \boldsymbol{P}\boldsymbol{\sigma} \tag{6.38}$$

$$\hat{\boldsymbol{\varepsilon}} = \boldsymbol{P}^{-1}\boldsymbol{\varepsilon} \tag{6.39}$$

其中

$$\hat{\boldsymbol{\sigma}} = \{\sigma_{11}, \sigma_{22}, \sigma_{33}, \sqrt{2}\tau_{23}, \sqrt{2}\tau_{31}, \sqrt{2}\tau_{12}\}^{\mathrm{T}} \tag{6.40}$$

$$\hat{\boldsymbol{\varepsilon}} = \left\{\varepsilon_{11}, \varepsilon_{22}, \varepsilon_{33}, \frac{\sqrt{2}}{2}\gamma_{23}, \frac{\sqrt{2}}{2}\gamma_{31}, \frac{\sqrt{2}}{2}\gamma_{12}\right\}^{\mathrm{T}} \tag{6.41}$$

$$\boldsymbol{P} = \mathrm{diag}[1,\ 1,\ 1,\ \sqrt{2},\ \sqrt{2},\ \sqrt{2}] \tag{6.42}$$

同理，与三维空间上的四阶弹性张量物理等效的六维空间上的二阶弹性张量满足如下的张量等价关系

$$C_{ijkl}\boldsymbol{e}_i \otimes \boldsymbol{e}_j \otimes \boldsymbol{e}_k \otimes \boldsymbol{e}_l = \hat{C}_{IJ}\hat{\boldsymbol{e}}_I \otimes \hat{\boldsymbol{e}}_J \tag{6.43}$$

将式(6.43)展开，并利用规范矩阵 $\boldsymbol{P}$，则工程弹性矩阵可以通过如下的变换，转化为规范弹性矩阵

$$\hat{\boldsymbol{C}} = \boldsymbol{PCP} \tag{6.44}$$

将式(6.38)和式(6.39)代入本构方程(6.31)，显然有

$$\hat{\boldsymbol{\sigma}} = \hat{\boldsymbol{C}}\hat{\boldsymbol{\varepsilon}} \tag{6.45}$$

写成矩阵形式有

$$\begin{Bmatrix} \sigma_{11} \\ \sigma_{22} \\ \sigma_{33} \\ \sqrt{2}\sigma_{32} \\ \sqrt{2}\sigma_{31} \\ \sqrt{2}\sigma_{12} \end{Bmatrix} \begin{bmatrix} c_{11} & c_{12} & c_{13} & \sqrt{2}c_{14} & \sqrt{2}c_{15} & \sqrt{2}c_{16} \\ c_{21} & c_{22} & c_{23} & \sqrt{2}c_{24} & \sqrt{2}c_{25} & \sqrt{2}c_{26} \\ c_{31} & c_{32} & c_{33} & \sqrt{2}c_{34} & \sqrt{2}c_{35} & \sqrt{2}c_{36} \\ \sqrt{2}c_{41} & \sqrt{2}c_{42} & \sqrt{2}c_{43} & 2c_{44} & 2c_{45} & 2c_{46} \\ \sqrt{2}c_{51} & \sqrt{2}c_{52} & \sqrt{2}c_{53} & 2c_{54} & 2c_{55} & 2c_{56} \\ \sqrt{2}c_{61} & \sqrt{2}c_{62} & \sqrt{2}c_{63} & 2c_{64} & 2c_{65} & 2c_{66} \end{bmatrix} \begin{Bmatrix} \varepsilon_{11} \\ \varepsilon_{22} \\ \varepsilon_{33} \\ \frac{\sqrt{2}}{2}\varepsilon_{32} \\ \frac{\sqrt{2}}{2}\varepsilon_{31} \\ \frac{\sqrt{2}}{2}\varepsilon_{12} \end{Bmatrix} \tag{6.46}$$

式(6.45)或式(6.46)称为规范化广义 Hooke 定律。

同样，规范化广义 Hooke 定律也可以写成柔度形式，即

$$\hat{\boldsymbol{\varepsilon}} = \hat{\boldsymbol{S}}\hat{\boldsymbol{\sigma}} \tag{6.47}$$

其中，

$$\hat{\boldsymbol{S}} = \boldsymbol{P}^{-1}\boldsymbol{S}\boldsymbol{P}^{-1} \tag{6.48}$$

写成矩阵形式

$$\begin{Bmatrix} \varepsilon_{11} \\ \varepsilon_{22} \\ \varepsilon_{33} \\ \frac{\sqrt{2}}{2}\varepsilon_{32} \\ \frac{\sqrt{2}}{2}\varepsilon_{31} \\ \frac{\sqrt{2}}{2}\varepsilon_{12} \end{Bmatrix} \begin{bmatrix} s_{11} & s_{12} & s_{13} & \frac{\sqrt{2}}{2}s_{14} & \frac{\sqrt{2}}{2}s_{15} & \frac{\sqrt{2}}{2}s_{16} \\ s_{21} & s_{22} & s_{23} & \frac{\sqrt{2}}{2}s_{24} & \frac{\sqrt{2}}{2}s_{25} & \frac{\sqrt{2}}{2}s_{26} \\ s_{31} & s_{32} & s_{33} & \frac{\sqrt{2}}{2}s_{34} & \frac{\sqrt{2}}{2}s_{35} & \frac{\sqrt{2}}{2}s_{36} \\ \frac{\sqrt{2}}{2}s_{41} & \frac{\sqrt{2}}{2}s_{42} & \frac{\sqrt{2}}{2}s_{43} & \frac{1}{2}s_{44} & \frac{1}{2}s_{45} & \frac{1}{2}s_{46} \\ \frac{\sqrt{2}}{2}s_{51} & \frac{\sqrt{2}}{2}s_{52} & \frac{\sqrt{2}}{2}s_{53} & \frac{1}{2}s_{51} & \frac{1}{2}s_{55} & \frac{1}{2}s_{53} \\ \frac{\sqrt{2}}{2}s_{61} & \frac{\sqrt{2}}{2}s_{62} & \frac{\sqrt{2}}{2}s_{63} & \frac{1}{2}s_{64} & \frac{1}{2}s_{65} & \frac{1}{2}s_{66} \end{bmatrix} \begin{Bmatrix} \sigma_{11} \\ \sigma_{22} \\ \sigma_{33} \\ \sqrt{2}\sigma_{32} \\ \sqrt{2}\sigma_{31} \\ \sqrt{2}\sigma_{12} \end{Bmatrix} \tag{6.49}$$

这样，我们就得到了与三维空间上的应力张量和应变张量具有物理等价性的六维空间上的规范应力矢量、规范应变矢量和规范弹性矩阵。

6.3 正则弹性本构模型

见附录A和附录B，当我们在物理表象的规范空间下研究弹性力学问题时，广义Hooke定律可以写成正则形式的模态形式，即用模态应力和模态应变构成的Hooke定律的方程形式。

为此，将表象变换关系(B5)、(B6)代入式(6.45)，有

$$\boldsymbol{\sigma}^* = \boldsymbol{\Phi}^{-1}\hat{\boldsymbol{C}}\boldsymbol{\Phi}\boldsymbol{\varepsilon}^* \tag{6.50}$$

再利用弹性矩阵的谱分解关系(A4)，可以得到

$$\{\boldsymbol{\sigma}^*\} = [\Lambda]\{\boldsymbol{\varepsilon}^*\} \tag{6.51}$$

由于$[\Lambda]$是对角矩阵，式(6.51)可以解耦，写成分量形式为

$$\sigma_i^* = \lambda_i\varepsilon_i^* \quad i = 1, 2, \cdots, 6 \tag{6.52}$$

这就是一般各向异性下正则形式的模态Hooke定律。因此，在规范空间表象下，无论所研究材料的各向异性如何复杂，其弹性本构方程都能够写成类似各向同性一维拉伸情况的标量弹性关系。

6.4 次弹性本构模型

弹性材料的应力响应只取决于当前应变状态的情况，某些材料(如土壤等)，其弹性性质与应力的加载路径有关。例如砂土剪应力与剪应变间的关系曲线受围压的影响很大，围压改变了砂土的密实度，造成了砂粒分布与摩擦力的改变，因而如果起点与终点的剪应力与围压应力一样而加载次序不同，即使在剪应力与剪应变关系曲线的弹性阶段其应变值也是不同的。正是由于这种路径相关性，这类材料的应力应变关系已不能写成全量形式，而必须写成增量形式或率的形式，即

$$\sigma_{ij}^{\nabla} = f_{ij}(V_{kl}) \tag{6.53}$$

为了使上述本构关系中的材料常数不含牛顿时间，由因次分析可知，$f_{ij}(V_{kl})$应写成V_{kl}的齐次线性形式，因此有

$$\sigma_{ij}^{\nabla} = C_{ijkl}V_{kl} \tag{6.54}$$

具有这类形式本构关系的材料称为次弹性材料，其中，C_{ijkl}依赖于瞬时应力张量或瞬时应变张量。由张量商律性质可知，它为四阶张量，且由于应力率和形变率的对称性可得

$$C_{ijkl} = C_{jikl} = C_{ijlk} \tag{6.55}$$

假定材料是各向同性的，即坐标变换时本构关系的函数形式与物性常数保持不变，于是C_{ijkl}在任意取向的笛卡尔坐标系中相同，为四阶各向同性张量，于是有

$$\sigma_{ij}^{\nabla} = \lambda V_{kk}\delta_{ij} + 2\mu V_{ij} \tag{6.56}$$

次弹性材料除了对有限变形的路径相关性外，还存在对无限小位移的无黏性及可逆性。

在位移很小且转动和应变相比为同阶或更高阶小量的情况下，$V_{ij} \simeq \dot{\varepsilon}_{ij}$，$\sigma_{ij}^{\nabla} \simeq \dot{\sigma}_{ij}$。故式(6.54)可以写成

$$\dot{\sigma}_{ij} = C_{ijkl}\dot{\varepsilon}_{kl} \tag{6.57}$$

或写成增量的形式

$$\mathrm{d}\sigma_{ij}=C_{ijkl}(\sigma_{mn})\mathrm{d}\varepsilon_{kl} \tag{6.58}$$

考虑 C_{ijkl} 是应力分量的线性函数的初始各向同性次弹性材料，为满足式(6.55)的对称性要求，可以判断张量 C_{ijkl} 将是下面五个张量的线性组合

$$\left.\begin{aligned}&\delta_{ij}\delta_{kl},\ \delta_{ik}\delta_{jl}+\delta_{il}\delta_{jk},\ \delta_{ij}\sigma_{kl},\\&\delta_{ik}\sigma_{jl}+\delta_{il}\sigma_{jk}+\delta_{jk}\sigma_{il}+\delta_{jl}\sigma_{ik},\ \sigma_{ij}\delta_{kl}\end{aligned}\right\} \tag{6.59}$$

其中，头两个张量的系数是应力张量的迹 $\mathrm{tr}\boldsymbol{\sigma}$ 的线性函数，而后三个张量的系数为常数。因此，这类次弹性材料 C_{ijkl} 最一般的形式可以写成

$$\begin{aligned}C_{ijkl}=&(a_{01}+a_{11}\sigma_{rr})\delta_{ij}\delta_{kl}+\frac{1}{2}(a_{02}+a_{12}\sigma_{rr})(\delta_{ik}\delta_{jl}+\delta_{jk}\delta_{il})+\\&a_{13}\sigma_{ij}\delta_{kl}+\frac{1}{2}a_{14}(a_{jk}\delta_{li}+a_{jl}\delta_{ki}+a_{ik}\delta_{lj}+a_{il}\delta_{kj})+a_{15}\sigma_{kl}\delta_{ij}\end{aligned} \tag{6.60}$$

将它代到方程(6.57)，可以得到如下本构关系

$$\begin{aligned}\dot{\sigma}_{ij}=&a_{01}\dot{\varepsilon}_{kk}\delta_{ij}+a_{02}\dot{\varepsilon}_{ij}+a_{11}\sigma_{pp}\dot{\varepsilon}_{kk}\delta_{ij}+a_{12}\sigma_{mm}\dot{\varepsilon}_{ij}+a_{13}\sigma_{ij}\dot{\varepsilon}_{kk}+\\&a_{14}(\sigma_{jk}\dot{\varepsilon}_{ik}+\sigma_{ik}\dot{\varepsilon}_{jk})+a_{15}\sigma_{kl}\dot{\varepsilon}_{kl}\delta_{ij}\end{aligned} \tag{6.61}$$

式中：$a_{01}\sim a_{15}$ 是材料常数。具有上述本构方程的材料称为一阶（或线性）次弹性材料。并且，式(6.61)代表了初始各向同性次弹性本构关系的最一般公式，其中后三项表示此方程描述的性质呈现应力诱发的各向异性。

在式(6.61)中，如果除 a_{01}，a_{02} 外的所有材料常数为零，它就回归到线弹性材料的广义 Hooke 定律。而对于任何描述的加载（应力）路径和初始条件，则可通过对式(6.61)次弹性本构方程求积分得到全应力－应变关系式，其下述假设条件能满足

$$\frac{\partial C_{ijkl}}{\partial\varepsilon_{np}}=\frac{\partial C_{ijnp}}{\partial\varepsilon_{kl}} \tag{6.62}$$

或

$$\frac{\partial C_{ijkl}}{\partial\sigma_{rs}}\frac{\partial\sigma_{rs}}{\partial\varepsilon_{np}}=\frac{\partial C_{ijnp}}{\partial\sigma_{mq}}\frac{\partial\sigma_{mq}}{\partial\varepsilon_{kl}} \tag{6.63}$$

并且

$$\frac{\partial\sigma_{ij}}{\partial\varepsilon_{kl}}=C_{ijkl} \tag{6.64}$$

对于 Cauchy 弹性材料（即应力状态由应变状态唯一决定，而与应力历史无关），式(6.64)对所有应力状态成立，这就给材料常数强加了某些约束。将式(6.60)代入式(6.62)，且要求结果与应力状态无关，有

$$\left.\begin{aligned}&a_{14}=0\\&a_{12}(3a_{11}+a_{12})=0\\&a_{12}a_{15}=0\\&a_{15}(3a_{11}+a_{15})=0\\&3a_{01}a_{12}+a_{02}(a_{12}-a_{13})=0\end{aligned}\right\} \tag{6.65}$$

此外，弹性张量 C_{ijkl} 还需满足对称性条件，即 $C_{ijkl}=C_{klij}$，它引出材料常数的附加约束是

$$a_{13}=a_{15} \tag{6.66}$$

于是，对于任何不满足前两式要求的材料常数（$a_{01}\sim a_{15}$）的组合，其全应力和应变决定

于加载路径。因此，本构方程(6.61)描述的性质通常是与路径相关的。

6.5 超弹性本构模型

我们知道：对于所考虑的材料及其热力学过程，存在一个比应变能函数 W(以单位变形前体积计)，它是相对于自然状态的 Green 应变张量 E_{IJ}的函数，即

$$W = W(E_{IJ}) \tag{6.67}$$

同时，对等温或绝热热力学过程，有

$$\frac{\mathrm{D}W}{\mathrm{D}t} = S_{IJ}\frac{\mathrm{D}E_{IJ}}{\mathrm{D}t} \tag{6.68}$$

满足式(6.67)和式(6.68)要求的材料即为超弹性材料，这种材料热力学过程的特点是变形功全部以应变能的形式储存在弹性体内。

对式(6.67)求物质导式，有

$$\frac{\mathrm{D}W}{\mathrm{D}t} = \frac{\mathrm{D}W}{\mathrm{D}E_{IJ}}\frac{\mathrm{D}E_{IJ}}{\mathrm{D}t} \tag{6.69}$$

将它代入式(6.68)得

$$\left(\frac{\mathrm{D}W}{\mathrm{D}E_{IJ}} - S_{IJ}\right)\frac{\mathrm{D}E_{IJ}}{\mathrm{D}t} = 0 \tag{6.70}$$

式(6.70)未对弹性介质任意部分的变形施加几何限制(例如不可压缩)。对可压缩的弹性介质，上式中$\frac{\mathrm{D}E_{IJ}}{\mathrm{D}t}$各分量是彼此独立的变量。因此，式(6.70)对应变率$\frac{\mathrm{D}E_{IJ}}{\mathrm{D}t}$的任意值都成立，则最后得

$$S_{IJ} = \frac{\mathrm{D}W}{\mathrm{D}E_{IJ}} = 2\frac{\mathrm{D}W}{\mathrm{D}C_{IJ}} \tag{6.71}$$

这就是超弹性本构方程的一般形式。由此可见，对超弹性材料，应力张量是有势的，它可以由应变能函数对应变分量的偏导数得到。

式(6.71)是 Kirchhoff 应力 S_{IJ}用应变能函数 W 表示的超弹性本构方程，同样也可以写出 Lagrange 应力张量 T_{Ij}和 Eular 应力张量 σ_{ij}用应变能函数 W 表示的超弹性本构方程。

由式(4.74)可知

$$T_{Ij} = S_{IP}x_{j,P} \tag{6.72}$$

将式(6.71)代入式(6.72)，有

$$T_{Ij} = \frac{\mathrm{D}W}{\mathrm{D}E_{IP}}\frac{\partial x_j}{\partial X_P} = \frac{1}{2}\left(\frac{\partial x_j}{\partial X_Q}\frac{\mathrm{D}W}{\mathrm{D}E_{IQ}} + \frac{\partial x_j}{\partial X_P}\frac{\mathrm{D}W}{\mathrm{D}E_{IP}}\right) \tag{6.73}$$

由于

$$\frac{\partial W}{\partial\left(\frac{\partial x_j}{\partial X_I}\right)} = \frac{\mathrm{D}W}{\mathrm{D}E_{PQ}}\frac{\partial E_{PQ}}{\partial\left(\frac{\partial x_j}{\partial X_I}\right)} \tag{6.74}$$

并且

$$\frac{\partial E_{PQ}}{\partial\left(\frac{\partial x_j}{\partial X_I}\right)} = \frac{1}{2}\frac{\partial}{\partial\left(\frac{\partial x_j}{\partial X_I}\right)}\left(\frac{\partial x_k}{\partial X_P}\frac{\partial x_k}{\partial X_Q} - \delta_{PQ}\right) = \frac{1}{2}\left(\frac{\partial x_k}{\partial X_Q}\delta_{jk}\delta_{IP} + \frac{\partial x_k}{\partial X_P}\delta_{jk}\delta_{IQ}\right) = \frac{1}{2}\left(\frac{\partial x_j}{\partial X_Q}\delta_{IP} + \frac{\partial x_j}{\partial X_P}\delta_{IQ}\right) \tag{6.75}$$

将式(6.75)代入式(6.74)，并与式(6.73)比较即得

$$T_{Ij}=\frac{\partial W}{\partial\left(\frac{\partial x_j}{\partial X_I}\right)} \tag{6.76}$$

或

$$\boldsymbol{T}=\frac{\partial W}{\partial \boldsymbol{F}} \tag{6.77}$$

式中：$\boldsymbol{F}$ 为变形梯度张量，此时 W 应为变形梯度分量的函数。

再由式(4.75)可知

$$\sigma_{ij}=\frac{\rho}{\rho_0}\frac{\partial x_i}{\partial X_P}T_{Pj} \tag{6.78}$$

将式(6.76)代入，有

$$\sigma_{ij}=\frac{\rho}{\rho_0}\frac{\partial x_i}{\partial X_P}\frac{\partial W}{\partial\left(\frac{\partial x_j}{\partial X_P}\right)}=2\frac{\rho}{\rho_0}\frac{\partial x_i}{\partial X_P}\frac{\partial x_j}{\partial X_Q}\frac{\partial W}{\partial C_{PQ}} \tag{6.79}$$

式中：C_{PQ}为 Cauchy – Green 张量；此时 W 应为 Cauchy – Green 张量分量的函数。

举例：各向同性超弹性本构方程。

假定应变能函数为

$$W=W(\boldsymbol{C}) \tag{6.80}$$

这里，$\boldsymbol{C}$ 是 Cauchy – Green 张量。

各向同性材料要求在变形旋转后，应变能函数值保持不变，即

$$W(\boldsymbol{C})=W(\overline{\boldsymbol{C}})=W(\boldsymbol{QCQ}^{\mathrm{T}}) \tag{6.81}$$

这里 $\boldsymbol{Q}$ 为描述旋转的正交张量。式(6.81)说明，应变能函数 W 作为 C_{PQ}的函数在任何正交坐标系中采取同一形式，故 W 应为应变张量 $\boldsymbol{C}$ 的不变量，而 $\boldsymbol{C}$ 的任何不变量，又都可以用 $\boldsymbol{C}$ 的三个不变量 I_1，I_2 和 I_3 表示，即

$$W=W(I_1,\ I_2,\ I_3) \tag{6.82}$$

其中

$$\begin{cases} I_1=C_{KK} \\ I_2=\dfrac{1}{2}(C_{KK}C_{LL}-C_{KL}C_{LK}) \\ I_3=\dfrac{1}{6}e_{IJK}e_{PQR}C_{IP}C_{JQ}C_{KR}=\dfrac{1}{6}(2C_{IJ}C_{JK}C_{KI}-3C_{IJ}C_{IJ}C_{KK}+C_{II}C_{JJ}C_{KK}) \end{cases} \tag{6.83}$$

此外

$$\frac{\rho_0}{\rho}=J=\det\boldsymbol{F}=(\det\boldsymbol{C})^{\frac{1}{2}}=\sqrt{I_3} \tag{6.84}$$

于是，由式(6.79)可得

$$\sigma_{ij}=\frac{2}{\sqrt{I_3}}x_{i,\ P}x_{j,\ Q}\frac{\partial W}{\partial C_{PQ}}=\frac{2}{\sqrt{I_3}}x_{i,\ P}x_{j,\ Q}\left(W_1\frac{\partial I_1}{\partial C_{PQ}}+W_2\frac{\partial I_2}{\partial C_{PQ}}+W_3\frac{\partial I_3}{\partial C_{PQ}}\right) \tag{6.85}$$

式中：

$$W_1=\frac{\partial W}{\partial I_1},\ W_2=\frac{\partial W}{\partial I_2},\ W_3=\frac{\partial W}{\partial I_3} \tag{6.86}$$

由式(6.83)前两式得

$$\frac{\partial I_1}{\partial C_{PQ}}=\delta_{PQ} \tag{6.87}$$

$$\frac{\partial I_2}{\partial C_{PQ}}=I_1\delta_{PQ}-C_{PQ} \tag{6.88}$$

可以利用以上两个不变量导数求第三个不变量的导数。为此，对应变张量 $\boldsymbol{C}$ 应用 Cayley - Hamilton 定理(即 n 阶方阵满足自己的特征方程)，得

$$\boldsymbol{C}^3-I_1\boldsymbol{C}^2+I_2\boldsymbol{C}-I_3\boldsymbol{I}=0 \tag{6.89}$$

或

$$C_{PR}C_{RS}C_{SQ}-I_1C_{PR}C_{RQ}+I_2C_{PQ}-I_3\delta_{PQ}=0 \tag{6.90}$$

式(6.90)对指标 PQ 进行缩并，得

$$3I_3=C_{RS}C_{ST}C_{TR}-I_1C_{RS}C_{RS}+I_2C_{KK} \tag{6.91}$$

式(6.91)对 C_{PQ} 求导数，并利用式(6.87)和式(6.88)得

$$\frac{\partial I_3}{\partial C_{PQ}}=I_2\delta_{PQ}-I_1C_{PQ}+C_{PR}C_{RQ} \tag{6.92}$$

注意到

$$x_{i,P}x_{j,Q}\delta_{PQ}=x_{i,P}x_{j,P}=B_{ij} \tag{6.93}$$

$$x_{i,P}x_{j,Q}C_{PQ}=x_{i,P}x_{j,Q}x_{k,P}x_{k,Q}=B_{ik}B_{kj} \tag{6.94}$$

$$x_{i,P}x_{j,Q}C_{PR}C_{RQ}=B_{il}B_{lk}B_{kj} \tag{6.95}$$

于是可得

$$x_{i,P}x_{j,Q}\frac{\partial I_3}{\partial C_{PQ}}=I_2B_{ij}-I_1B_{ik}B_{kj}+B_{il}B_{lk}B_{kj} \tag{6.96}$$

根据第3章对变形场左、右 Cauchy - Green 张量分析，左 Cauchy - Green 张量 $\boldsymbol{B}$ 与右 Cauchy - Green 张量 $\boldsymbol{C}$ 具有相同的主值，因此它们的不变量值也相同。于是对 $\boldsymbol{B}$ 同样使用 Cayley - Hamilton 定理，得

$$\boldsymbol{B}^3-I_1\boldsymbol{B}^2+I_2\boldsymbol{B}-I_3\boldsymbol{I}=0 \tag{6.97}$$

或

$$B_{il}B_{lk}B_{kj}-I_1B_{il}B_{lj}+I_2B_{ij}-I_3\delta_{ij}=0 \tag{6.98}$$

由式(6.98)解出 $B_{il}B_{lk}B_{kj}$，并代入式(6.96)得

$$x_{i,P}x_{j,Q}\frac{\partial I_3}{\partial C_{PQ}}=I_3\delta_{ij} \tag{6.99}$$

将上述结果代入本构方程式(6.85)，得到

$$\sigma_{ij}=\frac{2}{\sqrt{I_3}}[I_3W_3\delta_{ij}+(W_1+W_2I_1)B_{ij}-W_2B_{ik}B_{kj}] \tag{6.100}$$

或写成

$$\boldsymbol{\sigma}=\alpha_0\boldsymbol{I}+\alpha_1\boldsymbol{B}+\alpha_2\boldsymbol{B}^2 \tag{6.101}$$

其中

$$\alpha_0=2\sqrt{I_3}W_3,\ \alpha_1=\frac{2}{\sqrt{I_3}}(W_1+I_1W_2),\ \alpha_2=-\frac{2}{\sqrt{I_3}}W_2 \tag{6.102}$$

利用 $\boldsymbol{B}$ 的 Cayley – Hamilton 定理式(6.97)，也可以得

$$\boldsymbol{B}^2 = I_1\boldsymbol{B} - I_2\boldsymbol{I} + I_3\boldsymbol{B}^{-1} \tag{6.103}$$

将式(6.103)代入式(6.101)，又可以得到另一种形式的本构方程

$$\boldsymbol{\sigma} = \beta_0\boldsymbol{I} + \beta_1\boldsymbol{B} + \beta_{-1}\boldsymbol{B}^{-1} \tag{6.104}$$

其中

$$\beta_0 = \frac{2}{\sqrt{I_3}}(I_2W_2 + I_3W_3),\ \beta_1 = \frac{2}{\sqrt{I_3}}W_1,\ \beta_{-1} = -2\sqrt{I_3}W_2 \tag{6.105}$$

式(6.101)和式(6.104)就是有限变形条件下各向同性可压缩弹性体本构方程的一般形式。

若材料不可压缩，根据连续性方程式(5.28)，不可压缩条件其速度场的散度为零，即

$$\frac{\partial v_i}{\partial x_i} = V_{ii} = 0 \tag{6.106}$$

又由 Green 应变张量的物质导数式(3.134)，即

$$\frac{\mathrm{D}}{\mathrm{D}t}E_{IJ} = V_{pq}\frac{\partial x_p}{\partial X_I}\frac{\partial x_q}{\partial X_J} \tag{6.107}$$

式(6.107)两边同乘 $\dfrac{\partial X_I}{\partial x_r}\dfrac{\partial X_J}{\partial x_s}$，即得

$$V_{rs} = \frac{\mathrm{D}E_{IJ}}{\mathrm{D}t}\frac{\partial X_I}{\partial x_r}\frac{\partial X_J}{\partial x_s} \tag{6.108}$$

将它代入式(6.106)，则不可压缩条件可以写成

$$V_{rr} = \frac{\mathrm{D}E_{IJ}}{\mathrm{D}t}\frac{\partial X_I}{\partial x_r}\frac{\partial X_J}{\partial x_r} = 0 \tag{6.109}$$

或

$$V_{rr} = \frac{\mathrm{D}E_{IJ}}{\mathrm{D}t}C_{IJ}^{-1} = 0 \tag{6.110}$$

比较式(6.110)与式(6.70)，得到不可压缩条件下超弹性材料本构方程

$$S_{IJ} = \frac{\mathrm{D}W}{\mathrm{D}E_{IJ}} - PC_{IJ}^{-1} \tag{6.111}$$

式中：P 为任意标量。将它代入式(6.85)，并考虑到不可压缩时 $\rho = \rho_0$，$J = 1$，可得

$$\sigma_{ij} = x_{i,P}x_{j,Q}\left(\frac{\partial W}{\partial E_{PQ}} - PX_{P,k}X_{Q,k}\right) = x_{i,P}x_{j,Q}\frac{\partial W}{\partial E_{PQ}} - P\delta_{ij} = 2x_{i,P}x_{j,Q}\frac{\partial W}{\partial C_{PQ}} - P\delta_{ij} \tag{6.112}$$

由于不可压缩时，$J = \det\boldsymbol{F} = 1$，由此 $I_3 = \det\boldsymbol{C} = (\det\boldsymbol{F})^2 = 1$。故 W 仅依赖于 I_1，I_2。类似可压缩超弹性本构方程的推导，不可压缩超弹性本构方程最终简化为

$$\boldsymbol{\sigma} = -P\boldsymbol{I} + 2W_1\boldsymbol{B} - 2W_2\boldsymbol{B}^{-1} \tag{6.113}$$

例如橡胶，可以看成是不可压缩的材料。在初始自然状态下，$B_{ij} = C_{ij} = \delta_{ij}$，$I_1 = 3$，$I_2 = 3$，$I_3 = 1$。考虑到自然状态下应变能函数应为零，故选取应变能函数如下

$$W = \alpha(I_1 - 3) + \beta(I_2 - 3) \tag{6.114}$$

式中：α，β 均为常数。将它代入式(6.113)即得橡胶的本构方程为

$$\boldsymbol{\sigma} = -P\boldsymbol{I} + 2\alpha\boldsymbol{B} - 2\beta\boldsymbol{B}^{-1} \tag{6.115}$$

6.6 耦合力场问题

现代工程技术科学已经越来越开始关注多因素作用下结构物的耦合动力学问题，这里介绍两个经典的耦合场本构模型。

6.6.1 力场与电场耦合

经典的压电本构方程为

$$\left.\begin{aligned}\sigma_{ij}&=c_{ijkl}\varepsilon_{kl}-e_{kij}E_k\\D_i&=e_{ijk}\varepsilon_{jk}+S_{ij}E_j\end{aligned}\right\}\tag{6.116}$$

其中

$$\varepsilon_{ij}=\frac{1}{2}(u_{i,j}+u_{j,i})\tag{6.117}$$

式中：u_i是力学位移矢量；σ_{ij}是应力张量；ε_{ij}是应变张量；E_i是电场矢量；D_i是电位移矢量；B_i是磁感应矢量；H_i是磁场矢量。系数 c_{ijkl}，e_{kij}和 S_{ij}分别是弹性常数、压电常数和介电常数。

通过方程(6.116)，联立弹性动力学方程和 Maxwell 电磁场方程，就可以求解力电耦合动力学问题。

6.6.2 力场与热场耦合

各向同性热弹性本构方程为

$$\sigma_{ij}=\lambda\varepsilon_{kk}\delta_{ij}+2\mu\varepsilon_{ij}-a\theta\delta_{ij}\tag{6.118}$$

$$\rho\eta=a\varepsilon_{kk}+\nu\theta\tag{6.119}$$

式中：η 为单位密度、单位体积之熵；λ 和 μ 分别是 Lame 拉梅弹性系数；ν 为物体比热容；a 为物体热弹性系数；$\theta=T-T_0$ 为温度改变。

通过式(6.118)和式(6.119)，联立弹性动力学方程和郭氏热动力学方程，就可以求解力热耦合动力学问题。

当有缓慢温度改变过程时，各向同性热弹性本构方程可以在弹性本构方程的基础上加上与温度有关的项。当温度改变不大时，可以认为温度引起的应力与温度改变($T-T_0$)成正比。注意到对各向同性材料温度应力也是各向同性的，则热弹性本构方程为

$$\sigma_{ij}=2\mu\varepsilon_{ij}+\lambda\varepsilon_{kk}\delta_{ij}-\beta(T-T_0)\delta_{ij}\tag{6.120}$$

或由式(6.120)解出 ε_{ij}，并采用工程弹性常数，即杨氏模量 E 和泊松比 ν，可得

$$\varepsilon_{ij}=\frac{1+\nu}{E}\sigma_{ij}-\frac{\nu}{E}\sigma_{kk}\delta_{ij}+\alpha(T-T_0)\delta_{ij}\tag{6.121}$$

其中 α 为线膨胀系数，并且

$$\alpha=\beta\frac{1-2\nu}{E}\tag{6.122}$$

练习与思考

1. 若超弹性材料的应变能函数是左 Cauchy - Green 变形张量的标量函数 $W(\boldsymbol{B})$，证明 Cauchy 应力可表示为

$$\sigma = 2J^{-1}\boldsymbol{B}\frac{\partial W(\boldsymbol{B})}{\partial \boldsymbol{B}}$$

2. 对非线性各向同性弹性材料，下面在笛卡尔坐标系中写出的本构方程，有哪些从张量观点看是合适的？

①$\sigma_{ij} = P(\varepsilon_{mn})\varepsilon_{ij}$，其中 $P(\varepsilon_{mn}) = a\varepsilon_{11} + b\varepsilon_{11}^2$；

②$\sigma_{ij} = Q(I_1, I_2, I_3)\varepsilon_{ij}$，其中 I_1，I_2，I_3 为应变张量 ε_{ij}的第一、二、三不变量；

③$\sigma_{ij} = \alpha\delta_{ij} + \beta\varepsilon_{ij} + \gamma\varepsilon_{ik}\varepsilon_{kj} + \lambda\varepsilon_{ik}\varepsilon_{km}\varepsilon_{mj}$，其中 α，β，γ，λ 为常数。

3. 试用对称性证明：对于正交各向异性材料，其弹性胡克定律为为

$$\boldsymbol{\sigma} = \boldsymbol{c}\boldsymbol{\varepsilon}$$

其中

$$\boldsymbol{c} = [c_{ij}] = \begin{bmatrix} c_{11} & c_{12} & c_{13} & 0 & 0 & 0 \\ c_{21} & c_{22} & c_{23} & 0 & 0 & 0 \\ c_{31} & c_{32} & c_{33} & 0 & 0 & 0 \\ 0 & 0 & 0 & c_{44} & 0 & 0 \\ 0 & 0 & 0 & 0 & c_{55} & 0 \\ 0 & 0 & 0 & 0 & 0 & c_{66} \end{bmatrix}$$

4. 试将应变能密度 $w = \frac{\lambda}{2}\varepsilon_{ii}\varepsilon_{jj} + \mu\varepsilon_{ij}\varepsilon_{ji}$用应变张量不变量表示。

5. 设不可压缩介质具有本构方程 $\sigma_{ij} = -p\delta_{ij} + \beta V_{ij} + \alpha V_{ik}V_{kj}$，求其正应力之和。

6. 若 I_1，I_2，I_3 为应力张量的第一、二、三不变量，而 J_2，J_3 为应力偏量的第二、三不变量，试证明以下关系：

$$J_2 = I_2 - \frac{1}{3}I_1^2$$

$$J_3 = I_3 - \frac{1}{3}I_1 I_2 + \frac{2}{27}I_1^3$$

7. 各向同性流体的本构方程为 $\sigma_{ij} = -p\delta_{ij} + k_{ijkl}V_{kl}$，其中 k_{ijkl}是与坐标无关的常数。试证明应力主轴与形变率主轴一致。

8. 试计算下面横观各向同性弹性矩阵的本征弹性

$$[C] = \begin{bmatrix} c_{11} & c_{12} & c_{13} & 0 & 0 & 0 \\ c_{12} & c_{11} & c_{13} & 0 & 0 & 0 \\ c_{13} & c_{13} & c_{33} & 0 & 0 & 0 \\ 0 & 0 & 0 & c_{44} & 0 & 0 \\ 0 & 0 & 0 & 0 & c_{44} & 0 \\ 0 & 0 & 0 & 0 & 0 & c_{66} \end{bmatrix}$$

其中，$c_{66}=(c_{11}-c_{12})$。

9. 用拉梅常数 λ 和 μ 表示工程常数 ν 和 E。

10. 试推导正交各向异性弹性体的应变能密度表达式。

第 7 章　塑性本构方程

7.1　塑性力学实验

在传统塑性力学中，有两个基本实验：一个是金属材料的单向拉伸实验；另一个是在静水压力作用下，材料体积变形的实验。这两个实验是建立传统塑性理论的基础。

1. 金属材料单向拉压实验

图 7 - 1 所示为钢材圆柱形试件在常温静载下的一条典型应力 - 应变曲线。

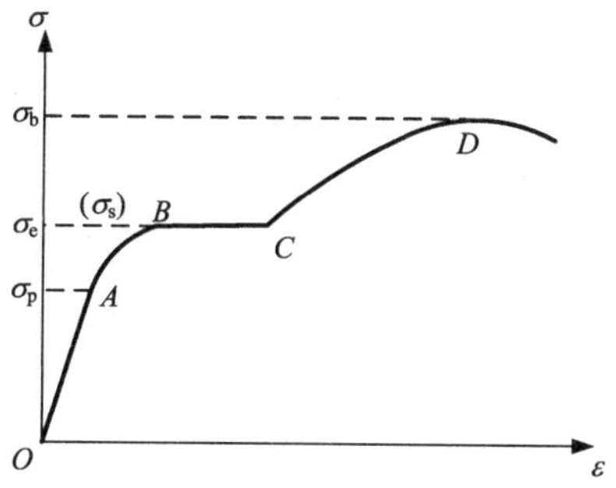

图 7 - 1　金属的应力 - 应变全过程曲线

从图 7 - 1 可见：材料在经过 *A* 点的比例极限 σ_p 和 *B* 点的弹性极限 σ_e 后，进入一段应力不变而应变持续增长的屈服阶段，此时的应力又称屈服应力 σ_s，由此开始进入非线性的塑性变形阶段。加卸载过程应力 - 应变曲线如图 7 - 2(a)所示，在塑性变形阶段的任意点 *C* 处卸载，应力与应变之间，将不再沿原有曲线路径退回原点，而是沿一条接近平行于 *OA* 线的 *CFG* 变化，直到应力下降为零，这时应变并不退回到零。*OG* 是保留下来的永久应变，称为塑性应变，以 ε^p 表示。如果从 *G* 点重新开始加载，应力与应变将沿一条很接近于 *CFG* 的线 *GF′C′*变化，直到应力超过 *C* 点的应力以后才又发生新的塑性变形。这表明经过先前的塑性变形以后弹性极限提高了。新的弹性极限以 σ_s^+ 表示，并为与初始屈服应力相区别，称为后继屈服应力或加载应力。这种现象称为加工硬化或应变硬化。对于低碳钢材料，在屈服阶段中，卸载后重新加载并没有上述强化现象，被称为理想塑性或塑性流动阶段。

线段 *CFG* 和 *GF′C′*组成一个滞后回线，对于一般金属来说，其平均斜率和初始弹性阶段的弹性模量 *E* 相近，从而可以将加卸载的过程理想化为直线的形式，如图 7 - 2(b)所示，并

取 CG 段的斜率为 E，且该段中的变形仍处于弹性阶段。由于它和 OA 段的区别只是多了一个初始应变 ε^{p}，因此总的应变是 $\varepsilon=\varepsilon^{e}+\varepsilon^{p}$，或 $\varepsilon^{p}=\varepsilon-\frac{\sigma}{E}$。在 CG 段中 ε^{p} 不变，在图 7－1 所示的 BCD 曲线上 ε^{p} 随应力而变化，即 $\varepsilon^{p}=\varepsilon^{p}(\sigma)$。$D$ 点是载荷达到最高时的应力，称为强度极限 σ_{b}。在 D 点以后应力开始下降，变形进入软化阶段。

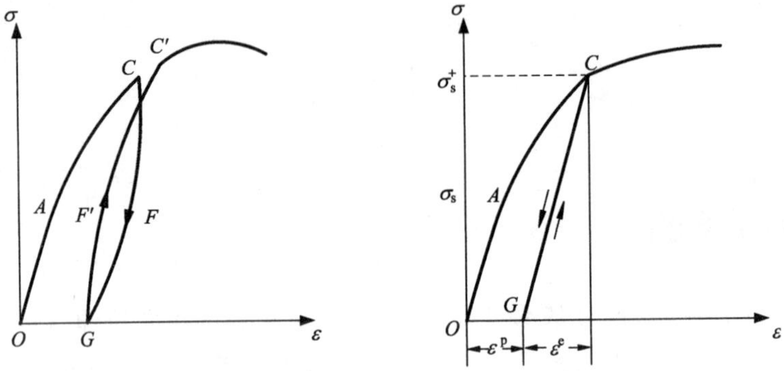

(a)实际的情况　　(b)理想化情况

图 7－2　加卸载过程应力－应变曲线

单向压缩时一般也有和简单拉伸实验类似的结果。如果实验中，在卸去全部拉伸载荷之后，继续在相反的方向上施加压缩载荷，则从图 7－3 所示的应力－应变曲线图中可以看到：在应力轴的负方向，继续有一直线段 GH，对应于 H 点的应力记为 σ_{s}^{-}，当压应力增加时，将出现压缩的塑性变形。如果 $|\sigma_{s}^{-}|<\sigma_{s}$，说明经过拉伸塑性变形后改变了材料内部的微观结构，使得压缩的屈服应力有所降低，这种现象叫 Bauschinger 效应。此时，$\sigma_{s}^{+}+|\sigma_{s}^{-}|=2\sigma_{s}$。有些材料无 Bauschinger 效应，相反，由于拉伸而提高其加载应力时，在压缩时的加载应力也同样得到提高，这时，$\sigma_{s}^{+}=|\sigma_{s}^{-}|>\sigma_{s}$。

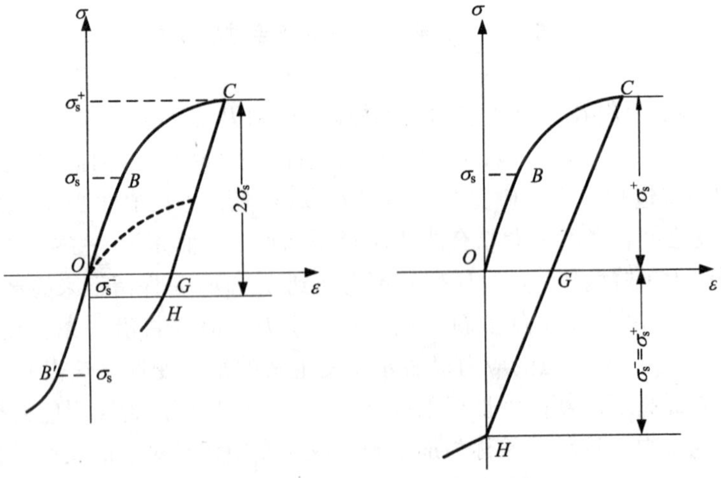

(a)有Bauschinger效应　　(b)无Bauschinger效应

图 7－3　Bauschinger 效应应力－应变曲线

2. **静水压力实验**

Bridgman 静水压力实验表明：在压力不太大的情况下，体积应变与静水压力呈线性关系。对一般金属材料，可以认为体积变化基本上是弹性的，除去静水压力后体积变形可以完全恢复，没有残余的体积变形。因此，在塑性理论中，常常不计塑性体积变形，而认为材料是塑性不可压缩的。

另一方面，实验还确认，在静水压力不大的条件下，静水压力对材料屈服极限影响完全可以忽略。

7.2　简单塑性本构模型

由于塑性变形应力 - 应变曲线十分复杂，早期塑性力学研究采取了简化模型，即只考虑一种塑性变形特征加以描述，图 7 - 4 所示为四种简单塑性本构模型。

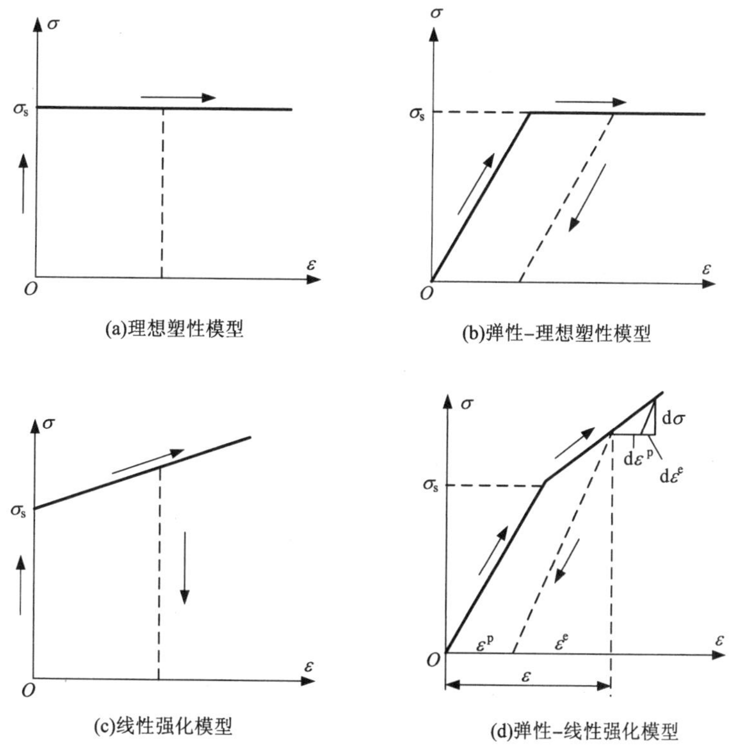

图 7 - 4　简单塑性模型

(1)理想塑性模型。

理想塑性模型只考虑屈服这一塑性力学特性，如图 7 - 4(a)所示，其本构模型是

$$\sigma = \begin{cases} \sigma_s & \sigma > 0 \\ 0 & \sigma \leqslant 0 \end{cases} \tag{7.1}$$

式中：σ_s 为材料屈服应力。

(2)弹性－理想塑性模型。

弹性－理想塑性模型在考虑屈服这一塑性力学特性的同时还考虑了弹性变形，如图7－4(b)所示，其本构模型是

$$\sigma=\begin{cases}\sigma_s & \sigma\geqslant\sigma_s\\ E\varepsilon & \sigma<\sigma_s\end{cases}\tag{7.2}$$

(3)线性强化模型。

线性强化模型考虑了强化这一塑性力学特性，如图7－4(c)所示，其本构模型是

$$\sigma=\begin{cases}E_s\varepsilon & \sigma\geqslant\sigma_s\\ 0 & \sigma<\sigma_s\end{cases}\tag{7.3}$$

式中：E_s 为塑性强化模量。

(4)弹性－线性强化模型。

弹性－线性强化模型又称双折线模型，它在考虑强化这一塑性力学特性的同时还考虑了弹性变形，如图7－4(d)所示，其本构模型是

$$\sigma=\begin{cases}E_s\varepsilon & \sigma\geqslant\sigma_s\\ E\varepsilon & \sigma<\sigma_s\end{cases}\tag{7.4}$$

简单塑性模型虽然是早期塑性力学研究的产物，但在结构极限分析中仍具有重要的意义。

举例：塑性铰与结构极限分析。

考虑图7－5(a)所示纯弯曲梁，假定该梁的力学性质可以由弹性－理想塑性模型描述，则在弯矩 M 的作用下，该梁横截面上的应力分布在 $\sigma<\sigma_s$ 的条件下如图7－5(c)所示。

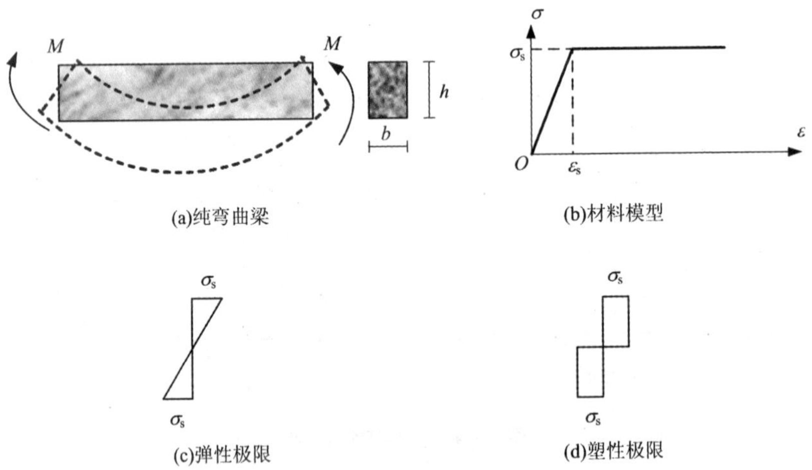

图7－5　塑性铰模型

由材料力学知识可知，纯弯梁横截面应力为

$$\sigma=\frac{My}{I_z}\tag{7.5}$$

式中：I_z 为截面惯性矩。

当载荷 M 继续增加，梁上下两边应力达到屈服应力 σ_s 时，梁进入弹性极限，如图 7－5(c)所示。此时对应的载荷称为弹性极限载荷 M_e，即

$$M_e = \frac{\sigma_s I_z}{h/2} \tag{7.6}$$

如果载荷 M 再继续增加，根据弹性－理想塑性模型，梁上下两边应力继续维持屈服应力 σ_s 不变，而截面上其他各点将陆续进入屈服应力，当这一过程到达截面中性轴 z，此刻梁就到达塑性极限，如图 7－5(d)所示。此时对应的载荷称为塑性极限载荷 M_s，即

$$M_s = \sigma_s(S_1 + S_2) \tag{7.7}$$

式中：S_1，S_2 分别为横截面中性轴上、下半截面的静矩。此时，该横截面形成塑性铰。

某一特定的结构由于出现足够的塑性铰而成为破坏机构，如图 7－6 所示的简单梁结构。

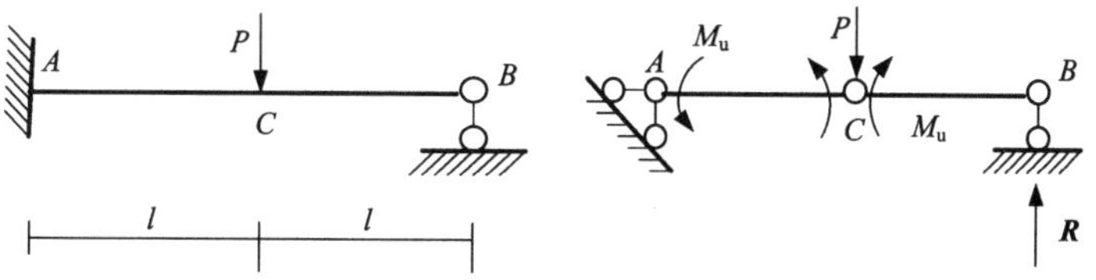

(a)单跨梁结构　　(b)极限状态

图 7－6　极限状态单跨梁

根据弯矩图分析，塑性铰将出现在 A、C 两点，于是由虚功原理可得

$$P_s \times \delta\theta \times \frac{l}{2} - M_s \times 2\delta\theta - M_s \times \delta\theta = 0 \tag{7.8}$$

由此得极限荷载 P_s 为

$$P_s = \frac{6}{l} M_s \tag{7.9}$$

7.3　经典塑性本构模型

研究塑性变形是通常将前期的弹性变形包含在内。弹塑性体则是由弹性体和塑性体理想元件串联组合而成的一种本构模型。当材料应力尚未达到屈服极限时，其变形呈弹性特性，而当材料进入屈服状态后，其变形则呈现弹塑性特征，总应变由弹性应变和塑性应变两部分组成。前者应用弹性理论计算，后者则采用塑性理论获得。

弹塑性体的本构理论远比弹性体复杂，它包含判断从弹性状态进入弹塑性状态的判别准则－屈服准则，以及塑性应变发展的流动准则、加载或者卸载条件、后继屈服的强化理论。塑性应变是不可逆的变形，是卸载后留下的不可恢复的残余变形，它导致现时应力与现时应变之间不存在单值对应关系，而与加载(变形)历史(过程)有关。这也表明塑性物体是有记忆(变形历史)特征的。显然，塑性物体的这些特征与弹性物体相比具有本质性的差别。

7.3.1　屈服准则

在金属的拉压或纯剪实验中，给出了材料是否进入塑性变形的判据，即屈服准则。因而

可以分别写出其屈服条件为

拉压

$$\sigma-\sigma_s=0,\ 或 f(\sigma,\ \sigma_s)=0 \tag{7.10}$$

剪切

$$\tau-\tau_s=0,\ 或 f(\tau,\ \tau_s)=0 \tag{7.11}$$

式中：σ_s 和 τ_s 分别为拉压应力状态和纯剪切应力状态下的屈服极限。

基于上述一维表达式的框架加以扩充，便可以建立复杂应力状态下一般形式的屈服条件，即

$$f(\sigma_{ij},\ K)=0 \tag{7.12}$$

$$f(\sigma_1,\ \sigma_2,\ \sigma_3,\ K)=0 \tag{7.13}$$

$$f(I_1,\ I_2,\ I_3,\ K)=0 \tag{7.14}$$

式中：K 是材料参数，同时也与所处应力状态有关，即 $K=K(\sigma_1,\ \sigma_2,\ \sigma_3)$。

大量实验表明：金属材料的屈服与球应力 σ_m 无关，而只与偏应力状态 $S_i(i=1,\ 2,\ 3)$ 有关。因此，复杂应力状态下一般形式的屈服条件可以写成

$$f(S_{ij},\ K)=0 \tag{7.15}$$

$$f(S_1,\ S_2,\ S_3,\ K)=0 \tag{7.16}$$

$$f(J_1,\ J_2,\ J_3,\ K)=0 \tag{7.17}$$

式中：$K=K(S_1,\ S_2,\ S_3)$。

下面给出几个工程中常用的屈服准则，并写出函数 $f(S_1,\ S_2,\ S_3,\ K)=0$ 具体表达式。

(1) Tresca 屈服准则。

1864 年法国工程师 H. Tresca 根据金属的实验观察，提出了一个屈服条件：当最大剪应力达到材料拉伸屈服极限 σ_s 的一半时，材料就开始进入塑性状态，即

$$\tau_{max}=\frac{1}{2}\sigma_s \tag{7.18}$$

对一般复杂应力状态，当主应力 σ_1，σ_2，σ_3 的大小顺序不明确时，该点域屈服条件可以用下列等效式子来描述

$$\begin{cases}2|\tau_1|=|\sigma_2-\sigma_3|\leqslant\sigma_s\\ 2|\tau_2|=|\sigma_3-\sigma_1|\leqslant\sigma_s\\ 2|\tau_3|=|\sigma_1-\sigma_2|\leqslant\sigma_s\end{cases} \tag{7.19}$$

式中：τ_1，τ_2，τ_3 是主剪应力。

式(7.19)表明：当三个式子均为不等式时，材料处于弹性状态；而当其中任一个或任两个为等号时，材料进入屈服状态(由于 $\tau_1+\tau_2+\tau_3=0$ 和 $\sigma_s>0$，不可能存在三个式子均为等号的情形)。若将该式描述的屈服面的三个方程在主应力空间表示，则每个方程对应两个平行面，三个方程对应的则是一个垂直于 π 平面的正六面柱体表面，其在 π 平面上呈正六边形。

若用屈服条件的一般形式 $f(\sigma_1,\ \sigma_2,\ \sigma_3,\ K)=0$ 来表示(此时 $K=\sigma_s$)，则有

$$f(\sigma_1,\ \sigma_2,\ \sigma_3,\ \sigma_s)=[(\sigma_1-\sigma_2)^2-\sigma_s^2][(\sigma_2-\sigma_3)^2-\sigma_s^2][(\sigma_3-\sigma_1)^2-\sigma_s^2]=0 \tag{7.20}$$

$$f(S_1,\ S_2,\ S_3,\ \sigma_s)=[(S_1-S_2)^2-\sigma_s^2][(S_2-S_3)^2-\sigma_s^2][(S_3-S_1)^2-\sigma_s^2]=0 \tag{7.21}$$

$$f(J_2,\ J_3,\ \sigma_s)=4J_2^3-27J_3^2-9J_2^2\sigma_s^2+6J_2\sigma_s^4-\sigma_s^6=0 \tag{7.22}$$

(2) Mises 屈服准则。

1913 年德国力学家 Von Mises 提出以 Tresca 正六面柱体的外接圆柱面作为主应力空间中的屈服面，其在 π 平面上的屈服线为 Tresca 正六边形的外接圆。故 Mises 屈服条件可以写成：

$$J_2-\tau_s^2=0 \tag{7.23}$$

或

$$f(J_2,\ K)=\sqrt{J_2}-\tau_s=0 \tag{7.24}$$

式中：J_2 是偏应力张量的第二不变量，即

$$J_2=\frac{1}{2}S_{ij}S_{ij} \tag{7.25}$$

如果引用应力偏量矢量的定义，即

$$\boldsymbol{S}=[S_{11},\ S_{22},\ S_{33},\ S_{23},\ S_{31},\ S_{12}]^{\mathrm{T}} \tag{7.26}$$

$$\overline{\boldsymbol{S}}=[S_{11},\ S_{22},\ S_{33},\ 2S_{23},\ 2S_{31},\ 2S_{12}]^{\mathrm{T}} \tag{7.27}$$

则偏应力第二不变量也可以写成

$$J_2=\frac{1}{2}\boldsymbol{S}^{\mathrm{T}}\overline{\boldsymbol{S}} \tag{7.28}$$

如用应力张量的分量表示，它成为

$$J_2=\frac{1}{6}[(\sigma_y-\sigma_z)^2+(\sigma_z-\sigma_x)^2+(\sigma_x-\sigma_y)^2+6(\tau_{yz}^2+\tau_{zx}^2+\tau_{xy}^2)] \tag{7.29}$$

从理论上看，Mises 屈服条件计及了中间主应力的影响；从应用上看 Mises 屈服条件的屈服函数是光滑的，便于数学处理。因此，Mises 屈服条件在工程中获得广泛应用。

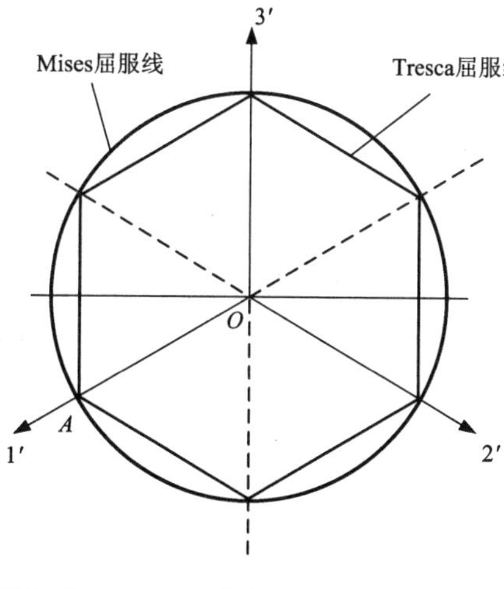

图 7-7　Tresca 屈服准则和 Mises 屈服准则

(3) Hill 屈服准则。

在 Mises 屈服函数的基础上，Hill 提出了各向异性屈服条件，即

$$f(\sigma)=[a_1(\sigma_y-\sigma_z)^2+a_2(\sigma_z-\sigma_x)^2+a_3(\sigma_x-\sigma_y)^2+(a_4\tau_{yz}^2+a_5\tau_{zx}^2+a_6\tau_{xy}^2)]^{\frac{1}{2}}-1=0 \tag{7.30}$$

式中：a_1，…，a_6 是材料常数。式(7.30)右端根号内是应力分量的二次式，在物理上代表某种控制材料屈服的能量，因而 Hill 屈服准则可以看成是 Mises 屈服准则的推广。在屈服准则中不含线性项且仅有正应力之差出现，意味着材料对拉伸与压缩的响应相同，以及静水应力不影响屈服。其中的材料参数可以通过在三个主轴方向上的简单拉伸实验和三个沿对称面的简单剪切实验来确定。记 x，y，z 轴的拉伸屈服应力分别为 X，Y，Z，三个坐标平面的剪切屈服应力分别为 S_{yz}，S_{zx}，S_{xy}，将这 6 个屈服应力代入式(7.30)并求解，得到

$$\begin{cases}2a_1=\dfrac{1}{Y^2}+\dfrac{1}{Z^2}-\dfrac{1}{X^2}\\[2ex]2a_2=\dfrac{1}{Z^2}+\dfrac{1}{X^2}-\dfrac{1}{Y^2}\\[2ex]2a_3=\dfrac{1}{Y^2}+\dfrac{1}{X^2}-\dfrac{1}{Z^2}\\[2ex]a_4=\dfrac{1}{S_{yz}^2},\ a_5=\dfrac{1}{S_{zx}^2},\ a_6=\dfrac{1}{S_{xy}^2}\end{cases} \tag{7.31}$$

如果材料的强度是横观各向同性的(假设对称轴为 z)，则方程(7.30)必须在坐标平面 $x\sim y$ 内保持不变，因此参数必须对坐标 x，y 保持不变，于是可以推出方程参数必须满足如下关系：

$$a_1=a_2,\ a_4=a_5,\ a_6=2(a_1+2a_3) \tag{7.32}$$

如果材料强度是完全各向同性的，则有

$$6a_1=6a_2=6a_3=a_4=a_5=a_6=\frac{1}{k^2} \tag{7.33}$$

式中：方程(7.30)退化为 Mises 屈服准则。

7.3.2 强化准则

强化准则又称后继屈服准则。后继屈服面并不是一个固定的曲面，而是一组随反映塑性应变状态和应变历史的强化参数 $\boldsymbol{\kappa}$ 变化而变化的曲面簇，即

$$f(\boldsymbol{\sigma},\boldsymbol{\sigma}^{\mathrm{p}},\kappa)=0 \tag{7.34}$$

式中：$\boldsymbol{\sigma}$ 是六维应力矢量；$\boldsymbol{\sigma}^{\mathrm{p}}$ 是塑性应力矢量；κ 可以是塑性功 W^{p} 或等效塑性应变 $\bar{\varepsilon}^{\mathrm{p}}$ 的函数。定义：

$$\boldsymbol{\sigma}^{\mathrm{p}}=\boldsymbol{C}\boldsymbol{\varepsilon}^{\mathrm{p}} \tag{7.35}$$

$$W^{\mathrm{p}}=\int\boldsymbol{\sigma}^{\mathrm{T}}\mathrm{d}\boldsymbol{\varepsilon}^{\mathrm{p}} \tag{7.36}$$

$$\bar{\varepsilon}^{\mathrm{p}}=\int[(\mathrm{d}\boldsymbol{\varepsilon}^{\mathrm{p}})^{\mathrm{T}}\mathrm{d}\boldsymbol{\varepsilon}^{\mathrm{p}}]^{\frac{1}{2}} \tag{7.37}$$

于是

$$\kappa=\kappa(W^{\mathrm{p}})=\kappa\left(\int\boldsymbol{\sigma}^{\mathrm{T}}\mathrm{d}\boldsymbol{\varepsilon}^{\mathrm{p}}\right) \tag{7.38}$$

或

$$\kappa = \kappa(\overline{\varepsilon^{p}}) = \kappa\left(\int[(\mathrm{d}\boldsymbol{\varepsilon}^{p})^{T}\mathrm{d}\boldsymbol{\varepsilon}^{p}]^{\frac{1}{2}}\right) \tag{7.39}$$

(1)等向强化模型。

等向强化模型假定后继屈服面的形状、中心和方位与初始屈服面相同，而后继屈服面的大小随材料强化过程的演变，围绕原初始屈服面中心产生均匀的膨胀，其加载函数可以表示为

$$f(\sigma_{ij}, \kappa) = f_0(\sigma_{ij}) - \kappa = 0 \tag{7.40}$$

式中：$f_0(\sigma_{ij})$为初始屈服函数；强化参数 κ 是一个单调增长的函数。故后继屈服面将是一簇由初始屈服面向外等向膨胀的曲面，如图 7 - 8 所示。

例如，对初始屈服为 Tresce 条件的材料，其等向强化的加载函数为

$$\sigma_1 - \sigma_3 - \kappa = 0 \tag{7.41}$$

对初始屈服为 Mises 条件的材料，其等向强化的加载函数为

$$\sqrt{J_2} - \kappa = 0 \tag{7.42}$$

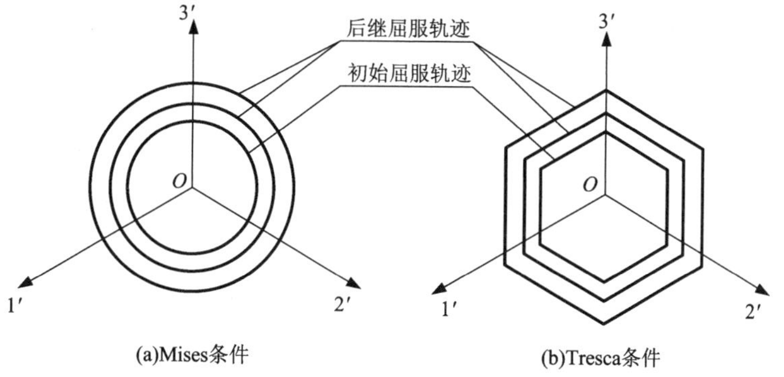

图 7 - 8　等向强化模型的后继屈服面

(2)随动强化模型。

随动强化模型假设后继屈服面是初始屈服面仅作刚体移动(无转动)后形成的。该屈服面的形状、大小与方向均保持不变，只是屈服面中心位置发生了移动，如图 7 - 9 所示。

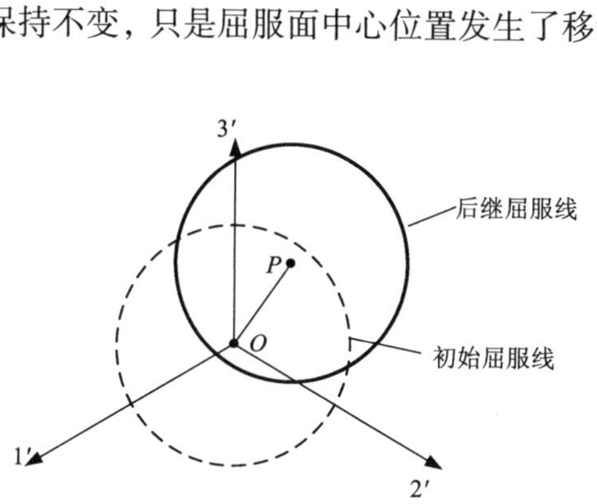

图 7 - 9　随动强化模型的后继屈服面

随动强化模型的后继屈服面(加载)函数可以表示为

$$f_0(\sigma_{ij}-\alpha_{ij})-\tau_s=0 \tag{7.43}$$

式中：α_{ij}称为反应力，它是初始屈服面形心到后继屈服面形心的移动量在各应力坐标的分量，在塑性加载过程中是变化的，它反映了材料的另一类形式的强化。

α_{ij}也是塑性应变的函数，Prager 建议采用下列线性强化模式来表示

$$\mathrm{d}\alpha_{ij}=C\mathrm{d}\varepsilon_{ij}^{\mathrm{p}} \tag{7.44}$$

式中：C 可由简单实验来确定。

(3)组合强化模型。

上述两个强化模型，即等向强化模型和随动强化模型，反映了材料强化的两个极端类型。前者虽可以描述强化后屈服面的扩张，但却不能反映 Bauschinger 效应；后者又把 Bauschinger 效应绝对化，且不能描述后继屈服面的膨胀特性(图 7-10)。因此，为了更能实际地反映一般强化特性，人们将上述两个模型进行线性组合，提出了组合强化模型，其加载函数形式为

$$f(\sigma_{ij},\ \alpha_{ij},\ \kappa)-\kappa=f_0(\sigma_{ij}-\alpha_{ij})-\kappa=0 \tag{7.45}$$

式(7.45)表明组合强化模型的加载函数含有两个强化参数，即 α_{ij}，κ。

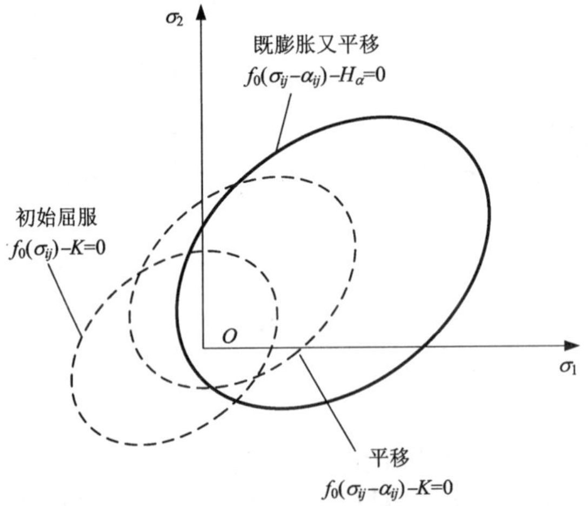

图 7-10　组合强化模型的后继屈服面

假定在塑性应变增量 $\mathrm{d}\varepsilon_{ij}^{\mathrm{p}}$中，一部分塑性应变(例如，$\mathrm{d}\varepsilon_{ij}^{\mathrm{p1}}$)与屈服面的膨胀有关，而另一部分(例如，$\mathrm{d}\varepsilon_{ij}^{\mathrm{p2}}$)则与屈服面的平移有关，两者互不耦合。这个假定的数学形式是：

$$\mathrm{d}\varepsilon_{ij}^{\mathrm{p}}=\mathrm{d}\varepsilon_{ij}^{\mathrm{p1}}+\mathrm{d}\varepsilon_{ij}^{\mathrm{p2}} \tag{7.46}$$

和

$$\begin{cases}\mathrm{d}\varepsilon_{ij}^{\mathrm{p1}}=M\mathrm{d}\varepsilon_{ij}^{\mathrm{p}}\\ \mathrm{d}\varepsilon_{ij}^{\mathrm{p2}}=(1-M)\mathrm{d}\varepsilon_{ij}^{\mathrm{p}}\end{cases} \tag{7.47}$$

式中：$0\leqslant M\leqslant 1$，称为比例系数，可由实验确定。

根据上述假定，组合强化模型中的两个强化参数分别可以写成

$$\kappa = \kappa(\overline{\varepsilon}^{p1}) = \kappa\left(M\int d\overline{\varepsilon}^{p}\right) \tag{7.48}$$

$$\alpha_{ij} = C\int d\varepsilon_{ij}^{p2} = C(1-M)\int d\varepsilon_{ij}^{p} \tag{7.49}$$

不难看出：当 $M=1$ 时，组合强化模型退化为等向强化模型；当 $M=0$ 时，组合强化模型退化为随动强化模型；并且 M 的值在[0，1]区间内的变动可以调节两类强化模型各自的贡献和模拟 Bauschinger 效应的不同。

7.3.3 流动准则

作为塑性变形的运动假设，一般由塑性势函数 g 定义，即塑性应变增量 $d\varepsilon_{ij}^{p}$的方向与塑性势面 $g(\sigma_{ij})=0$ 保持正交。或者说塑性应变的增长是沿着塑性势面外法线方向流动的。于是，基于塑性势理论的塑性应变增量 $d\varepsilon_{ij}^{p}$为

$$d\varepsilon_{ij}^{p} = d\lambda\frac{\partial g}{\partial\sigma_{ij}} \tag{7.50}$$

式中：$d\lambda$ 为待定的塑性因子，它是反映塑性加载史影响的一个非负标量函数，考虑塑性变形的不可逆性，有 $d\lambda\geqslant 0$。

如果将塑性势函数 g 取为屈服面函数 f，它就是所谓的关联流动法则，否则就是非关联流动法则。于是，根据 Drucker 公设可导出塑性应变增量与屈服函数的关系为

$$d\varepsilon_{ij}^{p} = d\lambda\frac{\partial f}{\partial\sigma_{ij}} \tag{7.51}$$

在卸载和中性变载时 $d\lambda=0$，在加载时 $d\lambda>0$。该方程又称为关联的流动法则，意指塑性流动与屈服条件相关，塑性流动沿屈服面法向发展，故也称正交法则。

由于 $d\lambda$ 为待定的塑性因子，所以由式(7.51)还不能确定塑性应变增量 $d\varepsilon_{ij}^{p}$的大小。必须引入一个补充方程，即一致性条件。该条件反映了塑性变形过程中应力点始终处于相应的屈服面上的事实。

下面介绍两个常见的塑性模型，即理想弹塑性模型与强化弹塑性模型的一致性条件，并由此确定塑性应变增量 $d\varepsilon_{ij}^{p}$的公式。

(1)理想弹塑性模型。

理想弹塑性模型的一致性条件为

$$f(\sigma_{ij})=0 \tag{7.52}$$

和

$$f(\sigma_{ij}+d\sigma_{ij}) = f(\sigma_{ij}) + df(\sigma_{ij}) = 0 \tag{7.53}$$

于是有

$$df = \frac{\partial f}{\partial\sigma_{ij}}d\sigma_{ij} = 0 \tag{7.54}$$

根据弹塑性问题中弹性应变的定义，应力增量可以写成

$$d\sigma_{ij} = C_{ijkl}(d\varepsilon_{kl} - d\varepsilon_{kl}^{p}) = C_{ijkl}\left(d\varepsilon_{kl} - d\lambda\frac{\partial f}{\partial\sigma_{kl}}\right) \tag{7.55}$$

将式(7.55)代入式(7.50)，解得

$$d\lambda = \frac{1}{H}\frac{\partial f}{\partial\sigma_{ij}}C_{ijkl}d\varepsilon_{kl} \tag{7.56}$$

其中

$$H=\frac{\partial f}{\partial \sigma_{ij}}C_{ijkl}\frac{\partial f}{\partial \sigma_{kl}} \tag{7.57}$$

(2)强化弹塑性模型。

强化弹塑性模型的一致性条件为

$$f(\sigma_{ij},\ \kappa)=f_0(\sigma_{ij})-\kappa(\bar{\varepsilon}^{\mathrm{p}})=0 \tag{7.58}$$

和

$$\mathrm{d}f_0(\sigma_{ij})-\mathrm{d}\kappa(\bar{\varepsilon}^{\mathrm{p}})=0 \tag{7.59}$$

将式(7.59)展开，有

$$\frac{\partial f}{\partial \sigma_{ij}}\mathrm{d}\sigma_{ij}-\frac{\partial \kappa}{\partial \bar{\varepsilon}^{\mathrm{p}}}\frac{\partial \bar{\varepsilon}^{\mathrm{p}}}{\partial \varepsilon_{ij}^{\mathrm{p}}}\mathrm{d}\varepsilon_{ij}^{\mathrm{p}}=0 \tag{7.60}$$

将式(7.58)代入式(7.60)，可以解得

$$\mathrm{d}\lambda=\frac{1}{h}\frac{\partial f}{\partial \sigma_{ij}}\mathrm{d}\sigma_{ij} \tag{7.61}$$

其中

$$h=\frac{\partial \kappa}{\partial \bar{\varepsilon}^{\mathrm{p}}}\frac{\partial \bar{\varepsilon}^{\mathrm{p}}}{\partial \varepsilon_{ij}^{\mathrm{p}}}\frac{\partial f}{\partial \sigma_{ij}} \tag{7.62}$$

7.3.4 加卸载准则

当涉及弹塑性问题计算时，判断计算单元的加卸载状态十分重要。加载时，单元材料服从塑性本构规律；卸载时，单元材料服从弹性卸载规律；中性变载时，单元既没有塑性增量，也没有弹性回缩，单元应力状态处于调整状况。下面给出判据。

(1)加载：

$$f=0,\ \frac{\partial f}{\partial \sigma_{ij}}\dot{\sigma}_{ij}>0 \tag{7.63}$$

(2)卸载：

$$f=0,\ \frac{\partial f}{\partial \sigma_{ij}}\dot{\sigma}_{ij}<0 \tag{7.64}$$

(3)中性变载：

$$f=0,\ \frac{\partial f}{\partial \sigma_{ij}}\dot{\sigma}_{ij}=0 \tag{7.65}$$

7.3.5 弹塑性本构方程

在一个无限小的应力增量 $\mathrm{d}\boldsymbol{\sigma}$ 作用下，所产生的应变增量 $\mathrm{d}\boldsymbol{\varepsilon}$ 可以分解为弹性和塑性两部分之和，即

$$\mathrm{d}\boldsymbol{\varepsilon}=\mathrm{d}\boldsymbol{\varepsilon}^{\mathrm{e}}+\mathrm{d}\boldsymbol{\varepsilon}^{\mathrm{p}} \tag{7.66}$$

式中：弹性应变增量 $\mathrm{d}\boldsymbol{\varepsilon}^{\mathrm{e}}$ 与应力增量 $\mathrm{d}\boldsymbol{\sigma}$ 之间有如下线性关系

$$\mathrm{d}\boldsymbol{\varepsilon}^{\mathrm{e}}=\boldsymbol{S}\mathrm{d}\boldsymbol{\sigma} \tag{7.67}$$

这里，$\boldsymbol{S}$ 为物体柔度张量。于是弹塑性本构方程为

$$\mathrm{d}\boldsymbol{\varepsilon}=\boldsymbol{S}\mathrm{d}\boldsymbol{\sigma}+\frac{\partial f}{\partial \boldsymbol{\sigma}}\mathrm{d}\lambda \tag{7.68}$$

在卸载和中性变载时 $d\lambda=0$，上式回到增量形式的 Hooke 定律，响应是纯弹性的；在加载时 $d\lambda>0$。如果材料是强化的，$d\lambda$ 的大小可以用一致性条件 $df=0$ 确定，即

$$df=\left(\frac{\partial f}{\partial\boldsymbol{\sigma}}\right)^{\mathrm{T}}d\boldsymbol{\sigma}+\left(\frac{\partial f}{\partial\boldsymbol{\sigma}^{\mathrm{p}}}\right)^{\mathrm{T}}d\boldsymbol{\sigma}^{\mathrm{p}}+\frac{\partial f}{\partial\boldsymbol{\kappa}}d\boldsymbol{\kappa}=0 \tag{7.69}$$

由后继屈服面定义，可以得到

$$d\lambda=\frac{1}{A}\left(\frac{\partial f}{\partial\boldsymbol{\sigma}}\right)^{\mathrm{T}}d\boldsymbol{\sigma} \tag{7.70}$$

其中

$$A=-\left(\frac{\partial f}{\partial\boldsymbol{\sigma}^{\mathrm{p}}}\right)^{\mathrm{T}}\boldsymbol{C}\frac{\partial f}{\partial\boldsymbol{\sigma}}-\frac{\partial f}{\partial\boldsymbol{\kappa}}m \tag{7.71}$$

式中：

$$m=\begin{cases}\boldsymbol{\sigma}^{\mathrm{T}}\dfrac{\partial f}{\partial\boldsymbol{\sigma}} & \boldsymbol{\kappa}=W^{\mathrm{p}}\\ \sqrt{\left(\dfrac{\partial f}{\partial\boldsymbol{\sigma}}\right)^{\mathrm{T}}\left(\dfrac{\partial f}{\partial\boldsymbol{\sigma}}\right)} & \boldsymbol{\kappa}=\bar{\varepsilon}^{\mathrm{p}}\end{cases} \tag{7.72}$$

于是得到加载时的弹塑性本构方程为

$$d\boldsymbol{\varepsilon}=\left[\boldsymbol{S}+\frac{1}{A}\frac{\partial f}{\partial\boldsymbol{\sigma}}\left(\frac{\partial f}{\partial\boldsymbol{\sigma}}\right)^{\mathrm{T}}\right]d\boldsymbol{\sigma}\equiv\boldsymbol{S}_{\mathrm{eq}}d\boldsymbol{\sigma} \tag{7.73}$$

式中：$\boldsymbol{S}_{\mathrm{eq}}$ 为材料的弹塑性柔度矩阵。

经典塑性理论框架原则上可以讨论各种具体的屈服函数，得到相应的本构方程关系。例如

$$\frac{\partial J_2}{\partial\boldsymbol{\sigma}}=[s_{11},\ s_{22},\ s_{33},\ 2s_{23},\ 2s_{31},\ 2s_{12}]^{\mathrm{T}}\equiv\bar{\boldsymbol{s}} \tag{7.74}$$

$$\frac{\partial f}{\partial\boldsymbol{\sigma}}=\frac{1}{2\sqrt{J_2}}\frac{\partial J_2}{\partial\boldsymbol{\sigma}}=\frac{1}{2\tau_{\mathrm{s}}}\bar{\boldsymbol{s}} \tag{7.75}$$

取硬化指数为塑性功，即 $\boldsymbol{\kappa}=W^{\mathrm{p}}$，则在各向同性强化时，有

$$A=-\frac{\partial f}{\partial\boldsymbol{\kappa}}m=\frac{\partial\tau_{\mathrm{s}}}{\partial W^{\mathrm{p}}}\boldsymbol{\sigma}^{\mathrm{T}}\frac{\partial f}{\partial\boldsymbol{\sigma}}=\frac{\partial\tau_{\mathrm{s}}}{\tau_{\mathrm{s}}\partial\gamma^{\mathrm{p}}}\boldsymbol{\sigma}^{\mathrm{T}}\frac{\bar{\boldsymbol{s}}}{2\tau_{\mathrm{s}}} \tag{7.76}$$

由于

$$\boldsymbol{\sigma}^{\mathrm{T}}\bar{\boldsymbol{s}}=\boldsymbol{s}^{\mathrm{T}}\bar{\boldsymbol{s}}=2J_2=2\tau_{\mathrm{s}}^2 \tag{7.77}$$

$$\frac{\partial\tau_{\mathrm{s}}}{\partial\gamma^{\mathrm{p}}}=G^{\mathrm{p}} \tag{7.78}$$

式中：G^{p} 为剪切塑性模量。对强化塑性材料 $G^{\mathrm{p}}>0$，因而 $A=G^{\mathrm{p}}>0$。

于是，我们得到等向强化 Mises 材料本构方程为

$$d\boldsymbol{\varepsilon}=\left(\boldsymbol{S}+\frac{1}{G^{\mathrm{p}}}\frac{1}{4\tau_{\mathrm{s}}^2}\bar{\boldsymbol{s}}^{\mathrm{T}}\bar{\boldsymbol{s}}\right)d\boldsymbol{\sigma} \tag{7.79}$$

对理想塑性材料 $G^{\mathrm{p}}=0$，显然式(7.79)不能成立。于是理想塑性材料本构方程由式(7.68)与式(7.75)可以写成

$$d\boldsymbol{\varepsilon}=\boldsymbol{S}d\boldsymbol{\sigma}+d\lambda\frac{\bar{\boldsymbol{s}}}{2\tau_{\mathrm{s}}} \tag{7.80}$$

在理想塑性情况下，$\mathrm{d}\lambda$ 不能事先确定，它应在求解具体问题时视约束情况而定。式(7.80)右端第二项是塑性应变增量矢量 $\mathrm{d}\boldsymbol{\varepsilon}^{\mathrm{p}}$，于是有

$$\frac{\mathrm{d}\varepsilon_x^{\mathrm{p}}}{\varepsilon_x}=\frac{\mathrm{d}\varepsilon_y^{\mathrm{p}}}{\varepsilon_y}=\frac{\mathrm{d}\varepsilon_z^{\mathrm{p}}}{\varepsilon_z}=\frac{\mathrm{d}\gamma_{yz}^{\mathrm{p}}}{2\tau_{yz}}=\frac{\mathrm{d}\gamma_{zx}^{\mathrm{p}}}{2\tau_{zx}}=\frac{\mathrm{d}\gamma_{xy}^{\mathrm{p}}}{2\tau_{xy}}=\frac{\mathrm{d}\lambda}{2\tau_{\mathrm{s}}} \tag{7.81}$$

式(7.81)称为 Prantdtl – Reuss 方程。

在大塑性流动问题中，弹性应变可以忽略，应变增量 $\mathrm{d}\boldsymbol{\varepsilon}$ 与塑性应变增量 $\mathrm{d}\boldsymbol{\varepsilon}^{\mathrm{p}}$ 相同，于是有

$$\frac{\mathrm{d}\varepsilon_x}{\varepsilon_x}=\frac{\mathrm{d}\varepsilon_y}{\varepsilon_y}=\frac{\mathrm{d}\varepsilon_z}{\varepsilon_z}=\frac{\mathrm{d}\gamma_{yz}}{2\tau_{yz}}=\frac{\mathrm{d}\gamma_{zx}}{2\tau_{zx}}=\frac{\mathrm{d}\gamma_{xy}}{2\tau_{xy}}=\frac{\mathrm{d}\lambda}{2\tau_{\mathrm{s}}} \tag{7.82}$$

式(7.82)称为 Levy – Mises 方程。

下面讨论等向强化情况，Mises 屈服准则为

$$f=\sqrt{J_2}-k(\boldsymbol{\kappa})=0 \tag{7.83}$$

计算得

$$\frac{\partial J_2}{\partial\boldsymbol{\sigma}}=[s_{11},\ s_{22},\ s_{33},\ 2s_{23},\ 2s_{31},\ 2s_{12}]^{\mathrm{T}}\equiv\bar{\boldsymbol{s}} \tag{7.84}$$

$$\frac{\partial f}{\partial\boldsymbol{\sigma}}=\frac{1}{2\sqrt{J_2}}\frac{\partial J_2}{\partial\boldsymbol{\sigma}}=\frac{1}{2\tau_{\mathrm{s}}}\bar{\boldsymbol{s}} \tag{7.85}$$

$$\boldsymbol{C}\frac{\partial f}{\partial\boldsymbol{\sigma}}=\frac{G}{k}\boldsymbol{s} \tag{7.86}$$

又由于

$$\frac{\partial f}{\partial\boldsymbol{\sigma}^{\mathrm{p}}}=0 \tag{7.87}$$

于是有

$$A=-\left(\frac{\partial f}{\partial\boldsymbol{\sigma}^{\mathrm{p}}}\right)^{\mathrm{T}}\boldsymbol{C}\frac{\partial f}{\partial\boldsymbol{\sigma}}-\frac{\partial f}{\partial\kappa}m=-\frac{\partial f}{\partial\kappa}m=\frac{\partial\tau_{\mathrm{s}}}{\partial W^{\mathrm{p}}}\boldsymbol{\sigma}^{\mathrm{T}}\frac{\partial f}{\partial\boldsymbol{\sigma}}=\frac{\partial\tau_{\mathrm{s}}}{\partial W^{\mathrm{p}}}\boldsymbol{\sigma}^{\mathrm{T}}\frac{1}{2\tau_{\mathrm{s}}}\bar{\boldsymbol{s}}=G^{\mathrm{p}} \tag{7.88}$$

式中：G^{p} 是 $\tau_{\mathrm{s}}\sim\gamma^{\mathrm{p}}$ 曲线的斜率，为塑性剪切模量。

对随动强化情况，Mises 屈服准则是

$$f(s_{ij},\ \sigma_{ij}^{\mathrm{p}},\ k_0)=\left[\frac{1}{2}(s_{ij}-c\sigma_{ij}^{\mathrm{p}})(s_{ij}-c\sigma_{ij}^{\mathrm{p}})\right]^{\frac{1}{2}}-k_0=0 \tag{7.89}$$

引用塑性应力矢量的定义，即

$$\boldsymbol{\sigma}^{\mathrm{p}}=[\sigma_{11}^{\mathrm{p}},\ \sigma_{22}^{\mathrm{p}},\ \sigma_{33}^{\mathrm{p}},\ \sigma_{23}^{\mathrm{p}},\ \sigma_{31}^{\mathrm{p}},\ \sigma_{12}^{\mathrm{p}}]^{\mathrm{T}} \tag{7.90}$$

$$\bar{\boldsymbol{\sigma}}^{\mathrm{p}}=[\sigma_{11}^{\mathrm{p}},\ \sigma_{22}^{\mathrm{p}},\ \sigma_{33}^{\mathrm{p}},\ 2\sigma_{23}^{\mathrm{p}},\ 2\sigma_{31}^{\mathrm{p}},\ 2\sigma_{12}^{\mathrm{p}}]^{\mathrm{T}} \tag{7.91}$$

随动强化的 Mises 屈服准则又可以写成

$$f(\boldsymbol{s},\ \boldsymbol{\sigma}^{\mathrm{p}},\ k_0)=\left[\frac{1}{2}(\boldsymbol{s}-c\boldsymbol{\sigma}^{\mathrm{p}})(\bar{\boldsymbol{s}}-c\bar{\boldsymbol{\sigma}}^{\mathrm{p}})\right]^{\frac{1}{2}}-k_0=0 \tag{7.92}$$

式中：c 为材料常数，而 $c\boldsymbol{\sigma}^{\mathrm{p}}$ 确定了屈服面在应力空间中的位置，称为应力迁移矢量；k_0 为常数，表明屈服面的大小形状不发生变化。

$$\frac{\partial f}{\partial\boldsymbol{\sigma}}=\frac{1}{2k_0}(\bar{\boldsymbol{s}}-c\bar{\boldsymbol{\sigma}}^{\mathrm{p}}) \tag{7.93}$$

$$\boldsymbol{C}\frac{\partial f}{\partial \boldsymbol{\sigma}}=\frac{1}{2k_0}\boldsymbol{C}(\bar{\boldsymbol{s}}-c\bar{\boldsymbol{\sigma}}^{\mathrm{p}})=\frac{G}{k_0}(\boldsymbol{s}-c\boldsymbol{\sigma}^{\mathrm{p}}) \tag{7.94}$$

因此，有

$$\left(\frac{\partial f}{\partial \boldsymbol{\sigma}}\right)^{\mathrm{T}}\boldsymbol{C}\frac{\partial f}{\partial \boldsymbol{\sigma}}=\frac{G}{2k_0^2}(\bar{\boldsymbol{s}}-c\bar{\boldsymbol{\sigma}}^{\mathrm{p}})^{\mathrm{T}}(\boldsymbol{s}-c\boldsymbol{\sigma}^{\mathrm{p}})=G \tag{7.95}$$

$$-\left(\frac{\partial f}{\partial \boldsymbol{\sigma}^{\mathrm{p}}}\right)^{\mathrm{T}}\boldsymbol{C}\frac{\partial f}{\partial \boldsymbol{\sigma}}=\frac{G}{2k_0}(\bar{\boldsymbol{s}}-c\bar{\boldsymbol{\sigma}}^{\mathrm{p}})^{\mathrm{T}}(\boldsymbol{s}-c\boldsymbol{\sigma}^{\mathrm{p}})=cG \tag{7.96}$$

以及

$$\frac{\partial f}{\partial \boldsymbol{\kappa}}=0 \tag{7.97}$$

于是，得到

$$A=-\left(\frac{\partial f}{\partial \boldsymbol{\sigma}^{\mathrm{p}}}\right)^{\mathrm{T}}\boldsymbol{C}\frac{\partial f}{\partial \boldsymbol{\sigma}}-\frac{\partial f}{\partial \boldsymbol{\kappa}}m=cG \tag{7.98}$$

7.4 正则塑性本构模型

对各向异性材料，编著者提出了正则本构模型的广义塑性理论。我们知道，岩石与混凝土等土木工程结构材料通常具有各向异性内摩擦的性质。尤其岩石材料，其强度性能的两大特点是各向异性及内摩擦效应。目前，工程上广泛采用的 Mohr - Coulomb 准则、Griffith 准则及其改进型，只是在各向同性的条件下，解决了材料强度的内摩擦效应问题，而材料强度的各向异性在现有的强度模型中还没有成熟的理论成果。但是另一方面，复合材料领域中已经证明是较为有效的蔡 - 希尔、蔡 - 吴各向异性强度模型却不能够运用在土木工程结构材料中，原因是它们不能解决内摩擦效应问题。各向异性是土木工程结构材料固有的本性，而内摩擦效应是土木工程结构材料所处的特殊力学状态下的产物。因此，如果能够在材料的异性子空间中分析、考察应力状态及其内摩擦效应，就能够将两者统一在一个理论框架中，解决土木工程材料强度理论问题。规范空间理论就提供了这样的理论基础。

各向异性塑性力学研究本身具有重要的意义，经典塑性力学是基于各向同性的前提条件下建立起来的，其概念和结论难以推广到各向异性的情况。原因是至今也不清楚各向异性条件下屈服面该如何定义、强化条件和加载准则是什么，以及塑性流动该满足什么样的方程等。为了避开这些认识上的不足，也有学者采用唯象学的方法，试图通过定义统一的各向异性屈服函数来将各向同性塑性力学推广到各向异性中去，但结果常常不能令人满意，尤其是在岩土塑性力学领域，其原因是经典塑性力学作了单一塑性势、关联流动和不考虑应力主轴旋转的假设。尽管在岩土塑性力学领域，也提出基于分量理论的多重屈服面模型，但基本源于经验观察的结果，本身不具有严格的理论基础，况且仍未跳出各向同性的范畴，即纯剪切屈服和纯体积屈服的情况。利用编著者提出的本征化理论，可以将物体的变形分解成规范空间中的模态变形，而多重屈服面模型则是其在塑性变形阶段的自然结果，这就构筑了广义塑性力学的物理基础。

经典弹塑性理论把总的应变分成弹性应变 $\boldsymbol{\varepsilon}_{ij}^{\mathrm{e}}$ 和塑性应变 $\boldsymbol{\varepsilon}_{ij}^{\mathrm{p}}$ 两个部分，即

$$\mathrm{d}\boldsymbol{\varepsilon}_{ij}=\mathrm{d}\boldsymbol{\varepsilon}_{ij}^{\mathrm{e}}+\mathrm{d}\boldsymbol{\varepsilon}_{ij}^{\mathrm{p}} \tag{7.99}$$

相应地规定一个屈服面以判断是否产生塑性应变。在力学分析中，应变张量往往分解成

球分量和偏分量两个部分，因此塑性应变本身自然可以再分解为球应变 ε_{ij}^{c}和偏应变 ε_{ij}^{s}两个部分。于是式(7.99)可以写成

$$\mathrm{d}\varepsilon_{ij} = \mathrm{d}\varepsilon_{ij}^{e} + \mathrm{d}\varepsilon_{ij}^{c} + \mathrm{d}\varepsilon_{ij}^{s} \tag{7.100}$$

相应于球应变 ε_{ij}^{c}将有一个压缩屈服面 f_c，相应于偏应变 ε_{ij}^{s}将有一个剪切屈服面 f_s，这就是各向同性弹塑性力学多重屈服面的概念。规范空间本征理论指出，无论各向同性还是各向异性，物体变形总可以分解为模态变形的叠加，于是有各向异性的多重屈服面塑性模型

$$\mathrm{d}\varepsilon_{ij} = \mathrm{d}\varepsilon_{ij}^{e} + \mathrm{d}\varepsilon_{ij}^{p1} + \mathrm{d}\varepsilon_{ij}^{p2} + \cdots + \mathrm{d}\varepsilon_{ij}^{pN} \tag{7.101}$$

式中：N 为独立的各向异性子空间数，对各向同性 $N=2$，对一般各向异性 $2<N\leqslant 6$。

由规范空间本征理论可知，无论是弹性模态变形还是塑性模态变形，均只在相应的子空间上发展，独立于其他子空间上的变形，于是每一个各向异性子空间都对应一个屈服函数，该屈服函数也只引起该子空间上的塑性变形发展。

如改用应变增量矢量取代应变增量张量，则各向异性弹塑性总应变矢量 $\boldsymbol{\varepsilon}$ 可以写为

$$\mathrm{d}\boldsymbol{\varepsilon} = \mathrm{d}\boldsymbol{\varepsilon}^{e} + \mathrm{d}\boldsymbol{\varepsilon}^{p} \tag{7.102}$$

式中：$\mathrm{d}\boldsymbol{\varepsilon}^{e}$ 和 $\mathrm{d}\boldsymbol{\varepsilon}^{p}$ 分别为弹性和塑性应变矢量增量，并且有

$$\mathrm{d}\boldsymbol{\varepsilon}^{e} = \boldsymbol{\varphi}_1 \mathrm{d}\varepsilon_1^{*e} + \boldsymbol{\varphi}_2 \mathrm{d}\varepsilon_2^{*e} + \cdots + \boldsymbol{\varphi}_N \mathrm{d}\varepsilon_N^{*e} \tag{7.103}$$

$$\mathrm{d}\boldsymbol{\varepsilon}^{p} = \boldsymbol{\varphi}_1 \mathrm{d}\varepsilon_1^{*p} + \boldsymbol{\varphi}_2 \mathrm{d}\varepsilon_2^{*p} + \cdots + \boldsymbol{\varphi}_N \mathrm{d}\varepsilon_N^{*p} \tag{7.104}$$

其中，$\boldsymbol{\varphi}_i(i=1, 2, \cdots, N)$是规范空间的基矢量，$\mathrm{d}\varepsilon_i^{*e}$ 和 $\mathrm{d}\varepsilon_i^{*p}$ 分别为第 i 个子空间的本征弹性应变增量和本征塑性应变增量，且有

$$\mathrm{d}\varepsilon_i^{*e} = \mu_i \mathrm{d}\sigma_i^{*} \quad i=1, 2, \cdots, N \tag{7.105}$$

$$\mathrm{d}\varepsilon_i^{*p} = \mathrm{d}\lambda_i \frac{\partial f_i}{\partial \sigma_i^{*}} \quad i=1, 2, \cdots, N \tag{7.106}$$

式中：μ_i 为第 i 个子空间的本征柔度(本征弹性的倒数)；σ_i^{*} 为第 i 个子空间的模态应力，λ_i，f_i 分别为第 i 个子空间的模态塑性系数和模态屈服函数。

由此可见，式(7.106)给出了第 i 个模态塑性应变增量分量，而塑性应变增量总量的大小和方向则由式(7.104)中各阶塑性应变增量分量的模态叠加给出，于是就得到了用多重屈服面表示的各向异性弹塑性理论的广义塑性理论。

尽管岩土材料总的塑性应变响应并不服从关联流动法则，但从材料不同的各向异性子空间中观察各阶塑性变形，则应服从各自的关联流动规律，即要求每一阶模态分量塑性势面与相应阶数的分量屈服面相对应，因为每一个分量屈服面只确定着相应势面塑性应变增量分量的大小，而与其他势面无关。对各向异性初始屈服函数来说，较为合适的函数形式应该为规范空间中模态应力的二次型，即

$$f_i^{0} = \sum_{j=1}^{N} \omega_{ij} \sigma_i^{*} \sigma_j^{*} - \tau_i^2 = 0 \tag{7.107}$$

式中：ω_{ij}为各不同异性子空间上模态应力间相互作用(如压剪效应或剪胀效应)的耦合系数；τ_i 为第 i 个异性子空间上的屈服应力。

一般情况下，在初始屈服后继续加载时，随着异性子空间中塑性累积应变的增加，其性质要产生强化，而这种强化一般是塑性应变史的函数，并以参数 κ_i 表示。这样，各向异性子空间中后继屈服面方程可以写成

$$f_i(\sigma_i^{*}, \varepsilon_i^{*p}, \kappa_i) = f_i^{0}(\sigma_i^{*} - r_i(\varepsilon_i^{*p})) - \kappa_i(\varepsilon_i^{*p}) = 0 \tag{7.108}$$

当作用于各向异性物体的载荷发生变化时，各向异性子空间上的塑性变形会产生不同的加载或卸载过程，其准则类似各向同性经典塑性理论，即

(1)加载：

$$f_i = 0,\ \frac{\partial f}{\partial \sigma_i^*}\dot{\sigma}_i^* > 0 \quad i = 1,\ 2,\ \cdots,\ N \tag{7.109}$$

(2)卸载：

$$f_i = 0,\ \frac{\partial f}{\partial \sigma_i^*}\dot{\sigma}_i^* < 0 \quad i = 1,\ 2,\ \cdots,\ N \tag{7.110}$$

(3)中性变载：

$$f_i = 0,\ \frac{\partial f}{\partial \sigma_i^*}\dot{\sigma}_i^* = 0 \quad i = 1,\ 2,\ \cdots,\ N \tag{7.111}$$

类似经典塑性流动准则，同样可以推出规范空间中模态加载函数表示的流动方程，即

$$\dot{\varepsilon}_i^{*\mathrm{p}} = g_i \frac{\partial f_i}{\partial \sigma_i^*}\frac{\partial f_i}{\partial \sigma_i^*}\dot{\sigma}_i^* \quad i = 1,\ 2,\ \cdots,\ N \tag{7.112}$$

其中

$$g_i = \frac{-1}{\left(\dfrac{\partial f_i}{\partial \varepsilon_i^{*p}} + \dfrac{\partial f_i}{\partial \kappa_i}\dfrac{\partial \kappa_i}{\partial \varepsilon_i^{*p}}\right)\dfrac{\partial f_i}{\partial \sigma_i^*}} \quad i = 1,\ 2,\ \cdots,\ N \tag{7.113}$$

7.5　内时塑性本构模型

内时塑性理论是由美国学者 Valanis 在 1971 年提出来的，它的核心概念是：塑性和黏塑性等耗散材料内任一点的现时应力状态是该点邻域内整个变形和温度的历史泛函，而该历史是通过取决于变形中的材料特性和变形程度的内蕴时间标度 Z 来度量的。

用有物理内涵的内蕴时间 Z 去代替一个普适与绝对的牛顿时间 t 来度量不同材料的不可逆变形的历史，有可能较为简便地建立所研究材料的本构关系，把材料进入塑性阶段后复杂的性质及其内部结构的变化对本构关系的影响突出到用与之紧密相关的基本变量 Z 加以描述的程度。内时理论不以屈服面的概念作为其理论发展的基本前提，也不把确定屈服面作为其计算的根据。例如，在内时理论中，材料在初始塑性变形阶段的响应特性不是由屈服点和初始屈服面来确定的，而是通过应力 - 应变实验曲线偏离线性段的一些点的集合来定出有关的材料函数，这种集合应该包含了材料响应的更多的信息。

内时理论的基础是基于含内变量不可逆热力学，通过对由内变量表征的材料内部组织不可逆变化所必须满足的热力学约束条件，来建立材料的本构方程。由于内时理论建模方法的独特性质，它在工程材料(岩石、混凝土、土等)领域有着广泛的应用。

内蕴时间理论最基本的概念是本构的材料不变性。根据这一概念，代替对每一种材料去寻求其非线性本构方程的复杂方法，而去寻求适合于不同材料的内蕴时间的定义以反映材料的特性。在此基础上，保持非线性本构方程形式上的不变性。具体地说，如果能够恰当地定义内蕴时间标度 Z 以使得一般耗散材料的广义摩擦力与相应内变量对内蕴时间的变化率之间的数学关系与黏弹性材料的广义摩擦力与相应内变量对牛顿时间的变化率之间的数学关系形式相同，则该耗散材料的本构方程就与相应的黏弹性材料的本构方程具有完全相同的形

式。即若有

$$Q_{ij}^{(\alpha)V}=b_{ijkl}^{(\alpha)V}\frac{\mathrm{d}q_{kl}^{(\alpha)V}}{\mathrm{d}t} \tag{7.114}$$

$$Q_{ij}^{(\alpha)D}=b_{ijkl}^{(\alpha)D}\frac{\mathrm{d}q_{kl}^{(\alpha)D}}{\mathrm{d}Z} \tag{7.115}$$

则有

$$\sigma_{ij}=\int_0^Z E_{ijkl}(t-t')\frac{\partial\varepsilon_{kl}}{\partial t'}\mathrm{d}t' \tag{7.116}$$

$$\sigma_{ij}=\int_0^Z B_{ijkl}(Z-Z')\frac{\partial\varepsilon_{kl}}{\partial Z'}\mathrm{d}Z' \tag{7.117}$$

由此可以看出：如果能够恰当地定义材料的内蕴时间，建立塑性或黏塑性本构方程就可以直接采用黏弹性理论中那些熟悉而丰富的本构方程。

上述一般形式的内蕴时间本构方程，在各向同性条件下，可以分解为偏量和体量两个部分，即

$$S_{ij}=2\int_0^{Z_\mathrm{D}}\mu(Z_\mathrm{D}-Z'_\mathrm{D})\frac{\partial e_{ij}}{\partial Z'_\mathrm{D}}\mathrm{d}Z'_\mathrm{D} \tag{7.118}$$

$$\sigma_{kk}=3\int_0^{Z_\mathrm{H}}K(Z_\mathrm{H}-Z'_\mathrm{H})\frac{\partial\varepsilon_{kk}}{\partial Z'_\mathrm{H}}\mathrm{d}Z'_\mathrm{H} \tag{7.119}$$

内蕴时间和牛顿时间一样都有时间箭头，都是沿单增方向发展的。为了使内时理论更好地应用在土壤、岩石、混凝土等工程材料，应当考虑塑性偏应变与塑性体积应变在形成广义内摩擦力时的相互影响(即耦合效应)，内蕴时间定义如下

$$\mathrm{d}Z_\mathrm{D}^2=\alpha_{00}\mathrm{d}\zeta_\mathrm{D}^2+\alpha_{01}\mathrm{d}\zeta_\mathrm{H}^2 \tag{7.120}$$

$$\mathrm{d}Z_\mathrm{H}^2=\alpha_{10}\mathrm{d}\zeta_\mathrm{D}^2+\alpha_{11}\mathrm{d}\zeta_\mathrm{H}^2 \tag{7.121}$$

式中：α_{01} 和 α_{10} 分别表示偏斜响应和体积响应间的耦合系数，并且有

$$\mathrm{d}\zeta_\mathrm{D}=\|\mathrm{d}\boldsymbol{\eta}_{ij}\| \tag{7.122}$$

$$\mathrm{d}\zeta_\mathrm{H}=|\mathrm{d}\theta| \tag{7.123}$$

这里

$$\mathrm{d}\boldsymbol{\eta}_{ij}=\mathrm{d}e_{ij}-\frac{k_1\mathrm{d}S_{ij}}{2\mu_0} \tag{7.124}$$

$$\mathrm{d}\theta=\mathrm{d}\varepsilon_{kk}-\frac{k_0\mathrm{d}\sigma_{kk}}{3K_0} \tag{7.125}$$

式中：μ_0 和 K_0 分别为剪切弹性模量和体积弹性模量。若 $k_0=k_1=1$，则 $\mathrm{d}\eta_{ij}$ 与 $\mathrm{d}\theta$ 分别表示塑性偏应变分量的增量与塑性体应变的增量，而 $\mathrm{d}\zeta_\mathrm{D}$ 则变成塑性偏应变空间的欧几里德模，$\mathrm{d}\zeta_\mathrm{H}$ 则是体积塑性应变的绝对值。

如果耦合效应不存在($\alpha_{10}=\alpha_{01}=0$)，则内蕴时间定义简化为

$$\mathrm{d}Z_\mathrm{D}=\frac{\mathrm{d}\zeta_\mathrm{D}}{f_\mathrm{D}(\zeta_\mathrm{D},\dot{\zeta}_\mathrm{D})} \tag{7.126}$$

$$\mathrm{d}Z_\mathrm{H}=\frac{\mathrm{d}\zeta_\mathrm{H}}{f_\mathrm{H}(\zeta_\mathrm{H},\dot{\zeta}_\mathrm{H})} \tag{7.127}$$

式中：$f_D = \dfrac{1}{\sqrt{\alpha_{00}}}$，$f_H = \dfrac{1}{\sqrt{\alpha_{11}}}$。

对一开始受力就出现微小塑性变形情况的材料，即屈服面半径收缩为零和 $S_{ij} \sim e_{ij}^{p}$ 曲线原点处斜率无穷大的理想情况，由式(7.118)可以得到如下含弱奇异性的塑性内时本构方程

$$S_{ij} = \int_0^{Z_D} \rho(Z_D - Z'_D) \frac{\partial e_{ij}^{p}}{\partial Z'_D} dZ'_D \tag{7.128}$$

而满足弱奇异性要求的核心函数一般可以取下面的形式

$$\rho(Z) = \sum_{i=1}^{n} C_i e^{-\alpha_i Z} \tag{7.129}$$

实验结果发现：当取首项系数 C_1 和 α_1 足够大时，三个内变量就足以描述在通常感兴趣的变形范围内的弹塑性响应特性，这对应着下述核心函数

$$\rho(Z) = C_1 e^{-\alpha_1 Z} + C_2 e^{-\alpha_2 Z} + C_3 e^{-\alpha_3 Z} \tag{7.130}$$

用曲线拟合的方法，基于靠近原点处的一些实验点的集合，确定 α_1，α_2，α_3 和 C_1，C_2，C_3 等常数值。

最后，将式(7.128)对 Z 进行微分，在经过一些代数运算，得到适宜计算的增量型弹塑性内时本构方程

$$d\boldsymbol{S} = 2\mu_p d\boldsymbol{e} + \lambda_p \boldsymbol{h} dZ \tag{7.131}$$

其中

$$\mu_p = \frac{\frac{1}{2}\rho(0)}{1 + \frac{\rho(0)}{2\mu_0}} \tag{7.132}$$

$$\lambda_p = \frac{1}{1 + \frac{\rho(0)}{2\mu_0}} \tag{7.133}$$

$$\boldsymbol{h}(Z) = \int_0^{Z_D} \hat{\rho}(Z - Z') \frac{\partial \boldsymbol{e}^{p}}{\partial Z'} dZ' \tag{7.134}$$

式中：$\hat{\rho} = \dfrac{d\rho}{dZ}$。

练习与思考

1. 试证明当塑性势函数 $g(\sigma_{ij})=J_{(2)}$ 时，则下面塑性势方程导致 Prandtl－Reuss 方程。

$$\mathrm{d}\varepsilon_{ij}^{p}=\mu\frac{\partial g}{\partial\sigma_{ij}}$$

2. 试证明 Prandtl－Reuss 方程中的比例因子 $\mathrm{d}\lambda$ 可以用等效应力 $\tilde{\sigma}$ 和等效塑性应变增量 $\mathrm{d}\tilde{\varepsilon}^{\mathrm{p}}$ 表示如下：

$$\mathrm{d}\lambda=\frac{3}{2}\frac{\mathrm{d}\tilde{\varepsilon}^{\mathrm{p}}}{\tilde{\sigma}}$$

3. 设塑性功增量 $\mathrm{d}W^{\mathrm{p}}=\sigma_{ij}\mathrm{d}\varepsilon_{ij}^{\mathrm{p}}$，试证明对服从 Prandtl－Reuss 定律的材料，有如下形式的本构方程：

$$\mathrm{d}\varepsilon_{ij}^{\mathrm{p}}=\frac{3}{2}\frac{\mathrm{d}W^{\mathrm{p}}}{\tilde{\sigma}}S_{ij}$$

4. 设某点的应力张量为 $\sigma_{ij}=\begin{bmatrix}-100 & 0 & 0\\ 0 & -200 & 0\\ 0 & 0 & -300\end{bmatrix}$MPa，该物体的材料在单向拉伸时的屈服点为 $\sigma_{\mathrm{s}}=190$ MPa。试用 Mises 和 Tresca 准则判断该点是处于弹性状态，还是处于塑性状态。

5. 设某点的应力张量为 $\sigma_{ij}^{(1)}=\begin{bmatrix}40 & 0 & 0\\ 0 & 20 & 0\\ 0 & 0 & 10\end{bmatrix}$MPa，当它变为 $\sigma_{ij}^{(2)}=\begin{bmatrix}30 & 0 & 0\\ 0 & 10 & 0\\ 0 & 0 & 10\end{bmatrix}$MPa 时，分别按 Tresca 和 Mises 屈服准则判别此时是加载还是卸载。

6. 试写出用 Lode 应力参数 μ_σ 表达的 Mises 屈服条件。

7. 薄壁管在拉伸－扭转实验时，应力状态为 $\sigma_{11}=\sigma$，$\sigma_{22}=\sigma_{33}=0$，$\sigma_{12}=\tau$，$\sigma_{23}=\sigma_{13}=0$。如果简单拉伸的屈服应力为 σ_{s}，推导 Tresca 和 Mises 屈服准则在 $\sigma-\tau$ 平面内的屈服曲线。

8. 封闭圆筒半径为 r，壁厚为 t，受内压 p 的作用，从而产生塑性变形。假设材料各向同性，忽略弹性应变，求圆筒轴向、周向和径向应变增量的比。

9. 已知某材料单元体受力状态为 $\sigma_x=\sigma$，$\sigma_y=0$，$\varepsilon_z=0$，x，y，z 是主方向。若材料弹性模量为 E，泊松比 $\nu<1/2$，单轴拉伸屈服极限为 σ_{s}，满足 Mises 屈服条件，求：

①若 $\sigma=\sigma_0$ 时屈服，则 σ_0 为多大？

②屈服后继续加载，使得 $\sigma_x=\sigma_0+\mathrm{d}\sigma$，求此时应力增量 $\mathrm{d}\sigma_z$ 以及塑性应变增量 $\mathrm{d}\varepsilon_x^{\mathrm{p}}$ 和 $\mathrm{d}\varepsilon_y^{\mathrm{p}}$。

10. 已知材料在单轴拉伸时的应力－应变关系为

$$\varepsilon=\begin{cases}\dfrac{\sigma}{E}, & 0<\sigma\leqslant\sigma_{\mathrm{s}}\\[2ex] \dfrac{\sigma}{E}\left[1+\left(\dfrac{\sigma}{\sigma_{\mathrm{s}}}\right)^2\right]-\dfrac{\sigma_{\mathrm{s}}}{E}, & \sigma>\sigma_{\mathrm{s}}\end{cases}$$

若采用 Mises 等向硬化模型，求该材料在纯剪时 $d\tau/d\gamma$ 的表达式。

11. 在如下两种情况下，试求塑性应变增量的比：

1）单向拉伸应力状态，$\sigma_1=\sigma_s$；

2）纯剪应力状态，$\tau=\dfrac{\sigma_s}{\sqrt{3}}$。

第8章　黏性本构方程

8.1　黏性力学实验

前面论述的弹性变形和塑性变形均是即刻变形响应，与时间无关。而黏性变形则是随时间变化而不断变化的变形响应。工程材料中出现的蠕变(又称徐变，即常应力作用下随时间延续而增大的应变)以及松弛(也称应力松弛，即常应变状态下随时间延续而衰减的应力)现象均是材料黏性的典型体现。黏性应变中也有可恢复部分与不可恢复部分之分，前者称为弹性后效或延滞回复，是在卸载一段时间内逐渐恢复的应变；后者称为黏性流动，是卸载后留下的不可恢复的应变。

对弹性体而言，在突加的应力 τ 作用下将产生突然的应变 γ，而在连续变动的应力作用下将产生连续变化的应变。卸载时，应变恢复，一般无耗散。黏性体则不然，突加的应力 τ 则引起突然的应变率 $\dot{\gamma}$，以造成连续的流动；而变化的应力造成变化的应变率，结果造成应变是应力历史的函数，即

$$\dot{\gamma}=k\tau(t) \tag{8.1}$$

$$\gamma=\int_0^t\dot{\gamma}\mathrm{d}t=\int_0^t k\tau(t)\,\mathrm{d}t \tag{8.2}$$

式中：k 物体的黏性系数。式(8.2)意味着应变值不仅取决于当时的应力 $\tau(t)$，而且取决于应力的历史或路径。牛顿黏性流体卸载时既无应变恢复又无热力学恢复，所供给的能量转化为流体内能以克服内部阻力，最后转化成热能损失了，因此它是一个不可逆的热力学过程。

非牛顿黏性流体其黏性系数不再保持常数，即存在下述关系

$$\tau=\mu(\dot{\gamma})\dot{\gamma} \tag{8.3}$$

而随着 $\mu(\dot{\gamma})$ 的特性不同又可以分为：拟塑流体(或触变体)，它的黏性系数随着应变率的增加而减少(如血浆)；胀黏流体(如触稠体)，它的黏性系数随着应变率的增加而增大(如泥浆)。

对固体材料而言，其黏性性质的展现通常都结合着弹性或塑性而出现，如黏弹体或黏塑性体。所谓黏弹性体，其应力响应介于弹性体和黏性体之间。如果施加一个突加的应力则会产生一个突然的弹性应变并随之产生连续的流动，如图8－1所示。施加变化的应力则造成变化的瞬时应变和瞬时应变率，结果造成应变是应力历史的函数。但卸载后弹性应变立即恢复，随后依赖时间的黏性应变恢复，但一般不能完全恢复原状，存在着热力学的损耗，因而是不可逆的过程。

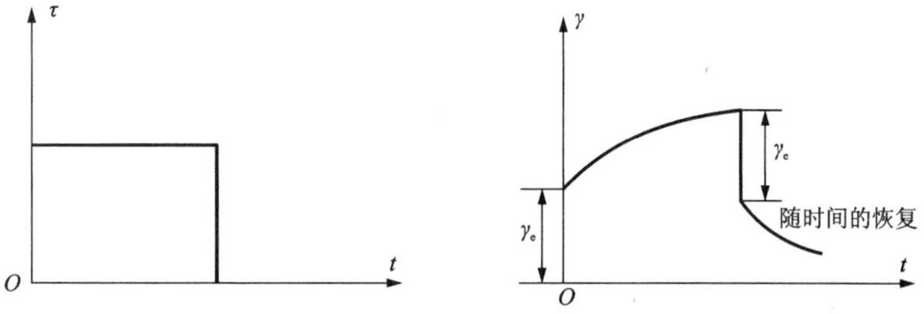

图 8 -1　黏弹性体在载荷作用下的响应特性

所谓黏塑性体是它的应力响应与应变率相关，卸载时有残余变形，其黏性抗力不再与应变率呈线性关系，其基本特性与非牛顿流体相似，不过一个是固体，一个是流体。

在工程上，对固体与流体提出的分析要求是不同的。流体有无穷多种可能的初始构形，而固体只有一种自然构形。在松弛实验条件下，流体中的应力可以完全松弛而消失，而固体应力松弛后趋于稳定值以使结构维持平衡。此外，流体中的力学响应一般是各向同性的，而固体中的力学响应可以是各向异性的。因此，通常把用流体方法处理的流变问题称为“流变学”，而把用固体力学处理的流变问题则如上所述称为“黏弹性力学”或“黏塑性力学”（图 8 -1）。

流变物体有两个显著的特点：一个是蠕变，即在恒定应力作用下应变随时间不断发展的现象，如图 8 -2 所示。蠕变通常包含三个阶段：蠕变开始阶段（*OAB*）、蠕变速率保持不变的稳定发展阶段（*BC*）和不稳定的破坏阶段（*CD*）。若在破坏阶段中卸载，不仅可以观察到很大的黏塑性残余变形，而且其弹性模量也将远小于初始加载时的弹性模量，即蠕变损伤现象。另一个特点则是应力松弛，即保持应变不变时应力随时间逐渐降低的现象，如图 8 -3 所示。蠕变和松弛易造成结构变形过大或紧固构件的松脱，对工程危害很大。

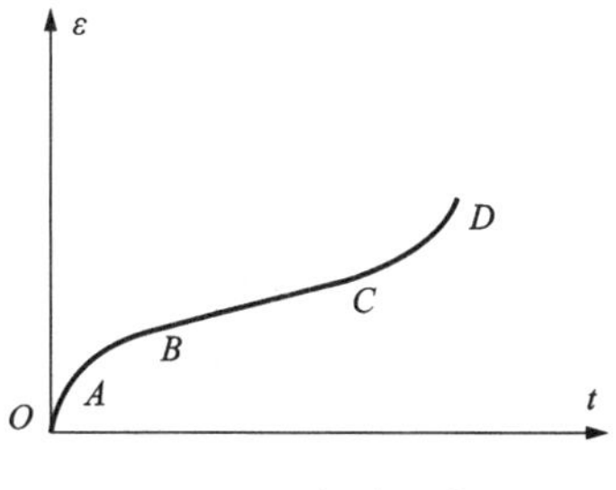

图 8 -2　蠕变现象

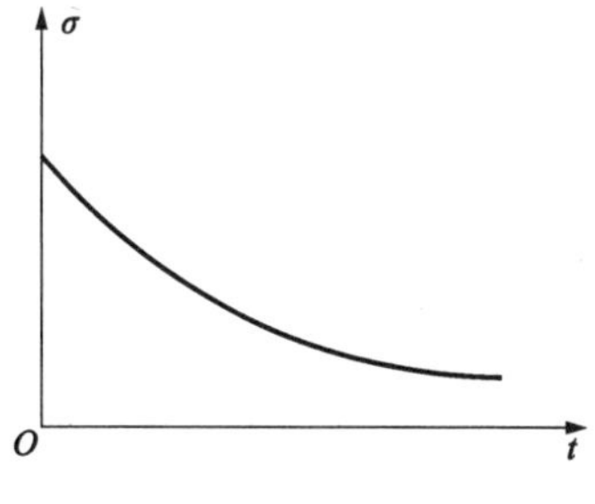

图 8 -3　松弛现象

8.2　流体动力学

考虑满足牛顿黏性的线性流体，其本构方程为

$$\sigma_{ij} = -p\delta_{ij} + D_{ijkl}V_{kl} \tag{8.4}$$

式中：p 为静水压力；D_{ijkl} 为流体黏性系数张量；V_{ij} 为形变率张量，即

$$V_{ij}=\frac{1}{2}(v_{i,j}+v_{j,i}) \tag{8.5}$$

式中：v_i 为流体运动的速度场。

由于一般流体的各向同性性质，本构方程式(8.4)可以写成

$$\sigma_{ij}=-p\delta_{ij}+2\mu V_{ij}-\frac{2}{3}\mu V_{kk}\delta_{ij} \tag{8.6}$$

式中：μ 为各向同性流体黏性系数。

又由连续介质运动方程(5.39)，并运用速度场物质导数公式(3.124)，有

$$\rho\left(\frac{\partial v_i}{\partial t}+v_k\frac{\partial v_i}{\partial x_k}\right)=\rho f_i+\frac{\partial\sigma_{ik}}{\partial x_k} \tag{8.7}$$

于是，将本构方程(8.6)式代入运动方程式(8.7)，得到

$$\rho\left(\frac{\partial v_i}{\partial t}+v_k\frac{\partial v_i}{\partial x_k}\right)=\rho f_i-\frac{\partial p}{\partial x_i}+\mu\left(\frac{\partial^2 v_i}{\partial x_k\partial x_k}+\frac{1}{3}\frac{\partial^2 v_k}{\partial x_k\partial x_i}\right) \tag{8.8}$$

这就是用流体压力场 p 和速度场 v_i 表示的著名的流体力学 Navier – Stokes 方程。

8.3 黏弹性本构模型

8.3.1 微分型方程

黏弹塑性体是由理想化的弹性元件(弹簧)、塑性元件(滑移元件)和黏性元件(黏壶或阻尼元件)组合而成的本构模型，它是比较全面地反映物体主要特征的本构模型。不同形式的串、并联组成了不同类型的本构方程。

元件模型具有直观、形象和简单的特点。其核心观点是基于几个基本的元件模型，将材料的黏弹塑性特性看成为理想弹性、塑性和黏性的联合作用，然后通过标准元件的各种串联和并联建立可以反映各种性质黏弹塑性材料的本构模型。

黏弹性介质是介于黏性介质和弹性介质之间的一种介质，黏弹性介质的特性分布在一个较宽的范围，有些黏弹性介质的特性靠近黏性流体介质，如 Maxwell 黏弹性；有些黏弹性介质的特性则靠近弹性固体介质，如 Kelvin 黏弹性介质。所以黏弹性体是兼有弹性和黏性性质的介质，一方面它具有固体的刚度和弹性，加载时有即刻弹性变形，卸载时有即刻弹性恢复；另一方面又具有黏性流体的流动特性，加载后有长时段的滞后变形和内摩擦产生的能量耗损，卸载后有延滞恢复变形，甚至还有不可恢复的黏性流动。

黏弹性体与弹性体的差别是在于它的时间相关性，有的表现为长时段持续的效应，例如在恒应力作用下的蠕变以及恒应变条件下的应力松弛；有的则表现为短时段高应变速率下的效应，例如材料在高速冲击下的响应。

微分型黏弹性模型的一般形式可以写成下面的标准形式

$$p_0\sigma+p_1\dot{\sigma}+p_2\ddot{\sigma}+\cdots=q_0\varepsilon+q_1\dot{\varepsilon}+q_2\ddot{\varepsilon}+\cdots \tag{8.9}$$

下面列举几个主要的基于元件组合的黏弹性微分型本构模型。

(1) Maxwell 黏弹性模型。

Maxwell 黏弹性模型是弹簧元件与阻尼元件串联的结果，如图 8 – 4 所示。

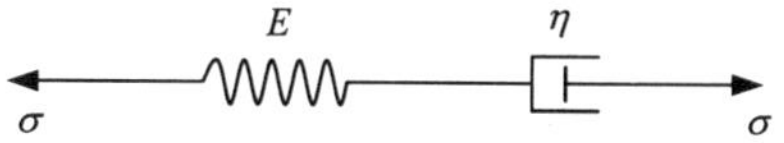

图 8－4　Maxwell 黏弹性模型

在该模型中，弹簧的变形 ε_s 由 Hooke 定律决定，即

$$\varepsilon_s = \frac{\sigma}{E} \tag{8.10}$$

阻尼器的变形率 $\dot{\varepsilon}_d$ 则由牛顿黏性定律决定，即

$$\dot{\varepsilon}_d = \frac{\sigma}{\eta} \tag{8.11}$$

由串联模型，有

$$\varepsilon = \varepsilon_s + \varepsilon_d \tag{8.12}$$

或

$$\dot{\varepsilon} = \dot{\varepsilon}_s + \dot{\varepsilon}_d \tag{8.13}$$

将式(8. 10)对时间微分后与式(8. 11)一起代入式(8. 13)，得到

$$\frac{\dot{\sigma}}{E} + \frac{\sigma}{\eta} = \dot{\varepsilon} \tag{8.14}$$

这就是经典的 Maxwell 黏弹性本构方程。式(8. 14)可以改写成标准形式

$$\sigma + p_1\dot{\sigma} = q_1\dot{\varepsilon} \tag{8.15}$$

其中

$$p_1 = \frac{\eta}{E} = \tau_m,\ q_1 = \eta \tag{8.16}$$

式中：τ_m 称为 Maxwell 模型的松弛时间。

(2)Kelvin 黏弹性模型。

Kelvin 黏弹性模型是弹簧元件与阻尼元件并联的结果，如图 8－5 所示。

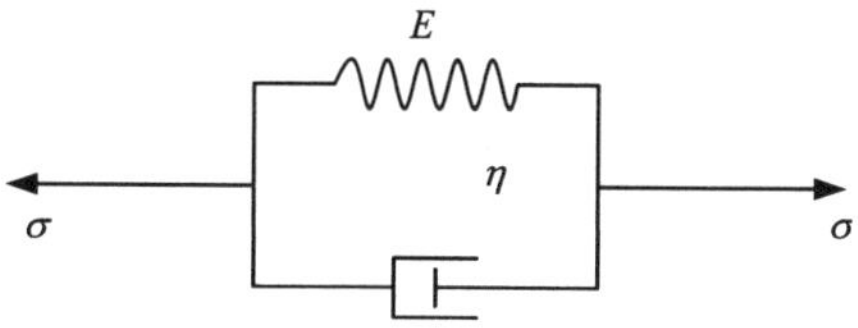

图 8－5　Kelvin 黏弹性模型

在该模型中，弹簧元件的变形和阻尼元件的变形率仍分别由 Hooke 定律和牛顿黏性定律决定。同时它还满足下列平衡条件与几何条件

$$\sigma = \sigma_s + \sigma_d \tag{8.17}$$

$$\varepsilon = \varepsilon_s = \varepsilon_d \tag{8.18}$$

将式(8. 10)与式(8. 11)一起代入式(8. 17)，得到

$$\sigma = E\varepsilon + \eta\dot{\varepsilon} \tag{8.19}$$

这就是经典的 Kelvin 黏弹性本构方程。式(8.19)可以改写成标准形式

$$\sigma = q_0\varepsilon + q_1\dot{\varepsilon} \tag{8.20}$$

其中

$$q_0 = E,\ q_1 = \eta \tag{8.21}$$

式中：Kelvin 模型的松弛时间为 $\tau_k = \dfrac{\eta}{E}$。

(3)标准线性固体模型。

标准线性固体模型是由一个 Maxwell 元件与另一个弹簧元件并联而成，如图 8-6 所示。

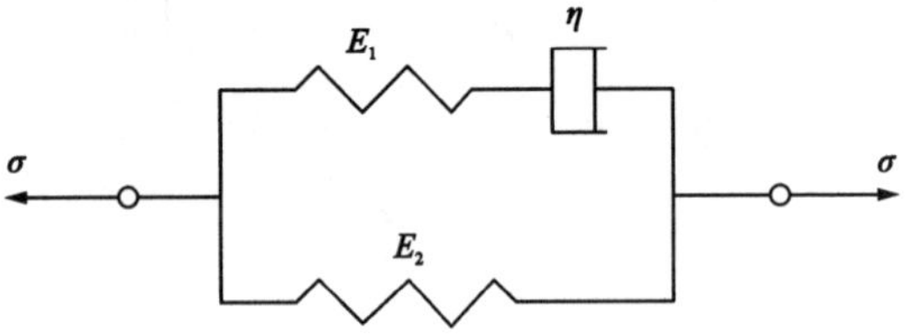

图 8-6　标准线性固体模型

对其中的 Maxwell 模型，有

$$\dot{\varepsilon} = \frac{\dot{\sigma}_1}{E_1} + \frac{\sigma_1}{\eta} \tag{8.22}$$

由平衡方程及变形协调方程，得

$$\sigma = \sigma_1 + \sigma_2 = \sigma_1 + E_2\varepsilon \tag{8.23}$$

微分式(8.23)，得

$$\dot{\sigma}_1 = \dot{\sigma} - E_2\dot{\varepsilon} \tag{8.24}$$

将式(8.23)和式(8.24)代入方程(8.22)，则有

$$\sigma + \frac{\eta}{E_1}\dot{\sigma} = E_2\varepsilon + \left(1 + \frac{E_2}{E_1}\right)\eta\,\dot{\varepsilon} \tag{8.25}$$

写成标准形式，有

$$p_0\sigma + p_1\dot{\sigma} = q_0\varepsilon + q_1\dot{\varepsilon} \tag{8.26}$$

其中

$$p_0 = 1,\ p_1 = \frac{\eta}{E_1} = \tau_\varepsilon \tag{8.27}$$

$$q_0 = E_2,\ q_1 = E_2\tau_\sigma \tag{8.28}$$

这里 τ_ε 和 τ_σ 是标准线性固体的松弛时间，因此标准线性固体是双参数模型，并且有

$$\tau_\sigma = \eta\left(\frac{1}{E_1} + \frac{1}{E_2}\right) \tag{8.29}$$

(4)Wiechert 黏弹性模型。

工程中实际材料的黏弹性特性和耗散机制是比较复杂的，其相应的特征时间可能有很多个，它们在不同的时间范围和载荷频率范围内，所起的作用是不同的，因此必须采用多元件组合的广义模型才能较好地反映复杂黏弹性材料的实际特征。Wiechert 黏弹性模型就是这样

一个在工程中经常使用的多元件组合模型。

Wiechert 黏弹性模型是由多个 Maxwell 模型和弹簧并联而成，如图 8 -7 所示。左边设置的单独弹簧 E_s 是为了避免长时间无限制的流动。

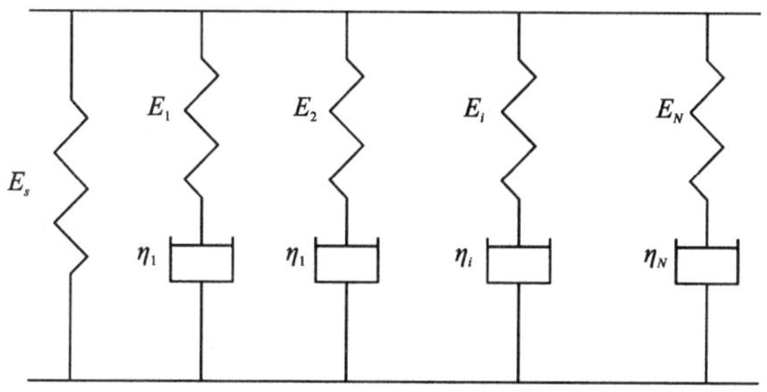

图 8 -7　Wiechert 黏弹性模型

该模型的几何方程和平衡方程分别是

$$\varepsilon = \varepsilon_1 = \varepsilon_2 = \cdots = \varepsilon_N = \varepsilon_s \tag{8.30}$$

$$\sigma = \sum_{i=1}^{N} \sigma_i + E_s \varepsilon_s \tag{8.31}$$

式中：σ_i 和 ε_i 分别为第 i 个 Maxwell 模型对应的应力和应变，由式(8.14)确定，即

$$\eta_i \dot{\varepsilon} = \left(1 + \frac{\eta_i}{E_i}\frac{\mathrm{d}}{\mathrm{d}t}\right)\sigma_i = \left(1 + \tau_i \frac{\mathrm{d}}{\mathrm{d}t}\right)\sigma_i \tag{8.32}$$

式(8.32)又可以写为

$$\sigma_i = \frac{\eta_i \dfrac{\mathrm{d}}{\mathrm{d}t}}{1 + \tau_i \dfrac{\mathrm{d}}{\mathrm{d}t}}\varepsilon \tag{8.33}$$

将式(8.33)代入式(8.31)，即得 Wiechert 黏弹性模型本构方程

$$\sigma = \left[E_s + \sum_{i=1}^{N} \frac{\eta_i \dfrac{\mathrm{d}}{\mathrm{d}t}}{1 + \tau_i \dfrac{\mathrm{d}}{\mathrm{d}t}}\right]\varepsilon \tag{8.34}$$

在式(8.34)中，如果把部分分式型的算子表达式化成多项式，则成为标准形式，即

$$p_0\sigma + p_1\dot{\sigma} + p_2\ddot{\sigma} + \cdots = q_0\varepsilon + q_1\dot{\varepsilon} + q_2\ddot{\varepsilon} + \cdots \tag{8.35}$$

8.3.2　蠕变与松弛特性

1. 松弛特性

8.3.1 节给出了若干微分型黏弹性本构方程，它们都是常系数线性微分方程，由分析数学可知，最有效的求解方法是采用 Laplace 变换的方法。它的优点是将物理平面 t 上的函数 $f(t)$ 的微分运算转化为 Laplace 平面 s 上的函数 $\bar{f}(s)$ 的代数运算，这样微分方程就变成容易求解的代数方程。

对上节几个基本黏弹性模型进行 Laplace 变换，可统一写成

$$\bar{\sigma}(s)=E(s)s\,\bar{\varepsilon}(s) \tag{8.36}$$

式(8.36)表明：在 s 域内的黏弹性本构方程具有 Hooke 定律的形式。式中，对不同的模型分别有

$$E(s)=\frac{\eta}{1+\tau_{\mathrm{m}}s}\quad \text{Maxwell 模型} \tag{8.37}$$

$$E(s)=\frac{E(1+\tau_{\mathrm{k}}s)}{s}\quad \text{Kelvin 模型} \tag{8.38}$$

$$E(s)=\frac{[E_1E_2+(E_1+E_2)\eta s]}{(E_1+\eta s)s}\quad \text{标准线性模型} \tag{8.39}$$

若给定应变历史 $\varepsilon(t)$，可由式(8.36)的逆 Laplace 变换求导应力响应为

$$\sigma(t)=L^{-1}[E(s)s\,\bar{\varepsilon}(s)] \tag{8.40}$$

经过数学运算后，式(8.40)可以写成下面的统一形式

$$\sigma(t)=\int_0^t E(t-\tau)\frac{\mathrm{d}\varepsilon}{\mathrm{d}\tau}\mathrm{d}\tau \tag{8.41}$$

这里 $E(t)$ 即所谓的松弛模量。对上述不同的模型分别是

$$E(t)=E\mathrm{e}^{-\frac{t}{\tau_{\mathrm{m}}}}H(t)\quad \text{Maxwell 模型} \tag{8.42}$$

$$E(t)=\eta\delta(t)+EH(t)\quad \text{Kelvin 模型} \tag{8.43}$$

$$E(t)=E_2\left[1-\left(1-\frac{\tau_\sigma}{\tau_\varepsilon}\right)\mathrm{e}^{-\frac{t}{\tau_\varepsilon}}\right]H(t)\quad \text{标准线性模型} \tag{8.44}$$

式中：$\delta(t)$ 和 $H(t)$ 分别是数学中的脉冲函数和阶跃函数。

图 8-8 所示为根据上述三种不同松弛模量 $E(t)$ 画出的松弛曲线。

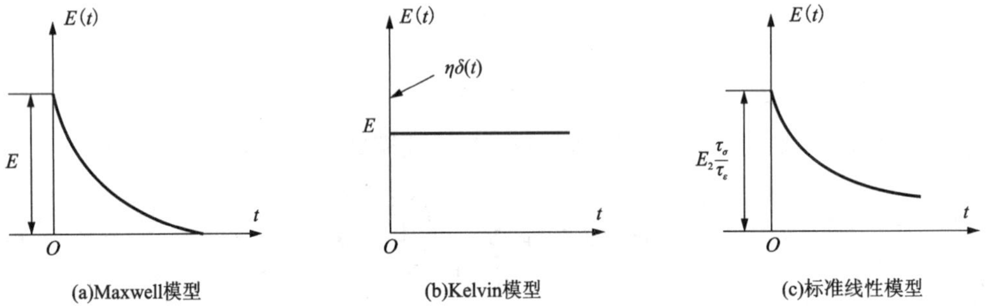

图 8-8　应力松弛曲线

由图 8-8 可知：Maxwell 模型的应力随时间 t 按指数衰减，当 $t\to\infty$ 时，应力可以完全松弛到零，这反映着流体的特征，故该模型又称 Maxwell 流体；从 Kelvin 模型可以看到，为使该模型产生单位阶跃应变必须施加无限大的应力脉冲，当加载瞬时过去后，阻尼器失去作用，弹簧承受外载且固定不变，这反映着固体的特征；标准线性模型介于两者之间。

2. 蠕变特性

给定应力历史 $\sigma(t)$，则由式(8.36)在 s 域内的应变响应为

$$\bar{\varepsilon}(s)=J(s)s\,\bar{\sigma}(s) \tag{8.45}$$

其中

$$J(s)=\frac{1}{s^2E(s)} \tag{8.46}$$

于是，在 t 域内则由 Laplace 逆变换求导为

$$\varepsilon(t)=L^{-1}[J(s)s\,\overline{\sigma}(s)] \tag{8.47}$$

经过数学运算后，式(8.47)也可以写成下面的统一形式

$$\varepsilon(t)=\int_0^t J(t-\tau)\frac{\mathrm{d}\sigma}{\mathrm{d}\tau}\mathrm{d}\tau \tag{8.48}$$

这里 $J(t)$ 即所谓的蠕变模量。对前述不同的黏弹性模型分别是：

$$J(t)=\left(\frac{1}{E}+\frac{1}{\eta}t\right)H(t)\qquad \text{Maxwell 模型} \tag{8.49}$$

$$J(t)=\frac{1}{E}(1-\mathrm{e}^{-\frac{t}{\tau_k}})H(t)\qquad \text{Kelvin 模型} \tag{8.50}$$

$$J(t)=\frac{1}{E_2}\left[1-\left(1-\frac{\tau_\varepsilon}{\tau_\sigma}\right)\mathrm{e}^{-\frac{t}{\tau_\sigma}}\right]H(t)\qquad \text{标准线性模型} \tag{8.51}$$

式中：$\delta(t)$ 和 $H(t)$ 分别是数学中的脉冲函数和阶跃函数。

图 8-9 所示为根据上述三种不同蠕变模量 $J(t)$ 画出的松弛曲线。

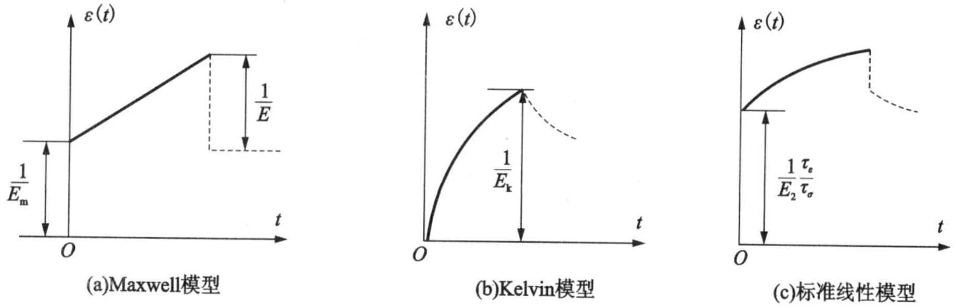

图 8-9　蠕变曲线

由图 8-9 可知：Maxwell 模型能描述弹性效应即稳定蠕变阶段，且变形能无限制发展下去，如前所述这反映着流体的特征，卸载时弹性变形立即恢复，然后维持形状不变(如图 8-9 中虚线所示)；对 Kelvin 模型，加、卸载时都无弹性响应，$t\to\infty$时的蠕变达到极限值；标准线性模型介于两者之间。

8.3.3　积分型方程

由弹簧与阻尼器构成的机械模型直观性强，求解方便。但该模型的缺点是不能直接反映黏弹性材料的记忆特性，低阶微分型模型与实际材料的黏弹性特性相差甚远。这些缺点导致了另一种所谓遗传积分型黏弹性模型的出现。后者把黏弹性材料看成是其内部结构和作用机制都不清楚的暗盒，如图 8-10 所示。研究的方法不是去设想该暗盒的特性如何由弹簧和阻尼器的某种组合来代表，而是直接从该系统的输出输入关系中去分析材料的本构特性，其核心就是研究将输出与输入联系起来的记忆函数的基本属性。

具体地说，若将应变函数 $\varepsilon(t)$ 作为输入函数，则黏弹性材料最重要的特性就是输出函数

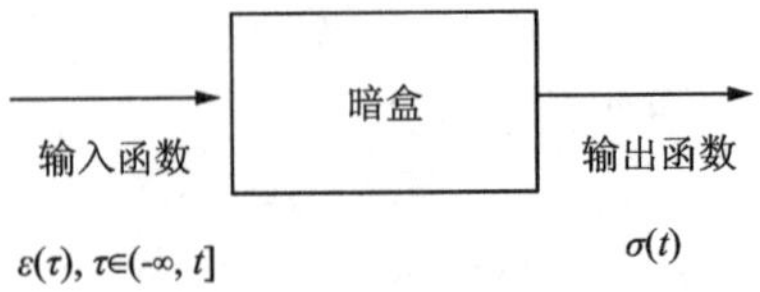

图 8－10　遗传型暗盒模型

(应力响应 $\sigma(t)$)具有记忆性质，即不仅它对 t 时刻的输入[$\varepsilon(t)$]发生响应，而且还对 t 时刻以前的作用[$\varepsilon(\tau)$, $\tau\in(-\infty, t)$]也发生响应。用数学语言就是输出函数应该是输入函数历史的泛函，即

$$\sigma(t) = \mathop{F}_{\tau=-\infty}^{t}[\varepsilon(t, \tau)] \tag{8.52}$$

它表达的是一个函数簇[$\varepsilon(t, \tau)$, $\tau\in(-\infty, t)$]与当前响应 $\sigma(t)$ 之间的关系，而不是通常那种点对应的函数关系。

下面我们用一个一维黏弹性系统来解析上述数学概念。

如图 8－11 所示，设输入函数 $\varepsilon(\tau)$ 在任一时刻 τ_i 有一增量 $\Delta\varepsilon_i(\tau_i)$，根据式(8.52)，它对 t 时刻响应函数增量 $\Delta\sigma$ 的影响应该是 t 与 τ_i 两者的函数，并以 $\Delta_i\sigma(t, \tau_i)$ 表示，这里 Δ 后的下标 i 强调的是 τ_i 时刻应变增量 $\Delta\varepsilon_i(\tau_i)$ 引起的。由于所研究的是线性系统，因此输入函数增量 $\Delta\varepsilon_i(\tau_i)$ 与其对应的输出函数增量 $\Delta_i\sigma(t, \tau_i)$ 之间存在着下面的正比关系

$$\Delta_i\sigma(t, \tau_i) = E(t, \tau_i)\Delta\varepsilon_i(\tau_i) \tag{8.53}$$

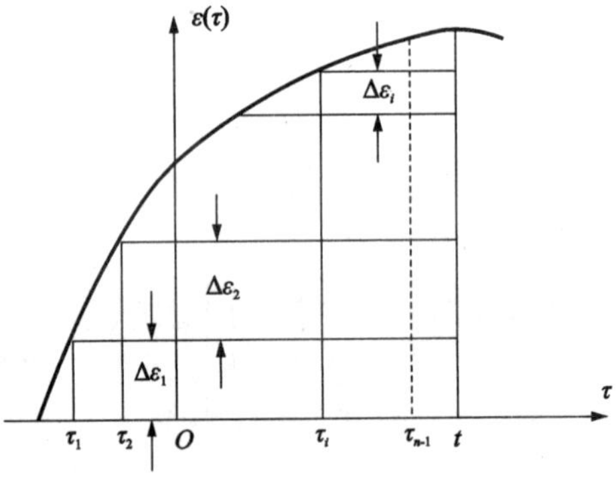

图 8－11　Boltzmann 叠加原理

如果输入函数在时刻 t 之前(即区间(0, t))内有一系列增量 $\Delta\varepsilon_i(\tau_i)$, $i=1, 2, \cdots, n$。则它们对当前的响应 $\sigma(t)$ 都有影响。Boltzmann 假定各个 $\Delta\varepsilon_i$ 对 $\sigma(t)$ 的作用互不影响，因而叠加原理成立。于是就得到

$$\sigma(t) = \sum_{i=1}^{n}\Delta_i\sigma = \sum_{i=1}^{n}E(t, \tau_i)\Delta\varepsilon_i(\tau_i) \tag{8.54}$$

当输入函数 $\varepsilon(\tau)$ 连续变化时，就要求 $n\to\infty$，这样就得到在连续的应变史 $\varepsilon(\tau)$ 的作用下应力响应的表达式

$$\sigma(t) = \int_{-\infty}^{t} E(t, \tau)\mathrm{d}\varepsilon(\tau) = \int_{-\infty}^{t} E(t, \tau)\frac{\partial \varepsilon}{\partial \tau}\mathrm{d}\tau \tag{8.55}$$

式(8.55)就是基于 Boltamann 叠加原理给出的一维黏弹性系统的本构方程，其中 $E(t, \tau)$ 称为松弛刚度。

这里需要说明的是，基于 Boltamann 叠加原理的遗传积分型本构方程和由微分型本构方程利用Laplace变换求解得到的有差核的积分型本构方程有本质的区别。前者的材料函数可以直接引用实验结果来拟合，并可以推广到各向异性材料中去。遗传积分型本构方程比微分型本构方程更具广泛性，可以证明：如果积分方程的核函数可以分离变量，即满足退化核条件

$$E(t, \tau) = \sum_{i=1}^{n} \varphi_i(t)\psi_i(\tau) \tag{8.56}$$

则该材料才可以用微分型本构方程来描述，而只有当核函数退化为下列指数核时

$$E(t, \tau) = \sum_{i=1}^{n} E_i \mathrm{e}^{\beta_i(t-\tau)} \tag{8.57}$$

积分型本构方程的材料函数才能转化为常系数线性微分方程。

当将上述一维黏弹性本构方程的推导方法用于推导三维方程时，Boltzmann 叠加原理依然适用，即不同时刻的作用效果互不干涉，可以叠加。只是还需考虑到输出(响应)函数 $\sigma_{ij}(t)$ 不仅与对应的应变分量 $\varepsilon_{ij}(t)$ 有关，而且还与其他的应变分量 $\varepsilon_{kl}(t)$ 有关。于是三维各向异性黏弹性材料的本构方程为

$$\sigma_{ij}(t) = \int_{-\infty}^{t} E_{ijkl}(t, \tau)\frac{\partial \varepsilon_{kl}(\tau)}{\partial \tau}\mathrm{d}\tau \tag{8.58}$$

式中：$E_{ijkl}(t)$ 为松弛模量函数，它是一个四阶张量。

同理，如果改用应力 $\sigma_{ij}(t)$ 作为输入(作用)函数，而应变 $\varepsilon_{ij}(t)$ 作为输出(响应)函数，则有

$$\varepsilon_{ij}(t) = \int_{-\infty}^{t} J_{ijkl}(t, \tau)\frac{\partial \sigma_{kl}(\tau)}{\partial \tau}\mathrm{d}\tau \tag{8.59}$$

式中：$J_{ijkl}(t)$为蠕变柔度函数，它也是一个四阶张量。

同弹性张量分析一样的方法，由于应力张量与应变张量的对称性，有

$$E_{ijkl} = E_{ijlk} = E_{jikl} = E_{jilk} \tag{8.60}$$

并且有

$$E_{ijkl} = E_{klij} \tag{8.61}$$

对各向同性黏弹性体，四阶松弛张量 $E_{ijkl}(t)$可以如下展开

$$E_{ijkl}(t) = \lambda(t)\delta_{ij}\delta_{kl} + \mu(t)(\delta_{ik}\delta_{jl} + \delta_{il}\delta_{jk}) \tag{8.62}$$

式中：$\lambda(t)$和$\mu(t)$就是各向同性黏弹性体的两个独立的材料常数，分别称为拉梅松弛模量和剪切松弛模量。于是将式(8.62)代入式(8.58)，得

$$\sigma_{ij}(t) = \delta_{ij}\int_{-\infty}^{t} \lambda(t-\tau)\frac{\partial \varepsilon_{kk}(\tau)}{\partial \tau}\mathrm{d}\tau + 2\int_{-\infty}^{t} \mu(t-\tau)\frac{\partial \varepsilon_{ij}(\tau)}{\partial \tau}\mathrm{d}\tau \tag{8.63}$$

利用应力张量与应变张量的全量与偏量关系，式(8.63)可以分解为

$$S_{ij}(t) = 2\int_{-\infty}^{t} \mu(t-\tau)\frac{\partial e_{ij}(\tau)}{\partial \tau}\mathrm{d}\tau \tag{8.64}$$

$$\sigma_{kk}(t) = 3\int_{-\infty}^{t} K(t-\tau)\frac{\partial \varepsilon_{kk}(\tau)}{\partial \tau}\mathrm{d}\tau \tag{8.65}$$

式中：$K(t) = \lambda(t) + \dfrac{2}{3}\mu(t)$，称为体积松弛模量。

由式(8.64)和式(8.65)，也可以得到其反演关系，即

$$e_{ij}(t) = \int_{-\infty}^{t} J_{\mathrm{s}}(t-\tau)\frac{\partial S_{ij}(\tau)}{\partial \tau}\mathrm{d}\tau \tag{8.66}$$

$$\varepsilon_{kk}(t) = \int_{-\infty}^{t} J_{\mathrm{v}}(t-\tau)\frac{\partial \sigma_{kk}(\tau)}{\partial \tau}\mathrm{d}\tau \tag{8.67}$$

式中：J_s 和 J_v 分别称为剪切和体积蠕变柔度。

8.4 正则黏弹性本构模型

经典黏弹性本构方程机械模型只适用于一维各向同性的情况，本节将给出一般各向异性三维情况下编著者提出的广义 Maxwell 黏弹性模型和广义 Kelvin 黏弹性模型。

假定物体的弹黏性变形分别由弹性变形和黏性变形构成，在一般各向异性的情况下，它们分别遵守广义 Hooke 定律和广义牛顿阻尼定律。

$$\boldsymbol{\sigma} = \boldsymbol{C}\boldsymbol{\varepsilon}^{\mathrm{e}} \tag{8.68}$$

$$\boldsymbol{\sigma} = \boldsymbol{D}\dot{\boldsymbol{\varepsilon}}^{\mathrm{v}} \tag{8.69}$$

式中：$\boldsymbol{C}$ 和 $\boldsymbol{D}$ 分别是物体的弹性系数矩阵和黏性系数矩阵。Maxwell 黏弹性认为：物体总的变形等于弹性变形和黏性变形之和，即

$$\dot{\boldsymbol{\varepsilon}} = \dot{\boldsymbol{\varepsilon}}^{\mathrm{e}} + \dot{\boldsymbol{\varepsilon}}^{\mathrm{v}} = (\boldsymbol{C}^{-1}\nabla_t + \boldsymbol{D}^{-1})\boldsymbol{\sigma} \tag{8.70}$$

式中：$\nabla_t = \partial/\partial t$，是对时间的一次微分算子。

引进规范矩阵 $\boldsymbol{P}$，则可以将工程应力矢量和工程应变矢量变换到规范应力矢量和规范应变矢量上来，即

$$\hat{\boldsymbol{\sigma}} = \boldsymbol{P}\boldsymbol{\sigma} \tag{8.71}$$

$$\hat{\boldsymbol{\varepsilon}} = \boldsymbol{P}^{-1}\boldsymbol{\varepsilon} \tag{8.72}$$

其中

$$\boldsymbol{P} = \mathrm{diag}[1, 1, 1, \sqrt{2}, \sqrt{2}, \sqrt{2}] \tag{8.73}$$

这样，式(8.70)成为

$$\dot{\hat{\boldsymbol{\varepsilon}}} = (\hat{\boldsymbol{C}}^{-1}\nabla_t + \hat{\boldsymbol{D}}^{-1})\hat{\boldsymbol{\sigma}} \tag{8.74}$$

其中

$$\hat{\boldsymbol{C}} = \boldsymbol{PCP} \tag{8.75}$$

$$\hat{\boldsymbol{D}} = \boldsymbol{PDP} \tag{8.76}$$

根据弹性本征值的概念，存在如下的本征方程

$$(\hat{\boldsymbol{C}}^{-1} - \lambda^{-1}\boldsymbol{I})\boldsymbol{\varphi} = 0 \tag{8.77}$$

式中：$\boldsymbol{\Lambda} = \mathrm{diag}[\lambda_1, \lambda_2, \cdots, \lambda_6]$是本征弹性矩阵；$\boldsymbol{\Phi} = \{\boldsymbol{\varphi}_1, \boldsymbol{\varphi}_2, \cdots, \boldsymbol{\varphi}_6\}$称为材料模态矩阵，如前所述，它是正交、正定矩阵，满足 $\boldsymbol{\Phi}^{\mathrm{T}}\boldsymbol{\Phi} = \boldsymbol{I}$。

因此，物体的柔度系数矩阵可以写成谱分解形式

$$\hat{\boldsymbol{C}}^{-1}=\boldsymbol{\Phi}\boldsymbol{\Lambda}^{-1}\boldsymbol{\Phi}^{\mathrm{T}} \tag{8.78}$$

同样，在近平衡态条件下，物体的耗散变形的本征矢与弹性变形的本征矢是一致的。因此，对黏性变形而言，也存在如下类似的本征方程

$$(\hat{\boldsymbol{D}}^{-1}-\eta^{-1}\boldsymbol{I})\boldsymbol{\varphi}=0 \tag{8.79}$$

式中：$\boldsymbol{\Gamma}=\mathrm{diag}[\eta_1, \eta_2, \cdots, \eta_6]$是本征黏性矩阵。因此，物体的黏性系数矩阵也可以写成谱分解形式

$$\hat{\boldsymbol{D}}^{-1}=\boldsymbol{\Phi}\boldsymbol{\Gamma}^{-1}\boldsymbol{\Phi}^{\mathrm{T}} \tag{8.80}$$

它同样有六个实数本征值 $\eta_i(i=1, 2, \cdots, 6)$，称为本征阻尼，并且与同阶的本征弹性处于同一个规范子空间中。

将式(8.78)和式(8.80)一同代入方程(8.74)，有

$$\nabla_t\hat{\boldsymbol{\varepsilon}}=\boldsymbol{\Phi}(\boldsymbol{\Lambda}^{-1}\nabla_t+\boldsymbol{\Gamma}^{-1})\boldsymbol{\Phi}^{\mathrm{T}}\hat{\boldsymbol{\sigma}} \tag{8.81}$$

根据应力矢量与模态应力之间的表象变换关系

$$\boldsymbol{\sigma}^*=\boldsymbol{\Phi}^{\mathrm{T}}\hat{\boldsymbol{\sigma}} \tag{8.82}$$

$$\boldsymbol{\varepsilon}^*=\boldsymbol{\Phi}^{\mathrm{T}}\hat{\boldsymbol{\varepsilon}} \tag{8.83}$$

则式(8.81)成为

$$(\boldsymbol{\Lambda}^{-1}\nabla+\boldsymbol{\Gamma}^{-1})\boldsymbol{\sigma}^*=\nabla_t\boldsymbol{\varepsilon}^* \tag{8.84}$$

写成分量形式，则有

$$\left(\frac{1}{\lambda_i}\nabla_t+\frac{1}{\eta_i}\right)\sigma_i^*=\nabla_t\varepsilon_i^*\quad i=1, 2, \cdots, 6 \tag{8.85}$$

由此可见：对一般各向异性，它们是若干个独立的微分型标量的模态本构方程，其形式均与一维的 Maxwell 机械模型方程一致，如图 8－12 所示。

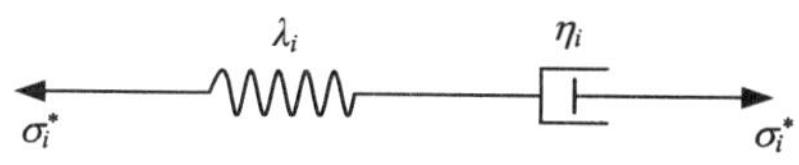

图 8－12　模态 Maxwell 黏弹性模型

Kelvin 黏弹性认为：物体总的应力等于弹性应力和黏性应力之和，即

$$\boldsymbol{\sigma}=\boldsymbol{C}\boldsymbol{\varepsilon}+\boldsymbol{D}\Delta_t\boldsymbol{\varepsilon} \tag{8.86}$$

式中：$\boldsymbol{C}$ 和 $\boldsymbol{D}$ 分别是物体的弹性系数矩阵和黏性系数矩阵。

与模态 Maxwell 方程类似的推导，可以得到物理表象下一般各向异性的 Kelvin 黏弹性模态本构方程

$$\boldsymbol{\sigma}^*=(\boldsymbol{\Lambda}\nabla_t+\boldsymbol{\Gamma})\boldsymbol{\varepsilon}^* \tag{8.87}$$

写成分量形式，则有

$$\sigma_i^*=(\lambda_i+\eta_i\nabla_t)\varepsilon_i^*\quad i=1, 2, \cdots, 6 \tag{8.88}$$

由此可见：对一般各向异性，它们也是若干个独立的微分型标量的模态本构方程，其形式均与一维的 Kelvin 机械模型方程一致，如图 8－13 所示。

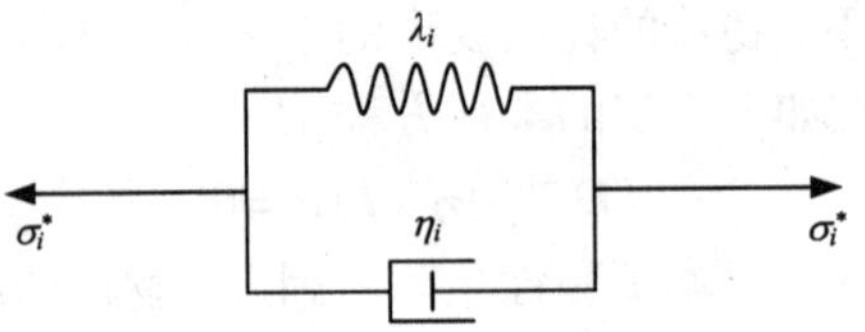

图8-13 模态 Kelvin 黏弹性模型

8.5 黏塑性本构模型

黏塑性体的特征是它在载荷达到足够大之后才出现显著的流动，其流动速率依赖于介质的黏性，由于它兼具塑性与黏性的特征，故而得名。

1. Bingham 模型

Bingham 模型由黏性元件与塑性元件并联而成，如图 8-14 所示。

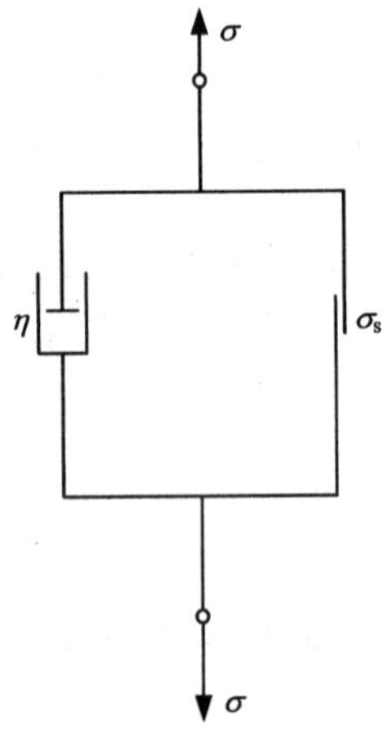

图8-14 Bingham 模型

当 $\sigma<\sigma_s$ 时，有 $\dot{\varepsilon}=0$，且介质不发生变形；只有在 $\sigma=\sigma_s$ 时，介质才出现黏塑性变形，其一维本构方程为

$$\sigma=\sigma_s+\eta\dot{\varepsilon} \tag{8.89}$$

2. 一维元件模型

一维黏弹塑性元件模型由 Bingham 模型与弹性元件串联而成，如图 8-15 所示。

由图 8-15 中三元件组合模型可知：

$$\begin{cases}\varepsilon=\varepsilon^{e}+\varepsilon^{vp}\\ \varepsilon^{v}=\varepsilon^{p}=\varepsilon^{vp}\end{cases} \tag{8.90}$$

$$\sigma=\sigma^{e}=\sigma^{v}+\sigma^{p} \tag{8.91}$$

其中

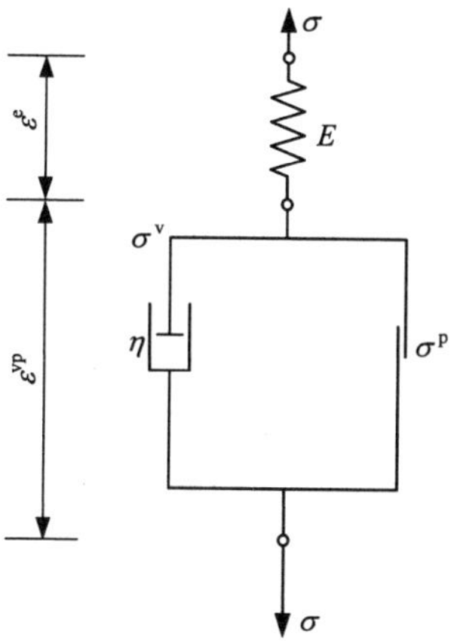

图 8－15　一维黏弹塑性元件模型

$$\sigma^{e}=E\varepsilon^{e} \tag{8.92}$$

$$\sigma^{v}=\eta\dot{\varepsilon}^{vp} \tag{8.93}$$

当 $\sigma^{p}<\sigma_{s}$ 时，$\sigma=\sigma^{e}=\sigma^{p}$，此时 $\dot{\varepsilon}^{v}=0$，只有弹性变形；

当 $\sigma^{p}>\sigma_{s}$ 时，$\sigma=\sigma^{v}+\sigma^{p}$，此时 $\sigma^{v}=\eta\dot{\varepsilon}^{vp}$。

对于线性强化材料，若以 B 表示 $\sigma\sim\varepsilon^{p}$ 曲线的斜率，E_{T} 表示 $\sigma\sim\varepsilon$ 曲线的斜率，则有

$$B=\frac{d\sigma}{d\varepsilon^{p}}=\frac{d\sigma}{d\varepsilon-d\varepsilon^{e}}=\frac{\frac{d\sigma}{d\varepsilon}}{1-\frac{d\varepsilon^{e}}{d\varepsilon}}=\frac{E_{T}}{1-\frac{E_{T}}{E}} \tag{8.94}$$

由于是线性强化，B 为常数，故

$$\sigma^{p}=\sigma_{s}+B\varepsilon^{vp} \tag{8.95}$$

或

$$\dot{\varepsilon}^{vp}=\frac{1}{\eta}(\sigma-\sigma^{p})=\frac{1}{\eta}[\sigma-(\sigma_{s}+B\varepsilon^{vp})] \tag{8.96}$$

上式说明：黏塑性应变速率是由超过后继屈服应力 $\sigma^{p}=\sigma_{s}+B\varepsilon^{vp}$ 的那部分应力 $(\sigma-\sigma^{p})$ 所决定的，故称它为过应力。

由 $\varepsilon=\varepsilon^{e}+\varepsilon^{vp}$ 可得

$$\dot{\varepsilon}=\dot{\varepsilon}^{e}+\dot{\varepsilon}^{vp}=\frac{\dot{\sigma}}{E}+\frac{1}{\eta}[\sigma-(\sigma_{s}+B\varepsilon^{vp})] \tag{8.97}$$

整理后得

$$\dot{\varepsilon}+\frac{1}{\eta}B\varepsilon=\frac{\dot{\sigma}}{E}+\frac{1}{\eta}(\sigma-\sigma_{s})+\frac{B}{\eta E}\sigma \tag{8.98}$$

这就是一维黏弹塑性三元件模型的本构方程。

在条件 $\sigma=\text{const}$，$\dot{\sigma}=0$ 下，从方程(8.98)，容易得出该模型的蠕变规律解，如图 8－16 所示。

$$\varepsilon = \frac{\sigma}{E} + \frac{\sigma - \sigma_s}{B}(1 - e^{-B\alpha t}) \tag{8.99}$$

式中：$\alpha = \frac{1}{\eta}$。

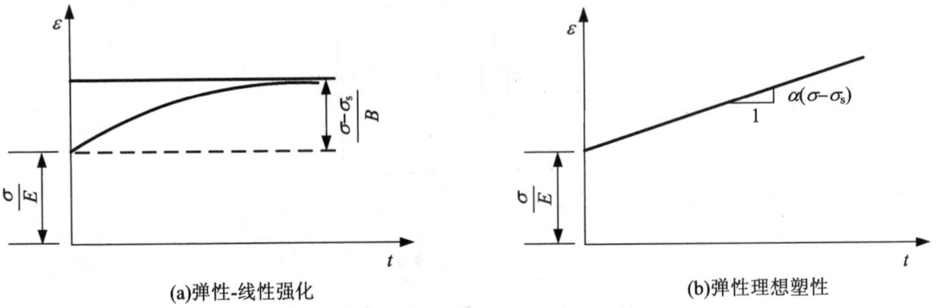

图8－16　一维黏弹塑性三元件模型蠕变曲线

对于理想黏弹塑性的情况，$B=0$，则有

$$\lim_{B\to 0}\frac{1}{B}(1 - e^{-B\alpha t}) = \lim_{B\to 0}\alpha t e^{-B\alpha t} = \alpha t \tag{8.100}$$

于是，在理想黏弹塑性的情况下，常应力作用下的蠕变解成为

$$\varepsilon = \frac{\sigma}{E} + (\sigma - \sigma_s)\alpha t \tag{8.101}$$

3. Malvern 过应力模型

“过应力”是指考虑应变速率效应所获得的应力 σ 与静力曲线上的应力 $F(\varepsilon)$之差。

实验表明：有相当一部分材料的屈服极限与应变速率之间关系敏感，在较高的应变速率情况下(例如冲击加载)，动力屈服极限比静力屈服极限要高，这些材料又称作应变率敏感材料。但是，考虑应变率效应将使本构方程的描述异常困难，这是因为首先屈服面变得随时间而变化；其次在不同的应变率条件下，即使加载路径相同也会出现不同的结果。Malvern 过应力模型考虑了材料弹性与应变率效应的影响，并假定黏塑性应变率的增加与“过应力”成正比，其表达式为

$$\dot{\varepsilon} = \frac{\dot{\sigma}}{E} + \langle \Phi(\sigma - F(\varepsilon)) \rangle \tag{8.102}$$

其中

$$\langle \Phi \rangle = \begin{cases} \Phi & \sigma \geqslant F(\varepsilon) \\ 0 & \sigma < F(\varepsilon) \end{cases} \tag{8.103}$$

式中：Φ 的形式可以由动载实验结果拟合获得。Malvern 建议的形式有下面两种

$$\Phi = c[\sigma - F(\varepsilon)] \tag{8.104}$$

或

$$\Phi = a[e^{b(\sigma - F(\varepsilon))} - 1] \tag{8.105}$$

式中：a，b，c 均为材料常数，由实验确定。不难看出：上述两式中，第一式为第二式的一级近似式。

如材料为理想黏弹塑性体，式(8.102)可写成

$$\dot{\varepsilon}=\frac{\dot{\sigma}}{E}+\gamma\left\langle\Phi\left(\frac{\sigma}{\sigma_{\mathrm{s}}}-1\right)\right\rangle \tag{8.106}$$

式中：γ 是与材料黏性有关的系数。

方程(8.106)中的黏塑性部分为

$$\dot{\varepsilon}^{\mathrm{vp}}=\gamma\Phi\left(\frac{\sigma}{\sigma_{\mathrm{s}}}-1\right) \tag{8.107}$$

由此求得应力解为

$$\sigma=\sigma_{\mathrm{s}}\left[\Phi^{-1}\left(\frac{\dot{\varepsilon}^{\mathrm{vp}}}{\gamma}\right)+1\right] \tag{8.108}$$

式(8.108)给出了动力屈服条件依赖于应变率 $\dot{\varepsilon}^{\mathrm{vp}}$ 的隐函数关系和动力屈服极限高于静力屈服极限 σ_{s} 的现象。图 8－17 分别给出了 $\dot{\varepsilon}=\mathrm{const}$ 和 $\dot{\varepsilon}=\dot{\varepsilon}(\varepsilon)$ 的实验结果示意图。

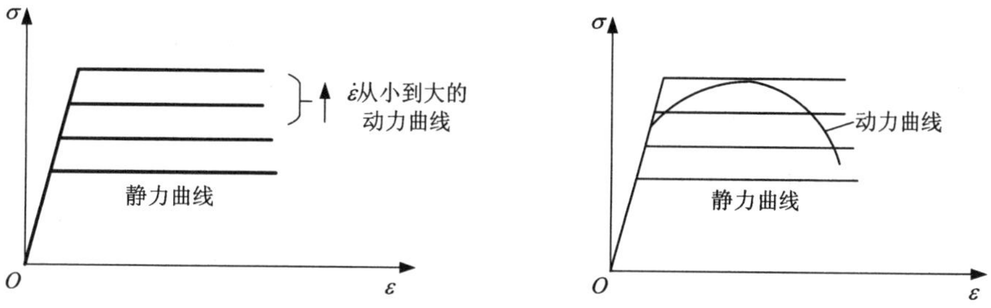

图 8－17　不同应变率下的动力屈服极限

4. Perzyna 三维模型

在三维应力状态下，黏弹塑性应变可以分解成

$$\dot{\varepsilon}_{ij}=\dot{\varepsilon}_{ij}^{\mathrm{e}}+\dot{\varepsilon}_{ij}^{\mathrm{vp}} \tag{8.109}$$

其中，弹性应变率张量为

$$\dot{\varepsilon}_{ij}^{\mathrm{e}}=\frac{1}{2G}\dot{s}_{ij}+\frac{1}{3}\delta_{ij}\frac{1}{3K}\dot{\sigma}_{kk}=\frac{1}{2G}\dot{s}_{ij}+\frac{1}{3}\delta_{ij}\frac{1-2\nu}{E}\dot{\sigma}_{kk} \tag{8.110}$$

式中：s_{ij}为偏应力张量；σ_{kk}为球应力张量。

假设塑性应变方向和加载面正交，则黏塑性应变率张量 $\dot{\varepsilon}_{ij}^{\mathrm{vp}}$ 为

$$\dot{\varepsilon}_{ij}^{\mathrm{vp}}=\gamma_0\langle\Phi(F)\rangle\frac{\partial F}{\partial\sigma_{ij}} \tag{8.111}$$

式中：γ_0 为与材料黏性有关的系数；F 为静力屈服函数。并且

$$\langle\Phi(F)\rangle=\begin{cases}\Phi(F) & F>0\\ 0 & F\leqslant 0\end{cases} \tag{8.112}$$

式中：$\Phi(F)$的函数形式可取如下的指数函数或幂函数，即

$$\Phi(F)=\sum_{\alpha=1}^{N}A_{\alpha}(\mathrm{e}^{F\alpha}-1) \tag{8.113}$$

或

$$\Phi(F) = \sum_{\alpha=1}^{N} B_\alpha F^\alpha \tag{8.114}$$

式中：B_α，A_α 由实验结果拟合求得。

由一维“过应力”理论的推广可得静力屈服函数 F 为

$$F(\sigma_{ij}, \varepsilon_{ij}^{\mathrm{p}}) = \left[\frac{f(\sigma_{ij}, \varepsilon_{ij}^{\mathrm{p}})}{\kappa(W^{\mathrm{p}})} - 1\right] \tag{8.115}$$

式中：$\kappa(W^{\mathrm{p}})$ 为材料应变强化参数。

于是，将式(8.110)、式(8.111)代入方程(8.109)，可得

$$\dot{\varepsilon}_{ij} = \frac{1}{2G}\dot{s}_{ij} + \frac{1}{3}\delta_{ij}\frac{1-2\nu}{E}\dot{\sigma}_{kk} + \gamma\langle\Phi(F)\rangle\frac{\partial f}{\partial\sigma_{ij}} \tag{8.116}$$

以及

$$\dot{\varepsilon}_{ij}^{\mathrm{vp}} = \gamma\langle\Phi(F)\rangle\frac{\partial f}{\partial\sigma_{ij}} \tag{8.117}$$

式中：$\gamma = \dfrac{\gamma_0}{\kappa(W^{\mathrm{p}})}$。方程(8.117)即为著名的 Perzyna 黏弹塑性本构方程。式(8.117)中所有与材料有关的参数均可由简单的一维动力实验确定。

对金属材料，常采用 Mises 屈服准则，即

$$f(\sigma_{ij}) = \sqrt{J_2} \tag{8.118}$$

则有

$$\frac{\partial f(\sigma_{ij})}{\partial\sigma_{ij}} = \frac{\partial}{\partial\sigma_{ij}}(\sqrt{J_2}) = \frac{s_{ij}}{2\sqrt{J_2}} \tag{8.119}$$

此时，黏塑性应变率由式(8.117)得

$$\dot{\varepsilon}_{ij}^{\mathrm{vp}} = \gamma\Phi\left[\frac{\sqrt{J_2}}{\kappa(W^{\mathrm{p}})} - 1\right]\frac{s_{ij}}{2\sqrt{J_2}} \tag{8.120}$$

因此，三维黏弹塑性本构方程成为：

$$\begin{cases} \dot{e}_{ij} = \dfrac{1}{2G}\dot{s}_{ij} + \dfrac{\gamma}{2}\Phi\left[\dfrac{\sqrt{J_2}}{\kappa(W^{\mathrm{p}})} - 1\right]\dfrac{s_{ij}}{\sqrt{J_2}} \\ \dot{\varepsilon}_{kk} = \dfrac{1}{3K}\dot{\sigma}_{kk} \end{cases} \tag{8.121}$$

若是一维应力状态，则有

$$f(\sigma) = \sqrt{J_2} = \frac{\sigma}{\sqrt{3}} \tag{8.122}$$

$$\frac{f(\sigma)}{\kappa(W^{\mathrm{p}})} = \frac{\sqrt{J_2}}{\kappa(W^{\mathrm{p}})} = \frac{\sigma}{\sqrt{3}\kappa(W^{\mathrm{p}})} = \frac{\sigma}{\varphi(\varepsilon^{\mathrm{p}})} \tag{8.123}$$

其中，$\varphi(\varepsilon^{\mathrm{p}}) = \sqrt{3}\kappa(W^{\mathrm{p}})$，对理想塑性材料 $\varphi(\varepsilon^{\mathrm{p}}) = \sqrt{3}\kappa = \sigma_{\mathrm{s}}$ 即为抗拉屈服极限。

于是，一维黏弹塑性本构方程为

$$\dot{\varepsilon} = \frac{\dot{\sigma}}{E} + \frac{\gamma}{2}\left\langle\Phi\left[\frac{\sigma}{\varphi(\varepsilon^{\mathrm{p}})} - 1\right]\right\rangle\frac{s}{\sqrt{J_2}} = \frac{\dot{\sigma}}{E} + \gamma^*\left\langle\Phi\left[\frac{\sigma}{\varphi(\varepsilon^{\mathrm{p}})} - 1\right]\right\rangle \tag{8.124}$$

式中：$\gamma^{*}=\frac{\gamma}{\sqrt{3}}$。

对理想塑性材料，式(8.124)退化为与式(8.106)相同的形式，即

$$\dot{\varepsilon}=\frac{\dot{\sigma}}{E}+\gamma^{*}\left\langle\Phi\left(\frac{\sigma}{\sigma_{s}}-1\right)\right\rangle \tag{8.125}$$

在式(8.125)中的黏塑性应变率部分是

$$\dot{\varepsilon}^{vp}=\gamma^{*}\Phi\left[\frac{\sigma}{\varphi(\varepsilon^{p})}-1\right] \tag{8.126}$$

由此解出动力屈服条件为

$$\sigma=\varphi(\varepsilon^{p})\left[1+\Phi^{-1}\left(\frac{\dot{\varepsilon}^{vp}}{\gamma^{*}}\right)\right] \tag{8.127}$$

显然，$\varphi(\varepsilon^{p})=\sqrt{3}\kappa(W^{p})$为静力屈服函数。式(8.127)也反映了动力屈服极限高于静力屈服极限以及动力屈服条件依赖于应变率的客观事实。

练习与思考

1. 设 Kelvin 固体承受如图 8-18 所示的加载过程，试求其应变规律和时间趋于无穷大时的变形值。

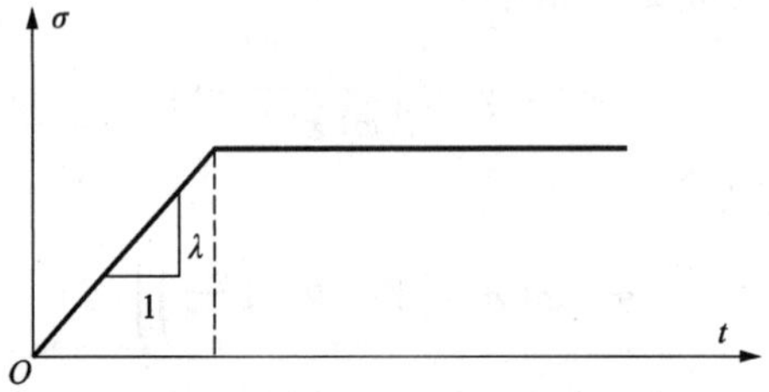

图 8-18　加载过程曲线

2. 试求图 8-19 所示四参数模型的应力-应变方程，并讨论 $\eta_1\to\infty$ 的结果。

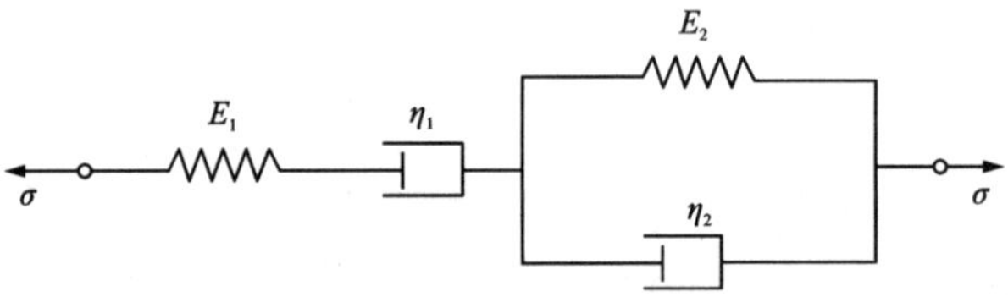

图 8-19　四参数模型

3. 蠕变-恢复实验加卸载如图 8-20 所示，试求在此条件下图 8-21 所示三参数模型的蠕变-恢复响应。

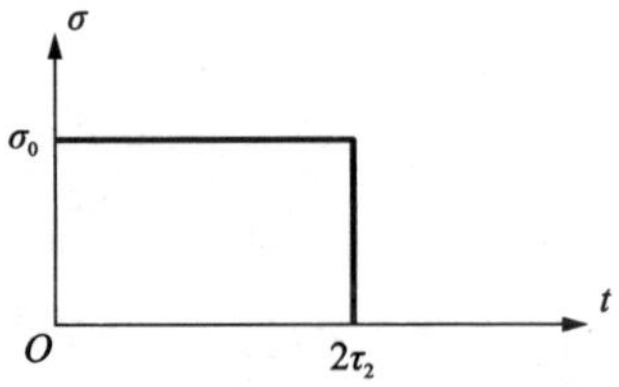

图 8-20　蠕变-恢复试验

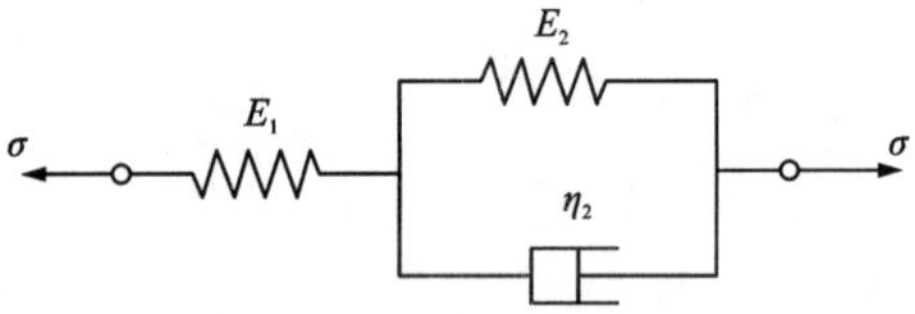

图 8-21　三参数模型

4. 求图 8-22 所示三参数模型的蠕变模量和松弛模量。

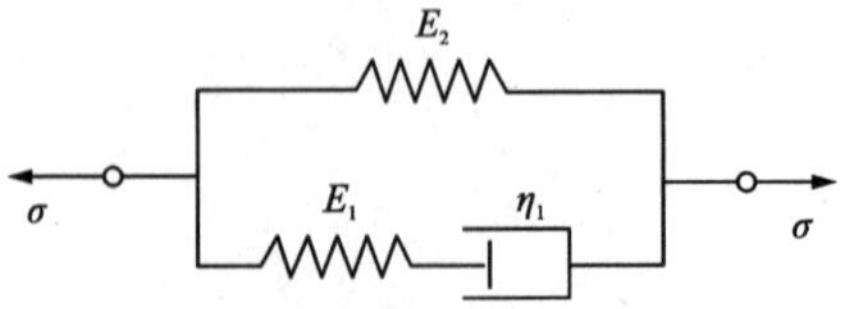

图 8-22　三参数模型

5. 图 8－23 所示四参数模型，应变率 $\dot{\varepsilon}=\varepsilon_0/t_1$ 为常数，如图 8－24 所示，求该应变条件下模型的应力。

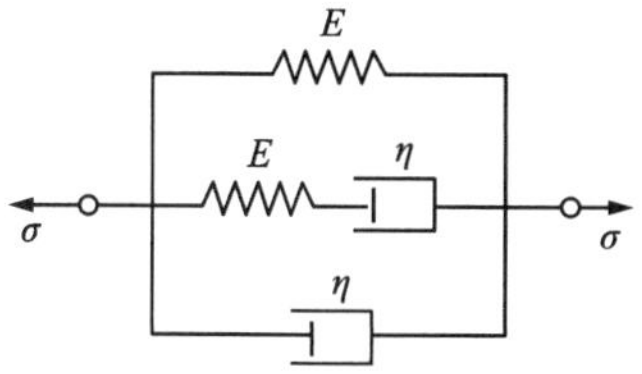

图 8－23　四参数模型

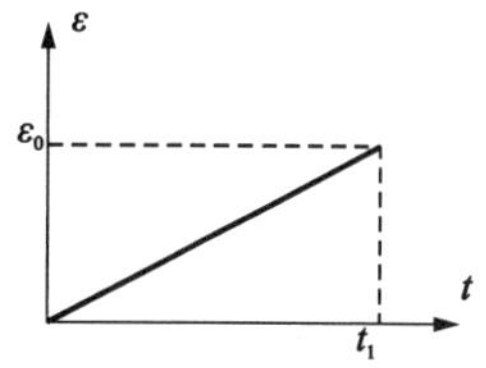

图 8－24　常应变率

6. 设某线性黏弹性材料的松弛模量函数为

$$G(t)=G_0\mathrm{e}^{-\frac{t}{T_0}}$$

其中 G_0 和 T_0 为材料常数。试求在图 8－25 所示 3 种不同的应变历史下的应力响应。

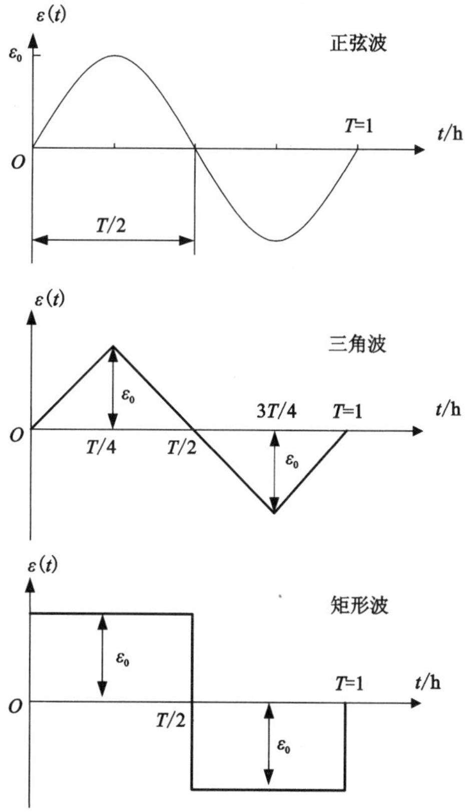

图 8－25　3 种不同的应变史

7. 一根由 Kelvin 固体材料制成的杆件受到突加的拉伸载荷作用，即 $\sigma_{11}=\sigma_0H(t)$ 和 $\sigma_{22}=\sigma_{33}=\sigma_{12}=\sigma_{23}=\sigma_{31}=0$，求在此载荷作用下的应变 ε_{11} 的表达式。

8. 利用 Kelvin 和 Maxwell 应力－应变关系，求图 8－26 所示 Kelvin－Maxwell 模型的本构关系。

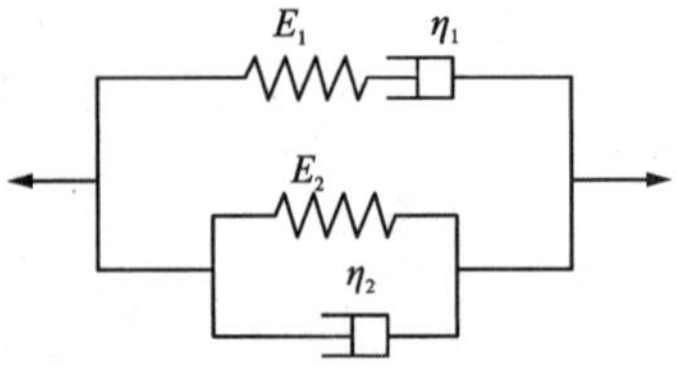

图 8－26　Kelvin－Maxwell 模型

9. 弹性半空间内，某点处承受集中荷载作用，径向应力分量表示为：

$$\sigma_{rr}=\frac{P}{2\pi}[(1-2\nu)\alpha(r,z)-\beta(r,z)]$$

式中：α 和 β 是已知的函数。当 $P=P_0[U(t)]$ 时，求 Kelvin 黏弹性半空间内径向应力。

10. 一黏塑性流体介质在圆管中定常流动，假定介质与管壁之间没有滑动，求流速 v 沿径向 r 的分布规律。

11. 在"过应力"模型中，单轴的 Perzyna 模型本构方程为

$$\dot{\varepsilon}=\frac{\dot{\sigma}}{E}+\gamma^{*}\left\langle \Phi\left(\frac{\sigma}{\varphi(\varepsilon^{\mathrm{p}})}-1\right)\right\rangle$$

而 Malvern 模型本构方程为

$$\dot{\varepsilon}=\frac{\dot{\sigma}}{E}+\gamma^{*}\left\langle \Phi\left(\frac{\sigma-\varphi(\varepsilon^{\mathrm{p}})}{\sigma_0}\right)\right\rangle$$

其中：$\varphi(\varepsilon^{\mathrm{p}})$ 为在同一塑性应变时的静应力，σ_0 为单轴拉伸时的屈服应力。求过应力的表达式，并求在常塑性应变率时($\dot{\varepsilon}^{\mathrm{p}}=\mathrm{const}$)过应力的变化规律。

12. 线性 Maxwell 固体在 $t=0$ 时承受均匀应力场作用，试确定在以后时刻中的应力场。

13. 对于 Kelvin 模型，证明：若黏弹性材料的弹性模量为 E，则在保持应力不变的情形下，经过时间 t 后，其应变值由下式给出：

$$\varepsilon(t)=\frac{\sigma}{k}\left[1-\exp\left(-\frac{t}{\lambda}\right)\right]$$

并说明其中 λ 的含义。

第9章　损伤本构方程

9.1　损伤力学方法

损伤常是指在外载或环境的作用下，由于材料细观结构的缺陷(如微细裂纹、微细孔洞)引起的材料或结构的劣化过程。损伤本构模型是针对存在微细观缺陷的变形体材料而建立的。材料学的研究表明：材料总是存在微细观尺寸的缺陷，这种微细缺陷的存在和扩展无疑给变形体材料带来了损伤，导致其承载能力下降。在宏细观研究中，常用损伤变量描述材料损伤的程度，采用损伤演化方程描述损伤的发展，最终构建计入材料损伤影响因素的弹塑性变形体本构模型。

损伤力学方法将材料中存在的缺陷作用通过与应力、应变、温度等场概念相类似的连续变量场——损伤场的表述，从而形成了以分析工程材料内部缺陷的产生、发展所引起的宏观力学效应以及最终导致材料破坏过程和规律的连续介质损伤力学。

损伤并不是一个独立的力学过程，它泛指工程材料内部多种物理效应所引起的宏观力学物理指标的劣化因素。损伤与所涉及的材料与工作环境密切相关，对工程材料而言，有金属、聚合物、岩石、混凝土、复合土等；就其变形性质而言，有弹性损伤、塑性损伤、蠕变损伤以及疲劳损伤等；就其载荷环境而言，有静载作用、动载作用、冲击作用、高温条件、冻融循环等；就损伤几何形体而言，又有各向同性损伤、各向异性损伤等。

连续介质损伤力学理论则是利用连续介质基本理论及唯象学方法，研究损伤的本构及其演化过程。它着重考察损伤对材料宏观力学性质的影响以及材料和结构损伤演化的过程和规律。使其预测的结果与变形行为符合实验结果和实际情况。连续介质损伤力学就是引入了损伤变量作为本构关系的内变量，基本上都是用张量形式。从理论上讲，损伤张量阶次的增加可以更多地考虑损伤的影响因素，目前常用的有零阶、一阶、二阶和四阶等。另外，损伤张量的另一大优点是可以方便地处理各向异性损伤和诱发各向异性损伤等工程问题。

损伤力学针对岩体、混凝土等工程介质存在的初始缺陷(初始损伤)通过引入适当的损伤变量，建立相应的损伤变量演化方程，并利用几何的或能量的方法结合到本构方程中，以反映损伤所产生的宏观力学效应。如果把微裂隙看作是赋存于岩体、混凝土等介质中的一种初始损伤，并将裂隙随应力状态与应力水平变化的过程，如张开、闭合、滑移、分支扩展、分岔贯通等，看作损伤的不可逆演化过程则损伤力学理论可以描述裂隙对物体所产生的宏观力学效应。

按宏观唯象学方法，即连续介质损伤力学方法，介质中的“损伤”并不看成是一种独立的物理性质，而是作为一种“劣化因素”被结合到弹性、塑性和黏弹性及黏塑性等介质中。因此，“连续介质损伤”就其物理性质而言，又可提出“弹性损伤介质”“弹塑性损伤介质”“黏弹性损伤介质”和“黏弹塑性损伤介质”等。这种既连续、又带损伤的介质，似乎是矛盾的，但是从唯象学角度出发，确实可以接受。它把“损伤”作为物质细观结构的一部分引入连续介质的模型，并用连续场变量，即损伤变量来代表这种“连续损伤介质”的物理性质，这种物质细观结构的变化过程可通过损伤变量的演化方程加以描述。

按宏观唯象学方法，建立“连续损伤介质”的本构方程，主要有两种途径：一种是基于不可逆热力学内变量理论；另一种是根据有效应力概念和应变等效性假设。本章基于后一种途径。

损伤力学作为连续介质的唯象方法，在连续介质的框架内对损伤及其对材料力学性能的影响进行特有的处理，步骤包括：

(1)选取恰当的损伤变量，可以是标量、矢量或是张量。损伤变量的选取应考虑如何与宏观力学量建立物理联系；

(2)建立损伤演化方程，它反映材料内部损伤随外界条件(载荷、电磁、温湿度等)的变化规律；

(3)构建损伤材料本构方程，它包含有常规状态变量(应力应变、温度等)以及各类损伤内变量。

9.2 损伤变量表征

工程材料中损伤的定义基本上是根据材料有效面积和弹性模量、材料密度、电阻及声波等几何、物理量进行描述的。

(1)按有效面积定义损伤变量。

假定有效面积的减少是造成材料损伤的主要因素，Murakami 和 Ohno 基于结晶体微结构观测定义的二阶损伤张量为

$$\boldsymbol{\Omega} = \frac{3}{s_g(\boldsymbol{\nu})} \sum_{K=1}^{N} \int_{\nu} \boldsymbol{\nu}^{(K)} \otimes \boldsymbol{\nu}^{(K)} \mathrm{d}s_g^{(K)} \tag{9.1}$$

式中：$\mathrm{d}s_g^{(K)}$ 是第 K 裂隙所占的颗粒边界面积；$\boldsymbol{\nu}^{(K)}$ 是垂直于颗粒边界的法向矢量；$s_g(\boldsymbol{\nu})$ 是体元中所有颗粒边界的总面积。

式(9.1)定义的损伤张量有一个特殊的物理意义在于：$\boldsymbol{\Omega}$ 与任意方向的面积矢量 $\boldsymbol{A}$ 点积，所得的矢量 $\boldsymbol{A}_{\Omega} = \boldsymbol{\Omega} \cdot \boldsymbol{A}$ 的模 $|\boldsymbol{A}_{\Omega}|$ 是 $\boldsymbol{A}$ 方向上的面积损伤率，或孔隙面积密度。由此，可以得到任意方向的面积(以矢量 $\boldsymbol{A}$ 表示)在损伤后，所剩余的有效承载面积

$$\boldsymbol{A}^* = \boldsymbol{A} - \boldsymbol{A}_{\Omega} = \boldsymbol{A} - \boldsymbol{\Omega} \cdot \boldsymbol{A} = (1 - \boldsymbol{\Omega}) \cdot \boldsymbol{A} \tag{9.2}$$

于是，有效应力为

$$\boldsymbol{\sigma}^* = \boldsymbol{\sigma} \cdot (1 - \boldsymbol{\Omega})^{-1} = \boldsymbol{\sigma} \cdot \boldsymbol{\psi} \tag{9.3}$$

式中：$\boldsymbol{\psi} = (1 - \boldsymbol{\Omega})^{-1}$。

一般情况下，式(9.3)定义的有效应力张量是不对称的，因此它不便应用在具有对称应变张量的本构方程中。因此需要对它进行“对称化”处理，即

$$\boldsymbol{\sigma}^* = \frac{1}{2}(\boldsymbol{\sigma} \cdot \boldsymbol{\psi} + \boldsymbol{\psi} \cdot \boldsymbol{\sigma}) \tag{9.4}$$

按损伤面积定义的损伤变量的优点是简单直观，缺点是不能记及裂隙之间的相互影响和裂纹尖端部位的应力奇异性。尤其是当裂隙密度较大时，损伤变量可能会出现大于 1 的不合理情形。

(2)按弹性模量定义损伤变量。

$$\omega = 1 - \left(\frac{E_\omega}{E}\right) \tag{9.5}$$

式中：E_ω 为有损伤时材料的杨氏模量；E 为无损伤时材料的杨氏模量。

(3)按材料电阻定义损伤变量。

$$\omega = 1 - \left(\frac{R_\omega}{R}\right)^{\frac{1}{2}} \tag{9.6}$$

式中：R_ω 为有损伤时材料的电阻值；R 为无损伤时材料的电阻值。

(4)按材料密度定义损伤变量。

$$\omega = 1 - \left(\frac{\rho_\omega}{\rho}\right)^{\frac{2}{3}} \tag{9.7}$$

式中：ρ_ω 为有损伤时材料的密度；ρ 为无损伤时材料的密度。

(5)按弹性波速定义损伤变量。

$$\omega = 1 - \left(\frac{v_{l\omega}}{v_l}\right)^2 \tag{9.8}$$

式中：$v_{l\omega}$为有损伤时材料的纵向声波速度；v_l 为无损伤时材料的纵向声波速度。

9.3　弹性损伤本构模型

(1)有效应力模型。

记面积微元上 $\boldsymbol{A}$ 所受的力矢量是 $\boldsymbol{P}$，则根据 Cauchy 应力定义，有

$$\boldsymbol{P} = \boldsymbol{\sigma} \cdot \boldsymbol{A} = \boldsymbol{\sigma}^* \cdot \boldsymbol{A}^* \tag{9.9}$$

式中：$\boldsymbol{\sigma}$ 为表观应力张量；$\boldsymbol{\sigma}^*$ 为材料实际承受的有效应力张量。将式(9.2)代入得

$$\boldsymbol{P} = \boldsymbol{\sigma} \cdot \boldsymbol{A} = \boldsymbol{\sigma}^* \cdot \boldsymbol{A}^* = \boldsymbol{\sigma}^* \cdot (1 - \boldsymbol{\Omega}) \cdot \boldsymbol{A} \tag{9.10}$$

Lemaitre 和 Chaboche 等从损伤材料的应力－应变特点引入的损伤张量，即将有效应力张量理解为是使非损伤体元获得与损伤体在 σ 作用下一样的应变张量。于是，非损伤材料和损伤材料的线弹性本构方程可以分别表示为

$$\tilde{\boldsymbol{\sigma}} = \boldsymbol{D} : \boldsymbol{\varepsilon}_{\mathrm{e}} \tag{9.11}$$

$$\boldsymbol{\sigma} = \tilde{\boldsymbol{D}} : \boldsymbol{\varepsilon}_{\mathrm{e}} \tag{9.12}$$

按上述定义，有效应力张量为

$$\tilde{\boldsymbol{\sigma}} = \boldsymbol{D} : \boldsymbol{\varepsilon}_{\mathrm{e}} = \boldsymbol{D} : \tilde{\boldsymbol{D}}^{-1} : \boldsymbol{\sigma} \tag{9.13}$$

按 Kachanov 和 Rabotnov 初始损伤理论的推广形式，引入一个四阶张量

$$\boldsymbol{M} = \boldsymbol{D} : \tilde{\boldsymbol{D}}^{-1} \tag{9.14}$$

于是按有效应力张量表示为

$$\tilde{\boldsymbol{\sigma}}=(1-\boldsymbol{\Omega})^{-1}:\boldsymbol{\sigma} \tag{9.15}$$

式中：$\boldsymbol{\Omega}$ 为对称的四阶损伤张量，它可以通过非损伤状态和当前损伤状态的弹性表示为

$$\boldsymbol{\Omega}=\boldsymbol{I}-\boldsymbol{D}:\tilde{\boldsymbol{D}}^{-1} \tag{9.16}$$

上述对损伤张量的定义能弥补面积定义的不足，而且还便于考虑裂隙随应力状态和应力水平变化的动态过程。

(2)应变等价模型。

应变等价性假设最早是由 Lemaitre 提出来的，这一假设认为损伤对应变行为的影响只通过有效应力来体现。也就是说，损伤材料的本构关系只需要把原始(无损伤)材料的本构关系中的应力改为有效应力即可。根据这个假设，若已知某种损伤材料原始(无损伤)材料的本构方程为

$$\boldsymbol{\sigma}=\boldsymbol{Q}(\boldsymbol{\varepsilon}) \tag{9.17}$$

那么，将有效应力 $\tilde{\boldsymbol{\sigma}}$ 替代其中的应力 $\boldsymbol{\sigma}$，就得到这种损伤材料的本构关系为

$$\tilde{\boldsymbol{\sigma}}=\boldsymbol{Q}(\boldsymbol{\varepsilon}) \tag{9.18}$$

损伤材料与非损伤材料的本构关系在形式上是一样的，但在内容上是不同的。由于有效应力的引入，并考虑了材料中存在的损伤造成材料力学性质的劣化和承载能力降低的特点，并且通过采用损伤张量的形式，考虑了损伤材料具有各向异性的力学特性。

由式(9.16)定义的 $\boldsymbol{\Omega}$ 可描述损伤弹性材料本构方程为

$$\boldsymbol{\sigma}=\tilde{\boldsymbol{D}}:\boldsymbol{\varepsilon}_{\mathrm{e}}=(1-\boldsymbol{\Omega}):\boldsymbol{D}:\boldsymbol{\varepsilon}_{\mathrm{e}} \tag{9.19}$$

9.4 塑性损伤本构模型

1. 理想塑性情况

考虑弹性－理想塑性情况，其总的应变可以写成

$$\dot{\boldsymbol{\varepsilon}}=\dot{\boldsymbol{\varepsilon}}^{\mathrm{e}}+\dot{\boldsymbol{\varepsilon}}^{\mathrm{p}} \tag{9.20}$$

其中，损伤影响下的弹性应变响应可以写成

$$\boldsymbol{\varepsilon}^{\mathrm{e}}=\frac{1}{(1-\boldsymbol{\Omega})}\boldsymbol{E}^{-1}:\boldsymbol{\sigma}=\boldsymbol{E}^{-1}:\tilde{\boldsymbol{\sigma}} \tag{9.21}$$

对各向同性损伤，则有

$$\varepsilon_{ij}^{\mathrm{e}}=\frac{1+\nu}{E}\tilde{\sigma}_{ij}-\frac{\nu}{E}\tilde{\sigma}_{kk}\delta_{ij} \tag{9.22}$$

而损伤影响下的塑性应变响应可以写成

$$\dot{\boldsymbol{\varepsilon}}^{\mathrm{p}}=\dot{\lambda}\frac{\partial f}{\partial\boldsymbol{\sigma}} \tag{9.23}$$

其中，对理想塑性，由 Mises 屈服准则有

$$f=\tilde{\sigma}-\sigma_{\mathrm{s}}=0 \tag{9.24}$$

式中：$\tilde{\sigma}=\dfrac{\sigma}{1-\omega}$为有效应力。

对于复杂应力状态，损伤影响下理想塑性(无硬化)屈服条件可以写为

$$f=\tilde{\sigma}_{eq}-\sigma_s=0 \tag{9.25}$$

其中

$$\sigma_{eq}=\sqrt{\frac{3}{2}S_{ij}S_{ij}} \tag{9.26}$$

$$\tilde{\sigma}_{eq}=\frac{\sigma_{eq}}{1-\omega} \tag{9.27}$$

于是，有

$$\begin{aligned}\frac{\partial f}{\partial \boldsymbol{\sigma}}&=\frac{\partial}{\partial \boldsymbol{\sigma}}(\tilde{\sigma}_{eq}-\sigma_s)=\frac{1}{1-\omega}\frac{\partial \sigma_{eq}}{\partial \boldsymbol{\sigma}}=\frac{1}{1-\omega}\frac{\partial \sigma_{eq}}{\partial \boldsymbol{\sigma}}\\&=\frac{1}{1-\omega}\frac{\partial\sqrt{\frac{3}{2}\boldsymbol{S}:\boldsymbol{S}}}{\partial \boldsymbol{\sigma}}=\frac{1}{1-\omega}\frac{\partial\sqrt{\frac{3}{2}\boldsymbol{S}:\boldsymbol{S}}}{\partial \boldsymbol{S}}\frac{\partial \boldsymbol{S}}{\partial \boldsymbol{\sigma}}\end{aligned} \tag{9.28}$$

其中

$$\begin{aligned}\frac{\partial\sqrt{\frac{3}{2}\boldsymbol{S}:\boldsymbol{S}}}{\partial \boldsymbol{S}}&=\sqrt{\frac{3}{2}}\frac{\partial\sqrt{\boldsymbol{S}:\boldsymbol{S}}}{\partial(\boldsymbol{S}:\boldsymbol{S})}\frac{\partial(\boldsymbol{S}:\boldsymbol{S})}{\partial \boldsymbol{S}}=\sqrt{\frac{3}{2}}\frac{1}{2\sqrt{\boldsymbol{S}:\boldsymbol{S}}}\frac{\partial(\boldsymbol{S}:\boldsymbol{S})}{\partial \boldsymbol{S}}\\&=\frac{3}{2}\frac{1}{2\sigma_{eq}}\frac{\partial(\boldsymbol{S}:\boldsymbol{S})}{\partial \boldsymbol{S}}=\frac{3}{2}\frac{1}{2\sigma_{eq}}(\boldsymbol{I}:\boldsymbol{S}+\boldsymbol{S}:\boldsymbol{I})=\frac{3}{2}\frac{\boldsymbol{S}}{\sigma_{eq}}\end{aligned} \tag{9.29}$$

于是由式(9.23)，得到一般应力状态下，理想塑性损伤材料应变率本构方程为

$$\dot{\boldsymbol{\varepsilon}}^{p}=\dot{\lambda}\frac{3}{2(1-\omega)}\frac{\boldsymbol{S}}{\sigma_{eq}}=\dot{\lambda}\frac{3}{2}\frac{\tilde{\boldsymbol{S}}}{\sigma_{eq}} \tag{9.30}$$

或写成分量形式

$$\dot{\varepsilon}_{ij}^{p}=\dot{\lambda}\frac{3}{2}\frac{\tilde{S}_{ij}}{\sigma_{eq}} \tag{9.31}$$

而材料累积的塑性应变率为

$$\dot{P}=\sqrt{\frac{2}{3}(\dot{\boldsymbol{\varepsilon}}^{p}:\dot{\boldsymbol{\varepsilon}}^{p})}=\frac{\dot{\lambda}}{(1-\omega)}\sqrt{\frac{2}{3}\frac{\boldsymbol{S}:\boldsymbol{S}}{\sigma_{eq}}}=\frac{\dot{\lambda}}{(1-\omega)} \tag{9.32}$$

因此，弹性－理想塑性损伤材料完整的本构方程是

$$\dot{\varepsilon}_{ij}=\left(\frac{1+\nu}{E}\dot{\tilde{\sigma}}_{ij}-\frac{\nu}{E}\dot{\tilde{\sigma}}_{kk}\delta_{ij}\right)+\dot{\lambda}\frac{3}{2}\frac{\tilde{S}_{ij}}{\sigma_{eq}} \tag{9.33}$$

2. 硬化塑性情况

由经典塑性理论可知，硬化塑性变形的后继屈服面与材料的加载历史有密切关系。当损伤出现后，这一过程同时与损伤历史也密切相关，其一般形式可以写成

$$f=(\tilde{\boldsymbol{S}}-\tilde{\boldsymbol{r}})_{eq}-(\tilde{\kappa}+\sigma_s)=0 \tag{9.34}$$

其中

$$(\tilde{\boldsymbol{S}}-\tilde{\boldsymbol{r}})_{eq}=\sqrt{\frac{3}{2}(\tilde{\boldsymbol{S}}-\tilde{\boldsymbol{r}}):(\tilde{\boldsymbol{S}}-\tilde{\boldsymbol{r}})} \tag{9.35}$$

$$\tilde{\boldsymbol{S}}=\frac{\boldsymbol{S}}{1-\omega} \tag{9.36}$$

Armstrong 和 Frederick 针对应变硬化提出的非线性随动强化模型为

$$\dot{\boldsymbol{r}} = c\dot{\boldsymbol{\varepsilon}}^{\mathrm{p}} - \gamma \boldsymbol{r}\dot{P} \tag{9.37}$$

考虑到损伤效应，式(9.37)修改为

$$\dot{\tilde{\boldsymbol{r}}} = (1-\omega)\dot{\boldsymbol{r}} \tag{9.38}$$

即

$$\dot{\tilde{\boldsymbol{r}}} = c(1-\omega)\dot{\boldsymbol{\varepsilon}}^{\mathrm{p}} - \gamma(1-\omega)\boldsymbol{r}\dot{P} \tag{9.39}$$

若令 $c=\frac{2}{3}\gamma r_0$，则式(9.39)又可以写成

$$\dot{\tilde{\boldsymbol{r}}} = \gamma(1-\omega)\left(\frac{2}{3}r_0\dot{\boldsymbol{\varepsilon}}^{\mathrm{p}} - \boldsymbol{r}\dot{P}\right) \tag{9.40}$$

或写成分量形式

$$\dot{\tilde{r}}_{ij} = \gamma(1-\omega)\left(\frac{2}{3}r_0\dot{\varepsilon}_{ij}^{\mathrm{p}} - r_{ij}\dot{P}\right) \tag{9.41}$$

式中：r_0，γ 为材料常数。

假定后继屈服面膨胀半径的增加率为

$$\dot{\tilde{\kappa}} = \beta(\kappa_0 - \tilde{\kappa})(1-\omega)\dot{P} \tag{9.42}$$

式中：κ_0，β 为材料常数，且有 $\tilde{\kappa} \leqslant \kappa_0$。利用初始条件 $\dot{P}=0$，$\tilde{\kappa}=0$，式(9.42)可解得

$$\tilde{\kappa} = \kappa_0\left[1 - \mathrm{e}^{-\beta(1-\omega)\dot{P}}\right] \tag{9.43}$$

将应变硬化后继屈服面代入塑性增加率方程有

$$\dot{\boldsymbol{\varepsilon}}^{p} = \dot{\lambda}\frac{\partial f}{\partial \boldsymbol{\sigma}} \tag{9.44}$$

其中

$$\begin{aligned}\frac{\partial f}{\partial \boldsymbol{\sigma}} &= \frac{\partial(\tilde{\boldsymbol{S}}-\boldsymbol{r})_{\mathrm{eq}}}{\partial \boldsymbol{\sigma}} = \frac{\partial\sqrt{\frac{3}{2}(\tilde{\boldsymbol{S}}-\tilde{\boldsymbol{r}}):(\tilde{\boldsymbol{S}}-\tilde{\boldsymbol{r}})}}{\partial(\tilde{\boldsymbol{S}}-\tilde{\boldsymbol{r}})}\frac{\partial(\tilde{\boldsymbol{S}}-\tilde{\boldsymbol{r}})}{\partial \boldsymbol{\sigma}} \\ &= \frac{3}{2}\frac{(\tilde{\boldsymbol{S}}-\tilde{\boldsymbol{r}})}{(\tilde{\boldsymbol{S}}-\tilde{\boldsymbol{r}})_{\mathrm{eq}}}:\left[\frac{\partial\left(\frac{\boldsymbol{S}}{1-\omega}\right)}{\partial \boldsymbol{\sigma}} - \frac{\partial \tilde{\boldsymbol{r}}}{\partial \boldsymbol{\sigma}}\right] = \frac{3}{2(1-\omega)}\frac{(\tilde{\boldsymbol{S}}-\tilde{\boldsymbol{r}})}{(\tilde{\boldsymbol{S}}-\tilde{\boldsymbol{r}})_{\mathrm{eq}}}\end{aligned} \tag{9.45}$$

于是有

$$\dot{\boldsymbol{\varepsilon}}^{\mathrm{p}} = \dot{\lambda}\frac{3}{2(1-\omega)}\frac{(\tilde{\boldsymbol{S}}-\tilde{\boldsymbol{r}})}{(\tilde{\boldsymbol{S}}-\tilde{\boldsymbol{r}})_{\mathrm{eq}}} \tag{9.46}$$

写成分量形式为

$$\dot{\varepsilon}_{ij}^{\mathrm{p}} = \dot{\lambda}\frac{3}{2(1-\omega)}\frac{(\tilde{S}_{ij}-\tilde{r}_{ij})}{(\tilde{\boldsymbol{S}}-\tilde{\boldsymbol{r}})_{\mathrm{eq}}} \tag{9.47}$$

而材料累积的塑性应变率为

$$\dot{P} = \sqrt{\frac{2}{3}(\dot{\boldsymbol{\varepsilon}}^{\mathrm{p}}:\dot{\boldsymbol{\varepsilon}}^{\mathrm{p}})} \tag{9.48}$$

其中有

$$\dot{\boldsymbol{\varepsilon}}^{\mathrm{p}} : \dot{\boldsymbol{\varepsilon}}^{\mathrm{p}} = \left[\dot{\lambda}\frac{3}{2(1-\omega)}\frac{(\tilde{\boldsymbol{S}}-\tilde{\boldsymbol{r}})}{(\tilde{\boldsymbol{S}}-\tilde{\boldsymbol{r}})_{\mathrm{eq}}}\right] : \left[\dot{\lambda}\frac{3}{2(1-\omega)}\frac{(\tilde{\boldsymbol{S}}-\tilde{\boldsymbol{r}})}{(\tilde{\boldsymbol{S}}-\tilde{\boldsymbol{r}})_{\mathrm{eq}}}\right]$$

$$= \left[\dot{\lambda}\frac{3}{2(1-\omega)}\right]^2 \frac{(\tilde{\boldsymbol{S}}-\tilde{\boldsymbol{r}})}{(\tilde{\boldsymbol{S}}-\tilde{\boldsymbol{r}})_{\mathrm{eq}}} : \frac{(\tilde{\boldsymbol{S}}-\tilde{\boldsymbol{r}})}{(\tilde{\boldsymbol{S}}-\tilde{\boldsymbol{r}})_{\mathrm{eq}}} = \left[\dot{\lambda}\frac{3}{2(1-\omega)}\right]^2 \frac{(\tilde{\boldsymbol{S}}-\tilde{\boldsymbol{r}}) : (\tilde{\boldsymbol{S}}-\tilde{\boldsymbol{r}})}{\frac{3}{2}\left(\frac{\boldsymbol{S}}{1-\omega}-\tilde{\boldsymbol{r}}\right) : \left(\frac{\boldsymbol{S}}{1-\omega}-\tilde{\boldsymbol{r}}\right)}$$

$$= \frac{3}{2}\left[\frac{\dot{\lambda}}{(1-\omega)}\right]^2 \tag{9.49}$$

$$\dot{P} = \sqrt{\frac{2}{3}(\dot{\boldsymbol{\varepsilon}}^{\mathrm{p}} : \dot{\boldsymbol{\varepsilon}}^{\mathrm{p}})} = \sqrt{\frac{2}{3}\,\frac{3}{2}\left[\frac{\dot{\lambda}}{(1-\omega)}\right]^2} = \frac{\dot{\lambda}}{(1-\omega)} \tag{9.50}$$

下面用一致性条件确定 Lagrange 乘子 $\dot{\lambda}$。式(9. 34)后继屈服函数又可以表示为

$$f = f(\boldsymbol{\sigma},\ \tilde{\boldsymbol{r}},\ \omega,\ \tilde{\kappa}) = 0 \tag{9.51}$$

于是

$$\dot{f} = \frac{\partial f}{\partial \boldsymbol{\sigma}} : \dot{\boldsymbol{\sigma}} + \frac{\partial f}{\partial \tilde{\boldsymbol{r}}} : \dot{\tilde{\boldsymbol{r}}} + \frac{\partial f}{\partial \omega} : \dot{\omega} + \frac{\partial f}{\partial \tilde{\kappa}} : \dot{\tilde{\kappa}} = 0 \tag{9.52}$$

其中

$$\frac{\partial f}{\partial \boldsymbol{\sigma}} = -\frac{3}{2}\frac{\frac{\boldsymbol{S}}{1-\omega}-\tilde{\boldsymbol{r}}}{\left(\frac{\boldsymbol{S}}{1-\omega}-\tilde{\boldsymbol{r}}\right)_{\mathrm{eq}}}\frac{1}{1-\omega} \tag{9.53}$$

$$\frac{\partial f}{\partial \tilde{\boldsymbol{r}}} = \frac{3}{2}\frac{\frac{\boldsymbol{S}}{1-\omega}-\tilde{\boldsymbol{r}}}{\left(\frac{\boldsymbol{S}}{1-\omega}-\tilde{\boldsymbol{r}}\right)_{\mathrm{eq}}} \tag{9.54}$$

$$\frac{\partial f}{\partial \omega} = \frac{3}{2}\frac{\frac{\boldsymbol{S}}{1-\omega}-\tilde{\boldsymbol{r}}}{\left(\frac{\boldsymbol{S}}{1-\omega}-\tilde{\boldsymbol{r}}\right)_{\mathrm{eq}}} : \frac{\boldsymbol{S}}{(1-\omega)^2} \tag{9.55}$$

$$\frac{\partial f}{\partial \kappa} = -1 \tag{9.56}$$

若令 $\boldsymbol{D} = \dfrac{\frac{\boldsymbol{S}}{1-\omega}-\tilde{\boldsymbol{r}}}{\left(\frac{\boldsymbol{S}}{1-\omega}-\tilde{\boldsymbol{r}}\right)_{\mathrm{eq}}}$，则一致性条件式(9. 52)可以写成

$$\dot{f} = \frac{3}{2}\frac{\boldsymbol{D}}{1-\omega} : \dot{\boldsymbol{\sigma}} + \frac{3}{2}\boldsymbol{D} : \dot{\tilde{\boldsymbol{r}}} + \frac{3}{2}\frac{\boldsymbol{D}\dot{\omega}}{(1-\omega)^2} : \boldsymbol{S} - \dot{\tilde{\kappa}} = 0 \tag{9.57}$$

由式(9. 42)，有

$$\dot{\tilde{\kappa}} + \beta(1-\omega)\dot{P}\tilde{\kappa} = \beta\kappa_0(1-\omega)\dot{P} \tag{9.58}$$

利用式(9. 50)得

$$\dot{\tilde{\kappa}} = \beta(\kappa_0 - \tilde{\kappa})\dot{\lambda} \tag{9.59}$$

再由式(9.40)，有

$$\dot{\tilde{\boldsymbol{r}}}=\gamma\left(\frac{2}{3}r_0(1-\omega)\dot{\boldsymbol{\varepsilon}}^{\mathrm{p}}-\tilde{\boldsymbol{r}}\dot{\lambda}\right)\tag{9.60}$$

假定损伤演化率正比于塑性累积应变，即

$$\dot{\omega}=\xi\dot{P}=\frac{\xi}{1-\omega}\dot{\lambda}\tag{9.61}$$

这里 ξ 为材料常数。

将式(9.59)、式(9.60)和式(9.61)代入一致性条件式(9.57)，有

$$\dot{f}=\frac{3}{2}\frac{\boldsymbol{D}}{1-\omega}:\dot{\boldsymbol{\sigma}}-\frac{3}{2}\boldsymbol{D}:\gamma\left(\frac{2}{3}r_0\boldsymbol{D}-\tilde{\boldsymbol{r}}\right)\dot{\lambda}+\frac{3}{2}\frac{\xi}{(1-\omega)^3}\boldsymbol{D}:\boldsymbol{S}\dot{\lambda}-\beta(\kappa_0-\tilde{\kappa})\dot{\lambda}=0\tag{9.62}$$

其中

$$\boldsymbol{D}:\boldsymbol{D}=\frac{\dfrac{\boldsymbol{S}}{1-\omega}-\tilde{\boldsymbol{r}}}{\left(\dfrac{\boldsymbol{S}}{1-\omega}-\tilde{\boldsymbol{r}}\right)_{\mathrm{eq}}}:\frac{\dfrac{\boldsymbol{S}}{1-\omega}-\tilde{\boldsymbol{r}}}{\left(\dfrac{\boldsymbol{S}}{1-\omega}-\tilde{\boldsymbol{r}}\right)_{\mathrm{eq}}}=\frac{2}{3}\tag{9.63}$$

于是，从式(9.62)解得

$$\dot{\lambda}=\frac{3}{2(1-\omega)}\frac{\boldsymbol{D}:\dot{\boldsymbol{\sigma}}}{\gamma r_0-\dfrac{3}{2}\boldsymbol{D}:\left[\gamma\tilde{\boldsymbol{r}}+\dfrac{\xi\boldsymbol{S}}{(1-\omega)^3}\right]+\beta(\kappa_0-\tilde{\kappa})}\tag{9.64}$$

9.5 损伤演化方程

基于有效应力概念和应变等效性假设的宏观唯象学方法，将损伤演化方程耦合到基本变形上来描述，并基于宏观实验观察，给出蠕变流动或塑性流动形式的损伤演化方程。

(1) Kachanov – Rabotnov 损伤蠕变方程。

$$\dot{\varepsilon}_{\mathrm{c}}=F(\sigma,\ \omega)=A\cdot\frac{\sigma^n}{(1-\omega)^m}\tag{9.65}$$

其中，A，n，m 均为材料常数。

(2) Leckie – Hayhurst 损伤蠕变方程。

Leckie – Hayhurst 把一维形式的 Kachanov – Rabotnov 损伤蠕变方程推广到多轴应力状态，并假定：

①蠕变率张量 $\dot{\varepsilon}_{ij}^{\mathrm{c}}$ 与应力偏量张量 $s_{ij}=\sigma_{ij}-\frac{1}{3}\sigma_{kk}\delta_{ij}$ 共轴；

②在应力比不变的复合应力状态下，第三阶段蠕变率比第二阶段蠕变率比相同；

③蠕变率 $\dot{\varepsilon}_{ij}^{\mathrm{c}}$ 由有效应力 $\sigma_{\mathrm{c}}=\left(\frac{2}{3}s_{ij}s_{ij}\right)^{\frac{1}{2}}$ 所决定。

由此得出损伤蠕变方程为

$$\dot{\varepsilon}_{ij}^{\mathrm{c}}=F(s_{ij},\ \omega)=\frac{2}{3}A\cdot\left(\frac{\sigma_{\mathrm{c}}}{1-\omega}\right)^n\frac{s_{ij}}{\sigma_{\mathrm{c}}}\tag{9.66}$$

同时，Leckie 为强调最大主应力 σ_1 对蠕变率的影响，用 $(1-\omega)^{-1}$ 作为 σ_1 影响的加权系数，写出最大剪应力下的蠕变方程为

$$\dot{\varepsilon}_1^{c} = -\dot{\varepsilon}_2^{c} = \varepsilon_0 \left[\frac{\left(\frac{\sigma_1}{1-\omega} - \sigma_3 \right)}{\sigma_0} \right]^n, \quad \dot{\varepsilon}_3^{c} = 0 \tag{9.67}$$

式中：n，ε_0，σ_0 均为材料常数。

(3) Lemaitre – Chaboche 损伤蠕变方程。

Lemaitre 和 Chaboche 认为可以用有效应力直接取代蠕变第二阶段 Narton 方程中的应力，于是

$$\dot{\varepsilon}_{c} = B_1 \left(\frac{\sigma}{1-\omega} \right)^n \tag{9.68}$$

式中：B_1，n 均为材料常数。

(4) Chaboche 损伤黏塑性方程。

Chaboche 为了描述损伤介质黏塑性流动，引入了一种与有效应力有关的势函数，即

$$\varphi^* = \frac{K}{1+n} \left[\frac{J_2(\tilde{\boldsymbol{\sigma}})}{K} \right]^{n+1} \cdot p^{-\frac{n}{m}} \tag{9.69}$$

于是，按照黏塑性流动法则，得到

$$\dot{\varepsilon}_{p} = \frac{\partial \boldsymbol{\varphi}^*}{\partial \boldsymbol{\sigma}} = \frac{3}{2} \left[\frac{J_2(\tilde{\boldsymbol{\sigma}})}{K} \right]^n \cdot p^{-\frac{n}{m}} \cdot \frac{(\boldsymbol{I}-\boldsymbol{D})^{-1} : \tilde{\boldsymbol{\sigma}}}{J_2(\tilde{\boldsymbol{\sigma}})} \tag{9.70}$$

在简单拉伸时，式(9.70)成为

$$\dot{\varepsilon}_{p} = \frac{1}{1-D} \left[\frac{\sigma}{K(1-D)} \right]^n \cdot p^{-\frac{n}{m}} \tag{9.71}$$

(5) Murakami – Ohno 损伤黏塑性方程。

Murakami – Ohno 提出的黏塑性流动法则为

$$\dot{\varepsilon}_{p} = \frac{3}{2} \left[\frac{J_2(\tilde{\boldsymbol{s}})}{K} \right]^n \cdot p^{-\frac{n}{m}} \cdot \frac{\tilde{\boldsymbol{s}}}{J_2(\tilde{\boldsymbol{s}})} \tag{9.72}$$

在简单拉伸时，它成为

$$\dot{\varepsilon}_{p} = \left[\frac{\sigma}{K(1-C\Omega)} \right]^n \cdot p^{-\frac{n}{m}} \tag{9.73}$$

9.6　损伤诱发各向异性

编著者在物理表象中建立起来的规范空间理论，揭示了物体异性子空间的存在。当在规范空间考察物体变形时，其行为仅遵守若干独立的本征本构方程，并且物体内部微结构将各自独立地在其相应的子空间中，以其自身的规律发展，互不影响。规范空间理论的核心是确定构成物理异性子空间的本征矢，但只有线弹性体有解析解。对于损伤体，损伤的演化不仅改变物体的本征弹性，而且也改变物体的异性子空间谱结构，诱发各向异性效应。损伤分布不均匀的场性质，还造成本征矢成为随位置和时间变化的矢函数。损伤是随外力作用变化的连续函数，而损伤引起的异性子空间结构的演变，则是一种逐渐分裂(或重合)的扰动过程。它可以通过对弹性体本征方程的微扰化处理逐阶逼近。只要知道物体柔度的演变形式，就可以由已知的弹性体解，求出损伤体相应的本征值与本征矢的近似解。

本节考虑简单各向异性向复杂各向异性演变的简并子空间问题。物体柔度在不同几何形

态微裂纹的扩展下的变化方程由细观分析确定，并以单向拉伸混凝土试件为具体例子，给出简并子空间分裂，异性结构演变的计算方法。

弹性体规范空间结构由下列本征方程控制

$$\boldsymbol{D}_0\{\varphi_i\}=\lambda_i\{\varphi_i\} \tag{9.74}$$

式中：$\boldsymbol{D}_0$ 为规范化弹性系数矩阵；λ_i 为本征弹性；$\{\varphi_i\}$ 为本征矢，它构成弹性规范空间。

对损伤体，由于损伤演化及其场效应，规范空间结构在整个空间上不再是常矢量，本征值也应是平均的体积权。

考虑损伤体应力应变关系，规范化后为

$$\{\sigma(\boldsymbol{X},\ t)\}=\boldsymbol{D}(\boldsymbol{X})\{\varepsilon(\boldsymbol{X},\ t)\} \tag{9.75}$$

式中：$\boldsymbol{D}(\boldsymbol{X})$ 为等效弹性系数矩阵；$\{\sigma(\boldsymbol{X},\ t)\}$ 和 $\{\varepsilon(\boldsymbol{X},\ t)\}$ 分别是规范应力与规范应变场。对于静力学问题，它们可以按照定态子空间本征矢函数展开

$$\{\sigma(\boldsymbol{X},\ t)\}=\sum_i \sigma_i^*(t)\{\psi_i(\boldsymbol{X})\} \tag{9.76}$$

$$\{\varepsilon(\boldsymbol{X},\ t)\}=\sum_i \varepsilon_i^*(t)\{\psi_i(\boldsymbol{X})\} \tag{9.77}$$

式中：$\sigma_i^*(t)$ 和 $\varepsilon_i^*(t)$ 分别为规范应力和规范应变场的展开系数，也就是力学表象中观察到的应力和应变，称为模态应力和模态应变。

将式(9.76)和式(9.77)代入式(9.75)，并利用异性子空间矢函数的正交性质，得到力学表象下的本构方程为

$$\{\sigma_i^*(t)\}=\boldsymbol{\Lambda}\{\varepsilon_i^*(t)\} \tag{9.78}$$

其中

$$\boldsymbol{\Lambda}=\int_v\{\psi_i(\boldsymbol{X})\}^{\mathrm{T}}\boldsymbol{D}(\boldsymbol{X})\{\psi_i(\boldsymbol{X})\}\mathrm{d}v \tag{9.79}$$

这里，对子空间本征矢函数 $\{\psi_i(\boldsymbol{X})\}$ 没有任何限制。如果它们由式(9.75)确定，该表象就是规范空间，$\boldsymbol{\Lambda}$ 成为对角矩阵。因此，损伤体规范空间结构由下列本征方程控制

$$\boldsymbol{D}(\boldsymbol{X})\{\psi_i(\boldsymbol{X})\}=\beta_i\{\psi_i(\boldsymbol{X})\} \tag{9.80}$$

脆性材料一般都有大量的初始微裂纹，它们在空间和取向上呈均匀分布，属各向同性损伤。这些微裂纹扩展的断裂力学法则是：裂纹沿着 I 型应力强度因子取最大值的路径扩展。它使得弥散分布的微裂纹在外载荷作用下逐渐产生取向效应，诱发各向异性。微裂纹是逐次发生的，即一旦微裂纹满足开裂条件，其裂纹半径将从初始 a_0 迅速扩展至 a_u，并为具有更高强度的能障(如第二相)所钉扎而停止扩展。随着载荷的进一步增大，越来越多的微裂纹发生扩展，直到某些微裂纹发生二次扩展。这里只限一次扩展情况。

设微裂纹统计平均半径为 a，取向用 $(\theta,\ \varphi)$ 表示，取向分布用概率密度函数 $P(a,\ \theta,\ \varphi)$ 表示。对在取向空间中均匀分布的微裂纹有 $P(a,\ \theta,\ \varphi)=\dfrac{1}{2\pi}$。

任一时刻，物体总的柔度张量是

$$S_{ijkl}=S_{ijkl}^0+S_{ijkl}^{\mathrm{c}}+S_{ijkl}^{\mathrm{g}} \tag{9.81}$$

式中：S_{ijkl}^0 为基体柔度张量；S_{ijkl}^{c} 为微裂纹对柔度张量的贡献；S_{ijkl}^{g} 为微裂纹一次扩展对柔度张量的贡献。

$$S_{ijkl}^{\mathrm{c}}=\int_0^{\frac{\pi}{2}}\int_0^{2\pi} n_{\mathrm{c}}P(a,\ \theta,\ \varphi)\bar{S}_{ijkl}^{\mathrm{c}}(a_0,\ \theta,\ \varphi)\sin\theta\mathrm{d}\varphi\mathrm{d}\theta \tag{9.82}$$

$$S_{ijkl}^{g}=\iint_{\Omega(t)}n_{c}P(a,\theta,\varphi)[\bar{S}_{ijkl}^{c}(a_{u},\theta,\varphi)-\bar{S}_{ijkl}^{c}(a_{0},\theta,\varphi)]\sin\theta d\varphi d\theta \tag{9.83}$$

式中：n_c 为微裂纹密度；$\Omega(t)$为微裂纹扩展在取向空间所占范围；$\bar{S}_{ijkl}^{c}(a,\theta,\varphi)$为单个微裂纹对柔度张量的贡献，对圆形裂纹有

$$\bar{S}_{ijkl}^{c}(a,\theta,\varphi)=\frac{\pi a^{3}}{3}(g'_{mi}n_{j}+g'_{mj}n_{i})B'_{mn}g'_{2k}g'_{nl}\langle\sigma'_{22}\rangle \tag{9.84}$$

角括号$\langle x\rangle$定义为：当 $x\geqslant 0$ 时，$\langle x\rangle=1$；当 $x<0$ 时，$\langle x\rangle=0$。n_i 为微裂纹单位法向量，g'_{ij}为坐标转换矩阵，B'_{ij}为微裂纹张开张量

$$\left.\begin{aligned}&B'_{11}=B'_{33}=\frac{16}{(2-\nu)\pi E}\\&B'_{22}=\frac{8(1-\nu^{2})}{\pi E}\\&B'_{ij}=0\quad i\neq j\end{aligned}\right\} \tag{9.85}$$

将材料性质用几何上的一个“点”表示，点的位置由柔度矩阵的范数确定。当微裂纹扩展时，材料的性质发生变化，表征材料性质的点产生位移。材料性质的改变可以用一段几何“距离”表示，这段距离就是两点柔度矩阵差的范数。类似应变概念，定义柔变为

$$\rho=\frac{\|\boldsymbol{S}-\boldsymbol{S}_{0}\|}{\|\boldsymbol{S}_{0}\|}=\frac{\|\boldsymbol{S}^{g}\|}{\|\boldsymbol{S}_{0}\|} \tag{9.86}$$

式中：$\boldsymbol{S}_0$ 为微裂纹扩展前物体的柔度。显然，柔变值取决于微裂纹扩展的性质。对一次扩展情况，它是一个远小于1的数。例如，对单轴拉伸混凝土试件，其均方柔变是10.9%左右。

考虑具有简并子空间的本征问题。为方便起见，用柔度矩阵取代弹性矩阵来讨论。设物体初始本征柔度$\mu_i=\frac{1}{\lambda_i}$，它所对应的本征矢有 k 重简并，本征方程为

$$\boldsymbol{B}_{0}\{\varphi_{iJ}\}=\mu_{i}\{\varphi_{iJ}\}\quad J=1,2,\cdots,k \tag{9.87}$$

式中：$\boldsymbol{B}_0=\boldsymbol{D}_0^{-1}$ 为初始规范化柔度系数矩阵。损伤演化对柔度的扰动量假定为 $\boldsymbol{B}'(\boldsymbol{x})$，则微扰形式的损伤体本征方程为

$$[\boldsymbol{B}_{0}+\boldsymbol{B}'(\boldsymbol{x})]\{\psi_{i}(\boldsymbol{x})\}=r_{i}\{\psi_{i}(\boldsymbol{x})\} \tag{9.88}$$

式中：$r_i=\frac{1}{\beta_i}$是等效本征柔度。由前面分析可知，微裂纹一次扩展，柔变值远小于1，即$\boldsymbol{B}'(\boldsymbol{x})\ll\boldsymbol{B}_0$。因此，初始本征值和本征矢构成式(9.88)的主要部分。于是可以假设

$$r_{i}=r_{i}^{(0)}+r_{i}^{(1)}+r_{i}^{(2)}+\cdots \tag{9.89}$$

$$\{\psi_{i}\}=\{\psi_{i}^{(0)}\}+\{\psi_{i}^{(1)}\}+\{\psi_{i}^{(2)}\}+\cdots \tag{9.90}$$

式中：$r_i^{(m)}$，$\{\psi_i^{(m)}\}$，$m=0,1,2,\cdots$，分别表示本征柔度和本征矢的零级近似、一级和二级等修正值。将它们代入式(9.88)，整理合并，再利用同数量级各对应量相等条件有

$$\boldsymbol{B}_{0}\{\psi_{i}^{(0)}\}=r_{i}^{(0)}\{\psi_{i}^{(0)}\} \tag{9.91}$$

$$\boldsymbol{B}_{0}\{\psi_{i}^{(1)}\}+\boldsymbol{B}'\{\psi_{i}^{(0)}\}=r_{i}^{(0)}\{\psi_{i}^{(1)}\}+r_{i}^{(1)}\{\psi_{i}^{(0)}\} \tag{9.92}$$

在非简并情况下，本征矢零级近似就是初始本征矢$\{\varphi_i\}$。在简并情况下，$\{\varphi_i\}$不是唯一的，因此必须确定零级本征矢函数$\{\psi_i^{(0)}\}$。由于它满足式(9.91)，所以它必为初始时刻简并本征矢$\{\varphi_{iJ}\}$的线性组合

$$\{\psi_i^{(0)}\} = \sum_{J=1}^{k} C_J^{(0)} \{\varphi_{iJ}\} \tag{9.93}$$

为求出展开系数 $C_J^{(0)} (J = 1, 2, \cdots, k)$，将式(9.93) 代入式(9.91)，有

$$(\boldsymbol{B}_0 - r_i^{(0)} \boldsymbol{I}) \{\psi_i^{(1)}\} = r_i^{(1)} \sum_{J=1}^{k} C_J^{(0)} \{\varphi_{iJ}\} - \sum_{J=1}^{k} C_J^{(0)} \boldsymbol{B}' \{\varphi_{iJ}\} \tag{9.94}$$

用本征矢 $\{\varphi_{iJ}\}$ 的某一个转置行矢 $\{\varphi_{iL}\}^{\mathrm{T}}$ 左乘式(9.94)，并对全空间积分

$$\int_v \{\varphi_{iL}\}^{\mathrm{T}} (\boldsymbol{B}_0 - r_i^{(0)} \boldsymbol{I}) \{\psi_i^{(1)}\} \mathrm{d}v = \int_v r_i^{(1)} \sum_{J=1}^{k} \{\varphi_{iL}\}^{\mathrm{T}} C_J^{(0)} \{\varphi_{iJ}\} \mathrm{d}v - \int_v \sum_{J=1}^{k} C_J^{(0)} \{\varphi_{iL}\}^{\mathrm{T}} \boldsymbol{B}' \{\varphi_{iJ}\} \mathrm{d}v \tag{9.95}$$

由于 $\boldsymbol{B}_0$ 为对称矩阵，式(9.95) 左边可以写成

$$\int_v \{\varphi_{iL}\}^{\mathrm{T}} (\boldsymbol{B}_0 - r_i^{(0)} \boldsymbol{I}) \{\psi_i^{(1)}\} \mathrm{d}v = \int_v [(\boldsymbol{B}_0 - r_i^{(0)} \boldsymbol{I}) \{\varphi_{iL}\}]^{\mathrm{T}} \{\psi_i^{(1)}\} \mathrm{d}v \tag{9.96}$$

又由于 $r_i^{(0)} = \mu_i$，从式(9.91) 可知该项为零。这样，式(9.95) 成为

$$r_i^{(1)} \sum_{J=1}^{k} C_J^{(0)} \int_v \{\varphi_{iL}\}^{\mathrm{T}} \{\varphi_{iJ}\} \mathrm{d}v - \sum_{J=1}^{k} C_J^{(0)} \int_v \{\varphi_{iL}\}^{\mathrm{T}} \boldsymbol{B}' \{\varphi_{iJ}\} \mathrm{d}v = 0 \tag{9.97}$$

利用本征矢的正交性，以及式(9.79)，有

$$r_i^{(1)} \sum_{J=1}^{k} C_J^{(0)} \delta_{LJ} - \sum_{J=1}^{k} C_J^{(0)} \Lambda'_{LJ} = 0 \tag{9.98}$$

或

$$\sum_{J=1}^{k} (\Lambda'_{LJ} - r_i^{(1)} \delta_{LJ}) C_J^{(0)} = 0 \quad L = 1, 2, \cdots, k \tag{9.99}$$

其中

$$\Lambda'_{LJ} = \int_v \{\varphi_{iL}\}^{\mathrm{T}} \boldsymbol{B}' \{\varphi_{iJ}\} \mathrm{d}v \tag{9.100}$$

称它为扰动本征柔度。式(9.99) 是一个以 $C_J^{(0)} (J = 1, 2, \cdots, k)$ 为未知量的线性齐次方程组，它有不全为零的解的条件是系数行列式等于零，即

$$\begin{vmatrix} \Lambda'_{11} - r_i^{(1)} & \Lambda'_{12} & \cdots & \Lambda'_{1k} \\ \Lambda'_{21} & \Lambda'_{22} - r_i^{(1)} & \cdots & \Lambda'_{2k} \\ \vdots & \vdots & \vdots & \vdots \\ \Lambda'_{k1} & \Lambda'_{k2} & \cdots & \Lambda'_{kk} - r_i^{(1)} \end{vmatrix} = 0 \tag{9.101}$$

这是一个以 $r_i^{(1)}$ 为未知量的方程，它有 k 个根。解此方程可获得本征柔度的一级修正值：

$$r_i = r_i^{(0)} + r_{iJ}^{(1)} \quad (J = 1, 2, \cdots, k) \tag{9.102}$$

式(9.101) 是判断各向异性规范空间结构是否演化的临界方程。它的解完全决定了物体异性结构演变的方向。如果方程的根完全相同，则损伤扰动完全没有消除子空间的简并，物体仍保持原有的异性结构，但本征柔度发生了变化。如果方程有 q 重根($q < k$)，则子空间简并被部分消除，分裂出新的子空间结构，物体的异性化程度增加。如果方程无重根，损伤扰动将 k 重简并全部消除，物体完全异性化。

式(9.101) 虽然指出了各向异性规范空间结构的演化方向，但是具体结构演变形态，则需要求解式(9.99)，并利用本征矢归一化条件

$$1 = \int_v \{\psi_i^{(0)}\}^{\mathrm{T}}\{\psi_i^{(0)}\}\mathrm{d}v = \sum_{J=1}^{k}\sum_{L=1}^{k} C_J^{(0)} C_L^{(0)} \int_v \{\varphi_{iJ}\}^{\mathrm{T}}\{\varphi_{iL}\}\mathrm{d}v = \sum_{J=1}^{k}\sum_{L=1}^{k} C_J^{(0)} C_L^{(0)} \delta_{JL} \tag{9.103}$$

即

$$\sum_{J=1}^{k} |C_{iJ}^{(0)}|^2 = 1 \tag{9.104}$$

举例：

(1)单向拉伸混凝土试件各向异性演变。

假设混凝土为初始各向同性体，其本征弹性及本征矢分别是

$$\lambda_1 = 3K \tag{9.105}$$

$$\lambda_2 = \lambda_3 = \cdots = \lambda_6 = 2G \tag{9.106}$$

$$\{\varphi_1\} = \frac{\sqrt{3}}{3}[1, 1, 1, 0, 0, 0]^{\mathrm{T}} \tag{9.107}$$

$$\{\varphi_2\} = \begin{cases} \{\varphi_{21}\} = \dfrac{\sqrt{2}}{2}[0, 1, -1, 0, 0, 0]^{\mathrm{T}} \\ \{\varphi_{22}\} = \dfrac{\sqrt{6}}{6}[2, -1, -1, 0, 0, 0]^{\mathrm{T}} \\ \{\varphi_{2J}\} = \xi_i (J=3, 4, 5;\ i=4, 5, 6) \end{cases} \tag{9.108}$$

式中：ξ_i 是第 i 个元素为 1，其余为零的六维列矢量。由此可见，初始混凝土有两个异性子空间，并且第 2 个子空间是五重简并的。

在单向拉伸的情况下，混凝土微裂纹扩展在取向空间所占范围是

$$\Omega(\sigma) = \left\{0 \leqslant \theta \leqslant \theta_{\max} \leqslant \frac{\pi}{2},\ 0 \leqslant \varphi \leqslant 2\pi\right\} \tag{9.109}$$

其中

$$\tan^2\theta_{\max} = \begin{cases} 0 & \left(0 \leqslant \sigma \leqslant \sigma_{\mathrm{c}} \leqslant K_{I\mathrm{c}}\sqrt{\dfrac{\pi}{4a_0}}\right) \\ \dfrac{\left(-A_2 - \sqrt{A_2^2 - 4A_1A_3}\right)}{2A_1} & (\sigma \leqslant \sigma_c) \end{cases} \tag{9.110}$$

式中

$$\left.\begin{aligned} A_1 &= -\frac{\pi}{4a_0}K_{II\mathrm{c}}^2 \\ A_2 &= \left(\frac{2\sigma}{2-\nu}\right)^2 - \frac{\pi}{2a_0}K_{II\mathrm{c}}^2 \\ A_3 &= \left[\left(\frac{\sigma}{K_{I\mathrm{c}}}\right)^2 - \frac{\pi}{4a_0}\right]K_{II\mathrm{c}}^2 \end{aligned}\right\} \tag{9.111}$$

混凝土相关参数取值

$E = 35$ GPa，$\nu = 0.3$，$K_{I\mathrm{c}} = 0.165\ \mathrm{MN/m^{\frac{3}{2}}}$，$K_{II\mathrm{c}} = 0.33\ \mathrm{MN/m^{\frac{3}{2}}}$，

$a_0 = 2.60$ mm，$a_{\mathrm{u}} = 4.76$ mm，$n_{\mathrm{c}} = 1.8 \times 10^6\ \mathrm{m^{-3}}$

求解式(9.101)，得到该简并空间本征弹性演变与连续作用应力之间的关系如图 9-1

所示。

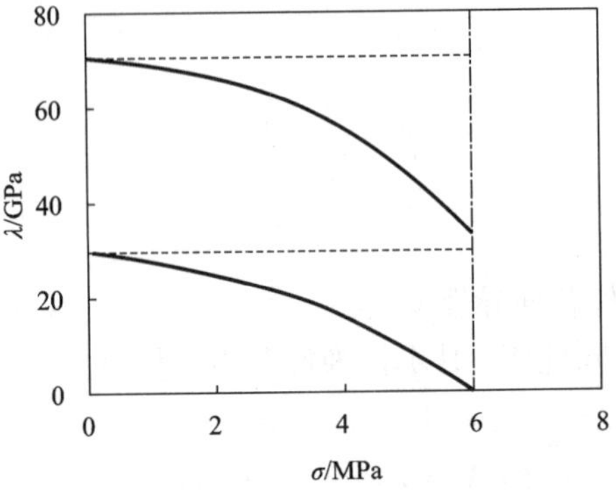

图9-1　单向拉伸混凝土简并子空间一次分裂图

计算结果显示：在临界作用应力 $\sigma_c=2.85$ MPa，简并子空间发生分裂，产生3个新的异性子空间结构，直到第2次裂纹扩展，分裂出更新的异性结构前，物体将保持这种新的异性性质。它使得初始各向同性混凝土演变成横观各向同性体。而异性规范空间结构求解式(9.99)，并利用归一化条件式(9.104)为

$$\left.\begin{aligned}&\{\psi_2\}=\{\psi_{21}\}=[0.67,\ 0.67,\ -0.72,\ 0,\ 0,\ 0]^{\mathrm{T}}\\&\{\psi_3\}=\{\psi_{22}\}=\begin{cases}\dfrac{\sqrt{2}}{2}[1,\ -1,\ 0,\ 0,\ 0,\ 0]^{\mathrm{T}}\\ \xi_6\end{cases}\\&\{\psi_4\}=\{\psi_{23}\}=\xi_i(i=4,\ 5)\end{aligned}\right\}\tag{9.112}$$

因此，初始各向同性混凝土在单向拉伸时损伤扰动的规范空间的演变结构是

$$\begin{aligned}&W_0=W_1^{(1)}[\boldsymbol{\varphi}_1]\oplus W_2^{(5)}[\boldsymbol{\varphi}_2\cdots\boldsymbol{\varphi}_6]\\&\rightarrow W=W_1^{(1)}[\boldsymbol{\psi}_1]\oplus W_2^{(1)}[\boldsymbol{\psi}_2]\oplus W_3^{(2)}[\boldsymbol{\psi}_{31},\ \boldsymbol{\psi}_{32}]\oplus W_4^{(2)}[\boldsymbol{\psi}_{41},\ \boldsymbol{\psi}_{42}]\end{aligned}\tag{9.113}$$

其中，$[\boldsymbol{\psi}_1]$是$[\boldsymbol{\varphi}_1]$逼近值，可以由非简并微扰法求出。式(9.113)表明：有4个异性子空间存在，其中仍有2个是简并的，所以它只还是不完全的各向异性体。

(2)各向同性不变。

各向同性不变情况只有在三向等值应力作用下得以实现。取微裂纹扩展区为试件体积，即 $\Omega(\sigma)=V$，空间均匀分布微裂纹 $P(a,\ \theta,\ \psi)=\dfrac{a}{2\pi}$。假定微裂纹呈圆盘形，则

$$\bar{S}_{ijkl}(a,\ \theta,\ \psi)=\frac{\pi a^3}{3}(g'_{mi}n_j+g'_{mj}n_i)A'_{mn}g'_{2k}g'_{nl}\langle\sigma'_{22}\rangle\tag{9.114}$$

角括号$\langle x\rangle$为：当 $x\geqslant0$ 时，$\langle x\rangle=1$；当 $x<0$ 时，$\langle x\rangle=0$。n_i 为微裂纹的单位法向矢量；g'_{ij}为整体坐标系到局部坐标系的转换矩阵；$\sigma'_{ij}=g'_{ik}g'_{jl}\sigma_{kl}$为局部坐标中的应力张量；$A'_{ij}$为微裂纹张开张量，它是

$$\left.\begin{aligned} &A'_{11}=A'_{33}=\frac{16(1-\nu^2)}{(2-\nu)\pi E}\\ &A'_{22}=\frac{8(1-\nu^2)}{\pi E}\\ &A'_{ij}=0 \quad i\neq j \end{aligned}\right\} \tag{9.115}$$

图 9－2 所示为各向同性不变时，混凝土材料本征弹性的演化曲线，其中混凝土相关参数同上例。

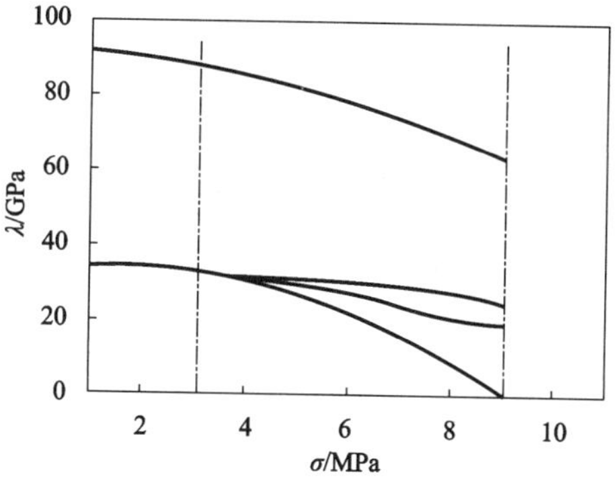

图 9－2　三向等值应力作用下混凝土本征弹性

从计算结果可以看出：静水压力作用时，材料本征弹性保持不变，也即材料不产生破坏。三向等值拉应力作用时，本征弹性同步降低，直到临界应力，最小本征弹性趋近零为止，材料在该子空间中破坏。

(3) 各向同性向正交各向异性演变。

各向同性向正交各向异性演变情况，在三向不等值应力作用下可以实现，此时微裂纹扩展区为

$$\Omega=\Omega_1\cup\Omega_2\cup\Omega_3 \tag{9.116}$$

式中：Ω_1，Ω_2 和 Ω_3 分别相当于沿 x_1，x_2 和 x_3 轴单向拉伸到一定应力后材料的微裂纹扩展区

$$\Omega_1=\left\{\begin{aligned}&\frac{\pi}{2}-\theta_{1\max}\leqslant\theta\leqslant\frac{\pi}{2},\\ &0\leqslant\psi\leqslant\psi_1(\theta_{1\max},\theta)\text{或 }\pi-\psi_1(\theta_{1\max},\theta)\leqslant\psi\leqslant\pi+\psi_1(\theta_{1\max},\theta)\text{或 }2\pi-\psi_1(\theta_{1\max},\theta)\leqslant\psi\leqslant2\pi\end{aligned}\right\} \tag{9.117}$$

$$\Omega_2=\left\{0\leqslant\theta\leqslant\theta_{2\max}\leqslant\frac{\pi}{2},\ 0\leqslant\psi\leqslant2\pi\right\} \tag{9.118}$$

$$\Omega_3=\left\{\begin{aligned}&\frac{\pi}{2}-\theta_{3\max}\leqslant\theta\leqslant\frac{\pi}{2},\\ &\frac{\pi}{2}-\psi_1(\theta_{3\max},\theta)\leqslant\psi\leqslant\frac{\pi}{2}+\psi_1(\theta_{3\max},\theta)\text{或}\frac{3\pi}{2}-\psi_1(\theta_{3\max},\theta)\leqslant\psi\leqslant\frac{3\pi}{2}+\psi_1(\theta_{3\max},\theta)\end{aligned}\right\} \tag{9.119}$$

其中

$$\psi_1(\theta_{imax},\theta)=2\arcsin\left\{\frac{1}{\sin\theta}\left[\sin^2\theta\left(\frac{\theta_{imax}}{2}-\sin^2\left(\frac{\theta}{2}-\frac{\pi}{8}\right)\right)\right]^{\frac{1}{2}}\right\}\quad i=1,2,3 \tag{9.120}$$

假定微裂纹形态及材料参数同前例，图9－3所示为初始各向同性混凝土材料在三向不等值拉应力作用下向正交各向异性演变时，本征弹性的变化曲线。

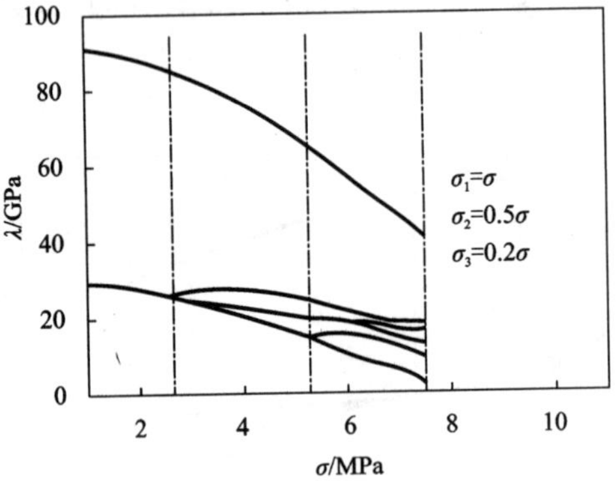

图9－3　三向不等值应力作用下混凝土本征弹性

从计算结果可以看出：在三向不等值拉应力作用下，本征弹性二次分裂产生出更多新的异性子空间结构。其中在临界应力下，最小本征弹性趋近于零，材料在该子空间首先发生破坏。

练习与思考

1. 试对工程材料损伤进行分类。
2. 如何选择表征损伤的合适的状态变量及确定其演化方程。
3. 什么是有效应力？什么是应变等效原理？

第 10 章　热力学本构理论

10.1　基本概念

从现代本构理论的观点来看，连续介质力学与连续介质热力学是不可分的。对于更加普遍的材料变形情况，连续介质力学必须考虑能量交换和耗散。现代连续介质力学基于局部状态原理的处理方法克服了经典热力学平衡态限制，它把系统划分为无数个微小的代表单元，不同单元之间的温度与状态是不同的，但微单元内部可以近似地认为处于平衡状态。这样，就可以用状态量与温度来近似地描述系统，就像连续介质力学代表单元中使用的应力与应变一样。局部状态原理的出现，还使热力学能够描述不可逆过程，它为工程材料提供更加普遍的、范围更大的用于建立本构方程的定理和方法，可以很自然地得到摩擦性材料(岩土、混凝土等)在真实应力空间中必然具有不相关流动的性质，消除了传统方法中许多人为的假定(如岩土、混凝土等材料的相关流动假定)。

内变量热力学是不可逆热力学的一个推广，其最大特点就是在状态方程中引入了内变量作为附加变量。内变量可以反映材料的内部结构、力学历史，同时也可以预测材料的力学行为，如强度、屈服和变形特性等。此外，该理论可以用来描述材料的非弹性特性，如塑性、黏弹性、黏塑性等。

由若干个被研究的物体(连续介质)构成的集合体在热力学中称为一个系统，系统周围的称为外部环境。如果系统与环境之间无能量、无物质交换，则该系统称为孤立系统；如果有能量交换、无物质交换，则该系统称为封闭系统；如果既有能量交换、又有物质交换，则该系统称为开放系统；如果没有热量交换，则该系统称为绝热系统。

系统所处的状态需要若干具有明确物理内涵的参数描述，描述系统的这些具有确定内涵的参数称为热力学状态参数(如物体密度 ρ、应变张量 $\boldsymbol{\varepsilon}$、温度 T 等)。如果系统内部各处用以描述系统所处状态的参数都相同，则该系统称为热力学均匀系统；若用以描述系统所处状态的参数不随时间变化，则该系统称为热力学平衡系统；若用以描述系统所处状态的参数的取值随时间变化，则其过程总和称为热力学过程；若一个热力学过程能以相反的次序经历正过程所经历的所有状态，则该过程称为热力学可逆过程；若一个热力学过程不能以相反的次序经历正过程所经历的所有状态，则该过程称为热力学不可逆过程。若一个热力学过程可以使系统的一个平衡状态过渡到另一个平衡状态，则称该过程为准静态过程，经典热力学只研究均匀系统的平衡热力学或均匀系统的准静态热力学。

对一个热力学系统，可以选择作为状态参数的量有很多，且状态变量之间也并非一定是相互独立的。对于非线性的不可逆热力学过程，状态变量通常可分为两类：一类是可测量的，如应变 $\boldsymbol{\varepsilon}$、温度 T 等，这类变量也称为外部状态变量或外变量；另一类是不能被直接或间接测量的，但在实际的过程中也可以像外变量那样处理的变量，称这类变量为内部状态变量或内变量。外部状态变量在 t 时刻的取值对唯一确定热力学过程是必要的，但不一定是充分的(仅对可逆过程才唯一确定了该热力学过程)。对不可逆过程，总是伴随着系统内部的能量耗损，而这种系统内部的能量耗散的不可逆现象往往与内部状态变量相关。如果热力学过程是平衡的或准静态的，那么内变量将不起作用。因此，内变量实际上就是在通常的平衡态热力学基本状态变量之外增加的独立状态变量，它同外变量一起唯一确定了系统不可逆过程的状态。不可逆热力学内变量理论就是研究不可逆耗散系统热力学的理论。

如果将每一个状态变量都看成一个广义坐标，则所有独立状态变量就构成一个状态空间。系统的任何一个确定的状态在状态空间中用一个点表示，显然内变量理论的状态空间维数要比平衡态热力学状态空间的维数大，因此也称内变量理论状态空间为增广状态变量空间。

内变量理论假定：在增广状态空间研究不可逆热力学过程，可以采用与经典热力学相同的理论。经典热力学中定义的各种函数(如熵、内能、自由能等)仍然被采用，只不过在内变量理论中，这些函数不仅是基本状态变量的函数，同时也是内变量的函数。

10.2　连续介质热力学

10.2.1　热力学第一定律

能量守恒定律是自然界的一条普遍规律，它指出：系统能量的增加应等于输入的能量。能量可以从一种形式转化为另一种形式，但在转化和传递过程中，能量的大小不变，它既不会无中生有，也不会无形消失。这里讨论的热力学过程的能量守恒定律，是由热力学第一定律来表述的。所研究的对象是由连续介质组成的某个实域 Ω_x，它的初始构形是由其物质坐标 $\boldsymbol{X}$ 唯一确定的，连续介质的这一特定集合在热力学中被称为系统。

作为系统的能量输入，可以这样定义相应的物理过程。一个纯粹的热过程是这样一个过程，在此过程中能量流过系统的边界或由内部热源供给系统是在下述条件下进行的：无体力、部分边界固定不动，而其他边界则无表面力的作用，这类能量称为热，并以 Q 表示。一个绝热过程是这样一个过程，在此过程中无内部热源供热而边界上又是绝热的，能量传至系统内部是靠施加表面力与体力来完成的，这类能量称为功，并以 W 表示。然而一个连续介质的热力学过程则是一个既有功作用又有热传入的过程。

作为连续介质系统，外部作用导致其能量增加的一个主要部分是其内能的改变。但传统热力学对内能的定义要求系统是均匀有限的、过程是静态平衡的，因此不适宜在连续介质力学中的应用。为了摆脱传统热力学对内能定义的限制，必须从非均匀场概念出发，来建立连续介质热力学关于内能的定义方法。这里最重要的当然是基本模型的选择，使之既能适合于场的分析需要，又有确定的物理内涵，它就是连续介质的微元体系统 ω_x 模型。一方面它通过“宏观无限小”的引入使关于 ω_x 具有均匀的热力学状态的假设对场的数学分析造成的误差可以忽略不计，另一方面通过“微观无限大”又使 ω_x 中拥有足够多的粒子，使对该系统引入的参量是有统计平均的物理基础的。此外，作为一个公理，假设系统(域)Ω_x 及其微系统 ω_x 拥有内能 E，它是一个具有广延性质的可加性量，即存在一个在 Ω_x 中分片连续的单位质量能量密度 e，使

$$E = \int_{V_0} \rho_0 e(X, t)\,\mathrm{d}V_0 = \int_V \rho e(x, t)\,\mathrm{d}V \tag{10.1}$$

由于该公理确认了具有广延性质的内能密度的存在，使有可能摆脱经典热力学均匀、平衡等观念的束缚，从而奠定了连续介质热力学的一个重要基础。

有了以上这些说明，我们就可以研究热力学第一定律在连续介质中的具体形式。

热力学第一定律可表述为：作用于系统上功的增量 δW 加上系统接受的热的增量 δQ 等于系统内能的增加 ΔE 加上动能的增量 ΔK，即

$$\Delta E + \Delta K = \delta W + \delta Q \tag{10.2}$$

式中：符号 Δ 和 δ 分别表示与过程无关的量(状态量)和与过程有关的量(过程量)的增量。需要指出的是系统动能 K 和内能 E 一样都是可加性的状态函数，而在过程中作的功或加的热，则不仅与初始与终了状态有关，而且与过程本身有关。如果此增量无限小，且式(10.2)方程中的量是时间的可微函数，则可以写成率的形式

$$\dot{E} + \dot{K} = \dot{W} + \dot{Q} \tag{10.3}$$

式中："·"表示对时间的物质导数。

下面，我们逐一研究每一项的连续介质力学形式。

(1)动能。

设连续介质中任一质点 $\boldsymbol{X}$ 在瞬时 t 的速度为 $\boldsymbol{v}$，则其具有的总动能为

$$K = \frac{1}{2}\int_V \rho \boldsymbol{v} \cdot \boldsymbol{v}\,\mathrm{d}V = \frac{1}{2}\int_V \rho v_i v_i\,\mathrm{d}V \tag{10.4}$$

这里的积分区域是连续介质瞬时构形的体积。

(2) 外力功率。

外力(包括体力、面力、体矩和面矩) 对物体所做的机械功率为

$$\begin{aligned}
\frac{\mathrm{D}W}{\mathrm{D}t} &= \int_V \boldsymbol{f} \cdot \boldsymbol{v}\rho\,\mathrm{d}V + \int_S \boldsymbol{T} \cdot \boldsymbol{v}\,\mathrm{d}s + \int_V \rho \boldsymbol{b} \cdot \boldsymbol{\omega}\,\mathrm{d}V + \int_S \boldsymbol{m} \cdot \boldsymbol{\omega}\,\mathrm{d}s \\
&= \int_V f_i v_i \rho\,\mathrm{d}V + \int_S T_i v_i\,\mathrm{d}s + \int_V \rho b_k \omega_k\,\mathrm{d}V + \int_S M_k \omega_k\,\mathrm{d}s \\
&= \int_V f_i v_i \rho\,\mathrm{d}V + \int_S \sigma_{ji} n_j v_i\,\mathrm{d}s + \int_V \rho b_k \omega_k\,\mathrm{d}V + \int_V (m_{jk}\omega_k)_{,j}\,\mathrm{d}V
\end{aligned} \tag{10.5}$$

(3) 热功率。

热量输入连续介质是通过连续体表面和体内的热源两个途径进行的。单位时间内通过单位等温面积的热量称为热流密度，以 $\boldsymbol{h}$ 表示，它是一个矢量，其方向垂直于等温面而指向温度降低的方向。根据 Fourier 热传导定律，对各向同性介质有

$$\boldsymbol{h} = -\lambda \operatorname{grad} T \tag{10.6}$$

式中：T 为温度；λ 为热传导系数。因此，单位时间内经过连续体表面元 ds(其外法线单位矢量为 $\boldsymbol{n}$) 流入连续介质的热量为

$$-\boldsymbol{h} \cdot \boldsymbol{n}\,\mathrm{d}s = -h_i n_i\,\mathrm{d}s \tag{10.7}$$

另外连续体内还有分布的热源，单位质量在单位时间内供应的热量以 q 表示，则单位时

间内物体所吸收的总热量为

$$\frac{\mathrm{D}Q}{\mathrm{D}t} = -\int_S \boldsymbol{h} \cdot \boldsymbol{n} \mathrm{d}s + \int_V \rho \dot{q} \mathrm{d}V \tag{10.8}$$

将式(10.4)、式(10.5)和式(10.8)代入热力学第一定律式(10.3)，得

$$\int_V \rho \frac{\mathrm{D}}{\mathrm{D}t}\left(\frac{1}{2}v_i v_i + e\right)\mathrm{d}V = \int_V (\rho f_i v_i + \rho b_k \omega_k + \rho \dot{q})\mathrm{d}V + \int_S (\sigma_{ji} v_i - h_j) n_j \mathrm{d}s + \int_V (m_{jk,j}\omega_k + m_{jk}\omega_{k,j})\mathrm{d}V \tag{10.9}$$

将式(10.9)右边第二项面积分化为体积分

$$\begin{aligned}\int_S (\sigma_{ji} v_i - h_j) n_j \mathrm{d}s &= \int_V (\sigma_{ji,j} v_i + \sigma_{ji} v_{i,j} - h_{j,j})\mathrm{d}V \\ &= \int_V [\sigma_{ji,j} v_i + \sigma_{ji}(V_{ij} + e_{kji}\omega_k) - h_{j,j}]\mathrm{d}V\end{aligned} \tag{10.10}$$

这里利用了 $v_{i,j} = V_{ij} + W_{ij} = V_{ij} + e_{kji}\omega_k$。将式(10.10)代入式(10.9)，有

$$\int_V \rho \frac{\mathrm{D}e}{\mathrm{D}t}\mathrm{d}V = \int_V \left(\sigma_{ji,j} + \rho f_i - \rho \frac{\mathrm{D}v_i}{\mathrm{D}t}\right) v_i \mathrm{d}V + \int_V (e_{kji}\sigma_{ji} + m_{jk,j} + \rho b_k)\omega_k \mathrm{d}V + \int_V \sigma_{ji} V_{ij} \mathrm{d}V + \int_V (\rho \dot{q} - h_{j,j})\mathrm{d}V + \int_V m_{jk}\omega_{k,j}\mathrm{d}V \tag{10.11}$$

由动量守恒定律式(5.39)和动量矩守恒定律式(5.69)可知，式(10.11)右边前两个体积分为零，由此得

$$\int_V \rho \frac{\mathrm{D}e}{\mathrm{D}t}\mathrm{d}V = \int_V (\sigma_{ji} V_{ij} + m_{jk}\omega_{k,j} + \rho \dot{q} - h_{j,j})\mathrm{d}V \tag{10.12}$$

此即为连续介质热力学第一定律的积分形式。由于它对物体内任意小物质部分都成立，则式(10.12)两边的被积函数应相等，由此又得连续介质热力学第一定律的局部形式

$$\rho \frac{\mathrm{D}e}{\mathrm{D}t} = \sigma_{ji} V_{ij} + m_{ji}\omega_{i,j} + \rho \dot{q} - h_{j,j} \tag{10.13}$$

式中：$\frac{\mathrm{D}e}{\mathrm{D}t}$为单位质量的内能变化率；$\sigma_{ji} V_{ij}$为伸长和剪切变形功率；$m_{ji}\omega_{i,j}$为相对转动变形功率。需要指出的是，式(10.12)和式(10.13)都是在空间坐标轴(瞬时构形)中写出的连续介质热力学第一定律的形式。

在不存在面矩的情况下，式(10.13)简化为

$$\rho \frac{\mathrm{D}e}{\mathrm{D}t} = \sigma_{ji} V_{ij} - h_{j,j} + \rho \dot{q} \tag{10.14}$$

若过程是绝热的纯力学过程，则式(10.14)进一步简化为

$$\rho \frac{\mathrm{D}e}{\mathrm{D}t} = \sigma_{ji} V_{ij} \tag{10.15}$$

10.2.2　应变能函数

对可逆的热力学过程，且只考虑小位移情况。这时有 $V_{ij}\mathrm{d}t = \mathrm{d}\varepsilon_{ij}$，$\rho \simeq \rho_0$，且绝大多数物质可以不考虑面矩和体矩。若用 $\epsilon = \rho_0 e$ 代表单位体积的内能，则式(10.14)可以写成下面的形式

$$\dot{\epsilon} = \sigma_{ji}\dot{\varepsilon}_{ij} + \dot{Q} \tag{10.16}$$

式中：$\dot{Q} = \rho\dot{q} - h_{j,j}$。式(10.16)也可以写成增量形式

$$\mathrm{d}\epsilon = \sigma_{ji}\mathrm{d}\varepsilon_{ij} + \mathrm{d}Q \tag{10.17}$$

式(10.16)右边第一项 $\sigma_{ji}\mathrm{d}\varepsilon_{ij}$ 为单位体积的变形元功；Q 是输给该系统的以单位体积计的热量，它是一个过程量，即 Q 与过程有关，不是状态函数，因此 $\mathrm{d}Q$ 不是全微分。但是如上所述，对可逆过程，$\mathrm{d}Q$ 与热力学绝对温标 θ 的商却是状态函数 η 的全微分，即

$$\mathrm{d}\eta = \frac{\mathrm{d}Q}{\theta} \tag{10.18}$$

将它代入式(10.17)，可得

$$\mathrm{d}\epsilon = \sigma_{ji}\mathrm{d}\varepsilon_{ij} + \theta\mathrm{d}\eta \tag{10.19}$$

由此可见：对不可逆系统，内能可以表示成应变 ε_{ij} 和熵 η 的函数

$$\epsilon = \epsilon(\varepsilon_{ij},\ \eta) \tag{10.20}$$

根据连续介质力学公理，内能 ϵ 为状态函数，故其全微分可以写成

$$\mathrm{d}\epsilon = \frac{\partial\epsilon}{\partial\varepsilon_{ij}}\mathrm{d}\varepsilon_{ij} + \frac{\partial\epsilon}{\partial\eta}\mathrm{d}\eta \tag{10.21}$$

比较式(10.21)和式(10.19)，再由 ε_{ij} 和 η 的独立性可得

$$\sigma_{ij} = \left.\frac{\partial\epsilon}{\partial\varepsilon_{ij}}\right|_{\eta} \tag{10.22}$$

$$\theta = \left.\frac{\partial\epsilon}{\partial\eta}\right|_{\varepsilon_{ij}} \tag{10.23}$$

式中：竖线及其下标表示求偏导数是在该下标后的所有量保持为常数的条件下进行的。上式表明：对等熵(绝热)过程，内能 ϵ 为应力势函数，它使应力张量 σ_{ij} 可以由内能 ϵ 对应变张量 ε_{ij} 求导数而得到。

但是内能 ϵ 是应变张量 ε_{ij} 和熵 η 的函数，应用起来并不方便，因为熵 η 并不是一个可测的系统状态变量，所以实际应用中需要引进新的能量函数形式。

(1) Helmholtz 自由能。

取下列变换式

$$\psi = \epsilon - \eta\theta \tag{10.24}$$

其中 ψ 称为单位体积 Helmholtz 自由能密度函数。显然，由 ϵ 和 η 为状态函数的结论可以直接推出 ψ 也应为状态函数。将式(10.24)微分，并将式(10.19)代入，则有

$$\mathrm{d}\psi = \sigma_{ji}\mathrm{d}\varepsilon_{ij} - \eta\mathrm{d}\theta \tag{10.25}$$

式(10.25)表明可以用 θ 代替 η 作为独立的状态变量，于是有

$$\psi = \psi(\varepsilon_{ij},\ \theta) \tag{10.26}$$

将它微分，有

$$\mathrm{d}\psi = \frac{\partial\psi}{\partial\varepsilon_{ij}}\mathrm{d}\varepsilon_{ij} + \frac{\partial\psi}{\partial\theta}\mathrm{d}\theta \tag{10.27}$$

比较式(10.27)和式(10.25)，并由 ε_{ij} 和 θ 的独立性可得

$$\sigma_{ij} = \left.\frac{\partial\psi}{\partial\varepsilon_{ij}}\right|_{\theta} \tag{10.28}$$

$$\eta = -\frac{\partial\psi}{\partial\theta}\bigg|_{\varepsilon_{ij}} \tag{10.29}$$

式(10.29)表明：对等温过程，Helmholtz 自由能 ψ 是应力势函数。

(2)Gibbs 自由能。

取下列变换式

$$\varphi = \psi - \sigma_{ij}\varepsilon_{ij} \tag{10.30}$$

或

$$\varphi = \epsilon - \eta\theta - \sigma_{ij}\varepsilon_{ij} \tag{10.31}$$

其中 φ 称为单位体积 Gibbs 自由能密度函数。由于状态变量组(ε_{ij}, θ)与状态变量组(σ_{ij}, θ)是一一对应的，故也可以采用应力张量 σ_{ij} 和温度 θ 作为完全描述该系统状态的独立状态变量，即

$$\varphi = \varphi(\sigma_{ij}, \theta) \tag{10.32}$$

将它微分，有

$$\mathrm{d}\varphi = \frac{\partial\varphi}{\partial\sigma_{ij}}\mathrm{d}\sigma_{ij} + \frac{\partial\varphi}{\partial\theta}\mathrm{d}\theta \tag{10.33}$$

另外，也将式(10.30)微分，并将式(10.25)代入，有

$$\mathrm{d}\varphi = -\varepsilon_{ij}\mathrm{d}\sigma_{ji} - \eta\mathrm{d}\theta \tag{10.34}$$

比较式(10.34)和式(10.33)，并由 σ_{ij} 和 θ 的独立性可得

$$\varepsilon_{ij} = -\frac{\partial\varphi}{\partial\sigma_{ij}}\bigg|_{\theta} \tag{10.35}$$

$$\eta = -\frac{\partial\varphi}{\partial\theta}\bigg|_{\sigma_{ij}} \tag{10.36}$$

式(10.35)与式(10.36)表明：对等温过程，$-\varphi$ 是应力势函数。即在等温条件下它退化为弹性理论中的余能函数。

(3)初始构形自由能函数。

在瞬时构形下，不考虑面矩的局部形式的热力学第一定律如式(10.14)所示，即

$$\rho\frac{\mathrm{D}e}{\mathrm{D}t} = \sigma_{ji}V_{ij} - h_{j,j} + \rho\dot{q} \tag{10.37}$$

利用 Eular 应力张量和 Kirchhoff 应力张量间的变化关系式(4.75)，以及 Green 应变张量的物质导数公式(3.134)，式(10.37)右边第一项可得

$$\sigma_{ji}V_{ij} = \frac{\rho}{\rho_0}S_{IJ}\frac{\mathrm{D}E_{IJ}}{\mathrm{D}t} \tag{10.38}$$

将它代入式(10.37)有

$$\frac{\mathrm{D}\epsilon}{\mathrm{D}t} = S_{IJ}\frac{\mathrm{D}E_{IJ}}{\mathrm{D}t} - \frac{\rho_0}{\rho}h_{j,j} + \rho_0\dot{q} \tag{10.39}$$

式中：$\epsilon = \rho_0 e$ 为每单位变形前体积的内能。

令

$$\dot{Q} = \frac{\mathrm{D}Q}{\mathrm{D}t} = -\frac{\rho_0}{\rho}h_{j,j} + \rho_0\dot{q} \tag{10.40}$$

则式(10.39)可以写成下面有限变形下的常用形式

$$\frac{\mathrm{D}\epsilon}{\mathrm{D}t}=S_{IJ}\frac{\mathrm{D}E_{IJ}}{\mathrm{D}t}+\frac{\mathrm{D}Q}{\mathrm{D}t} \tag{10.41}$$

或

$$\mathrm{d}\epsilon=S_{IJ}\mathrm{d}E_{IJ}+\mathrm{d}Q \tag{10.42}$$

式中：Q 为单位变形前体积所吸收的热量；$S_{IJ}\mathrm{d}E_{IJ}$为单位变形前体积的变形元功。

引入单位变形前体积的 Helmholtz 自由能，即

$$\psi=\epsilon-\theta\eta \tag{10.43}$$

对该自由能求物质导数后，将式(10.42)代入得

$$\frac{\mathrm{D}\psi}{\mathrm{D}t}=S_{IJ}\frac{\mathrm{D}E_{IJ}}{\mathrm{D}t}-\eta\frac{\mathrm{D}\theta}{\mathrm{D}t} \tag{10.44}$$

式(10.44)用到了可逆热力学性质，即

$$\frac{\mathrm{D}Q}{\mathrm{D}t}=\theta\frac{\mathrm{D}\eta}{\mathrm{D}t} \tag{10.45}$$

式中：η 为单位变形前体积所含的熵；θ 为热力学绝对温标。

由式(10.41)和式(10.44)可以看到，在绝热条件下，即$\frac{\mathrm{D}Q}{\mathrm{D}t}=0$，单位变形前体积的内能即为应变能函数 W；在等温条件下，即$\frac{\mathrm{D}\theta}{\mathrm{D}t}=0$，单位变形前体积的自由能也为应变能函数 W。并且在这二种情况下，温度 θ 不显含在应变能函数中，即 $W=W(E_{IJ})$。

10.2.3 热力学第二定律

热力学第二定律规定了在所有满足能量守恒的热力学过程中，哪些过程在现实生活中是不可能出现的，而哪些过程是允许的，即规定了过程的发展方向。

热力学第二定律明确指出存在着两个单值的状态函数，一个是称为绝对温度的 θ，另一个是称为熵的 η，它们具有以下基本性质：

(1)θ 是一个恒正的数，它是经验温度 T 的函数；

(2)熵 $\eta(\theta,\ \varepsilon_{ij})$是一个具有广延性质的可加性量，即系统的熵等于它的组成部分的熵之和；

(3)系统熵的变化 $\mathrm{d}\eta$ 由两部分组成，即

$$\mathrm{d}\eta=\mathrm{d}\eta_{\mathrm{e}}+\mathrm{d}\eta_{\mathrm{i}} \tag{10.46}$$

式中：$\mathrm{d}\eta_{\mathrm{e}}$ 为熵增量的可逆部分，是由与周围介质的热交换而形成的，且

$$\mathrm{d}\eta_{\mathrm{e}}=\frac{\mathrm{d}Q}{\theta} \tag{10.47}$$

而 $\mathrm{d}\eta_{\mathrm{i}}$ 为熵增量的不可逆部分，是系统内部的不可逆变化造成的，且有

$$\mathrm{d}\eta_{\mathrm{i}}>0 \qquad (不可逆过程) \tag{10.48}$$

$$\mathrm{d}\eta_{\mathrm{i}}=0 \qquad (可逆过程) \tag{10.49}$$

而 $\mathrm{d}\eta_{\mathrm{i}}<0$ 在自然界中是不可能出现的。这里要指出的是，虽然熵是状态函数，$\mathrm{d}\eta$ 是全微分，但 $\mathrm{d}\eta_{\mathrm{e}}$ 和 $\mathrm{d}\eta_{\mathrm{i}}$ 在不可逆过程的一般情况下都不是全微分。另外，若 $\mathrm{d}\eta=0$，则称为等熵过程。显然一个绝热过程成为等熵过程的充要条件是该过程是可逆的。

综合前面结果，我们有

$$\theta \mathrm{d}\eta \geqslant \mathrm{d}Q \tag{10.50}$$

等号对可逆过程成立，而不等号则适用于不可逆过程。

10.3　含内变量热力学

10.3.1　内变量概念

处于非平衡态的热力学系统其内部会出现耗散过程，此时仅由平衡态下的状态变量(如应力、应变、温度)就不足以描述非平衡的热力学状态。为此还需要引入其他变量来刻画物质内部非平衡耗散过程的附加状态变量，称其为内变量。它们与作用在该微元上的内部非平衡广义力相对应，并由此来表示材料内部的某种耗散机制。内变量的变化通常是不可逆的，即使外部环境没有发生变化，内变量也有可能发生变化。因此，内变量的值一般是无法用宏观手段加以控制的，但它们可以作为状态变量和可观测量(宏观或微观)处理。

内变量的具体物理含义非常广泛，它取决于具体材料在特定条件下的内部组织和结构状况。也就是说，它可以代表材料内部的某种运动或内部结构的重新组合。例如，对金属来说，它可以代表晶格的位错、旋错和再结晶塑性变形等表征多晶体内部组织和结构的种种演化和发展。一般来说，既然内变量的变化表征着材料内部的变化，那么可以预测它的完整集合，再和平衡态过程的基本状态变量一起就可以描述非平衡态过程材料微单元的内部组织和结构状态以及性状。

材料内变量的选择不是唯一的，由此将会导致系统熵的不唯一。但一旦内变量的具体形式以及内变量的具体数目被确定以后，非平衡态的耗散机制就可以被说明和确定，相对应的时间尺度、应力水平等也就可以建立，此时熵和温度也就随之被确定。因此，非平衡态系统的定义依赖于内变量的选择，而该系统的熵和温度也和这种内变量的选择相关。

内变量的选择取决于力学模型的层次、实际系统的复杂程度以及需要在何种精度和变形范围内去描述该系统的热力学状态等。对建筑在现象学基础上的连续介质力学来说，重要的是如何用尽量少的内变量去宏观平均地表征材料内部结构变化对应力、应变、内能等基本状态变量的影响，并由实验去决定在建立本构方程时所引入的宏观参数。当然，若能够与材料的微观分析结合起来搞清楚其发生、发展机制，则对内变量及其演化规律的研究无疑是非常重要的，但这并不意味着它是进行内变量分析的先决条件，这是因为所选用的模型有可能通过宏观的实验来加以检验和修正，而这时微观因素的影响通过宏观的实验都已经因平均化而消失了。

连续介质力学中的塑性变形、黏性变形、损伤变形等由于存在在系统内部的耗散过程，所以从连续介质热力学的角度来看，不仅需要由平衡状态下的状态变量，而且还需要非平衡态耗散过程的内变量共同描述。由热力学第一定律可以导出状态变量的物理方程，即本构方程；由热力学第二定律可以导出内变量的演化方程，即内变量发展方程。

10.3.2　热一率与本构方程

由前面的热力学分析可知，对可逆系统，一个由应变分量 x_i(或 $C_{\alpha\beta}$)和温度 T 组成的七维空间足以唯一地描述系统的热力学状态。设 $\boldsymbol{p}$ 是该空间中的一点，则内能 ϵ 和应力 $\boldsymbol{\tau}$ 有如

下表达式

$$\boldsymbol{\epsilon}=\boldsymbol{\epsilon}(\boldsymbol{p})=\boldsymbol{\epsilon}(x_i,\ T) \tag{10.51}$$

$$\boldsymbol{\tau}=\boldsymbol{\tau}(\boldsymbol{p})=\boldsymbol{\tau}(x_i,\ T) \tag{10.52}$$

对不可逆系统，一个由应变分量 x_i(或 $C_{\alpha\beta}$)、温度 T 和独立的内变量 $q_\alpha(\alpha=1,\ 2,\ \cdots,\ m)$组成的 $m+7$ 维空间被用来唯一地描述该系统的不可逆热力学状态。同样设 $\boldsymbol{p}$ 是该空间中的一点，则内能 $\boldsymbol{\epsilon}$ 和应力 $\boldsymbol{\tau}$ 有如下表达式

$$\boldsymbol{\epsilon}=\boldsymbol{\epsilon}(\boldsymbol{p})=\boldsymbol{\epsilon}(x_i,\ T,\ q_\alpha) \tag{10.53}$$

$$\boldsymbol{\tau}=\boldsymbol{\tau}(\boldsymbol{p})=\boldsymbol{\tau}(x_i,\ T,\ q_\alpha) \tag{10.54}$$

从上式不难看出：对任一给定的内变量组，就对应着材料内部组织的一个确定的状态。倘若 $\boldsymbol{p}$ 点在 $m+7$ 维空间运动，其内部组织状态将产生不可逆的变化，而且这种变化将消耗用能量来提供克服如内摩擦等机制所需要的功耗。换句话说，不可逆过程也就是不断消耗能量以不断改变内部组织结构的运动过程。

1. 可逆系统的势函数

对可逆系统，热力学第一定律的增量形式为

$$\mathrm{d}\boldsymbol{\epsilon}-X_i\mathrm{d}x_i=\mathrm{d}Q \tag{10.55}$$

对内能 $\boldsymbol{\epsilon}$ 全微分后式(10.55)成为

$$\left(\frac{\partial\boldsymbol{\epsilon}}{\partial x_i}-X_i\right)\mathrm{d}x_i+\frac{\partial\boldsymbol{\epsilon}}{\partial T}\mathrm{d}T=\mathrm{d}Q \tag{10.56}$$

式(10.56)等式左边是可积的，即存在一个积分函数 $\theta(x_i,\ T)$使下式成立

$$\left(\frac{\partial\boldsymbol{\epsilon}}{\partial x_i}-X_i\right)\mathrm{d}x_i+\frac{\partial\boldsymbol{\epsilon}}{\partial T}\mathrm{d}T=\theta\mathrm{d}\eta \tag{10.57}$$

$$\mathrm{d}Q=\theta\mathrm{d}\eta \tag{10.58}$$

式中：$\mathrm{d}\eta$ 为 η 的全微分，后者也是 x_i 和 T 的状态函数，称为熵。

将熵函数全微分展开，可以得到

$$\frac{\partial\boldsymbol{\epsilon}}{\partial x_i}-X_i=\theta\frac{\partial\eta}{\partial x_i} \tag{10.59}$$

$$\frac{\partial\boldsymbol{\epsilon}}{\partial T}=\theta\frac{\partial\eta}{\partial T} \tag{10.60}$$

作如下变量变换

$$\begin{cases}x_i=x_i\\ \theta=\theta(x_i,\ T)\end{cases} \tag{10.61}$$

则式(10.59)和式(10.60)可以写为

$$\frac{\partial\boldsymbol{\epsilon}}{\partial x_i}-\theta\frac{\partial\eta}{\partial x_i}=X_i \tag{10.62}$$

$$\frac{\partial\boldsymbol{\epsilon}}{\partial\theta}=\theta\frac{\partial\eta}{\partial\theta} \tag{10.63}$$

此时，引进 Helmholtz 自由能，即

$$\psi=\boldsymbol{\epsilon}-\eta\theta \tag{10.64}$$

式(10.62)和式(10.63)便成为

$$X_i = \frac{\partial \psi}{\partial x_i}\bigg|_{\theta} \tag{10.65}$$

$$\eta = -\frac{\partial \psi}{\partial \theta}\bigg|_{x_i} \tag{10.66}$$

式(10.65)用在有限变形下的应力计算公式为

$$S_{IJ} = 2\frac{\partial \psi}{\partial C_{IJ}}\bigg|_{\theta} \tag{10.67}$$

或

$$S_{IJ} = \frac{\partial \psi}{\partial E_{IJ}}\bigg|_{\theta} \tag{10.68}$$

它表明：在等温条件下，即使是有限变形，自由能 ψ 也是应力势函数。在一般情况下，由于 ψ 还和温度有关，它可以看成广义势函数。

2. 不可逆系统的势函数

对不可逆系统，热力学第一定律仍然适用，即

$$\mathrm{d}\epsilon - X_i \mathrm{d}x_i = \mathrm{d}Q \tag{10.69}$$

由式(10.53)和式(10.54)可知：对不可逆系统应力张量和内能在 t 时刻的值 $\boldsymbol{\tau}(t)$ 和 $\epsilon(t)$ 由应变、温度和内变量组在 t 时刻的值 $x_i(t)$，$T(t)$ 和 $q_\alpha(t)$ 所完全决定。类似从可逆过程仅从外变量(温度、应变)考虑问题一样，由于载荷历史(路径)不同，即使同样的应变与温度，也会有不同的热力学状态。对不可逆过程，可逆过程的这种载荷历史的效应可以完全等价地用对应的热力学路径造成的后果——内部结构的特定变化来加以描述，只要 t 时刻状态点 $\boldsymbol{p}$ 在该空间的位置被确定，其热力学状态和材料内部结构状态就完全确定。这就相当于在新的组织结构下讨论熵的存在，本质上它和在原始构形中讨论熵作为状态函数的并无原则上的不同。这就意味着任一不可逆热力学状态的变化可以看成是对应于特定的内部组织状况下(即内变量被固定在确定的值上)的可逆系统的变化，因此前面关于可逆系统的分析方法也适用于不可逆系统。于是，考虑系统内变量后的热力学第一定律式(10.69)可以写成

$$\frac{\partial \epsilon}{\partial T}\mathrm{d}T + \frac{\partial \epsilon}{\partial x_i}\mathrm{d}x_i + \frac{\partial \epsilon}{\partial q_\alpha}\mathrm{d}q_\alpha - X_i \mathrm{d}x_i = \mathrm{d}Q \tag{10.70}$$

对固定的内变量情况，即 $\mathrm{d}q_\alpha = 0$，也存在一个积分函数 $\theta(x_i,\ q_\alpha,\ T)$ 使下式成立

$$\left(\frac{\partial \epsilon}{\partial x_i} - X_i\right)\mathrm{d}x_i + \frac{\partial \epsilon}{\partial T}\mathrm{d}T = \theta \mathrm{d}\eta\,\big|_{q_\alpha} \tag{10.71}$$

式中竖标表明 η 的增量是在内变量 q_α 作为参变量且保持常数得到的，它确定了熵 η 作为不可逆系统中的状态变量 x_i，q_α 和 T 的状态函数的数学描述，即 $\eta = \eta(x_i,\ q_\alpha,\ T)$。

将式(10.71)右边展开，得到

$$\frac{\partial \epsilon}{\partial T}\mathrm{d}T + \frac{\partial \epsilon}{\partial x_i}\mathrm{d}x_i - X_i \mathrm{d}x_i = \theta\left(\frac{\partial \eta}{\partial T}\mathrm{d}T + \frac{\partial \eta}{\partial x_i}\mathrm{d}x_i\right) \tag{10.72}$$

因而也有

$$\frac{\partial \epsilon}{\partial x_i} - X_i = \theta \frac{\partial \eta}{\partial x_i} \tag{10.73}$$

$$\frac{\partial \epsilon}{\partial T} = \theta \frac{\partial \eta}{\partial T} \tag{10.74}$$

进行如下变量变换

$$\begin{cases} x_i = x_i \\ q_\alpha = q_\alpha \\ \theta = \theta(x_i,\ q_\alpha,\ T) \end{cases} \tag{10.75}$$

则式(10.73)和式(10.74)可以写为

$$\frac{\partial \epsilon}{\partial x_i} - \theta \frac{\partial \eta}{\partial x_i} = X_i \tag{10.76}$$

$$\frac{\partial \epsilon}{\partial \theta} = \theta \frac{\partial \eta}{\partial \theta} \tag{10.77}$$

此时，引进 Helmholtz 自由能 $\psi = \psi(x_i,\ q_\alpha,\ T)$，即

$$\psi = \epsilon - \eta\theta \tag{10.78}$$

式(10.76)和式(10.77)便成为

$$X_i = \left.\frac{\partial \psi}{\partial x_i}\right|_{\theta,\ q_\alpha} \tag{10.79}$$

$$\eta = -\left.\frac{\partial \psi}{\partial \theta}\right|_{x_i,\ q_\alpha} \tag{10.80}$$

值得注意的是：尽管系统是不可逆的，但自由能 ψ 仍起着一个广义势的作用，应力和熵的数值可以由它对应变分量和温度求偏导数而求出。

式(10.79)用在有限变形下的应力计算公式为

$$S_{IJ} = 2\left.\frac{\partial \psi}{\partial C_{IJ}}\right|_{\theta,\ q_\alpha} \tag{10.81}$$

或

$$S_{IJ} = \left.\frac{\partial \psi}{\partial E_{IJ}}\right|_{\theta,\ q_\alpha} \tag{10.82}$$

在小变形情况下即得

$$\sigma_{ij} = \frac{\partial \psi}{\partial \varepsilon_{ij}} \tag{10.83}$$

10.3.3 热二率与演化方程

1. Clausius – Duhem 不等式

由前文可知，率形式的热力学第一定律可以写成

$$\dot{\epsilon} - X_i \dot{x}_i = \dot{Q} \tag{10.84}$$

将内能 ϵ 用 Helmholtz 自由能 ψ 表示，即

$$\dot{\epsilon} = \dot{\psi} + \theta\,\dot{\eta} \tag{10.85}$$

则式(10.84)可以写成

$$\dot{\psi} + \theta\,\dot{\eta} - X_i \dot{x}_i = \dot{Q} \tag{10.86}$$

或

$$\theta\dot{\eta} - \dot{Q} - X_i \dot{x}_i = -\dot{\psi} \tag{10.87}$$

经典热力学假定(即著名的 Kelvin 假定)：在等温条件下，如果不搅动系统或使边界变形，就不能对系统做功。换句话说，在等温条件下，如果系统无搅动，带有稳定边界的自由

能不能增加。在这一条件下，式(10.87)可以写成

$$\theta\dot{\eta}-\dot{Q}=-\dot{\psi}\big|_{x_i,\,\theta} \tag{10.88}$$

它表明：该热力学局部微系统的自由能变化是在等温、固定边界及无电磁力等造成内部搅动(应变为零)的情况下的变化，由上面的假定可知

$$\dot{\psi}\big|_{x_i,\,\theta}\leqslant 0 \tag{10.89}$$

于是有

$$\dot{\eta}\geqslant\frac{\dot{Q}}{\theta} \tag{10.90}$$

这就是著名的 Clausius – Duhem 不等式。

式(10.88)右边恒定为正，并以 $\theta\dot{\eta}_i$ 表示，其中 $\dot{\eta}_i\geqslant 0$，于是有

$$\dot{\psi}\big|_{x_i,\,\theta}=\frac{\partial\psi}{\partial q_\alpha}\dot{q}_\alpha=-\theta\dot{\eta}_i \tag{10.91}$$

将式(10.91)代入式(10.88)，得到

$$\mathrm{d}\eta=\frac{\mathrm{d}Q}{\theta}+\mathrm{d}\eta_i=\mathrm{d}\eta_e+\mathrm{d}\eta_i \tag{10.92}$$

由此可见：不可逆系统熵的增加由两部分构成，第一部分即 $\mathrm{d}\eta_e$，是从外部流入系统的熵，第二部分即 $\mathrm{d}\eta_i$ 则是由系统内部的不可逆变化而产生的熵，对不可逆过程它始终大于零，这一现象反映着熵只会产生而不会消灭的自然规律，而对可逆过程则等于零。于是有

$$\mathrm{d}\eta_i\geqslant 0 \tag{10.93}$$

等式只适用于可逆过程。这里 $\dot{\eta}_i$ 常称为熵产率，而 $\theta\dot{\eta}_i$ 则表征着系统的耗散功率。由式(10.91)可知：在使内变量组获得增量的过程中系统所耗散的功率与功应为

$$\theta\dot{\eta}_i=-\frac{\partial\psi}{\partial q_\alpha}\dot{q}_\alpha\geqslant 0 \tag{10.94}$$

和

$$\theta\mathrm{d}\eta_i=-\frac{\partial\psi}{\partial q_\alpha}\mathrm{d}q_\alpha\geqslant 0 \tag{10.95}$$

注意到内变量 q_α 的变化是完全独立的，因此上述不等式应对每一个内变量 q_α 的变化都成立。若引进相应于 $\mathrm{d}q_{(\alpha)}$ 运动的广义内摩擦力 $Q^{(\alpha)}$，则有

$$Q^{(\alpha)}=-\frac{\partial\psi}{\partial q_{(\alpha)}} \tag{10.96}$$

和

$$Q^{(\alpha)}\mathrm{d}q_{(\alpha)}\geqslant 0 \tag{10.97}$$

将 $\mathrm{d}q_\alpha$ 改为 $\mathrm{d}q_{(\alpha)}$ 是说明对指标 α 不再作和，而 $Q^{(\alpha)}$ 是由与 $\mathrm{d}q_{(\alpha)}$ 构成耗散功的共轭项而唯一定义的，它既不限于只具有通常的摩擦力的物理内涵，也不要求它必须具有力的因次。

对更一般的内变量为二阶张量的情况，相应的广义内摩擦力也随之成为二阶张量的形式，因而有

$$Q_{ij}^{(\alpha)}\mathrm{d}q_{ij}^{(\alpha)}\geqslant 0 \tag{10.98}$$

$$Q_{ij}^{(\alpha)}=-\frac{\partial\psi}{\partial q_{ij}^{(\alpha)}} \tag{10.99}$$

其中 $Q_{ij}^{(\alpha)}$ 为相应于第 α 个内变量在 ij 方向分量的变化对应的广义摩擦力。式(10.97)或式(10.98)就是以内变量形式表达的 Clausius - Duhem 不等式的派生形式。

2. Onsager 原理

由前一节可知，与熵产率密切相连的耗散功率为

$$\theta\dot{\eta}_{\mathrm{i}} = \sum_{\alpha=1}^{m} Q_{ij}^{(\alpha)}\dot{q}_{ij}^{(\alpha)} \geqslant 0 \tag{10.100}$$

即系统之耗散功率可以表示成广义内摩擦力 $Q_{ij}^{(\alpha)}$ 与内变量变化率 $\dot{q}_{ij}^{(\alpha)}$ 的乘积。这种情况只是更为广泛的不可逆过程（如热传导、扩散、渗流、化学反应和黏性流动等）的一个特例。因此，在一般情况下可以将熵产率写成

$$\dot{\eta}_{\mathrm{i}} = \sum_{K=1}^{m} J_K X_K \geqslant 0 \tag{10.101}$$

式中：J_K 称为第 K 个广义流，X_K 为其相应的广义力。等式仅适合于可逆过程，此时有

$$J_K = 0,\ X_K = 0 \tag{10.102}$$

对不可逆过程，Onsager 证实了广义力和广义流之间在一定范围内存在着宏观现象学的线性关系，其中更为重要的是这些关系中的系数存在数学上的对称性，这一发现又被称为 Onsager 原理，具体表述如下。

如果能够恰当地选择广义流 J_K 和广义力 X_K，使每单位时间的熵产率可以写为

$$\dot{\eta}_{\mathrm{i}} = \sum_{K=1}^{m} J_K X_K \tag{10.103}$$

且广义流 J_K 能够由现象学关系表达成广义力 X_K 的线性齐次函数，即

$$J_K = \sum_{K=1}^{m} L_{KL} X_L \tag{10.104}$$

则系数矩阵 L_{KL} 是对称的，即有

$$L_{KL} = L_{LK} \tag{10.105}$$

Onsager 原理用在不可逆连续介质热力学的最大意义在于，它为我们提供了损伤内变量演化的一种可能。根据 Onsager 原理，广义内摩擦力 $Q_{ij}^{(\alpha)}$ 与内变量变化率 $\dot{q}_{ij}^{(\alpha)}$ 之间有下面的线性关系

$$Q_{ij}^{(\alpha)} = b_{ijkl}^{(\alpha)}\frac{\mathrm{d}q_{kl}^{(\alpha)}}{\mathrm{d}t} \tag{10.106}$$

式(10.106)表明：$Q_{ij}^{(\alpha)}$ 不仅与 $\frac{\mathrm{d}q_{ij}^{(\alpha)}}{\mathrm{d}t}$ 有关，而且与内变量其他分量的变化率 $\frac{\mathrm{d}q_{kl}^{(\alpha)}}{\mathrm{d}t}$ 线性相关。而且系数 $b_{ijkl}^{(\alpha)}$ 表示是 $\frac{\mathrm{d}q_{kl}^{(\alpha)}}{\mathrm{d}t}$ 对 $Q_{ij}^{(\alpha)}$ 影响的现象学关系中的系数，反之系数 $b_{klij}^{(\alpha)}$ 则表示的是 $\frac{\mathrm{d}q_{ij}^{(\alpha)}}{\mathrm{d}t}$ 对 $Q_{kl}^{(\alpha)}$ 影响的现象学关系中的系数。根据 Onsager 原理，有

$$b_{ijkl}^{(\alpha)} = b_{klij}^{(\alpha)} \tag{10.107}$$

将式(10.99)代入式(10.107)，则有

$$b_{ijkl}^{(\alpha)}\frac{\mathrm{d}q_{kl}^{(\alpha)}}{\mathrm{d}t} + \frac{\partial\psi}{\partial q_{ij}^{(\alpha)}} = 0 \tag{10.108}$$

这就是不可逆热力学内变量演化方程。

10.4 热力学本构理论应用

10.4.1 热弹性本构方程

弹性变形的重要特征是其可逆性，即材料受力后产生变形，而卸载后变形消失。因此，弹性变形的本构关系可以用平衡态热力学的理论建立。此时，材料的 Hemholtz 自由能可以表示成应变 ε 和温度 T 的函数，而与内变量变化无关。

$$\varphi = \varphi(\varepsilon, T) \tag{10.109}$$

假定材料为各向同性热弹性材料，其 Hemholtz 自由能可以具体写成

$$\varphi = \left(\frac{K}{2} + \frac{2G}{3}\right)I_{\varepsilon}^{2} + 2GII_{\varepsilon} - 3K\alpha(T - T_0)I_{\varepsilon} - \frac{c(T - T_0)^2}{2T_0} \tag{101.110}$$

式中：I_{ε}，II_{ε} 分别为应变张量的第一和第二不变量；K 是体积模量；G 是剪切模量。将它代入式(10.65)和式(10.66)得到

$$\sigma_{ij} = \left(K - \frac{2G}{3}\right)I_{\varepsilon}\delta_{ij} + 2G\varepsilon_{ij} - 3K\alpha(T - T_0)\delta_{ij} \tag{10.111}$$

$$\eta = 3K\alpha I_{\varepsilon} + \frac{c}{T_0}T - c \tag{10.112}$$

上式就是热弹性材料的本构方程。

如果是等温过程，可以忽略温度变化的影响，此时自由能仅和应变有关，式(10.110)就相当于材料的应变能，而关系式就成为超弹性方程。仍以各向同性材料为例，此时自由能可以表示为应变不变量的函数，即

$$\varphi = \left(\frac{K}{2} + \frac{2G}{3}\right)I_{\varepsilon}^{2} + 2GII_{\varepsilon} \tag{10.113}$$

同样，将它代入式(10.65)得到

$$\sigma_{ij} = \left(K - \frac{2G}{3}\right)I_{\varepsilon}\delta_{ij} + 2G\varepsilon_{ij} \tag{10.114}$$

它就是广义 Hooke 定律的各向同性表达式。

在工程材料中，材料常常显式明显的非线性特征，因此即使是弹性方程使用更多的也是增量型本构关系。为了从热力学本构方程中得到增量型的弹性关系，可以对式(10.65)求导，即得到

$$\dot{\sigma}_{ij} = \frac{\partial^2 \varphi}{\partial \varepsilon_{ij}\partial \varepsilon_{kl}}\dot{\varepsilon}_{kl} \tag{10.115}$$

其中，弹性张量定义为

$$C_{ijkl} = \frac{\partial^2 \varphi}{\partial \varepsilon_{ij}\partial \varepsilon_{kl}} \tag{10.116}$$

在工程材料中还经常采用球应力 p 和偏应力 q 两个分量来建立不同材料的基本模型，此时若假设材料的自由能为

$$\varphi = \frac{1}{2}K\varepsilon_{\mathrm{v}}^{2} + \frac{3}{2}G\varepsilon_{\mathrm{s}}^{2} \tag{10.117}$$

由式(10.115)，得到增量弹性本构方程的一般形式为

$$\mathrm{d}p = \frac{\partial^2 \varphi}{\partial \varepsilon_v^2}\mathrm{d}\varepsilon_v = K\mathrm{d}\varepsilon_v \tag{10.118}$$

$$\mathrm{d}q = \frac{\partial^2 \varphi}{\partial \varepsilon_s^2}\mathrm{d}\varepsilon_s = 3G\mathrm{d}\varepsilon_s \tag{10.119}$$

式中：$p = \frac{1}{3}\sigma_{kk}$，$q = \sqrt{\frac{3}{2}s_{ij}s_{ij}}$。式(10.118)和式(10.119)即为工程力学中常用的弹性本构K－G模型。

10.4.2 黏弹性本构方程

考虑图10－1所示标准线性模型，用含内变量不可逆热力学方法建立其本构关系，必须引入附加的自由度及其相应的广义坐标。这种广义坐标的内在含义也许是不易搞清楚的，但它的引入却能够与可观测的应变一起来唯一地决定其应力响应，这个广义坐标就可以认为是内变量。由于内变量的变化要耗散功，因而它应与耗散元件密切联系起来。因此，对图10－1所示的结构，这一广义坐标(内变量)正是阻尼器的位移，即 D 点相对于 E 点的位移 q。

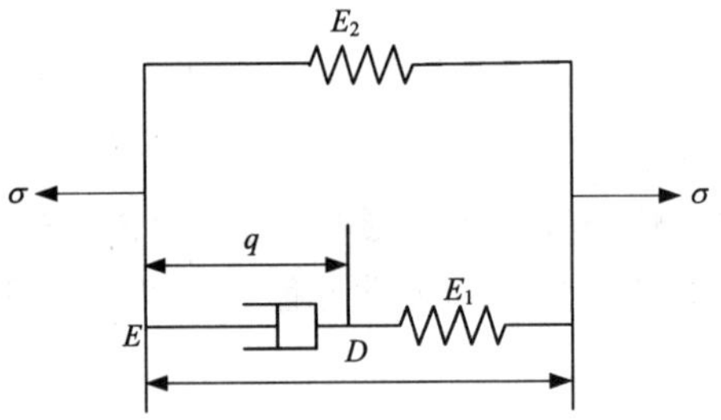

图10－1　含内变量标准线性模型

用不可逆热力学方法去建立本构关系，首先必须给出含内变量的系统的自由能 ψ。而等温条件下 ψ 表示的是可恢复的能量，即由下式表达的存储在弹簧中的应变能

$$\psi = \frac{1}{2}E_2\varepsilon^2 + \frac{1}{2}E_1(\varepsilon - q)^2 \tag{10.120}$$

将它代入式(10.79)，即得

$$\sigma = \frac{\partial \psi}{\partial \varepsilon} = E_2\varepsilon + E_1(\varepsilon - q) \tag{10.121}$$

式(10.121)含有未知内变量 q，它可以通过内变量演化方程(10.108)求出。

实际上，不可逆熵产率所对应的耗散功率显然就是消耗在阻尼器上的功率，即

$$\theta\dot{\eta}_i = \mu\dot{q}^2 \tag{10.122}$$

式中：μ 为阻尼器的阻尼系数。将它代入式(10.108)，则有

$$\frac{\partial \psi}{\partial q} + \mu\dot{q} = 0 \tag{10.123}$$

再将自由能表达式(10.120)，代入式(10.123)，有

$$\mu\dot{q} + E_1 q = E_1\varepsilon \tag{10.124}$$

对式(10.124)取 Laplace 变换，得

$$\bar{q}(s)=\frac{E_1}{\mu s+E_1}\bar{\varepsilon}(s) \tag{10.125}$$

然后对式(10.125)取反 Laplace 变换，便求得

$$q(t)=\int_{-\infty}^{t}(1-\mathrm{e}^{-\lambda(t-\tau)})\frac{\partial\varepsilon}{\partial\tau}\mathrm{d}\tau=\varepsilon-\int_{-\infty}^{t}\mathrm{e}^{-\lambda(t-\tau)}\frac{\partial\varepsilon}{\partial\tau}\mathrm{d}\tau \tag{10.126}$$

式中：$\lambda=\dfrac{E_1}{\mu}$。

将内变量解式(10.126)代入方程(10.121)，消去内变量 q，就得到如下本构方程

$$\sigma(t)=E_2\varepsilon(t)-E_1\int_{-\infty}^{t}\mathrm{e}^{-\lambda(t-\tau)}\frac{\partial\varepsilon}{\partial\tau}\mathrm{d}\tau \tag{10.127}$$

式(10.127)在确定积分常数时，假定 $t\to-\infty$时，$\sigma=\varepsilon=q=0$。若采用衰减记忆原理，式(10.127)又可以写成

$$\sigma(t)=E_2\varepsilon(t)-E_1\int_{0}^{t}\mathrm{e}^{-\lambda(t-\tau)}\frac{\partial\varepsilon}{\partial\tau}\mathrm{d}\tau \tag{10.128}$$

由此可见，它与微分型元件模型的积分结果是完全一样的。

10.4.3　弹塑性本构方程

由内变量形式的热力学第二定律可知，不可逆系统的耗散函数为

$$D=\theta\dot{\eta}_{\mathrm{i}}=Q\dot{q}\geqslant 0 \tag{10.129}$$

其中，与内变量 q 共轭的广义力为

$$Q=-\frac{\partial\varphi}{\partial q} \tag{10.130}$$

对率无关材料，耗散函数通常可以表示为内变量增量的一阶齐次函数。而由欧拉定理，一阶齐次函数又可以表示为

$$D(\dot{q})=\frac{\partial D}{\partial\dot{q}}\dot{q}=\bar{Q}\dot{q} \tag{10.131}$$

其中，与内变量增量共轭的广义力为

$$\bar{Q}=\frac{\partial D}{\partial\dot{q}} \tag{10.132}$$

由式(10.129)和式(10.131)，有

$$(\bar{Q}-Q)\dot{q}=0 \tag{10.133}$$

式(10.133)表明：$(\bar{Q}-Q)$与内变量增量 $\dot{q}$ 正交。

在热力学理论中，屈服面的存在其实是材料耗散的一个必然结果。为此，对式(10.132)进行 Legendre 转换便可以得到广义力的函数，即

$$Y(\bar{Q})=D(\dot{q})-\bar{Q}\dot{q}=0 \tag{10.134}$$

由于函数 Y 等于零，所以可以将其除以任意一个非零的系数。假设可以将函数 Y 分解为

$$Y(\bar{Q})=\lambda y^{*}(\bar{Q}) \tag{10.135}$$

式中：λ 为任意的非负系数。要让式(10.135)满足式(10.134)，则有

$$y^{*}(\bar{Q})=0 \tag{10.136}$$

因此，y^* 就类似于通常定义的屈服面，只不过此处的屈服面 y^* 是广义力的函数，而一般弹塑性力学当中的屈服面是真实应力的函数。

根据 Legendre 转换关系式(10.134)，可得

$$\dot{q} = \frac{\partial Y}{\partial \overline{Q}} = \lambda \frac{\partial y^*}{\partial \overline{Q}} \tag{10.137}$$

这就是广义应力空间中的流动法则。该式把塑性应变率同屈服面对广义应力的微分建立了联系，并表明在广义应力空间中，正交流动法则仍然适用。

耗散空间屈服面方程可以表示如下

$$y^* = y^*(\sigma, T, q, \overline{Q}) \tag{10.138}$$

由于耗散应力可以表示为应力和内变量的函数，即 $\overline{Q} = \overline{Q}(\boldsymbol{\sigma}, \boldsymbol{q})$。将其代入式(3.138)，便可以得到真实应力空间中的屈服函数

$$y^* = y^*[\sigma, T, q, \overline{Q}(\sigma, q)] = y[\sigma, T, q] = 0 \tag{10.139}$$

此时，根据流动法则得到内变量演化方程为

$$\dot{\boldsymbol{q}} = \lambda \frac{\partial y}{\partial \boldsymbol{\sigma}} = \lambda \boldsymbol{h} \tag{10.140}$$

以剑桥模型为例，Collins 等给出的系统耗散函数如下

$$D = Mp_c e^{\left(\frac{\gamma}{M}-1\right)} d\boldsymbol{\varepsilon}_s^p \tag{10.141}$$

式中：p_c 为先期固结压力；M 为临界状态应力比；$\gamma = \dfrac{d\boldsymbol{\varepsilon}_v^p}{d\boldsymbol{\varepsilon}_s^p}$表示剪胀比。

由式(10.132)得耗散应力为

$$\tilde{p} = \frac{\partial D}{\partial(d\boldsymbol{\varepsilon}_v^p)} = \frac{D}{Md\boldsymbol{\varepsilon}_s^p} \tag{10.142}$$

$$q = \frac{\partial D}{\partial(d\boldsymbol{\varepsilon}_s^p)} = (M-\gamma)\frac{D}{Md\boldsymbol{\varepsilon}_s^p} \tag{10.143}$$

式中：$\tilde{p}$，q 分别为耗散应力空间中的平均有效应力和偏应力，同时也是真实应力。于是，耗散空间(也是真实应力空间)中的屈服面方程表示为

$$y^*(\tilde{p}, q) = f(\tilde{p}, q, \tilde{p}_c) = \frac{q}{\tilde{p}} + M\ln\tilde{p} - M\ln\tilde{p}_c = 0 \tag{10.144}$$

一般来说，Hemholtz 自由能较适合于应变空间，特别是给定应变的塑性模型的描述；Gibbs 自由能较适合于应力空间，描述给定应力条件下的塑性模型。

假设 Gibbs 自由能有如下形式

$$g = g(\boldsymbol{\sigma}, \boldsymbol{q}) \tag{10.145}$$

则系统总应变等于 Gibbs 自由能对应力的偏导数，即

$$\varepsilon(\boldsymbol{\sigma}, \boldsymbol{q}) = \frac{\partial g(\boldsymbol{\sigma}, \boldsymbol{q})}{\partial \boldsymbol{\sigma}} \tag{10.146}$$

因此，应变增量可以表示为

$$d\boldsymbol{\varepsilon} = \frac{\partial^2 g}{\partial \boldsymbol{\sigma} \otimes \partial \boldsymbol{\sigma}} : d\boldsymbol{\sigma} + \frac{\partial^2 g}{\partial \boldsymbol{\sigma} \otimes \partial \boldsymbol{q}} : d\boldsymbol{q} \tag{10.147}$$

于是，弹性和塑性应变增量分别是

$$\mathrm{d}\boldsymbol{\varepsilon}^{\mathrm{e}}=\frac{\partial^2 g}{\partial\boldsymbol{\sigma}\otimes\partial\boldsymbol{\sigma}}:\mathrm{d}\boldsymbol{\sigma}=\boldsymbol{M}:\mathrm{d}\boldsymbol{\sigma} \tag{10.148}$$

$$\mathrm{d}\boldsymbol{\varepsilon}^{\mathrm{p}}=\frac{\partial^2 g}{\partial\boldsymbol{\sigma}\otimes\partial\boldsymbol{q}}:\mathrm{d}\boldsymbol{q}=\frac{\partial\overline{\boldsymbol{Q}}}{\partial\boldsymbol{\sigma}}:\mathrm{d}\boldsymbol{q} \tag{10.149}$$

其中

$$\boldsymbol{M}=\frac{\partial^2 g}{\partial\boldsymbol{\sigma}\otimes\partial\boldsymbol{\sigma}} \tag{10.150}$$

它表示材料的切线弹性模量。

屈服面随内变量的演化一般可以表示为

$$f(\boldsymbol{\sigma},\ \boldsymbol{q})=F(\boldsymbol{\sigma}-\boldsymbol{\rho},\ \boldsymbol{q})-k(\boldsymbol{q}) \tag{10.151}$$

其中

$$\boldsymbol{\rho}=0,\ k(\boldsymbol{q})\neq 0\ \text{等向强化} \tag{10.152}$$

$$\boldsymbol{\rho}\neq 0,\ k(\boldsymbol{q})=0\ \text{随动强化} \tag{10.153}$$

$$\boldsymbol{\rho}\neq 0,\ k(\boldsymbol{q})\neq 0\ \text{组合强化} \tag{10.154}$$

并且，$\boldsymbol{\rho}$ 是背应力，可以表示为应力和内变量的函数，即 $\boldsymbol{\rho}=\boldsymbol{\rho}(\boldsymbol{\sigma},\ \boldsymbol{q})$。

若内变量就采用塑性应变，即 $\boldsymbol{q}=\boldsymbol{\varepsilon}^{\mathrm{p}}$，则由 Prager 硬化法则，则有

$$\dot{\boldsymbol{\rho}}=c\dot{\boldsymbol{\varepsilon}}^{\mathrm{p}} \tag{10.155}$$

其中，c 是材料常数，也可以是内变量的函数。

对屈服面方程(10.151)，利用一致性条件得到

$$\mathrm{d}f(\boldsymbol{\sigma},\ \boldsymbol{q})=\frac{\partial f}{\partial\boldsymbol{\sigma}}:\mathrm{d}\boldsymbol{\sigma}+\frac{\partial f}{\partial\boldsymbol{q}}:\mathrm{d}\boldsymbol{q}=0 \tag{10.156}$$

将式(10.140)代入式(10.156)，有

$$\mathrm{d}f(\boldsymbol{\sigma},\ \boldsymbol{q})=\frac{\partial f}{\partial\boldsymbol{\sigma}}:\mathrm{d}\boldsymbol{\sigma}+\lambda\frac{\partial f}{\partial\boldsymbol{q}}:\boldsymbol{h}=0 \tag{10.157}$$

材料塑性模量可以表示为

$$K_{\mathrm{p}}=\frac{\partial f}{\partial\boldsymbol{q}}:\boldsymbol{h} \tag{10.158}$$

于是，由式(10.157)可以解得

$$\lambda=\frac{1}{K_{\mathrm{p}}}\left(\frac{\partial f}{\partial\boldsymbol{\sigma}}:\mathrm{d}\boldsymbol{\sigma}\right) \tag{10.159}$$

由于内变量选择塑性应变，此时式(10.140)成为

$$\mathrm{d}\boldsymbol{\varepsilon}^{\mathrm{p}}=\lambda\boldsymbol{h}=\frac{1}{K_{\mathrm{p}}}\left(\frac{\partial f}{\partial\boldsymbol{\sigma}}:\mathrm{d}\boldsymbol{\sigma}\right)\boldsymbol{h} \tag{10.160}$$

因此，由式(10.148)、式(10.160)，全应变成为

$$\mathrm{d}\boldsymbol{\varepsilon}=\mathrm{d}\boldsymbol{\varepsilon}^{\mathrm{e}}+\mathrm{d}\boldsymbol{\varepsilon}^{\mathrm{p}}=\boldsymbol{M}:\mathrm{d}\boldsymbol{\sigma}+\frac{1}{K_{\mathrm{p}}}\left(\frac{\partial f}{\partial\boldsymbol{\sigma}}:\mathrm{d}\boldsymbol{\sigma}\right)\boldsymbol{h}=\left[\boldsymbol{M}+\frac{1}{K_{\mathrm{p}}}\frac{\partial f}{\partial\boldsymbol{\sigma}}\otimes\boldsymbol{h}\right]:\mathrm{d}\boldsymbol{\sigma} \tag{10.161}$$

或者将应力表示为应变的函数，即

$$\mathrm{d}\boldsymbol{\sigma}=\boldsymbol{E}:\mathrm{d}\boldsymbol{\varepsilon}^{\mathrm{e}}=\boldsymbol{E}:(\mathrm{d}\boldsymbol{\varepsilon}-\mathrm{d}\boldsymbol{\varepsilon}^{\mathrm{p}})=\boldsymbol{E}:(\mathrm{d}\boldsymbol{\varepsilon}-\lambda\boldsymbol{h}) \tag{10.162}$$

式中：$\boldsymbol{E}=\boldsymbol{M}^{-1}$，是一个四阶张量。

将式(10.162)代入式(10.159)，便得

$$\lambda = \frac{\frac{\partial f}{\partial \boldsymbol{\sigma}} : \boldsymbol{E} : \mathrm{d}\boldsymbol{\varepsilon}}{\frac{\partial f}{\partial \boldsymbol{\sigma}} : \boldsymbol{E} : \boldsymbol{h} + K_{\mathrm{p}}} \tag{10.163}$$

最终给出弹塑性应力 - 应变方程为

$$\mathrm{d}\boldsymbol{\sigma} = \left[\boldsymbol{E} - \frac{\left(\boldsymbol{E} : \frac{\partial f}{\partial \boldsymbol{\sigma}} \right) \otimes (\boldsymbol{h} : \boldsymbol{E})}{\frac{\partial f}{\partial \boldsymbol{\sigma}} : \boldsymbol{E} : \boldsymbol{h} + K_{\mathrm{p}}} \right] : \mathrm{d}\boldsymbol{\varepsilon} \tag{10.164}$$

练习与思考

1. 在一物体中，已知应力、热、能量和熵都与密度ρ、温度θ和温度梯度$\theta_{,k}$有关。如果Clausius－Duhem不等式对所有独立的过程都成立，试问本构方程必须是什么形式？

2. 试用含内变量的不可逆热力学方法求证Wiechert广义模型的应力－应变关系为

$$\sigma(t) = E_s\varepsilon(t) + \sum_{\alpha=1}^{N} E_\alpha \int_{-\infty}^{t} e^{-\lambda_\alpha(t-\tau)} \frac{\partial \varepsilon}{\partial \tau} d\tau$$

其中：$\lambda_\alpha = \dfrac{E_\alpha}{\mu_\alpha}$。

3. 试用热力学第二定律推导连续介质热动力学方程。

第 11 章　混凝土本构方程

11.1　混凝土力学实验

混凝土作为结构材料被广泛应用于各类工程结构中。钢筋混凝土材料具有非常复杂的力学性质，其中包括：(1)由原生微裂纹引起的在多轴应力状态下的非线性应力 - 应变特性；(2)应变软化和各向异性弹性劣化；(3)由拉伸应力或应变引发的逐步开裂；(4)钢筋和混凝土间的黏结滑移、骨料的联锁作用、钢筋的榫合作用；(5)有如徐变、收缩等与时间相关的变形特性等。近年来，在混凝土材料本构模型研究上，基于连续介质力学原理，而不考虑混凝土材料的微观结构，建立了诸如非线性弹性、塑性、损伤等各种理论。

混凝土是一种复合材料，由骨料和砂浆组成，其物理力学性质相当复杂，主要由复合体的结构决定。在这里，我们的讨论仅限于均质普通混凝土的应力 - 应变特性，忽略材料的复合作用，并以均质连续体为基础。

1. 混凝土压缩特性

图 11 - 1 所示为在压缩载荷作用下，混凝土典型的应力 - 应变曲线。

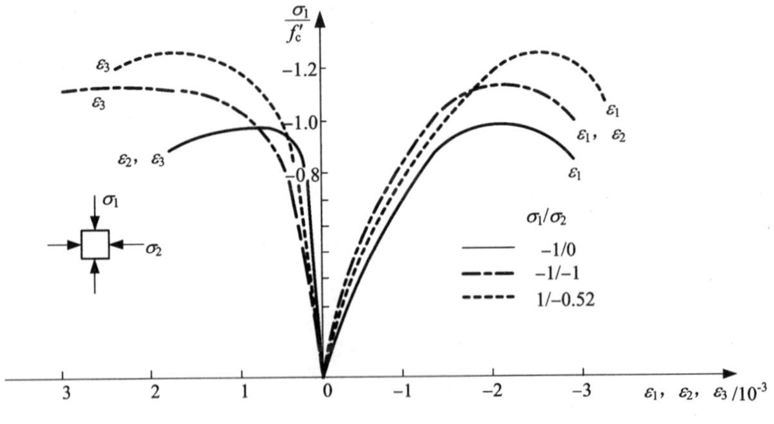

图 11 - 1　双轴压缩混凝土应力 - 应变曲线

由图 11 - 1 可知：混凝土有三个明显的变形阶段，即线弹性阶段、非弹性阶段和应变局部化阶段。

2. 混凝土体积膨胀特性

图 11 - 2 所示为在双轴压缩实验中混凝土体积应变与应力曲线。

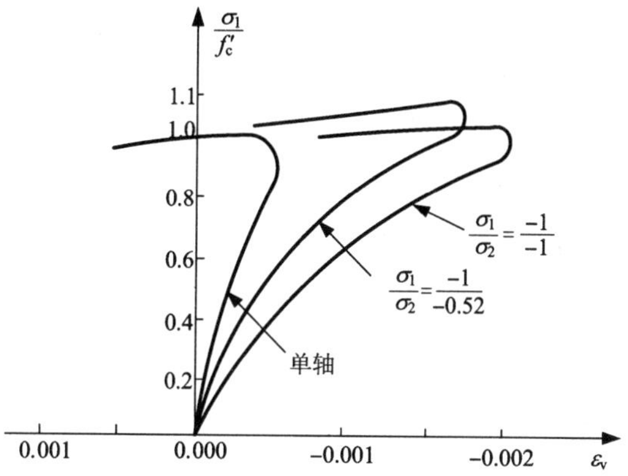

图 11 - 2　双轴压缩混凝土体积应变与应力曲线

由图 11 - 2 可知：混凝土体积应变随着应力的增加非线性增长，在接近极限应力时开始减少。然后随着应力的进一步增长，其向相反的趋势发展。受压混凝土在接近破坏时表现为非弹性体积增加，这一现象称为体积膨胀。压缩裂纹的方向与施加的应力方向平行。

3. 混凝土拉伸特性

图 11 - 3 所示为混凝土单轴拉伸实验的应力 - 伸长曲线。

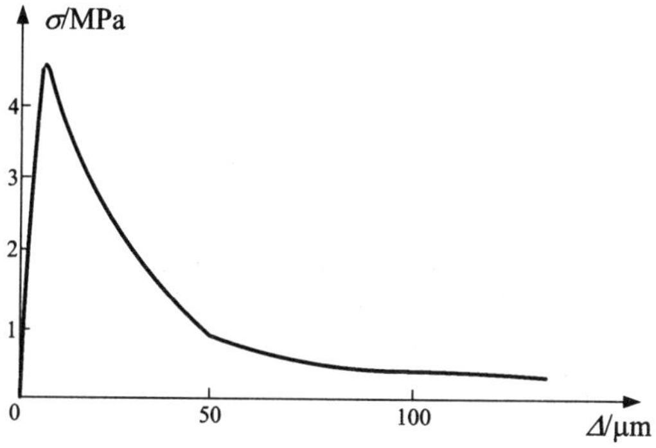

图 11 - 3　混凝土单轴拉伸应力 - 伸长曲线

由图 11 - 3 可以看出：混凝土单轴拉伸下的变形特性和单轴压缩下的变形特性有点类似，然而抗拉强度却大大低于抗压强度。在拉伸时，变形的第二阶段和第三阶段非常短。拉伸裂纹的方向与施加的应力方向垂直。

4. 混凝土应变软化

图 11 - 4 所示为在应变控制条件下，混凝土单轴压缩实验得到的应力 - 应变曲线。

由图 11 - 4 可以看出：每条曲线在破坏后都有一个下降的分枝，这种在峰值后应变逐渐增加时强度降低的现象称为应变软化。从宏观上看，应力 - 应变的软化行为就像强化情况一

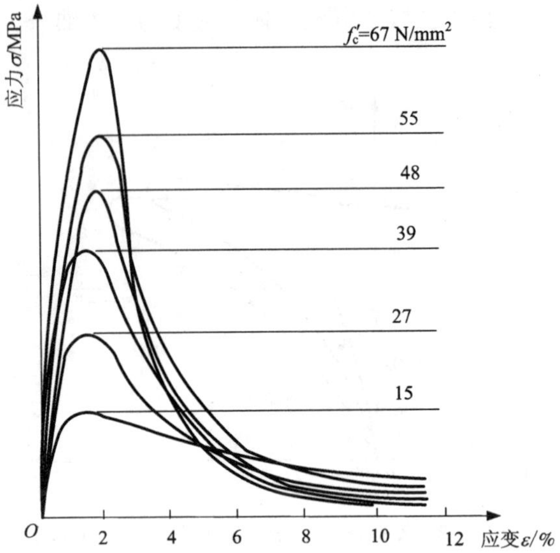

图 11-4　单轴压缩实验混凝土应变软化曲线

样，被看成是连续介质材料的响应。

5. **混凝土刚度退化**

在循环加载下混凝土典型的单轴压缩应力-应变曲线如图11-5所示。

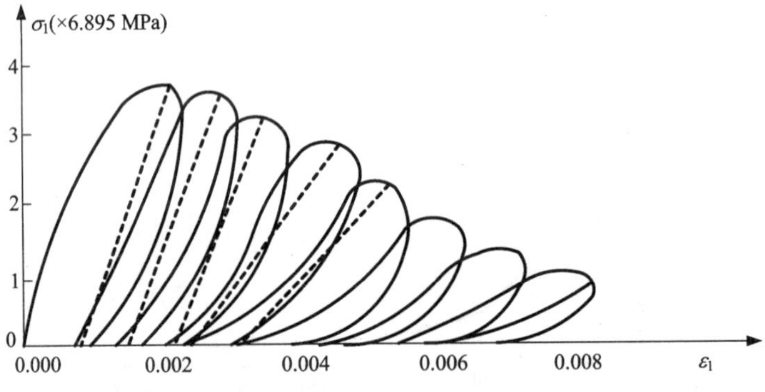

图 11-5　循环加载混凝土单轴压缩应力-应变曲线

从图11-5可以看出：卸载-重新加载曲线不是直线段而是平均斜率逐渐减小的环状曲线，并且卸载-再加载时材料的特性是线弹性的，平均弹性模量(或斜率)随应变的增大而变小，刚度退化与损伤(微裂纹、微裂隙)有关。

11.2　混凝土弹性本构模型

由11.1节实验结果可知，混凝土在压缩范围内及破坏前的变形均呈现出明显的非线性，因此描述混凝土的弹性本构多为非线性弹性模型，它通常是以割线模量表征的增量方程形式。

根据各向同性弹性本构模型，用八面体应力表示的割线形式的混凝土弹性本构方程的偏斜分量部分和体积分量部分分别可以写为

$$\sigma_{\mathrm{oct}} = 3K_s\varepsilon_{\mathrm{oct}} \tag{11.1}$$

$$\tau_{\mathrm{oct}} = G_s\gamma_{\mathrm{oct}} \tag{11.2}$$

其中

$$\sigma_{\mathrm{oct}} = \frac{1}{3}I_1 = \frac{1}{3}(\sigma_1 + \sigma_2 + \sigma_3) \tag{11.3}$$

$$\varepsilon_{\mathrm{oct}} = \frac{1}{3}I_1' = \frac{1}{3}(\varepsilon_1 + \varepsilon_2 + \varepsilon_3) \tag{11.4}$$

$$\tau_{\mathrm{oct}} = \left(\frac{2}{3}J_2\right)^{\frac{1}{2}} = \frac{1}{3}[(\sigma_1 - \sigma_2)^2 + (\sigma_2 - \sigma_3)^2 + (\sigma_3 - \sigma_1)^2]^{\frac{1}{2}} \tag{11.5}$$

$$\gamma_{\mathrm{oct}} = \left(\frac{8}{3}J_2'\right)^{\frac{1}{2}} = \frac{2}{3}[(\varepsilon_1 - \varepsilon_2)^2 + (\varepsilon_2 - \varepsilon_3)^2 + (\varepsilon_3 - \varepsilon_1)^2]^{\frac{1}{2}} \tag{11.6}$$

Gedolin 等建议在三向压缩应力条件下混凝土割线体积模量和割线剪切模量分别表示为 $\varepsilon_{\mathrm{oct}}$ 和 γ_{oct} 的函数，即

$$K_{\mathrm{s}} = K_{\mathrm{s}}(\varepsilon_{\mathrm{oct}}) \tag{11.7}$$

$$G_{\mathrm{s}} = G_{\mathrm{s}}(\gamma_{\mathrm{oct}}) \tag{11.8}$$

将式(11.1)和式(11.2)进行微分可得如下增量关系

$$\dot{\sigma}_{\mathrm{oct}} = 3\left(K_{\mathrm{s}} + \varepsilon_{\mathrm{oct}}\frac{\mathrm{d}K_{\mathrm{s}}}{\mathrm{d}\varepsilon_{\mathrm{oct}}}\right)\dot{\varepsilon}_{\mathrm{oct}} \tag{11.9}$$

$$\dot{\tau}_{\mathrm{oct}} = \left(G_{\mathrm{s}} + \gamma_{\mathrm{oct}}\frac{\mathrm{d}G_{\mathrm{s}}}{\mathrm{d}\gamma_{\mathrm{oct}}}\right)\dot{\gamma}_{\mathrm{oct}} \tag{11.10}$$

式(11.9)与式(11.10)可改写为

$$\sigma_{\mathrm{oct}} = 3K_{\mathrm{t}}\varepsilon_{\mathrm{oct}} \tag{11.11}$$

$$\tau_{\mathrm{oct}} = G_{\mathrm{t}}\gamma_{\mathrm{oct}} \tag{11.12}$$

式中：切线体积模量 K_{t} 和切线剪切模量 G_{t} 为

$$K_{\mathrm{t}} = K_{\mathrm{s}} + \varepsilon_{\mathrm{oct}}\frac{\mathrm{d}K_{\mathrm{s}}}{\mathrm{d}\varepsilon_{\mathrm{oct}}} \tag{11.13}$$

$$G_{\mathrm{t}} = G_{\mathrm{s}} + \gamma_{\mathrm{oct}}\frac{\mathrm{d}G_{\mathrm{s}}}{\mathrm{d}\gamma_{\mathrm{oct}}} \tag{11.14}$$

应力增量张量 $\dot{\sigma}_{ij}$ 可分解为偏量部分 $\dot{s}_{ij}$ 和静水压力部分 $\dot{\sigma}_{\mathrm{oct}}$，即

$$\dot{\sigma}_{ij} = \dot{s}_{ij} + \dot{\sigma}_{\mathrm{oct}}\delta_{ij} \tag{11.15}$$

将式(11.11)代入式(11.15)，有

$$\dot{\sigma}_{ij} = \dot{s}_{ij} + 3K_{\mathrm{t}}\dot{\varepsilon}_{\mathrm{oct}}\delta_{ij} \tag{11.16}$$

若采用 $\dot{\varepsilon}_{\mathrm{oct}} = \frac{1}{3}\dot{\varepsilon}_{kk} = \frac{1}{3}\dot{\varepsilon}_{kl}\delta_{kl}$，且 $\dot{s}_{kk} = 0$，从式(11.16)可得

$$\dot{\sigma}_{\mathrm{oct}} = \frac{1}{3}\dot{\sigma}_{kk} = 3K_{\mathrm{t}}\left(\frac{1}{3}\delta_{kl}\dot{\varepsilon}_{kl}\right) = K_{\mathrm{t}}\delta_{kl}\dot{\varepsilon}_{kl} \tag{11.17}$$

由弹性偏应力关系 $s_{ij}=2Ge_{ij}$ 微分得偏应力增量 $\dot{s}_{ij}$ 为

$$\dot{s}_{ij}=2\left(e_{ij}\frac{\mathrm{d}G_s}{\mathrm{d}\gamma_{oct}}\dot{\gamma}_{oct}+G_s\dot{e}_{ij}\right) \tag{11.18}$$

解式(11.18),可得

$$\frac{\mathrm{d}G_s}{\mathrm{d}\gamma_{oct}}=\frac{G_t-G_s}{\gamma_{oct}} \tag{11.19}$$

又由八面体剪应变关系,得

$$\dot{\gamma}_{oct}=\frac{4}{3}\frac{e_{rm}}{\gamma_{oct}}\dot{e}_{rm} \tag{11.20}$$

于是,由式(11.18)、式(11.19)和式(11.20),可得

$$\dot{s}_{ij}=2\left[G_s\delta_{ir}\delta_{jm}+\frac{4}{3}\frac{(G_t-G_s)}{\gamma_{oct}^2}e_{ij}e_{rm}\right]\dot{e}_{rm} \tag{11.21}$$

再由全应变张量与偏应变张量关系,可得

$$\dot{e}_{rm}=\left(\delta_{rk}\delta_{ml}-\frac{1}{3}\delta_{rm}\delta_{kl}\right)\dot{\varepsilon}_{kl} \tag{11.22}$$

将式(11.22)代入式(11.21),有

$$\dot{s}_{ij}=2\left[G_s\delta_{ik}\delta_{jl}+\frac{1}{3}G_s\delta_{ij}\delta_{kl}+\eta e_{ij}e_{kl}\right]\dot{\varepsilon}_{kl} \tag{11.23}$$

式中:$\eta=\frac{4}{3}\frac{G_t-G_s}{\gamma_{oct}^2}$。

最后,将 $\varepsilon_{oct}=\frac{1}{3}\varepsilon_{kk}$ 和式(11.23)一起代入关系式(11.16),就得到混凝土材料所要求的的次弹性增量应力-应变关系,为

$$\dot{\sigma}_{ij}=2\left[G_s\delta_{ik}\delta_{jl}+\left(\frac{K_t}{2}-\frac{G_s}{3}\right)\delta_{ij}\delta_{kl}+\eta e_{ij}e_{kl}\right]\dot{\varepsilon}_{kl} \tag{11.24}$$

将它写成矩阵形式有

$$\{\dot{\sigma}\}=[C_t]\{\dot{\varepsilon}\} \tag{11.25}$$

式中:$\{\dot{\sigma}\}$ 和 $\{\dot{\varepsilon}\}$ 分别为应力增矢量和应变增矢量;$[C_t]$ 为混凝土材料切线刚度矩阵,可表示为

$$[C_t]=[A]+[B] \tag{11.26}$$

其中

$$[A]=\begin{bmatrix}\alpha & \beta & \beta & 0 & 0 & 0\\ \beta & \alpha & \beta & 0 & 0 & 0\\ \beta & \beta & \alpha & 0 & 0 & 0\\ 0 & 0 & 0 & G_s & 0 & 0\\ 0 & 0 & 0 & 0 & G_s & 0\\ 0 & 0 & 0 & 0 & 0 & G_s\end{bmatrix} \tag{11.27}$$

$$[B]=2\eta\{e\}\{e\}^{\mathrm{T}} \tag{11.28}$$

这里,$\{e\}$ 是偏应变矢量。

11.3 混凝土强度准则

混凝土材料的真实性质和强度是十分复杂的，与很多因素有关。这一现象取决于骨料和水泥浆的物理和力学性质，以及加载的类型。混凝土材料在经受不同条件时，其承载能力有较大的变化。正因为如此，对混凝土材料强度特征的数学模型适度理想化处理十分必要。同时，也没有一个数学模型已经被认为是完整地描述了在所有条件下真实混凝土材料的强度特征，即使可能构建出这样的模型，将其用于实际问题的应力分析也将太过复杂。因此，必须采用较为简单的模型或准则来表示所处理的问题中那些最基本的特性。

最常用的混凝土破坏准则是在应力空间中由 1 ~ 5 个独立控制的材料常数确定的。早期提出的适用于手工计算的单参数和二参数型的简单破坏准则(如最大拉应力准则、Tresca 准则、Mises 准则、Mohr - Coulomb 准则等)，随着计算机技术的发展，以及有较多的实验资料可查时，这些简单的模型通过增添附加参数而得以改进并推广。目前已经用到了三参数、四参数和五参数模型。

对于各向同性材料，混凝土的破坏面一般用应力不变量表达如下

$$f(I_1,\ J_2,\ J_3)=0 \tag{11.29}$$

或用 Haigh - Westergaad 坐标系表示为

$$f(\xi,\ \rho,\ \theta)=0 \tag{11.30}$$

11.3.1 二参数模型

早期的有限元应用中曾使用单参数的 Mises 屈服面来分析钢筋混凝土结构，但混凝土实验表明：在中间的压应力值域内，混凝土的破坏对静水应力状态是敏感的。简单的单参数模型不能描述在这一中间程度压应力下的断裂 - 延性状态破坏，必须使用与压力有关的破坏模型。

对于与压力有关的材料，沿静水轴破坏面的偏横截面大小不同，并且不一定几何相似。然而混凝土在静水压力较小时这些横截面近似于三角形，当静水压力增大时变得接近圆形。

二参数模型假设所有偏横截面几何相似，压力的作用只是调整横截面的大小。其中以 Mohr - Coulomb 准则(图 11 -6(a))和 Drucker - Prager 准则(图 11 -6(b))最为常用。

1) Mohr - Coulomb 准则。

Mohr - Coulomb 准则假设：破坏发生在混凝土材料中一点处任一平面上的剪应力达到同一平面中正应力线性相关的值时，即

$$|\tau| = c - \sigma\tan\varphi \tag{11.31}$$

式中：c 和 φ 分别为混凝土材料内聚力和内摩擦角。这一准则表示在主应力空间中的不规则六角锥，如图 11 -6(a)所示。

2) Drucker 和 Prager 准则。

Mohr - Coulomb 准则的破坏面在六边形上有几个拐角，它给数值计算带来了诸多的困难。Drucker 和 Prager 通过对 Mises 准则的简单修正，提出了一个对 Mohr - Coulomb 破坏面的光滑近似，其数学表达式为

$$f(I_1,\ J_2)=\alpha I_1+\sqrt{J_2}-k=0 \tag{11.32}$$

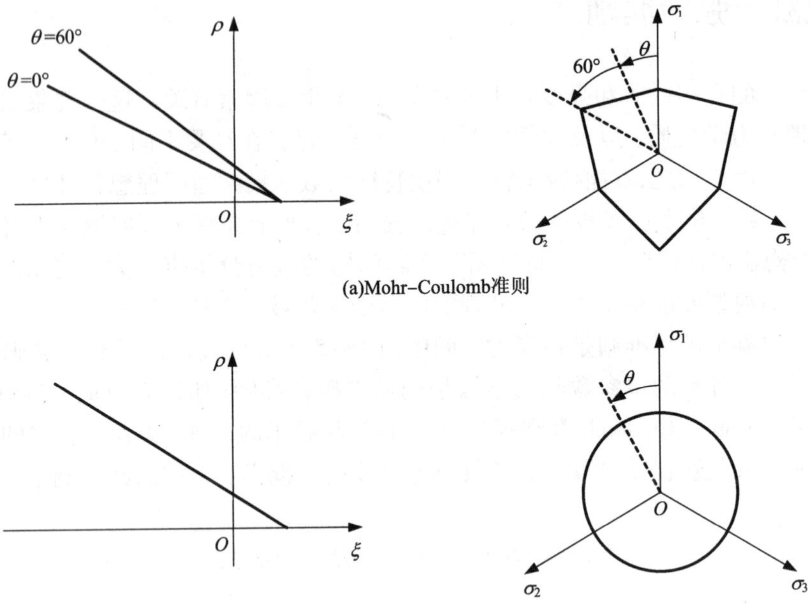

(a)Mohr–Coulomb准则

(b)Drucker–Prager准则

图 11-6　二参数破坏模型的子午线和偏截面

或

$$f(\xi,\ \rho)=\sqrt{6}\alpha\xi+\rho-\sqrt{2}k=0 \tag{11.33}$$

11.3.2　三参数模型

在混凝土的建模中，二参数的 Drucker - Prager 准则有两个明显的缺点，即 I_1 和 $\sqrt{J_2}$ 之间的线性关系以及相似角 θ 的独立性。而混凝土实验表明：$\tau_{oct}\sim\sigma_{oct}$(或 $\xi\sim\rho$)是一条曲线，偏截面上的破坏面的轨迹线不是圆形，而取决于相似角 θ。

(1) Bresler - Pister 准则。

Bresler 和 Pister 提出了一个 $\tau_{oct}\sim\sigma_{oct}$(或 $\xi\sim\rho$)的抛物线关系及具有椭圆偏截面的三参数模型，如图 11-7(a)所示，其数学表达式如下

$$\frac{\tau_{oct}}{f_c}=a-b\left(\frac{\sigma_{oct}}{f_c}\right)+c\left(\frac{\sigma_{oct}}{f_c}\right)^2 \tag{11.34}$$

式中：f_c 为混凝土单轴抗拉强度；a，b，c 为由拟合有效实验数据曲线而确定的三个破坏参数。

(2) Willam - Warnke 准则。

Willam 和 Warnke 提出了在拉伸和低压力区域混凝土三参数破坏面，如图 11-7(b)所示。这个面具有直的子午线和非圆形偏截面，用平均正应力 σ_m 和平均剪应力 τ_m 以及相似角 θ，将这个破坏面表达为

$$f(\sigma_m,\ \tau_m,\ \theta)=\frac{1}{A}\frac{\sigma_m}{f_c}+\frac{\tau_m}{\rho(\theta)}-1=0 \tag{11.35}$$

式中：A 为常数，$\rho(\theta)$ 描绘一个表示在偏平面中破坏面迹线的椭圆曲线，且平均剪应力 τ_m 为

$$\tau_m = \frac{1}{\sqrt{15}}[(\sigma_1-\sigma_2)^2+(\sigma_2-\sigma_3)^2+(\sigma_3-\sigma_1)^2] \tag{11.36}$$

或

$$\tau_m = \sqrt{\frac{2}{5}J_2} \tag{11.37}$$

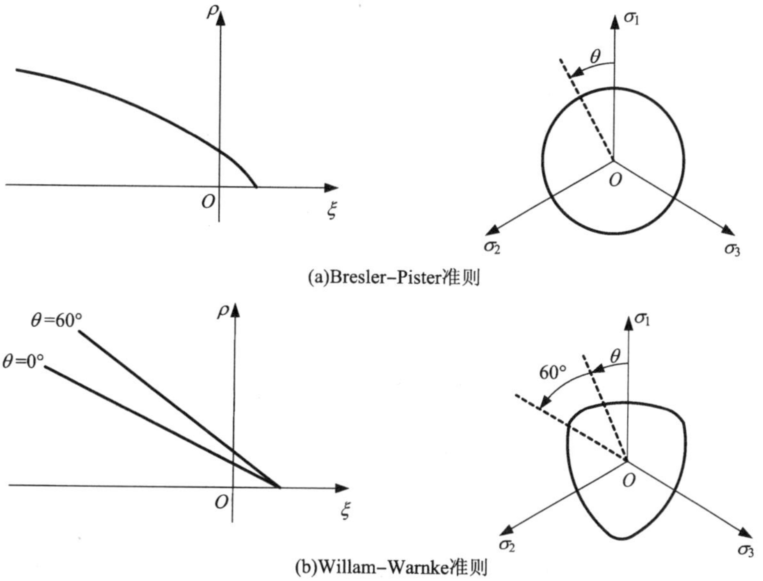

图 11－7　三参数破坏模型的子午线和偏截面

3) Argyris 准则。

Argyris 提出了包含全部三个应力不变量 I_1，J_2，θ 的三参数模型，其表达式如下

$$f(I_1, J_2, \theta) = a\frac{I_1}{f_c} + (b - c\cos 3\theta)\frac{\sqrt{J_2}}{f_c} - 1 = 0 \tag{11.38}$$

这一破坏准则具有直的子午线和非圆形偏平面。

11.3.3　四参数模型

(1) Ottosen 准则

为满足混凝土材料破坏面的几何要求（图 11－8），Ottosen 提出了用三个应力不变量 I_1，J_2，θ 表示的破坏准则

$$f(I_1, J_2, \theta) = a\frac{J_2}{f_c} + \lambda\frac{\sqrt{J_2}}{f_c} + b\frac{I_1}{f_c} - 1 = 0 \tag{11.39}$$

式中：a，b 为常数；λ 为 $\cos 3\theta$ 的函数，即

$$\lambda=\begin{cases}k_1\cos\left[\dfrac{1}{3}\arccos(k_2\cos3\theta)\right] & \cos3\theta>0\\ k_1\cos\left[\dfrac{\pi}{3}-\dfrac{1}{3}\arccos(-k_2\cos3\theta)\right] & \cos3\theta>0\end{cases}\tag{11.40}$$

式中：k_1，k_2 为常数。

用 Haigh－Westergaard 坐标表示，式(11.39)成为

$$f(\xi,\ \rho,\ \theta)=\frac{a}{2}\rho^2+\frac{\lambda}{\sqrt{2}}\rho+\sqrt{3}b\xi-1=0\tag{11.41}$$

这一破坏模型对所有应力组合均为有效，其子午线为抛物线，偏截面为非圆形。对于小应力，随着静水压力增大，偏平面中的迹线形状由近乎三角形变为近乎圆形。这个模型作为特殊情况包含几种较早的模型(例如 $a=b=0$ 和 $\lambda=$ 常数时的 Mises 模型，以及 $a=0$ 和 $\lambda=$ 常数时的 Drucker－Prager 模型)。

(2) Hsieh－Ting－Chen 模型。

四参数破坏准则对大范围的应力组合是有效的，但 λ 函数表达式相当复杂(图 11－8)。Hsieh 等提出了一个更简单并能与实验数据吻合很好的形式，即 $\lambda(\theta)=b\cos\theta+c$。这里 b，c 为常数。将这个表达式代入式(11.41)，则有

$$f(\xi,\ \rho,\ \theta)=A\rho^2+(B\cos\theta+C)\rho+D\xi-1=0\tag{11.42}$$

式中：A，B，C，D 为材料常数。注意到 $\rho\cos\theta=\left(\sqrt{\dfrac{3}{2}}\sigma_1-\dfrac{I_1}{\sqrt{6}}\right)$。根据应力不变量 I_1，J_2，J_3，可以用四个新的材料常数 a，b，c，d 重新写出式(11.42)为

$$aJ_2+b\sqrt{J_2}+c\sigma_1+dI_1-1=0\tag{11.43}$$

有趣的是，式(11.43)的函数形式正好是三个著名的破坏准则(即 Mises 准则、Drucker－Prager 准则和 Rankine 准则)的线性组合。

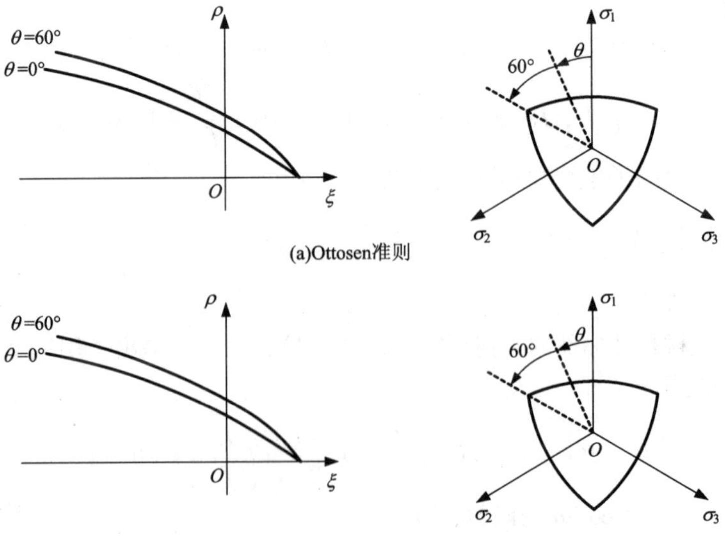

(a)Ottosen准则

(b)Hsieh-Ting-Chen准则

图 11－8　四参数破坏模型的子午线和偏截面

屈服准则定义了在多轴应力状态下混凝土的弹性极限。对金属材料而言，用作破坏应力的屈服应力可以通过实验来确定。但混凝土材料的屈服应力必须是一个假定值，只用于数学形式的本构关系。因此，一些早期的塑性模型假定初始屈服面与破坏面有相似的形状，但取较小尺寸破坏面对应的单轴抗压强度 f_c（例如 $0.3f_c$）。

对初始屈服面的定义这样简化有两点不足：(1) 在静水压力载荷作用下塑性体积的变化不能通过屈服面得到，因为它沿静水压力方向是张开的；(2) 这个定义意味着有一个均匀分布的塑性区，因此该模型对所有加载情况都预测到一个相似的特性。

在建立本构模型的过程中，强化参数的选取是根据初始屈服面和破坏面的定义来确定的。Vermeer 等使用 Mohr – Coulomb 准则的形式作为屈服面和破坏面，因此将内摩擦角 φ 和黏聚力 c 作为强化参数。

11.4　混凝土塑性本构模型

混凝土是脆性材料，它的弹塑性变形特性和材料体内微裂纹的扩展有关，与位错截然不同。但是从宏观上看，仍然可以假定混凝土的应力 – 应变特性由第一阶段变形相应的线弹性部分，以及与第二、三阶段相应的非线性强化部分组成。在非线性阶段，由于混凝土材料内部微裂纹的发展引起的“塑性应变”被定义为一个不可恢复的变形，所以总的应变分为弹性部分和塑性部分。这样，可以根据塑性理论得到混凝土的弹塑性应力 – 应变关系。

混凝土的弹塑性模型包括下面三个假定：

(1) 在应力空间存在一个初始屈服面和一个破坏面，它们分别为弹性区边界和强化区边界；

(2) 强化准则定义了在塑性流动过程中加载面的变化和材料强化特性的变化；

(3) 流动准则与塑性势函数有关，由它导出增量塑性应力 – 应变关系。

1. 非均匀强化塑性模型

将 11.3.3 节四参数混凝土破坏准则用同一表达式表示，则有

$$f(\rho,\ \sigma_m,\ \theta)=\rho-\rho_f(\sigma_m,\ \theta)=0 \quad |\theta|\leqslant 60^\circ \tag{11.44}$$

式中：$\rho=\sqrt{2J_2}$ 是与静水压力轴正交的应力分量；σ_m 为平均应力。函数 $\rho_f(\sigma_m,\ \theta)$ 定义为破坏包络线。

对 Ottosen 模型(11.41)，求解得

$$\rho_f(\sigma_m,\ \theta)=\frac{1}{2a}\left[-\sqrt{2}\lambda+\sqrt{2\lambda^2-8a(3b\sigma_m-1)}\right] \tag{11.45}$$

对 Hsieh – Ting – Chen 模型(11.42)，求解得

$$\rho_f(\sigma_m,\ \theta)=\frac{1}{2A}\left[-(B\cos\theta+C)+\sqrt{(B\cos\theta+C)^2+4A(\sqrt{3}D\sigma_m-1)}\right] \tag{11.46}$$

对式(11.44)定义的破坏函数，可以通过在破坏函数中引入形状因子 k 用公式来表示初始屈服面和后继屈服函数，即

$$f=\rho-k(k_0,\ \sigma_m)\rho_f(\sigma_m,\ \theta)=0 \tag{11.47}$$

这里，形状因子 $k(k_0,\ \sigma_m)$ 是平均应力 σ_m 和强化参数 k_0 的函数。而强化参数 k_0 则与有效应力 τ 和塑性模量 H^p 有关，后者可以从单轴压缩应力 – 塑性应变曲线中得到。

根据经典塑性理论，总的应变增量是弹性应变增量和塑性应变增量的总和

$$d\varepsilon_{ij} = d\varepsilon_{ij}^{e} + d\varepsilon_{ij}^{p} \tag{11.48}$$

按照 Hooke 定律，应力增量由下式确定

$$d\sigma_{ij} = C_{ijkl} d\varepsilon_{ij}^{e} = C_{ijkl}(d\varepsilon_{ij} - d\varepsilon_{ij}^{p}) \tag{11.49}$$

其中，对各向同性材料有

$$C_{ijkl} = G\left(\delta_{ik}\delta_{jl} + \delta_{il}\delta_{jk} + \frac{2\nu}{1-2\nu}\delta_{ij}\delta_{kl}\right) \tag{11.50}$$

当塑性流动发生时一致性条件为

$$df = 0 \tag{11.51}$$

在非均匀强化时，加载函数式(11.47)是关联的，则函数 f 的全微分为

$$df = \frac{\partial f}{\partial \sigma_{ij}} d\sigma_{ij} + \frac{\partial f}{\partial \tau}\frac{\partial \tau}{\partial \varepsilon_{p}} d\varepsilon_{p} = 0 \tag{11.52}$$

式中：τ 为有效应力；ε_p 为有效塑性应变，即

$$\frac{\partial \tau}{\partial \varepsilon_{p}} = H^{p} \tag{11.53}$$

将式(11.53)和式(11.49)代入式(11.52)，则有

$$df = \frac{\partial f}{\partial \sigma_{ij}} C_{ijkl}(d\varepsilon_{ij} - d\varepsilon_{ij}^{p}) + \frac{\partial f}{\partial \tau} H^{p} d\varepsilon_{p} = 0 \tag{11.54}$$

运用塑性流动法则，塑性应变增量为

$$d\varepsilon_{ij}^{p} = d\lambda \frac{\partial g}{\partial \sigma_{ij}} \tag{11.55}$$

而根据塑性功定义，有

$$dW_{p} = \tau d\varepsilon_{p} \tag{11.56}$$

或

$$dW_{p} = \sigma_{ij} d\varepsilon_{ij}^{p} = \sigma_{ij} d\lambda \frac{\partial g}{\partial \sigma_{ij}} \tag{11.57}$$

由此得有效塑性应变 $d\varepsilon_p$ 与 $d\lambda$ 的关系为

$$d\varepsilon_{p} = \varphi d\lambda \tag{11.58}$$

其中，φ 为应力状态的标量函数，即

$$\varphi = \frac{1}{\tau}\frac{\partial g}{\partial \sigma_{ij}} \sigma_{ij} \tag{11.59}$$

将以上关系代入一致性条件(11.54)，解得

$$d\lambda = \frac{1}{h}\frac{\partial f}{\partial \sigma_{ij}} C_{ijkl} d\varepsilon_{kl} \tag{11.60}$$

其中

$$h = \frac{\partial f}{\partial \sigma_{ij}} C_{ijkl} \frac{\partial g}{\partial \sigma_{kl}} - H^{p}\frac{\partial f}{\partial \tau}\varphi \tag{11.61}$$

在单轴压缩情况下，有效应力 $\tau = -\sigma_{33}$，$\rho = -\sqrt{\frac{2}{3}}\sigma_{33}$，$\sigma_m = \frac{1}{3}\sigma_{33}$，$\rho_f = \rho_c$。此时加载函数简化为

$$f = \sqrt{\frac{3}{2}}\tau - k\rho_c = 0 \tag{11.62}$$

于是由一致性条件

$$\mathrm{d}f = \frac{\partial f}{\partial \sigma_{ij}}\mathrm{d}\sigma_{ij} + \frac{\partial f}{\partial \tau}\mathrm{d}\tau = 0 \tag{11.63}$$

得到

$$\frac{\partial f}{\partial \tau} = \frac{\partial f}{\partial \sigma_{33}} = -\left(\sqrt{\frac{2}{3}} + \frac{k}{3}\frac{\mathrm{d}\rho_c}{\mathrm{d}\sigma_m} + \frac{\rho_c}{3}\frac{\mathrm{d}k}{\mathrm{d}\sigma_m}\right) \tag{11.64}$$

于是，最后得到混凝土材料弹塑性本构方程为

$$\mathrm{d}\sigma_{ij} = (C_{ijkl} + C_{ijkl}^{\mathrm{p}})\mathrm{d}\varepsilon_{ij} \tag{11.65}$$

式中：塑性刚度张量 C_{ijkl}^{p}有以下形式

$$C_{ijkl}^{\mathrm{p}} = -\frac{1}{h}H_{ij}^{*}H_{kl} \tag{11.66}$$

这里，

$$H_{ij}^{*} = C_{ijmn}\frac{\partial g}{\partial \sigma_{mn}} \tag{11.67}$$

$$H_{kl} = \frac{\partial f}{\partial \sigma_{pq}}C_{pqkl} \tag{11.68}$$

对关联流动，则有 $g=f$。它的导数形式一般表示为

$$\frac{\partial g}{\partial \sigma_{ij}} = \frac{\partial f}{\partial \sigma_{ij}} = B_0\delta_{ij} + B_1 s_{ij} + B_2 t_{ij} \tag{11.69}$$

式中：B_0，B_1，B_2 为加载函数 f 对应力不变量的导数，并且

$$t_{ij}t_{ij} = \frac{2}{3}J_2^2 \tag{11.70}$$

$$t_{ij}s_{ij} = s_{ij}s_{jk}s_{ki} = 3J_3 \tag{11.71}$$

将式(11.69)代入式(11.66)和式(11.61)，得到

$$h = 2G\left(3B_0^2\frac{1+\nu}{1-2\nu} + 2B_1^2 J_2 + 6B_1B_2J_3 + \frac{2}{3}B_2^2J_2^2\right) - \varphi H^{\mathrm{p}}\frac{\partial f}{\partial \tau} \tag{11.72}$$

$$H_{ij} = H_{ij}^{*} = 2G\left(B_0\frac{1+\nu}{1-2\nu}\delta_{ij} + B_1 s_{ij} + B_2 t_{ij}\right) \tag{11.73}$$

对非关联流动，则有 $g \neq f$，因此取 Drucker – Prager 函数(11.32)作为势函数，即

$$g(\sigma_{ij}, \alpha) = \alpha I_1 + \sqrt{J_2} \tag{11.74}$$

则

$$\mathrm{d}\varepsilon_{ij}^{\mathrm{p}} = \mathrm{d}\lambda\frac{\partial g}{\partial \sigma_{ij}} = \mathrm{d}\lambda\left(\alpha\delta_{ij} + \frac{s_{ij}}{2\sqrt{J_2}}\right) \tag{11.75}$$

于是，由式(11.61)、式(11.67)和式(11.68)可得

$$h = 2G\left(3B_0\alpha\frac{1+\nu}{1-2\nu} + B_1J_2 + \frac{3B_2}{2\sqrt{J_2}}J_3\right) - \varphi H^{\mathrm{p}}\frac{\partial f}{\partial \tau} \tag{11.76}$$

$$H_{ij} = 2G\left(B_0\frac{1+\nu}{1-2\nu}\delta_{ij} + B_1 s_{ij} + B_2 t_{ij}\right) \tag{11.77}$$

$$H_{ij}^* = 2G\left(\alpha \frac{1+\nu}{1-2\nu}\delta_{ij} + \frac{1}{2\sqrt{J_2}}s_{ij}\right) \tag{11.78}$$

将它们代入塑性刚度张量公式(11.66)，不难发现，此时该刚度张量是不对称的。

2. 多重强化塑性模型

含有 N 个强化参数的屈服面函数或加载函数的一般形式可以表示为

$$f(\sigma_{ij}, \mu_1, \mu_2, \cdots, \mu_N) = 0 \tag{11.79}$$

其中，μ_M 为第 M 个强化模型的强化参数。它是第 M 个损伤参数 ξ_M 的唯一函数，即

$$\mu_M = \mu_M(\xi_M) \tag{11.80}$$

损伤参数 ξ_M 通常与塑性变形有关，即

$$\mathrm{d}\xi_M = \alpha_M(\sigma_{ij}, \mu_1, \mu_2, \cdots, \mu_N)\mathrm{d}\varepsilon_{\mathrm{p}} \tag{11.81}$$

这里，α_M 为第 M 个强化模型的损伤参数，有效塑性应变定义为

$$\varepsilon_{\mathrm{p}} = \int \mathrm{d}\varepsilon_{\mathrm{p}} = \int \sqrt{\mathrm{d}\varepsilon_{ij}^{\mathrm{p}}\mathrm{d}\varepsilon_{ij}^{\mathrm{p}}} \tag{11.82}$$

对加载函数(11.79)进行微分，得到一致性条件为

$$\mathrm{d}f = \frac{\partial f}{\partial \sigma_{ij}}\mathrm{d}\sigma_{ij} + \frac{\partial f}{\partial \mu_1}\mathrm{d}\mu_1 + \frac{\partial f}{\partial \mu_2}\mathrm{d}\mu_2 + \cdots + \frac{\partial f}{\partial \mu_N}\mathrm{d}\mu_N = 0 \tag{11.83}$$

而

$$\mathrm{d}\mu_M = \frac{\partial \mu_M}{\partial \xi_M}\mathrm{d}\xi_M = \frac{\partial \mu_M}{\partial \xi_M}\alpha_M \mathrm{d}\varepsilon_{\mathrm{p}} \tag{11.84}$$

把流动法则 $\mathrm{d}\varepsilon_{ij}^{\mathrm{p}} = \mathrm{d}\lambda \dfrac{\partial g}{\partial \sigma_{ij}}$ 代入有效塑性应变(11.82)，得

$$\mathrm{d}\varepsilon_{\mathrm{p}} = \mathrm{d}\lambda \sqrt{\frac{\partial g}{\partial \sigma_{ij}}\frac{\partial g}{\partial \sigma_{ij}}} \tag{11.85}$$

由 Hooke 定律得应力增量为

$$\mathrm{d}\sigma_{ij} = C_{ijkl}\mathrm{d}\varepsilon_{ij}^{\mathrm{e}} = C_{ijkl}(\mathrm{d}\varepsilon_{ij} - \mathrm{d}\varepsilon_{ij}^{\mathrm{p}}) \tag{11.86}$$

于是，将式(11.86)、式(11.85)和式(11.84)代入一致性条件(11.83)，得

$$\mathrm{d}f = \frac{\partial f}{\partial \sigma_{ij}}C_{ijkl}\left(\mathrm{d}\varepsilon_{kl} - \mathrm{d}\lambda \frac{\partial g}{\partial \sigma_{kl}}\right) + \mathrm{d}\lambda\psi \sqrt{\frac{\partial g}{\partial \sigma_{ij}}\frac{\partial g}{\partial \sigma_{ij}}} = 0 \tag{11.87}$$

其中

$$\psi = \frac{\partial f}{\partial \mu_1}\frac{\partial \mu_1}{\partial \xi_1}\alpha_1 + \frac{\partial f}{\partial \mu_2}\frac{\partial \mu_2}{\partial \xi_2}\alpha_2 + \cdots + \frac{\partial f}{\partial \mu_N}\frac{\partial \mu_N}{\partial \xi_N}\alpha_N \tag{11.88}$$

求解式(11.87)，得到

$$\mathrm{d}\lambda = \frac{1}{h}\frac{\partial f}{\partial \sigma_{ij}}C_{ijkl}\mathrm{d}\varepsilon_{kl} \tag{11.89}$$

其中

$$h = \frac{\partial f}{\partial \sigma_{ij}}C_{ijkl}\frac{\partial g}{\partial \sigma_{kl}} - \psi \sqrt{\frac{\partial g}{\partial \sigma_{ij}}\frac{\partial g}{\partial \sigma_{ij}}} \tag{11.90}$$

Ohtanni 和 Chen 提出了具有三个强化参数的混凝土的后继屈服面或加载函数为

$$f = f(\sigma_{ij}, \sigma_{\mathrm{c}}, \sigma_{\mathrm{bc}}, \sigma_{\mathrm{t}}) = 0 \tag{11.91}$$

式中：σ_{c} 为混凝土在单轴压缩中的屈服应力；σ_{bc}为混凝土在等双轴压缩中的屈服应力；σ_{t}

为混凝土在单轴拉伸的屈服应力。

写成显式，式(11.91)成为

在压缩 - 压缩区：

$$f(\sigma_{ij}) = J_2 + \frac{1}{3}A_c I_1 - \tau_c^2 = 0 \tag{11.92}$$

其中

$$A_c = \frac{\sigma_{bc}^2 - \sigma_c^2}{2\sigma_{bc} - \sigma_c} \tag{11.93}$$

$$\tau_c^2 = \frac{\sigma_{bc}\sigma_c(2\sigma_c - \sigma_{bc})}{3(2\sigma_{bc} - \sigma_c)} \tag{11.94}$$

在拉伸 - 拉伸区或拉伸 - 压缩区：

$$f(\sigma_{ij}) = J_2 - \frac{1}{6}I_1^2 + \frac{1}{3}A_t I_1 - \tau_t^2 = 0 \tag{11.95}$$

其中

$$A_t = \frac{\sigma_t - \sigma_c}{2} \tag{11.96}$$

$$\tau_t^2 = \frac{\sigma_t\sigma_c}{6} \tag{11.97}$$

混凝土弹塑性本构关系的一般形式可以写成

$$d\sigma_{ij} = (C_{ijkl} + C_{ijkl}^p)d\varepsilon_{ij} \tag{11.98}$$

其中，塑性刚度张量 C_{ijkl}^p 有以下形式

$$C_{ijkl}^p = -\frac{1}{h}H_{ij}^* H_{kl} \tag{11.99}$$

假定为关联流动，因此有

$$H_{ij}^* = H_{ij} = C_{ijmn}\frac{\partial f}{\partial \sigma_{mn}} \tag{11.100}$$

把不同区域加载函数代入式(11.100)，计算得

$$H_{ij} = 3KB_0\delta_{ij} + 2Gs_{ij} \tag{11.101}$$

$$h = 9KB_0^2 + 4GJ_2 - \psi\sqrt{3\rho^2 - 2J_2} \tag{11.102}$$

其中

$$B_0 = \frac{\partial f}{\partial I_1} = \frac{1}{3}A + nI_1 \tag{11.103}$$

式中：对于压缩 - 压缩区：$A = A_c$，$n = -\frac{1}{3}$；对于拉伸 - 拉伸区或拉伸 - 压缩区：$A = A_t$，$n = -\frac{1}{3}$，并且

$$\psi = \alpha_1 Q_1 H_c^p + \alpha_2 Q_2 H_{bc}^p + \alpha_3 Q_3 H_t^p \tag{11.104}$$

式中：α_1，α_2，α_3 分别为 3 个强化模型的损伤参数，而

$$H_c^p = \frac{d\sigma_c}{d\varepsilon_{pc}},\ H_{bc}^p = \frac{d\sigma_{bc}}{d\varepsilon_{pbc}},\ H_t^p = \frac{d\sigma_t}{d\varepsilon_{pt}} \tag{11.105}$$

式(11.105)三式分别是单轴压缩、等双轴压缩和单轴拉伸模式中的塑性强化模量。Q_1，Q_2，Q_3 分别是加载函数相对于各个强化参数的偏导数，即

对压缩－压缩区：

$$\left.\begin{aligned} Q_1 &= \frac{\partial f}{\partial \sigma_c} = \frac{1}{3}\frac{1}{(2\sigma_{bc}-\sigma_c)}(\sigma_c^2 - 4\sigma_c\sigma_{bc} + \sigma_{bc}^2)(I_1 + 2\sigma_{bc}) \\ Q_2 &= \frac{\partial f}{\partial \sigma_{bc}} = \frac{2}{3}\frac{1}{(2\sigma_{bc}-\sigma_c)^2}(\sigma_c^2 - \sigma_c\sigma_{bc} + \sigma_{bc}^2)(I_1 + \sigma_{bc}) \\ Q_3 &= \frac{\partial f}{\partial \sigma_t} = 0 \end{aligned}\right\} \tag{11.106}$$

对拉伸－拉伸区或拉伸－压缩区：

$$\left.\begin{aligned} Q_1 &= \frac{\partial f}{\partial \sigma_c} = \frac{1}{6}(I_1 - \sigma_t) \\ Q_2 &= \frac{\partial f}{\partial \sigma_{bc}} = 0 \\ Q_3 &= \frac{\partial f}{\partial \sigma_t} = -\frac{1}{6}(I_1 + \sigma_c) \end{aligned}\right\} \tag{11.107}$$

11.5 混凝土损伤本构模型

混凝土的非线性应力－应变特性主要由于微裂纹的产生和集结，考虑到这个劣化过程，采用损伤理论模型建立混凝土本构方程。

1. 标量损伤模型

假定混凝土损伤为各向同性，可选损伤变量 D 为标量参数，则可取自由能函数表达式为

$$\psi = \frac{1}{2}(1-D)C_{ijkl}\varepsilon_{ij}\varepsilon_{kl} \tag{11.108}$$

其中，$0 \leqslant D \leqslant 1$。$D=0$ 与初始(无损伤)状态相对应，$D=1$ 表示破坏状态。

由不可逆热力学内变量理论，得本构方程为

$$\sigma_{ij} = \frac{\partial \psi}{\partial \varepsilon_{ij}} = \frac{1}{2}(1-D)C_{ijkl}\varepsilon_{kl} \tag{11.109}$$

对混凝土材料，损伤通常与拉伸应变有关，若采用等效应变作为局部拉伸的度量，即

$$\tilde{\varepsilon} = \sqrt{\sum_i \langle \varepsilon_i \rangle_+^2} \tag{11.110}$$

其中，ε_i 为主应变，并且

$$\langle \varepsilon_i \rangle_+ = \begin{cases} \varepsilon_i & \varepsilon_i \geqslant 0 \\ 0 & \varepsilon_i \leqslant 0 \end{cases} \tag{11.111}$$

损伤准则可定义为

$$f(D) = \tilde{\varepsilon} - K(D) = 0 \tag{11.112}$$

其中，$K(D)$ 为阈值，也就是表征在材料内考虑的点原先加载历史中所达到的最大等效应变值 $\tilde{\varepsilon}_0$。而 $K(0) = K_0$ 为初始损伤阈值。

于是，损伤率方程由下式给出

$$\dot{D}=\begin{cases}0 & f=0,\ \dot{f}\leqslant 0\quad \text{或}\quad f<0\\ F(\tilde{\varepsilon})\langle\dot{\tilde{\varepsilon}}\rangle_{+} & f=0,\ \dot{f}=0\end{cases}\tag{11.113}$$

在拉伸和压缩载荷的作用下，混凝土的性质表现出很大的差异。在拉伸加载情况下，裂纹直接由拉伸应力产生，拉伸应变与应力方向相同。但是，在压缩载荷作用下，拉伸应变由于泊松效应产生，因而与应力方向垂直。考虑到这种差异，引进两个参数 D_{t} 和 D_{c}，分别与单轴拉伸和单轴压缩情况相对应，即

$$D_{\mathrm{t}}=F_{\mathrm{t}}(\tilde{\varepsilon})\tag{11.114}$$

$$D_{\mathrm{c}}=F_{\mathrm{c}}(\tilde{\varepsilon})\tag{11.115}$$

应力张量 σ_{ij} 可以分解为

$$\sigma_{ij}=\langle\sigma_{ij}\rangle_{+}+\langle\sigma_{ij}\rangle_{-}\tag{11.116}$$

其中，$\langle\sigma_{ij}\rangle_{+}$ 有正特征值，$\langle\sigma_{ij}\rangle_{-}$ 有负的特征值。因此有

$$I_1=\sigma_{ii}=\langle\sigma_{ii}\rangle_{+}+\langle\sigma_{ii}\rangle_{-}\tag{11.117}$$

应变张量相应分解为

$$\varepsilon_{ij}=\langle\varepsilon_{ij}\rangle_{\mathrm{t}}+\langle\varepsilon_{ij}\rangle_{\mathrm{c}}\tag{11.118}$$

其中

$$\langle\varepsilon_{ij}\rangle_{\mathrm{t}}=\frac{1+\nu}{E}\langle\sigma_{ij}\rangle_{+}-\frac{\nu}{E}\langle\sigma_{ii}\rangle_{+}\tag{11.119}$$

$$\langle\varepsilon_{ij}\rangle_{\mathrm{c}}=\frac{1+\nu}{E}\langle\sigma_{ij}\rangle_{-}-\frac{\nu}{E}\langle\sigma_{ii}\rangle_{-}\tag{11.120}$$

在复杂应力条件下 D 定义为 D_{t} 和 D_{c} 的组合

$$D=\alpha_{\mathrm{t}}D_{\mathrm{t}}+\alpha_{\mathrm{c}}D_{\mathrm{c}}\tag{11.121}$$

其中，α_{t}，α_{c} 是由应力状态决定的参数，取为

$$\begin{cases}\alpha_{\mathrm{t}}=\sum\limits_i H_i\dfrac{\varepsilon_{\mathrm{t}i}(\varepsilon_{\mathrm{t}i}+\varepsilon_{\mathrm{c}i})}{\tilde{\varepsilon}^2}\\ \alpha_{\mathrm{c}}=\sum\limits_i H_i\dfrac{\varepsilon_{\mathrm{c}i}(\varepsilon_{\mathrm{t}i}+\varepsilon_{\mathrm{c}i})}{\tilde{\varepsilon}^2}\end{cases}\tag{11.122}$$

这里，主应变 ε_i 也可分解为

$$\varepsilon_i=\varepsilon_{\mathrm{t}i}+\varepsilon_{\mathrm{c}i}\tag{11.123}$$

$$H_i=\begin{cases}1 & \varepsilon_i\geqslant 0\\ 0 & \varepsilon_i<0\end{cases}\tag{11.124}$$

根据实验结果，混凝土损伤变量 D_{t} 和 D_{c} 可取为

$$D_{\mathrm{t}}(\tilde{\varepsilon})=1-\frac{K_0(1-A_{\mathrm{t}})}{\tilde{\varepsilon}}-A_{\mathrm{t}}\mathrm{e}^{[-B_{\mathrm{t}}(\tilde{\varepsilon}-K_0)]}\tag{11.125}$$

$$D_{\mathrm{c}}(\tilde{\varepsilon})=1-\frac{K_0(1-A_{\mathrm{c}})}{\tilde{\varepsilon}}-A_{\mathrm{c}}\mathrm{e}^{[-B_{\mathrm{c}}(\tilde{\varepsilon}-K_0)]}\tag{11.126}$$

这里，K_0 为初始损伤阈值，A_{t}，B_{t} 和 A_{c}，B_{c} 为材料常数。前者由梁弯曲实验确定，后者由单轴压缩实验确定。

2. 单向损伤模型

混凝土的损伤一般与微裂纹的出现有关，所以混凝土的损伤通常表现为单向特性。例

如，由载荷拉伸引起的微裂纹一般与载荷方向垂直，因此导致该方向上刚度的减少。如果卸载后再作用压缩载荷，则微裂纹又将闭合，并且刚度甚至恢复到初始值。考虑到混凝土损伤的这种单向特性，引进两个损伤变量 D_t 和 D_c，并假定它们是独立变化的。

考虑到式(11.115)给出的应力张量分解，自由余能可以写成

$$\varphi(\sigma_{ij}) = \varphi(\langle\sigma_{ij}\rangle_+) + \varphi(\langle\sigma_{ij}\rangle_-) \tag{11.127}$$

其中，

$$\varphi(\langle\sigma_{ij}\rangle_+) = \frac{1}{2}\left(\frac{1}{1-D_t}\right)S_{ijkl}\langle\sigma_{ij}\rangle_+\langle\sigma_{kl}\rangle_+ \tag{11.128}$$

$$\varphi(\langle\sigma_{ij}\rangle_-) = \frac{1}{2}\left(\frac{1}{1-D_c}\right)S_{ijkl}\langle\sigma_{ij}\rangle_-\langle\sigma_{kl}\rangle_- \tag{11.129}$$

式中：S_{ijkl}为混凝土初始柔度张量。

对于一个给定的损伤状态，材料的应力－应变关系为

$$\varepsilon_{ij} = \frac{\partial\varphi}{\partial\langle\sigma_{ij}\rangle_+} + \frac{\partial\varphi}{\partial\langle\sigma_{ij}\rangle_-} \tag{11.130}$$

将式(11.128)和式(11.129)代入式(11.130)，得到

$$\varepsilon_{ij} = \left(\frac{1}{1-D_t}\right)S_{ijkl}\langle\sigma_{ij}\rangle_+ + \left(\frac{1}{1-D_c}\right)S_{ijkl}\langle\sigma_{ij}\rangle_- \tag{11.131}$$

对各向同性情况，式(11.131)成为

$$\varepsilon_{ij} = \frac{1}{(1-D_t)E}[(1+\nu)\langle\sigma_{ij}\rangle_+ - \nu\langle\sigma_{kk}\rangle_+\delta_{ij}] + \frac{1}{(1-D_c)E}[(1+\nu)\langle\sigma_{ij}\rangle_- - \nu\langle\sigma_{kk}\rangle_-\delta_{ij}] \tag{11.132}$$

与损伤变量 D_t 和 D_c 共轭的热力学驱动力为

$$Y_t = \frac{\partial\varphi}{\partial D_t} = \frac{1}{(1-D_t)^2}\left[\frac{(1-2\nu)}{6E}\langle I_1\rangle_+^2 + \frac{(1+\nu)}{E}\langle J_2\rangle_+\right] \tag{11.133}$$

$$Y_c = \frac{\partial\varphi}{\partial D_c} = \frac{1}{(1-D_c)^2}\left[\frac{(1-2\nu)}{6E}\langle I_1\rangle_-^2 + \frac{(1+\nu)}{E}\langle J_2\rangle_-\right] \tag{11.134}$$

式中：$\langle I_1\rangle_+$，$\langle I_1\rangle_-$，$\langle J_2\rangle_+$，$\langle J_2\rangle_-$分别为相应应力张量$\langle\sigma_{ij}\rangle_+$，$\langle\sigma_{ij}\rangle_-$的不变量。

假定损伤准则为

$$f_t = Y_t - K_t(D_t) = 0 \tag{11.135}$$

$$f_c = Y_c - K_c(D_c) = 0 \tag{11.136}$$

初始损伤阈值为

$$K_t(0) = Y_t^0 \tag{11.137}$$

$$K_c(0) = Y_c^0 \tag{11.138}$$

式中：Y_t^0 和 Y_c^0 分别由单轴拉伸和压缩实验给出，即

$$Y_t^0 = \frac{(\sigma_t^0)^2}{2E} \tag{11.139}$$

$$Y_c^0 = \frac{(\sigma_c^0)^2}{2E} \tag{11.140}$$

式中：σ_t^0 和 σ_c^0 分别为拉伸和压缩时的初始损伤应力。

损伤演化方程服从下列的损伤准则

$$\dot{D}_{\mathrm{t}}=0 \quad f_{\mathrm{t}}=0,\ \dot{f}_{\mathrm{t}}<0 \quad \text{或} \quad f_{\mathrm{t}}<0 \tag{11.141}$$

$$\dot{D}_{\mathrm{c}}=0 \quad f_{\mathrm{c}}=0,\ \dot{f}_{\mathrm{c}}<0 \quad \text{或} \quad f_{\mathrm{c}}<0 \tag{11.142}$$

并且

$$\dot{D}_{\mathrm{t}}=F_{\mathrm{t}}(Y_{\mathrm{t}})\dot{Y}_{\mathrm{t}} \quad f_{\mathrm{t}}=0,\ \dot{f}_{\mathrm{t}}=0 \tag{11.143}$$

$$\dot{D}_{\mathrm{c}}=F_{\mathrm{c}}(Y_{\mathrm{c}})\dot{Y}_{\mathrm{c}} \quad f_{\mathrm{c}}=0,\ \dot{f}_{\mathrm{c}}=0 \tag{11.144}$$

其中，F_{t} 和 F_{c} 分别为热力学驱动力 Y_{t} 和 Y_{c} 的连续正定函数。即

$$F_{\mathrm{t}}=\frac{\sqrt{Y_{\mathrm{t}}^{0}}(1-a_{\mathrm{t}})}{2(Y_{\mathrm{t}})^{\frac{3}{2}}}+\frac{a_{\mathrm{t}}b_{\mathrm{t}}}{2\sqrt{Y_{t}}\mathrm{e}^{[b_{\mathrm{t}}(\sqrt{Y_{\mathrm{t}}}-\sqrt{Y_{\mathrm{t}}^{0}})]}} \tag{11.145}$$

$$F_{\mathrm{c}}=\frac{\sqrt{Y_{\mathrm{c}}^{0}}(1-a_{\mathrm{c}})}{2(Y_{\mathrm{c}})^{\frac{3}{2}}}+\frac{a_{\mathrm{c}}b_{\mathrm{c}}}{2\sqrt{Y_{c}}\mathrm{e}^{[b_{\mathrm{c}}(\sqrt{Y_{\mathrm{c}}}-\sqrt{Y_{\mathrm{c}}^{0}})]}} \tag{11.146}$$

式中：a_{t}，b_{t}，a_{c}，b_{c} 为材料常数。

3. 内时损伤本构方程

将内蕴时间塑性理论与损伤力学理论结合起来，发挥这两种理论在描述混凝土本构关系方面的优点可以建立一个相对简单、便于计算，且能抓住混凝土本质特性的本构模型。

假设混凝土内部按损伤与否可以划分为两个区域：V_{n} 是能承担荷载的未受损区域体积，V_{d} 是不能承担荷载的损伤区域体积，总体积(或名义体积)V。显然，在加载过程中，损伤区域 V_{d} 在增加，而未损区域 V_{n} 在减少。因此，引入损伤变量 D 为

$$D=\frac{V_{\mathrm{d}}}{V} \quad 0\leqslant D\leqslant 1 \tag{11.147}$$

再由 $V=V_{\mathrm{d}}+V_{\mathrm{n}}$，可得

$$\Omega=1-D=\frac{V_{\mathrm{n}}}{V} \tag{11.148}$$

由于混凝土在拉伸和压缩应力状态的微裂纹发展的特性不同，需要按不同的情况分别定义有效应力。

对于 $\sigma_{kk}>0$ 情况，应力球张量和偏张量均对损伤值 D 有影响，都引起微裂纹的扩展。此时有效应力 σ_{ij}^{n}定义为

$$\sigma_{ij}^{\mathrm{n}}=\frac{\sigma_{ij}}{1-D} \tag{11.149}$$

或

$$\sigma_{ij}=(1-D)\sigma_{ij}^{\mathrm{n}} \tag{11.150}$$

对于 $\sigma_{kk}\leqslant 0$ 情况，应力球张量表示三向等压状态。在 σ_{kk}作用下，微裂纹趋于闭合，没有损伤发生，可以认为有效应力和名义应力中的静水应力相等，即 $\sigma_{kk}=\sigma_{kk}^{\mathrm{n}}$。损伤主要由偏应力引起。此时有效应力的偏斜部分 s_{ij}^{n}定义为

$$s_{ij}^{\mathrm{n}}=\frac{s_{ij}}{1-D} \tag{11.151}$$

由于

$$\sigma_{ij}=s_{ij}+\frac{1}{3}\sigma_{kk}\delta_{ij} \tag{11.152}$$

$$\sigma_{ij}^{n} = s_{ij}^{n} + \frac{1}{3}\sigma_{kk}^{n}\delta_{ij} \tag{11.153}$$

由此可得

$$\sigma_{ij} = (1 - D)\sigma_{ij}^{n} + \frac{1}{3}\sigma_{kk}^{n}\delta_{ij} \tag{11.154}$$

假定未损伤区域 V_n 内的材料服从弹塑性内时本构关系，相应的应力是有效应力 σ_{ij}^{n}。同时采用损伤材料等效应变的假设，即对应于名义应力 σ_{ij} 和有效应力 σ_{ij}^{n} 的应变相等，都为 ε_{ij}。

对混凝土材料而言，其塑性体积应变主要来自微裂纹影响，如果把微裂纹影响(它将引起混凝土软化、体积膨胀等)看作损伤问题分离出来后，混凝土的塑性体积应变可近似取为零。因此只需研究未损伤区域 V_n 内的混凝土材料弹塑性内时本构关系。

借用经典的黏塑性本构关系，即

$$\frac{\mathrm{d}s_{ij}}{\mathrm{d}t} = D_{ijkl}^{e}\frac{\mathrm{d}\sigma_{kl}^{n}}{\mathrm{d}t} + \frac{\partial\psi}{\partial\sigma_{ij}} \tag{11.155}$$

式(11.155)可以分成偏应变和体积应变两部分。根据内时弹塑性本构理论关于耗散型材料本构方程的形式不变定律，可以用相应的内时标度 Z 代替普通时间 t，则有

$$\mathrm{d}e_{ij} = \frac{\mathrm{d}s_{ij}^{n}}{2G} + \frac{1}{2G}\frac{\partial\psi}{\partial e_{ij}}\mathrm{d}Z \tag{11.156}$$

$$\mathrm{d}\varepsilon_{kk} = \frac{1}{3K}\mathrm{d}\sigma_{kk}^{n} \tag{11.157}$$

其中，ψ 为加载函数，对混凝土材料可取内时标度为

$$\mathrm{d}Z = \frac{\mathrm{d}\zeta}{f(\zeta)} \tag{11.158}$$

$$\mathrm{d}\zeta = \sqrt{\frac{1}{2}\mathrm{d}e_{ij}\mathrm{d}e_{ij}} \tag{11.159}$$

Bazant 等根据混凝土实验数据拟合取强化函数 $f(\zeta)$ 为

$$f(\zeta) = \frac{1}{C}\left[0.001 + \frac{0.05\zeta + 50\zeta^{2} + 0.1(mL)^{\frac{3}{4}}}{1 + \left|0.079\frac{I_{3}^{n}}{f_{c}^{3}}\right|^{\frac{1}{4}}}\right] \tag{11.160}$$

式中：I_3^n 为有效应力的第三不变量；f_c 为混凝土单轴抗压强度；$L = \sqrt{\frac{1}{2}e_{ij}e_{ij}}$；$m$，$C$ 为考虑卸载的系数。对单调加载，取 $m = 0$，$C = 1$；对循环加载，$m = \left|\frac{\zeta}{L} - 1\right|$，$C$ 按下述原则确定

$$\left.\begin{array}{l} \mathrm{d}w \leqslant 0,\ w = w_0:\ C = 1 \\ \mathrm{d}w < 0,\ w \neq w_0:\ C = C_u \\ \mathrm{d}w \geqslant 0,\ w < w_0:\ C = C_r \end{array}\right\} \tag{11.161}$$

式中：$\mathrm{d}w = s_{ij}\mathrm{d}e_{ij}$ 为形变功，$w_0 = w_{\max}$；$C_u = 0.6$，$C_r = 0.8$。

此外，Bazant 给出的加载函数 ψ 为

$$\psi = \int s_{ij}^{n}\mathrm{d}e_{ij} + h(\sigma_{kk}^{n})\int\sigma_{kk}^{n}\mathrm{d}\varepsilon_{kk} - H \tag{11.162}$$

其中，体积项积分反映了压缩变形的影响，H 为任意参数。

将式(11.162)代入式(11.156)，得

$$de_{ij}=\frac{ds_{ij}^{n}}{2G}+\frac{s_{ij}^{n}}{2G}dZ \tag{11.163}$$

或

$$ds_{ij}^{n}=2Gde_{ij}-s_{ij}^{n}dZ \tag{11.164}$$

利用 $de_{ij}=d\varepsilon_{ij}-\frac{1}{3}d\varepsilon_{kk}\delta_{ij}$，$ds_{ij}^{n}=d\sigma_{ij}^{n}-\frac{1}{3}d\sigma_{kk}^{n}\delta_{ij}$，可以将式(11.164)写成矩阵形式的增量弹塑性内时本构方程

$$\{d\sigma^{n}\}=[D]\{d\varepsilon\}-\{dH^{p}\} \tag{11.165}$$

其中

$$\{d\sigma^{n}\}^{T}=\{d\sigma_{x}^{n},\ d\sigma_{y}^{n},\ d\sigma_{z}^{n},\ d\tau_{yz}^{n},\ d\tau_{zx}^{n},\ d\tau_{xy}^{n}\} \tag{11.166}$$

$$\{d\varepsilon\}^{T}=\{d\varepsilon_{x},\ d\varepsilon_{y},\ d\varepsilon_{z},\ d\gamma_{yz},\ d\gamma_{zx},\ d\gamma_{xy}\} \tag{11.167}$$

$$\{dH^{p}\}^{T}=\{s_{x}^{n},\ s_{y}^{n},\ s_{z}^{n},\ s_{yz}^{n},\ s_{zx}^{n},\ s_{xy}^{n}\}\Delta Z \tag{11.168}$$

$$[D]=\begin{bmatrix} D_1 & D_2 & D_2 & 0 & 0 & 0\\ D_2 & D_1 & D_2 & 0 & 0 & 0\\ D_2 & D_2 & D_1 & 0 & 0 & 0\\ 0 & 0 & 0 & D_3 & 0 & 0\\ 0 & 0 & 0 & 0 & D_3 & 0\\ 0 & 0 & 0 & 0 & 0 & D_3 \end{bmatrix} \tag{11.169}$$

式中：$D_1=K+\frac{4}{3}G$，$D_2=K-\frac{2}{3}G$，$D_3=2G$。在方程(11.164)中的卸载情况，则$\{d\sigma^{n}\}$服从弹性规律，而刚度的降低由损伤变量来考虑。

损伤变量随加载过程的变化，由损伤演化方程来描述。分别可取

$$D=\begin{cases}1-e^{(-3a\varepsilon_{m}-b\xi^{s})} & \sigma_{kk}>0\\ [1-e^{(-c\xi^{r})}]D_{u} & \sigma_{kk}\leqslant 0\end{cases} \tag{11.170}$$

其中，$d\xi=\sqrt{de_{ij}^{p}de_{ij}^{p}}$。Desai 等根据不同受力条件下应力－应变曲线实验结果，得到参数 a，b，s 和 c，r，D_{u} 值分别为

$$a=4\times10^{3},\ b=2.2\times10^{5},\ s=1.2,\ c=725,\ r=1.1,\ D_{u}=0.9$$

有了混凝土未损区域的弹塑性解以及损伤发展方程，就可以利用式(11.165)和式(11.170)构筑混凝土本构方程。

对 $\sigma_{kk}>0$ 情况：由式(11.150)得

$$\frac{\partial\sigma_{ij}}{\partial\sigma_{kl}^{n}}=(1-D)\delta_{ik}\delta_{jl} \tag{11.171}$$

$$\frac{\partial\sigma_{ij}}{\partial D}=-\sigma_{ij}^{n} \tag{11.172}$$

从而得

$$\frac{\partial\sigma_{ij}}{\partial\sigma_{kl}^{n}}d\sigma_{kl}^{n}=(1-D)d\sigma_{ij}^{n} \tag{11.173}$$

$$\frac{\partial \sigma_{ij}}{\partial D}\mathrm{d}D = -\sigma_{ij}^{\mathrm{n}}\mathrm{d}D \tag{11.174}$$

所以有

$$\mathrm{d}\sigma_{ij} = \frac{\partial \sigma_{ij}}{\partial \sigma_{kl}^{\mathrm{n}}}\mathrm{d}\sigma_{kl}^{\mathrm{n}} + \frac{\partial \sigma_{ij}}{\partial D}\mathrm{d}D = (1-D)\mathrm{d}\sigma_{ij}^{\mathrm{n}} - \sigma_{ij}^{\mathrm{n}}\mathrm{d}D \tag{11.175}$$

将式(11.165)代入式(11.175)，便得

$$\mathrm{d}\sigma_{ij} = (1-D)(D_{ijkl}\mathrm{d}\varepsilon_{kl} - \mathrm{d}H_{ij}^{\mathrm{p}}) - \sigma_{ij}^{\mathrm{n}}\mathrm{d}D = (1-D)D_{ijkl}\mathrm{d}\varepsilon_{kl} - (1-D)\mathrm{d}H_{ij}^{\mathrm{p}} - \mathrm{d}D\sigma_{ij}^{\mathrm{n}} \tag{11.176}$$

同样，对 $\sigma_{kk} \leqslant 0$ 情况：由式(11.154)得

$$\frac{\partial \sigma_{ij}}{\partial \sigma_{kl}^{n}} = (1-D)\delta_{ik}\delta_{jl} + \frac{D}{3}\delta_{ij}\delta_{pk}\delta_{pl} \tag{11.177}$$

$$\frac{\partial \sigma_{ij}}{\partial D} = -\sigma_{ij}^{\mathrm{n}} + \frac{1}{3}\sigma_{kk}^{\mathrm{n}}\delta_{ij} = -s_{ij}^{\mathrm{n}} \tag{11.178}$$

从而有

$$\frac{\partial \sigma_{ij}}{\partial \sigma_{kl}^{\mathrm{n}}}\mathrm{d}\sigma_{kl}^{\mathrm{n}} = (1-D)\mathrm{d}\sigma_{ij}^{\mathrm{n}} + \frac{D}{3}\mathrm{d}\sigma_{pp}^{\mathrm{n}}\delta_{ij} \tag{11.179}$$

$$\frac{\partial \sigma_{ij}}{\partial D}\mathrm{d}D = -\mathrm{d}Ds_{ij}^{\mathrm{n}} \tag{11.180}$$

所以

$$\mathrm{d}\sigma_{ij} = (1-D)\mathrm{d}\sigma_{ij}^{\mathrm{n}} + \frac{D}{3}\mathrm{d}\sigma_{pp}^{\mathrm{n}}\delta_{ij} - \mathrm{d}Ds_{ij}^{\mathrm{n}} = \mathrm{d}\sigma_{ij}^{\mathrm{n}} - \mathrm{d}s_{ij}^{\mathrm{n}}D - \mathrm{d}Ds_{ij}^{\mathrm{n}} \tag{11.181}$$

将式(11.165)代入式(11.181)，便得

$$\mathrm{d}\sigma_{ij} = D_{ijkl}\mathrm{d}\varepsilon_{kl} - \mathrm{d}H_{ij}^{\mathrm{p}} - \mathrm{d}s_{ij}^{\mathrm{n}}D - \mathrm{d}Ds_{ij}^{\mathrm{n}} \tag{11.182}$$

式(11.176)和式(11.182)可以统一写成矩阵形式

$$\{\mathrm{d}\sigma\} = [\overline{D}]\{\mathrm{d}\varepsilon\} - \{\mathrm{d}\sigma'\} \tag{11.183}$$

其中

当 $\sigma_{kk} > 0$

$$\overline{D}_{ijkl} = (1-D)D_{ijkl} \tag{11.184}$$

$$\mathrm{d}\sigma_{ij}' = -(1-D)\mathrm{d}H_{ij}^{\mathrm{p}} - \mathrm{d}D\sigma_{ij}^{\mathrm{n}} \tag{11.185}$$

当 $\sigma_{kk} > 0$

$$\overline{D}_{ijkl} = D_{ijkl} \tag{11.186}$$

$$\mathrm{d}\sigma_{ij}' = \mathrm{d}H_{ij}^{\mathrm{p}} + \mathrm{d}s_{ij}^{\mathrm{n}}D + \mathrm{d}Ds_{ij}^{\mathrm{n}} \tag{11.187}$$

练习与思考

1. 混凝土非线性变形的细观机理是什么？
2. 混凝土损伤的主要特点是什么？损伤演化经历了哪几个阶段，其特征各是什么？
3. 举例说明骨料和砂浆在混凝土强度和非线性变形上所起的作用分别是什么。

第 12 章　岩石本构方程

12.1　岩石力学实验

研究岩石类材料本构性质最常用的是常规三轴压缩实验。实施三轴压缩实验的通常方法是：首先在柱形试件作用以各向均匀压应力 p(也称围压)，然后在保持围压不变的情况下施加轴向载荷 σ。因此这种三轴压缩实验可以理解为在各向同性压缩的初始状态上叠加一个单轴压缩。图 12－1 所示为某石英岩样品在刚性实验机上三轴压缩的实验结果，曲线 $OABCDEF$ 通常称为应力－应变全过程曲线，或全应力－应变曲线。

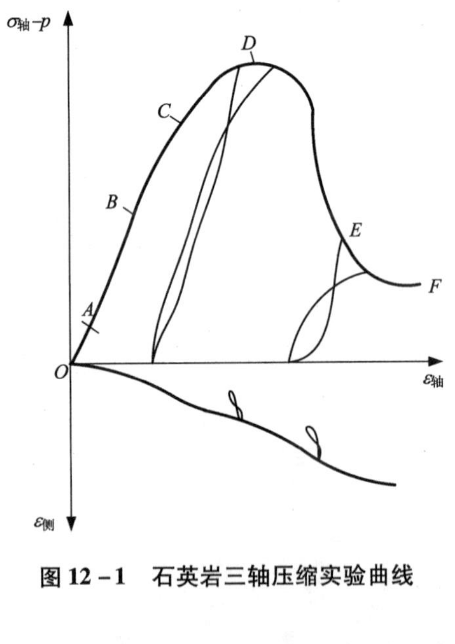

图 12－1　石英岩三轴压缩实验曲线

在实验进行的不同阶段对试件进行显微镜观察和变形测量可以看到：在 OA 段，原有空隙闭合，轴向应力－应变关系有非线性；在 AB 段，试件处于线弹性范围，其细观结构无明显变化；在 BC 段，有新的微破坏现象出现，形成孤立的微观裂纹，方向为最大主应力方向，但轴向应力－应变关系仍处于线性阶段；在 CD 段，由于微裂纹形成速度加快，微裂纹密度加大，轴向应力－应变关系又出现非线性；在 DE 段裂纹密度无明显增大，但断续的裂纹在相同的方向上连通，试件进入非线性软化阶段；在 EF 段，沿微裂纹面开始滑动，材料出现宏观破坏。总的来看，在峰值应力前的各区段，裂纹是弥散形式的，而峰值后则微裂纹有集中化的趋势。因此，全应力－应变曲线的峰前部分代表了岩石的材料性质，而峰后部分则代表了岩石的结构性质。所以在讨论岩石材料本构方程时，从唯象学和连续介质模型来看，如果考虑代表体元的尺度为岩石试件的尺度，那么无须讨论代表体元的内部细节，无须区别弥散裂纹和集中裂纹，只要在实验中能够得到稳定的曲线，实验具有较好的精度和可重复性，所得到的试件性质就是岩石材料性质。无论峰前或蜂后，全应力－应变曲线就整体地反映了材料的性质。

此外，在全应力－应变曲线上，超过 B 点卸除载荷(即 ε_1 减小)后试件的变形仅是部分地消失，还有一部分变形被永久地保留下来，前者可恢复的变形就是弹性变形，后者是卸除载荷后的残余变形。尽管岩石类材料与金属材料两者的残余变形在微观机理上有很大区别，但它们在宏观上的不可逆性却是相同的。在宏观的连续介质唯象学理论中，不注重变形的微观机理，而将“塑性”与“不可逆”等同，从而将岩石类材料的残余变形视为塑性变形。这样，就可以不再把这一变形阶段的岩石类材料看作脆性材料，而是看成弹塑性材料，从而构建岩石类材料的弹塑性力学理论。

然而，岩石类材料毕竟不是金属材料，其弹塑性变形有两个重要的特点：

(1)进入塑性阶段后不仅有强化阶段还有软化阶段；

(2)卸载的弹性模量随塑性变形的出现和发展而不断变化，称为弹性与塑性的变形耦合。同时杨氏模量随微裂纹增长而降低，出现弹性刚度的损伤劣化现象。

12.2 岩石弹性本构模型

岩石材料多呈现出各向异性，而其中最常用的模型是交叉各向异性，或又称横观各向同性。这种性质岩石的性质体现在：存在某一平面，其上的应力－应变关系是各向同性的，而在该平面之外的应力－应变弹性系数是不同的。如果取 z 轴与各向同性平面正交，则其弹性应力－应变关系成为

$$\{\sigma\} = [C]\{\varepsilon\} \tag{12.1}$$

其中：弹性矩阵$[C]$为

$$[C] = \begin{bmatrix} c_{11} & c_{12} & c_{13} & 0 & 0 & 0 \\ c_{12} & c_{11} & c_{13} & 0 & 0 & 0 \\ c_{13} & c_{13} & c_{33} & 0 & 0 & 0 \\ 0 & 0 & 0 & c_{44} & 0 & 0 \\ 0 & 0 & 0 & 0 & c_{11}-c_{12} & 0 \\ 0 & 0 & 0 & 0 & 0 & c_{44} \end{bmatrix} \tag{12.2}$$

该矩阵中有 c_{11}，c_{12}，c_{13}，c_{33}，c_{44}共 5 个独立常数。

上面的交叉各向异性弹性矩阵也可以写成逆形式，即柔度矩阵$[S]=[C]^{-1}$。以弹性模量和泊松比表示为

$$[S]=\begin{bmatrix} \frac{1}{E_H} & -\frac{\nu_{HH}}{E_H} & -\frac{\nu_{HV}}{E_V} & 0 & 0 & 0 \\ -\frac{\nu_{HH}}{E_H} & \frac{1}{E_H} & -\frac{\nu_{HV}}{E_V} & 0 & 0 & 0 \\ -\frac{\nu_{HV}}{E_V} & -\frac{\nu_{HV}}{E_V} & \frac{1}{E_V} & 0 & 0 & 0 \\ 0 & 0 & 0 & \frac{1}{2G_{VH}} & 0 & 0 \\ 0 & 0 & 0 & 0 & \frac{1+\nu_{HH}}{E_H} & 0 \\ 0 & 0 & 0 & 0 & 0 & \frac{1}{2G_{VH}} \end{bmatrix} \tag{12.3}$$

其中，E_H，E_V 分别为水平层面内和垂直方向上的弹性模量，泊松比 ν_{HH}，它使沿一个水平轴的载荷与沿另一个水平轴的应变发生关系。在水平面的伸展性应变和垂直荷载之间，或垂直伸张性应变和水平荷载之间的关系由另外两个泊松比 ν_{HV}或 ν_{VH}控制。第五个常数 G_{VH}使垂直层面方向的剪应力与剪应变发生关系。

Drnevich 提出了求交叉各向异性材料弹性矩阵[C]中各元素值的实验方法。他建议使用侧限变形模量 M_H，M_V 和剪切模量 G_{HH}，G_{VH}，并以实际测量来表示这 5 个独立常数，即

$$\left.\begin{aligned} &c_{11}=M_H,\ c_{33}=M_V,\ c_{44}=2G_{VH} \\ &c_{55}=2G_{HH},\ c_{12}=c_{21}=M_H-2G_{HH} \\ &c_{13}=c_{23}=c_{31}=c_{32}\approx\frac{M_H+M_V}{2(1-G_{VH})} \end{aligned}\right\} \tag{12.4}$$

上述弹性矩阵元素也可以通过柔度矩阵求逆得到

$$\left.\begin{aligned} &c_{11}=A\left(\frac{E_H}{E_V}-\nu_{VH}^2\right)=M_H \\ &c_{33}=A(1-\nu_{HH}^2)=M_V \\ &c_{12}=c_{21}=A\left(\frac{E_H}{E_V}\nu_{HH}+\nu_{HH}^2\right) \\ &c_{13}=c_{23}=c_{31}=c_{32}=A\nu_{HH}(1+\nu_{HH}) \\ &c_{44}=2G_{VH} \\ &c_{55}=\frac{E_H}{1+\nu_{HH}}=2G_{HH} \end{aligned}\right\} \tag{12.5}$$

其中

$$A=\frac{E_H}{(1+\nu_{HH})\left[\left(\frac{E_H}{E_V}\right)(1-\nu_{HH})-2\nu_{VH}^2\right]} \tag{12.6}$$

根据坐标转换关系，对横观各向同性体可以导出与水平方向成 θ 角的方向上的弹性模量 E_θ 的表达式

$$\frac{1}{E_\theta}=\frac{\cos^4\theta}{E_H}+\frac{\sin^4\theta}{E_V}+\left(\frac{1}{G_V}-\frac{2\nu_{HH}}{E_V}\right)\cos^2\theta\sin^2\theta \tag{12.7}$$

令 $n=\frac{E_H}{E_V}$，$n_{45}=\frac{E_{45}}{E_V}$。其中 E_{45} 为试件在 45°方向上测得的弹性模量，由式(12.7)得

$$G_V=\frac{E_V}{A+2(1+\nu_{VH})} \tag{12.8}$$

$$A=\frac{4n-n_{45}-3nn_{45}}{nn_{45}} \tag{12.9}$$

对岩石试件，可以通过声波测试的方法确定上述力学参数值。

12.3　岩石强度准则

1. Mohr – Coulomb 准则

Mohr 在 1900 年提出了一个破坏条件，他认为在材料剪切破坏面内极限剪应力 τ 是同一面内正应力 σ 的函数，它反映了剪切破坏的压力相关性。对不同应力路径做破坏实验，在 $\tau\sim\sigma$ 坐标平面上画出破坏时的应力圆主圆，这些主圆的包络线，称为 Mohr 包络线。包络线的数学表达式 $\tau=f(\sigma)$ 就是 Mohr 强度准则，其中 Mohr 包络线最简单的形式是直线(图 12－2)，即

$$|\tau|=c-\sigma\tan\varphi \tag{12.10}$$

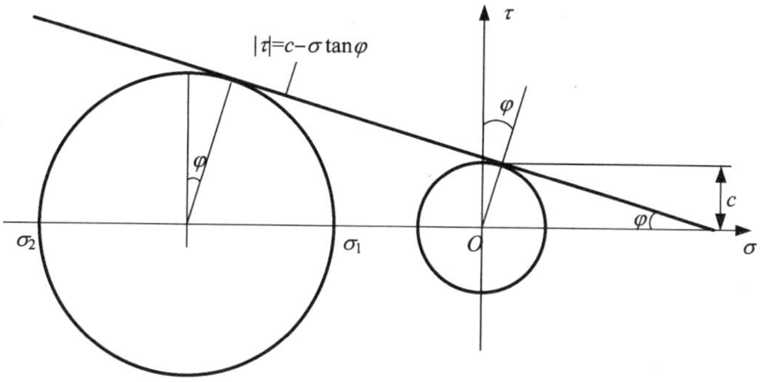

图 12－2　Mohr－Coulomb 准则

而早在 1773 年 Coulomb 研究土体破坏时就使用了这个直线方程，也称它为 Coulomb 方程。式中：τ 为剪切强度，c 为直线在 τ 轴上的截距，称为黏聚力；φ 为直线相对横轴的倾角，称为内摩擦角，而 $\mu=\tan\varphi$ 称为内摩擦因数。

如果规定 $\sigma_1\geqslant\sigma_2\geqslant\sigma_3$，那么破坏面上的正应力和剪应力可以分别表示为

$$\sigma=\frac{1}{2}(\sigma_1+\sigma_3)+\frac{1}{2}(\sigma_1-\sigma_3)\sin\varphi \tag{12.11}$$

$$\tau=\frac{1}{2}(\sigma_1-\sigma_3)\cos\varphi \tag{12.12}$$

将它们代入方程(12.10)，于是得到用主应力 σ_1 和 σ_3 表示的 Mohr－Coulomb 准则

$$f(\sigma_1, \sigma_3, \sigma_c) = n\sigma_1 - \sigma_3 - \sigma_c = 0 \tag{12.13}$$

式中：

$$n = \frac{1+\sin\varphi}{1-\sin\varphi}, \ \sigma_c = \frac{2c\cos\varphi}{1-\sin\varphi} \tag{12.14}$$

参数 σ_c 是在 $\sigma_1 \sim \sigma_3$ 主应力平面内直线的截距，表征无限侧的压缩强度；而 n 则是表征压缩强度与表征拉伸强度之比。

式(12.13)在几何上是主应力空间中的一个平面。如果不规定主应力的大小次序，Mohr – Coulomb 准则在主应力空间是一个六棱椎体的表面，它在 π 平面内的截线是一个不规则六边形，称为 Coulomb 六边形。在 $\varphi = 0$ 的特殊情况下，$n = 1$，$\sigma_c = 2c$，式(12.13)回到 Tresca 准则，这时黏聚力等于剪切强度。于是 Mohr – Coulomb 准则可以看作是考虑压力相关性而对 Tresca 准则的推广。

在历史上，Mohr – Coulomb 准则常作为破坏准则来使用的，c 和 φ 是由破坏实验得到的两个强度参数。但在岩石塑性本构理论研究中，Mohr – Coulomb 准则是作为屈服准则来使用的。然而，屈服准则的表述要比强度准则复杂很多，因为屈服准则有初始屈服准则(微裂纹出现)和后继屈服准则(微裂纹发展导致屈服面大小和形状发生改变)之分。因此，岩石类材料的屈服准则应该用一族曲面表示，即屈服准则可以仍采用 Mohr – Coulomb 准则形式，但其中 c 和 φ 不再是常数，而应该随着塑性变形的发展而变化。这样，式(12.13)就可以代表一族屈服准则。最简单的办法是让参数 κ 代表加载历史，c 和 φ 看作 κ 的函数。当 $\kappa = 0$ 时，$c = c(0)$，$\varphi = \varphi(0)$ 对应于初始屈服面；随着 κ 的不断增长，屈服面不断扩大(对应强化阶段)，当 κ 达到某个值时，即 $\kappa = \kappa_p$ 时，$c = c(\kappa_p)$，$\varphi = \varphi(\kappa_p)$，达到峰值屈服面(即强度面)。随着 κ 进一步增长，屈服面逐渐收缩(对应软化阶段)，最后在某个 κ 值达到残余屈服面。上面描述的过程，恰是采用 Mohr – Coulomb 屈服准则和使用等向强(软)化规律的情景。而随材料强(软)化参数 κ 变化的黏聚力和内摩擦角 $c(\kappa)$ 和 $\varphi(\kappa)$ 的值可以通过三轴压缩实验取得。

需要指出的是，Mohr – Coulomb 准则在应力空间是六棱锥面，在棱线上导数没有定义，形成奇点。因此，将它作为强度准则使用时，这些奇点无关紧要。但将它当作屈服准则使用时，这些奇点则会产生数学上的一些困难。出现了经典塑性理论 Tresca 屈服准则在数值计算是同样的困境。

2. Drucker – Prager 准则

为推广 Mises 准则在岩土力学中的应用，Drucker 和 Prager 考虑压力对屈服的影响而引入了一个附加项，从而提出了一个新的准则，即 Drucker – Prager 准则。

$$f = \alpha I_1 + \sqrt{J_2} - k = 0 \tag{12.15}$$

式中：α 为与材料压力相关的系数；αI_1 为摩擦剪切屈服强度；k 为黏聚剪切屈服强度。在应力空间，它是一个圆锥面，其子午线和在 π 平面内的截线如图 12 – 3 所示，在 π 平面内截线是一个圆，称为 Drucker – Prager 圆。

为确定参数 α 和 k 与工程上常用的黏聚力 c 和内摩擦角 φ 之间的关系，需要将 Drucker – Prager 圆锥锥顶与 Mohr – Coulomb 棱锥锥顶重合，当 D – P 圆与 M – C 六边形外顶点重合时，可得

$$\alpha = \frac{2\sin\varphi}{\sqrt{3}(3-\sin\varphi)} \tag{12.16}$$

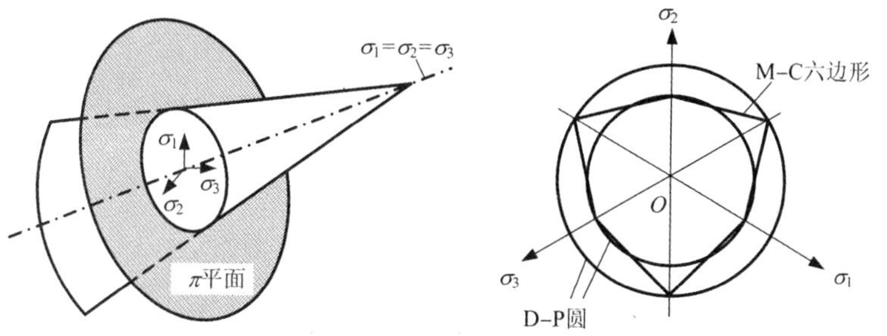

图 12－3　Drucker－Prager 屈服面

$$k=\frac{6c\cos\varphi}{\sqrt{3}(3-\sin\varphi)} \tag{12.17}$$

而当 D－P 圆与 M－C 六边形内顶点重合时，可得

$$\alpha=\frac{2\sin\varphi}{\sqrt{3}(3+\sin\varphi)} \tag{12.18}$$

$$k=\frac{6c\cos\varphi}{\sqrt{3}(3+\sin\varphi)} \tag{12.19}$$

对理想塑性情况(如软岩、泥岩)，α 和 k 可以看作常数，而对一般的工程岩石类材料，α 和 k 则是强(软)化参数 $\boldsymbol{\kappa}$ 的函数。

将式(12.15)屈服函数代入 7.3.5 节塑性力学一致性条件公式计算得

$$\frac{\partial f}{\partial \boldsymbol{\sigma}}=\alpha\boldsymbol{e}+\frac{1}{2\sqrt{J_2}}\frac{\partial J_2}{\partial \boldsymbol{\sigma}}=\alpha\boldsymbol{e}+\frac{1}{2\sqrt{J_2}}\bar{\boldsymbol{s}} \tag{12.20}$$

$$\boldsymbol{C}\frac{\partial f}{\partial \boldsymbol{\sigma}}=3\alpha K\boldsymbol{e}+\frac{G}{\sqrt{J_2}}\boldsymbol{s} \tag{12.21}$$

于是

$$\left(\frac{\partial f}{\partial \boldsymbol{\sigma}}\right)^{\mathrm{T}}\boldsymbol{C}\frac{\partial f}{\partial \boldsymbol{\sigma}}=\left(\alpha\boldsymbol{e}^{\mathrm{T}}+\frac{1}{2\sqrt{J_2}}\bar{\boldsymbol{s}}^{\mathrm{T}}\right)\left(3\alpha K\boldsymbol{e}+\frac{G}{\sqrt{J_2}}\boldsymbol{s}\right)=9\alpha^2K+G \tag{12.22}$$

取 $\boldsymbol{\kappa}=W^p$，则有

$$A=-\frac{\partial f}{\partial W^p}\boldsymbol{\sigma}^{\mathrm{T}}\frac{\partial f}{\partial \boldsymbol{\sigma}}=(k'-\alpha' I_1)\boldsymbol{\sigma}^{\mathrm{T}}\left(\alpha\boldsymbol{e}+\frac{1}{2\sqrt{J_2}}\bar{\boldsymbol{s}}\right)=k(k'-\alpha' I_1) \tag{12.23}$$

式中：$\alpha'=\frac{\partial \alpha}{\partial W^p}$；$k'=\frac{\partial k}{\partial W^p}$。其中，$k'-\alpha' I_1>0$ 表示强化，$k'-\alpha' I_1=0$ 表示理想塑性，$k'-\alpha' I_1<0$ 表示软化。

需要指出的是，Drucker－Prager 屈服面除锥顶外处处光滑，因此广泛运用在工程计算中。

3. Hoek－Brown 准则

Hoek 和 Brown 根据各类岩石的实验结果，提出了一个经验性的适用于岩体材料的破坏准则，其表达式为

$$F=\sigma_1-\sigma_3-\sqrt{m\sigma_c\sigma_3+s\sigma_c^2} \tag{12.24}$$

式中：σ_c 为单轴抗压强度；m，s 分别为岩体材料常数，取决于岩石的性质和破碎程度。

Hoek 和 Brown 准则考虑了岩体质量数据，即考虑了与围压有关的岩体强度，使它比 Mohr – Coulomb 准则更适合于岩体材料。但 Hoek 和 Brown 准则与 Mohr – Coulomb 准则一样都没有考虑中间主应力的影响，但在子午平面上它的破坏包络线是一条曲线，而不是一条直线。

当用应力不变量表达 Hoek 和 Brown 准则，它成为

$$F = m\sigma_c \frac{I_1}{3} + 4J_2\cos^2\theta_\sigma + m\sigma_c\sqrt{J_2}\left(\cos\theta_\sigma + \frac{\sin\theta_\sigma}{\sqrt{3}}\right) - s\sigma_c^2 = 0 \tag{12.25}$$

在应力空间中，它是一个具有6个抛物面组成的锥形面，在6个抛物面的交线上具有奇异性。为了消除奇异性，用一个椭圆函数 $g(\theta_\sigma)$ 去逼近这一不规则的六角形，其表述如下

$$g(\theta_\sigma) = \frac{4(1-e^2)\cos^2\left(\frac{\pi}{6}+\theta_\sigma\right) + (1-2e)^2}{2(1-e^2)\cos^2\left(\frac{\pi}{6}+\theta_\sigma\right) + (2e-1)D} \tag{12.26}$$

其中

$$D = \sqrt{4(1-e^2)\cos^2\left(\frac{\pi}{6}+\theta_\sigma\right) + 5e^2 - 4e} \tag{12.27}$$

$$e = \frac{q_1}{q_c} \tag{12.28}$$

式中：q_c，q_1 分别为受压和受拉时的偏应力。

于是，Hoek – Brown 方程(12.25)成为一个光滑、连续的凸曲面，并表示如下

$$F = q^2g^2(\theta_\sigma) + \bar{\sigma}_c qg(\theta_\sigma) + 3\bar{\sigma}_c p - s\sigma_c^2 = 0 \tag{12.29}$$

式中：$\bar{\sigma}_c = m\frac{\sigma_c}{3}$；$q = \sqrt{3J_2}$；$p = \frac{I_1}{3}$。

4. Lade 屈服准则

Lade 屈服函数在 π 平面上是一个不规则的形状，近似为一个曲边的三角形。屈服函数没有角点，是光滑曲线，外接 Mohr – Coulomb 破坏条件的三个外角顶点。

$$F = \frac{\sigma_1\sigma_2\sigma_3}{p^3} = \frac{I_3}{I_1^3} = k \tag{12.30}$$

或

$$F = -\frac{2}{3\sqrt{3}}J_2^{\frac{3}{2}}\sin 3\theta_\sigma - \frac{1}{3}I_1J_2 + \left(\frac{1}{27} - \frac{1}{k}\right)I_1^2 = 0 \tag{12.31}$$

5. Hill 屈服准则

为了反映岩石类材料在强度上的各向异性，并考虑岩石类材料屈服的压力相关性，加入正应力分量的线性项，则 Hill 屈服准则可以修改为

$$f(\sigma) = [a_1(\sigma_y - \sigma_z)^2 + a_2(\sigma_z - \sigma_x)^2 + a_3(\sigma_x - \sigma_y)^2 + (a_4\tau_{yz}^2 + a_5\tau_{zx}^2 + a_6\tau_{xy}^2)]^{\frac{1}{2}} + a_7\sigma_x + a_8\sigma_y + a_9\sigma_z - 1 = 0 \tag{12.32}$$

式中：a_1，…，a_9 为9个独立的材料常数，反映了材料材料的正交各向异性。

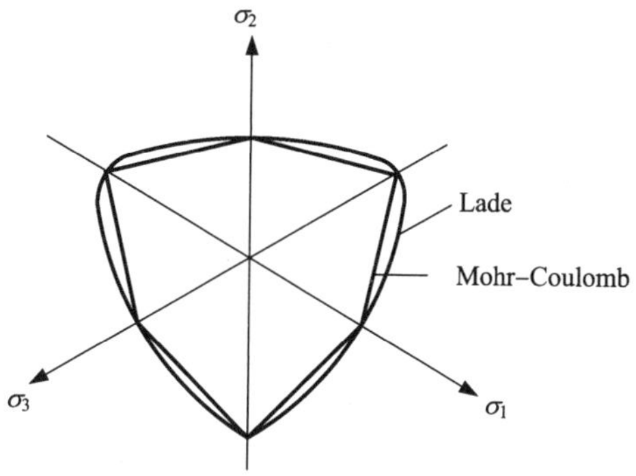

图 12－4　π 平面上 Lade 屈服函数

对于所含层理、裂隙等软弱结构面有一定取向的岩石类介质，在受载过程产生的微破裂在结构面内占优势，以致最后的宏观破裂沿结构面发生，其破坏形式可能是沿结构面的剪切破裂和垂直结构面的张拉破裂。用塑性理论语言表述为：宏观上的塑性变形（此处为不可逆变形）主要是沿有一定方向取向的结构面的剪应变和垂直该结构面的张应变。这种介质在强度上是横观各向同性的。这时，式（12.32）中的 9 个参数不再是独立的，应有

$$a_1 = a_2,\ a_4 = a_5,\ a_6 = 2(a_1 + a_3),\ a_7 = a_8 \tag{12.33}$$

进一步假设破坏仅发生在弱面内，因此破坏与应力分量 σ_x，σ_y，τ_{xy} 无关，在式（12.32）中可取

$$a_4 = a_5 = \frac{1}{c^2},\ a_9 = \frac{\mu}{c} \tag{12.34}$$

其余参数为零，则有

$$f(\boldsymbol{\sigma},\ c,\ \mu) = (\tau_{yz}^2 + \tau_{zx}^2)^{\frac{1}{2}} + \mu\sigma_z - c = 0 \tag{12.35}$$

这里，取层面的法方向为坐标 z 轴方向，式中 μ 和 c 分别为层面内的内摩擦系数和黏聚力。

12.4　岩石塑性本构模型

岩石类材料满足非关联流动法则，塑性应变增量与屈服面不正交，如图 12－5 所示。为此，对岩石类材料可以将塑性应变增量分解为体积塑性 $\mathrm{d}\varepsilon_v^p$ 和偏斜塑性 $\mathrm{d}\bar{\gamma}^p$ 两部分。

于是有

$$\mathrm{d}\varepsilon_{\mathrm{v}}^{\mathrm{p}} = \mathrm{d}\varepsilon_{kk}^{\mathrm{p}} = \mathrm{d}\lambda\,\frac{\partial g}{\partial \sigma_{kk}} = \mathrm{d}\lambda\left(\frac{\partial g}{\partial p}\frac{\partial p}{\partial \sigma_{kk}} + \frac{\partial g}{\partial q}\frac{\partial q}{\partial \sigma_{kk}} + \frac{\partial g}{\partial \theta_\sigma}\frac{\partial \theta_\sigma}{\partial \sigma_{kk}}\right) \tag{12.36}$$

因为

$$\frac{\partial p}{\partial \sigma_{kk}} = 1,\ \frac{\partial q}{\partial \sigma_{kk}} = 0,\ \frac{\partial \theta_\sigma}{\partial \sigma_{kk}} = 0 \tag{12.37}$$

所以

$$\mathrm{d}\varepsilon_{\mathrm{v}}^{\mathrm{p}} = \mathrm{d}\lambda\,\frac{\partial g}{\partial p} \tag{12.38}$$

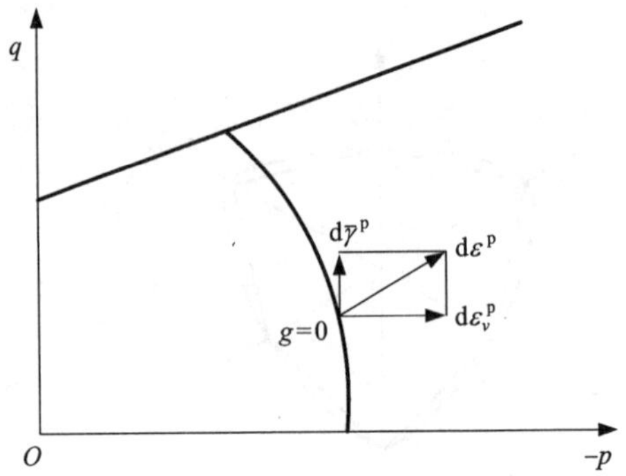

图 12-5 非关联塑性应变的分解

而

$$\mathrm{d}e_{ij}^{\mathrm{p}}=\mathrm{d}\varepsilon_{ij}^{\mathrm{p}}-\frac{1}{3}\mathrm{d}\varepsilon_{kk}^{\mathrm{p}}\delta_{ij}=\mathrm{d}\lambda\left(\frac{\partial g}{\partial\sigma_{ij}}-\frac{1}{3}\delta_{ij}\frac{\partial g}{\partial\sigma_{kk}}\right)$$

$$=\mathrm{d}\lambda\left[\frac{\sqrt{3}}{2\sqrt{J_2}}s_{ij}\frac{\partial g}{\partial q}+\frac{\sqrt{3}}{\sqrt{4J_2^3-27J_3^2}}\left(\frac{3J_3}{2J_2}s_{ij}-s_{il}s_{lj}+\frac{2}{3}\delta_{ij}J_2\right)\frac{\partial g}{\partial\theta_\sigma}\right] \tag{12.39}$$

于是有

$$\mathrm{d}\bar{\gamma}^{\mathrm{p}}=\left(\frac{2}{3}\mathrm{d}e_{ij}^{\mathrm{p}}\mathrm{d}e_{ij}^{\mathrm{p}}\right)^{\frac{1}{2}}=\mathrm{d}\lambda\left[\left(\frac{\partial g}{\partial q}\right)^2+\frac{6s_{il}s_{lj}s_{jk}s_{ki}J_2-8J_2^3-27J_3^2}{4J_2^3-27J_3^2}\left(\frac{1}{q}\frac{\partial g}{\partial\theta_\sigma}\right)^2\right]^{\frac{1}{2}} \tag{12.40}$$

又由于

$$s_{il}s_{lj}s_{jk}s_{ki}=2J_2^2 \tag{12.41}$$

所以

$$\mathrm{d}\bar{\gamma}^{\mathrm{p}}=\mathrm{d}\lambda\left[\left(\frac{\partial g}{\partial q}\right)^2+\left(\frac{1}{q}\frac{\partial g}{\partial\theta_\sigma}\right)^2\right]^{\frac{1}{2}} \tag{12.42}$$

在有些情况下，塑性势 g 与洛德角 θ_σ 无关，则式(12.42)成为

$$\mathrm{d}\bar{\gamma}^{\mathrm{p}}=\mathrm{d}\lambda\frac{\partial g}{\partial q} \tag{12.43}$$

因此，由式(12.42)可知：等效塑性剪应变增量 $\mathrm{d}\bar{\gamma}^{\mathrm{p}}$ 由如下两部分塑性应变矢量和组成

$$\mathrm{d}\bar{\gamma}_q^{\mathrm{p}}=\mathrm{d}\lambda\frac{\partial g}{\partial q} \tag{12.44}$$

$$\mathrm{d}\bar{\gamma}_\theta^{\mathrm{p}}=\mathrm{d}\lambda\frac{1}{q}\frac{\partial g}{\partial\theta_\sigma} \tag{12.45}$$

式中：$\mathrm{d}\bar{\gamma}_q^{\mathrm{p}}$ 为 q 方向上的塑性剪应变增量；$\mathrm{d}\bar{\gamma}_\theta^{\mathrm{p}}$ 为 θ_σ 方向上的塑性剪应变增量。

几个重要屈服准则的关联流动法则举例。

(1) Mises 屈服准则。

对 Mises 屈服条件有

$$g=f=\sqrt{J_2}-\tau_{\mathrm{s}}=0 \tag{12.46}$$

$$\mathrm{d}\bar{\gamma}_q^{\mathrm{p}}=\mathrm{d}\lambda\frac{\partial\sqrt{J_2}}{\partial q}=\frac{\mathrm{d}\lambda}{\sqrt{3}} \tag{12.47}$$

$$\mathrm{d}\bar{\gamma}_{\theta}^{\mathrm{p}} = \mathrm{d}\lambda \frac{1}{q}\frac{\partial\sqrt{J_2}}{\partial\theta_{\sigma}} = 0 \tag{12.48}$$

于是有

$$\mathrm{d}\bar{\gamma}^{\mathrm{p}} = \frac{\mathrm{d}\lambda}{\sqrt{3}} \tag{12.49}$$

(2)Tresca 屈服准则。

对 Tresca 屈服条件有

$$g = f = \sqrt{J_2}\cos\theta_{\sigma} - k = 0 \tag{12.50}$$

$$\mathrm{d}\bar{\gamma}_{q}^{\mathrm{p}} = \mathrm{d}\lambda \frac{\partial(\sqrt{J_2}\cos\theta_{\sigma})}{\partial q} = \frac{\mathrm{d}\lambda}{\sqrt{3}}\cos\theta_{\sigma} \tag{12.51}$$

$$\mathrm{d}\bar{\gamma}_{\theta}^{\mathrm{p}} = \mathrm{d}\lambda \frac{1}{q}\frac{\partial(\sqrt{J_2}\cos\theta_{\sigma})}{\partial\theta_{\sigma}} = \frac{\mathrm{d}\lambda}{\sqrt{3}}\sin\theta_{\sigma} \tag{12.52}$$

于是有

$$\mathrm{d}\bar{\gamma}^{\mathrm{p}} = \mathrm{d}\lambda\left[\left(\frac{\cos\theta_{\sigma}}{\sqrt{3}}\right)^2 + \left(\frac{\sqrt{J_2}\sin\theta_{\sigma}}{q}\right)^2\right]^{\frac{1}{2}} = \frac{\mathrm{d}\lambda}{\sqrt{3}} \tag{12.53}$$

(3)Mohr - Coulomb 屈服准则。

对 Mohr - Coulomb 屈服条件有

$$g = f = a_1 p + \frac{\sqrt{J_2}}{\zeta(\theta_{\sigma})} - k = 0 \tag{12.54}$$

其中

$$a_1 = \frac{6\sin\varphi}{\sqrt{3}(3-\sin\varphi)},\ \zeta(\theta_{\sigma}) = \frac{A}{\cos\theta_{\sigma} - \dfrac{\sin\theta_{\sigma}\sin\varphi}{\sqrt{3}}} \tag{12.55}$$

式中：$A = \sqrt{\dfrac{\pi(9-\sin^2\varphi)}{6\sqrt{3}}}$；$\varphi$ 为岩土材料内摩擦角。

于是

$$\mathrm{d}\bar{\gamma}_{q}^{\mathrm{p}} = \frac{\mathrm{d}\lambda}{\sqrt{3}}\frac{\cos\theta_{\sigma} - \dfrac{\sin\theta_{\sigma}\sin\varphi}{\sqrt{3}}}{A} \tag{12.56}$$

$$\mathrm{d}\bar{\gamma}_{\theta}^{\mathrm{p}} = -\frac{\mathrm{d}\lambda}{\sqrt{3}A}\left(\sin\theta_{\sigma} + \frac{\cos\theta_{\sigma}\sin\varphi}{\sqrt{3}}\right) \tag{12.57}$$

最后有

$$\mathrm{d}\bar{\gamma}^{\mathrm{p}} = [(\mathrm{d}\bar{\gamma}_{q}^{\mathrm{p}})^2 + (\mathrm{d}\bar{\gamma}_{\theta}^{\mathrm{p}})^2]^{\frac{1}{2}} = \frac{\mathrm{d}\lambda}{\sqrt{3}A}\left(1 + \frac{\sin^2\varphi}{3}\right)^{\frac{1}{2}} \tag{12.58}$$

12.5 岩石损伤本构模型

实际工程中的岩体往往存在大量的不连续节理和裂隙，这样的节理也称为宏观损伤。由于其数量众多，对岩体的切割程度较高，从而改变了岩体的力学性质，使岩体的变形模量及强度降低，并呈现出明显的各向异性。因此，企图研究每一条裂隙及裂隙之间的相互作用对岩体力学效应是不现实的，而且对工程岩体起作用的并非一条或几条节理裂隙，而是岩体中所有节理裂隙的存在及相互作用所产生的总体力学响应。所以，对于工程岩体，将其中分布的节理裂隙视为损伤，从损伤力学的观点研究其力学特征将更具有工程实际意义。

另一方面，对于不含宏观裂纹的岩石材料而言，其内部主要是空洞、孔隙、颗粒界面和微细裂纹等各种细观尺度的分布缺陷，这种损伤称为细观损伤。同样由于岩石材料细观缺陷的形态、大小、方向和分布都具有强烈的随机性，因而试图通过每一个细观缺陷以及彼此间相互作用的力学分析来评价岩石材料的总体力学效应几乎是不可能的。但将其内部的种种缺陷视为损伤，从损伤力学的思想出发，研究岩石材料中细观分布缺陷对总体的力学响应较为合理。

T. Kawamoto 用一个二阶损伤张量描述岩体的节理裂隙，并针对岩体压应力场情况，考虑到节理裂隙能够传递部分压应力和剪应力的特点，引入下面的有效应力张量

$$\boldsymbol{\sigma}^* = \boldsymbol{S}\cdot(\boldsymbol{I}-C_s\cdot\boldsymbol{\Omega})^{-1} + H(\tilde{\sigma})\cdot\tilde{\boldsymbol{\sigma}}\cdot(\boldsymbol{I}-\boldsymbol{\Omega})^{-1} + H(-\tilde{\sigma})\cdot\tilde{\boldsymbol{\sigma}}\cdot(\boldsymbol{I}-C_V\cdot\boldsymbol{\Omega})^{-1} \tag{12.59}$$

其中，C_V 和 C_s 为 0 ~ 1 之间的系数，分别代表损伤的传压和传剪率，并且

$$\tilde{\sigma} = \mathrm{tr}(\boldsymbol{\sigma}),\ \tilde{\boldsymbol{\sigma}} = \tilde{\sigma}\boldsymbol{I},\ \boldsymbol{S} = \boldsymbol{\sigma} - \tilde{\boldsymbol{\sigma}} \tag{12.60}$$

$$H(x) = \begin{cases} 1,\ x > 0 \\ 0,\ x \leqslant 0 \end{cases} \tag{12.61}$$

12.6 岩石黏弹塑性损伤本构模型

下面考虑裂隙岩体黏弹塑性损伤本构方程。

黏弹塑性的西源模型：它由以下三个基本变形串联组成，如图 12－6 所示。

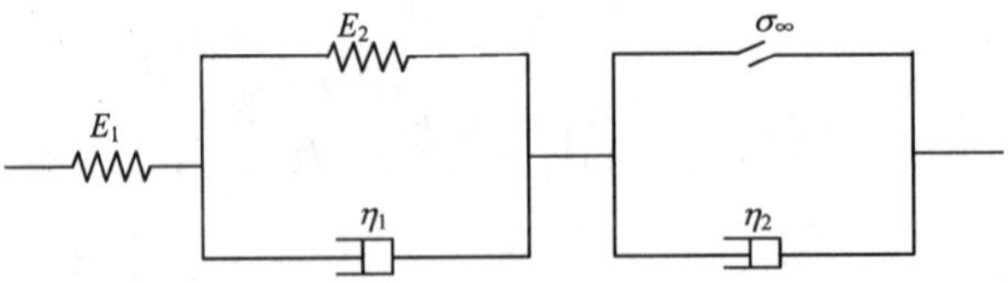

图 12－6 黏弹塑性变形的西源模型

总的黏弹性变形为

$$\dot{\varepsilon}_{ij} = \dot{\varepsilon}_{ij}^{0} + \dot{\varepsilon}_{ij}^{v} = \dot{\varepsilon}_{ij}^{0} + \dot{\varepsilon}_{ij}^{ve} + \dot{\varepsilon}_{ij}^{vp} \tag{12.62}$$

其中，弹性变形为

$$\dot{\varepsilon}_{ij}^{0} = S_{ijkl}^{0}\dot{\sigma}_{kl} \tag{12.63}$$

若考虑到损伤情况，则根据等效应变假设，式(12.63)可以用有效应力表示

$$\dot{\varepsilon}_{ij}^{0} = S_{ijkl}^{0}\dot{\tilde{\sigma}}_{kl} \tag{12.64}$$

其中

$$\tilde{\boldsymbol{\sigma}} = (\boldsymbol{I} - \boldsymbol{\Omega})^{-1} : \boldsymbol{\sigma} \tag{12.65}$$

或

$$\tilde{\sigma}_{ij} = \varphi_{ijkl}\sigma_{kl} \tag{12.66}$$

求导得

$$\dot{\tilde{\sigma}}_{ij} = \dot{\varphi}_{ijkl}\sigma_{kl} + \varphi_{ijkl}\dot{\sigma}_{kl} \tag{12.67}$$

于是，有

$$\dot{\varepsilon}_{ij}^{0} = S_{ijkl}^{0}\dot{\varphi}_{klst}\sigma_{st} + S_{ijkl}^{0}\varphi_{klst}\dot{\sigma}_{st} = S_{ijkl}^{0-d}\dot{\Omega}_{klst}\varphi_{stpq}\sigma_{pq} + S_{ijkl}^{0-d}\dot{\sigma}_{kl} \tag{12.68}$$

而考虑损伤影响的黏弹性变形可以写为

$$\dot{\varepsilon}_{ij}^{\mathrm{ve}} = q_{ij}(\tilde{\boldsymbol{\sigma}}, \boldsymbol{\Omega}) \tag{12.69}$$

同样，考虑损伤的黏塑性变形，则选用 Mohr - Coulomb 屈服准则，在复杂应力状态下，其形式为

$$F = \frac{1}{3}\sin\varphi I_1(\tilde{\boldsymbol{\sigma}}) + \left(\cos\theta - \frac{1}{\sqrt{3}}\sin\theta\sin\varphi\right)(J_2(\tilde{\boldsymbol{\sigma}}))^{\frac{1}{2}} - c \cdot \cos\varphi = 0 \tag{12.70}$$

复杂应力状态下的黏塑性流动法则为

$$\dot{\varepsilon}_{ij}^{\mathrm{vp}} = \frac{1}{\eta_2}\langle\varphi(F)\rangle\frac{\partial Q}{\partial\sigma_{ij}} \tag{12.71}$$

式中：η_2 为岩块的黏塑性流动系数；Q 为塑性势函数，并且 $Q = F$ 为关联流动，$Q \neq F$ 为非关联流动。

$$\langle\varphi(F)\rangle = \begin{cases}\varphi(F) & F > 0\\ 0 & F \leqslant 0\end{cases} \tag{12.72}$$

其中，$\varphi(F) = \dfrac{F}{F_0}$，$F_0$ 是使 F 量纲一化的参考值，取 $F_0 = c \cdot \cos\varphi$。

采用关联黏塑性流动法则，则有

$$\dot{\varepsilon}_{ij}^{\mathrm{vp}} = \dot{\lambda}\frac{\partial F}{\partial\sigma_{ij}} \tag{12.73}$$

由一致性条件，有

$$\dot{F} = \frac{\partial F}{\partial\tilde{\sigma}_{ij}}\dot{\tilde{\sigma}}_{ij} + \frac{\partial F}{\partial\varepsilon_{ij}^{\mathrm{vp}}}\dot{\varepsilon}_{ij}^{\mathrm{vp}} = \frac{\partial F}{\partial\tilde{\sigma}_{ij}}\dot{\varphi}_{ijkl}\sigma_{kl} + \frac{\partial F}{\partial\tilde{\sigma}_{ij}}\varphi_{ijkl}\dot{\sigma}_{kl} + \frac{\partial F}{\partial\varepsilon_{ij}^{\mathrm{vp}}}\frac{\partial F}{\partial\sigma_{ij}}\dot{\lambda} = 0 \tag{12.74}$$

由此得

$$\dot{\lambda} = -\left(\frac{\partial F}{\partial\varepsilon_{ij}^{\mathrm{vp}}}\frac{\partial F}{\partial\sigma_{ij}}\right)^{-1} \cdot \left(\frac{\partial F}{\partial\tilde{\sigma}_{ij}}\dot{\varphi}_{ijkl}\sigma_{kl} + \frac{\partial F}{\partial\tilde{\sigma}_{ij}}\varphi_{ijkl}\dot{\sigma}_{kl}\right) \tag{12.75}$$

于是，将式(12.75)代入式(12.73)，得到损伤影响下黏塑性变形为

$$\dot{\varepsilon}_{ij}^{\mathrm{vp}} = -\left(\frac{\partial F}{\partial\varepsilon_{st}^{\mathrm{vp}}}\frac{\partial F}{\partial\sigma_{st}}\right)^{-1} \cdot \left(\frac{\partial F}{\partial\tilde{\sigma}_{pq}}\dot{\varphi}_{pqkl}\sigma_{kl}\frac{\partial F}{\partial\sigma_{ij}} + \frac{\partial F}{\partial\tilde{\sigma}_{pq}}\varphi_{pqkl}\dot{\sigma}_{kl}\frac{\partial F}{\partial\tilde{\sigma}_{ij}}\right) \tag{12.76}$$

综合上面三项变形分析，得到具有损伤耦合效应的岩体黏弹塑性本构方程为

$$\dot{\varepsilon}_{ij}^{\mathrm{vp}} = \left(S_{ijkl}^{0-d} - \frac{1}{B} \frac{\partial F}{\partial \tilde{\sigma}_{pq}} \varphi_{pqkl} \frac{\partial F}{\partial \sigma_{ij}} \right) \dot{\sigma}_{kl} + \left(S_{ijkl}^{0-d} \dot{\Omega}_{pqst} \varphi_{stkl} - \frac{1}{B} \frac{\partial F}{\partial \tilde{\sigma}_{pq}} \dot{\varphi}_{pqkl} \frac{\partial F}{\partial \sigma_{ij}} \right) \sigma_{kl} + q_{ij}(\tilde{\boldsymbol{\sigma}}, \boldsymbol{\Omega}) \tag{12.77}$$

其中，$B = \frac{\partial F}{\partial \varepsilon_{st}^{\mathrm{vp}}} \frac{\partial F}{\partial \sigma_{st}}$。式(12.77)右侧的第一项表示瞬时弹塑性损伤响应，第二项表示损伤与弹塑性耦合的响应，第三项表示黏弹性响应。

练习与思考

1. 岩体非线性变形的细观机理是什么?

2. 构成岩体的弱面在建立本构模型时如何考虑?

3. 与金属材料不同，受拉剪作用和压剪作用下岩体材料本构行为完全不同，举出两个影响其行为的材料内部结构因素。

第 13 章　土本构方程

13.1　土力学实验

按土颗粒之间有无内聚力可以把土分为黏性土和非黏性土。非黏性土是忽略内部颗粒之间内聚力的土，如碎石、砂土、粉土，其按密实的程度又可以分为松散土和密实土。黏性土的颗粒之间有内聚力，根据其应力历史又可以分为正常固结黏土和超固结黏土。

在通常的应力范围内，土中水与颗粒的体积变形相对于土体整体变形小到可以忽略不计，所以一般认为水和土颗粒都是不可压缩的，土体的变形是由孔隙的改变引起的。对于饱和土，孔隙被水充满，在载荷作用下体积的变化可以根据排水量确定，在饱和土上作用的载荷由土体颗粒和水共同承担，其中土颗粒承受的应力称为有效应力，土体的变形由有效应力引起。因此，饱和土的强度与变形是与有效应力直接相关的。

常规土工三轴实验中有三种常用的排水条件：不固结不排水实验、固结不排水实验和固结排水实验。

1. 静压屈服性质

在体积应力或称为静水压力的作用下，土材料不仅产生弹性体积应变，还会产生塑性体积应变。土材料的静压屈服特性，可以由体积应力 - 体积应变关系加以说明。图 13 - 1 所示为在体积应力 $p=\frac{1}{3}(\sigma_1+\sigma_2+\sigma_3)$ 和体积应变 $\varepsilon_v=\varepsilon_1+\varepsilon_2+\varepsilon_3$ 坐标下，排水条件下饱和砂土等向固结三轴实验的应力 - 应变关系的典型曲线。

由图 13 - 1 可知：在该坐标下，加载与卸载均表现出非线性的性质。加载的过程中产生的变形包括弹性变形和塑性变形。土材料这种在体积应力的作用下会产生塑性变形的性质与金属等其他材料明显不同，原因是土体为三相组合材料，即使在各向等压的作用下，随着土体中水的排出和气体的压缩与排出，土体也会产生塑性变形。

2. 硬化与软化特性

土的应力 - 应变关系呈现非线性的特性，没有明显的弹性阶段和初始屈服点，随着载荷的增大，屈服点不断提高，这种关系称为硬化；另一种情况是应力 - 应变曲线过了峰值后随着变形的增加屈服点在不断降低，这种关系称为软化。

土体的硬化或软化特性可以由剪切应力 - 应变实验加以说明。图 13 - 2 所示为三轴实验条件下的剪应力 $(\sigma_1-\sigma_3)$ 与剪应变 ε_d 关系曲线以及体积应变 ε_v 与剪应变 ε_d 关系曲线。

图 13 - 2 所示曲线①为正常固结土或松砂的典型实验曲线。由图 13 - 2 可知：曲线没有

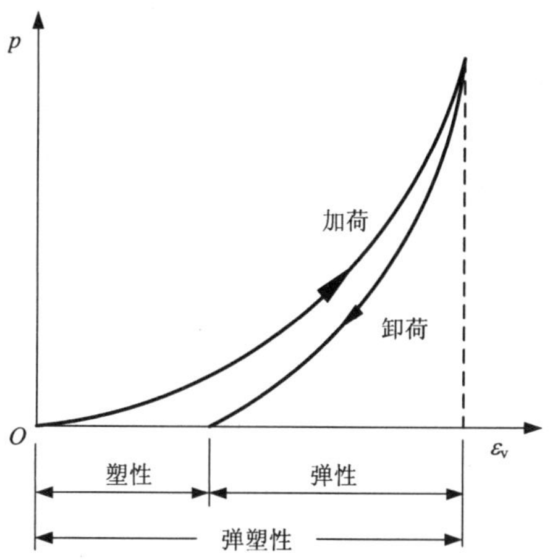

图 13－1　等向固结加载、卸载应力－应变曲线

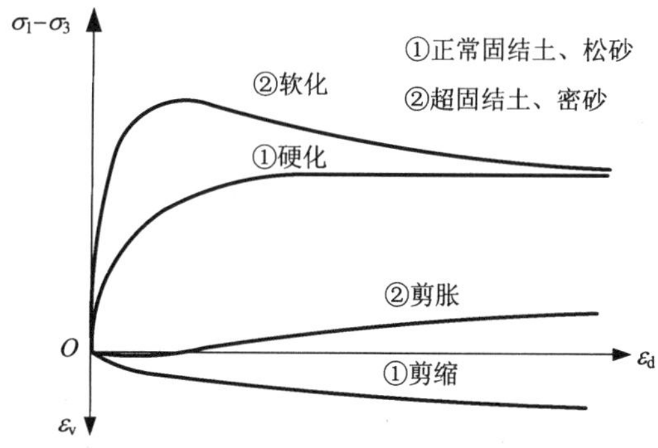

图 13－2　土剪应力－剪应变、体积应变－剪应变关系曲线

明显的弹性阶段，应力－应变关系的屈服点不断升高达到峰值，这样的应力－应变关系称为硬化；曲线②是超固结土或密砂的典型实验曲线，剪应力－剪应变关系曲线达到峰值后逐渐下降，即超过峰值后屈服点降低，这样称为软化。

3. 剪胀性

对土体而言，剪应力不仅会产生弹性与塑性的剪应变，还会引起体积的收缩或膨胀，这种现象称为土的剪胀性。如图 13－2 所示，土的剪胀性可以用剪应力－剪应变－体积应变，即$(\sigma_1-\sigma_3)\sim\varepsilon_d\sim\varepsilon_v$的关系曲线加以表示。图 13－2 中曲线①在剪切过程中排水量不断增加，即只产生体积压缩变形，体积应变 ε_v 在剪切的过程中不断增大，称为剪缩；曲线②的体积应变 ε_v 开始为正值，不久就变为负值，表示在剪切的过程中先排水，体积压缩，然后会吸水，体积增大，称为剪胀。

4. 压硬性

土体是摩擦性材料，其破坏机制是剪切型破坏。同时在一定的范围内，土材料的抗剪强度随压应力的增大而增大，或者说平均压应力越大，土体能承受的剪应力也越大。土的这种性质称为压硬性。土的压硬性表现为平均压应力不仅产生弹性和塑性的体应变，还会引起剪切刚度的增大。

土的压硬性还可以由约束应力对应力－应变关系的影响来说明。图 13－3 所示为固结排水剪切条件下($\sigma_3 = c$)的典型实验结果，表示了不同的约束应力对应力－应变关系曲线的影响。

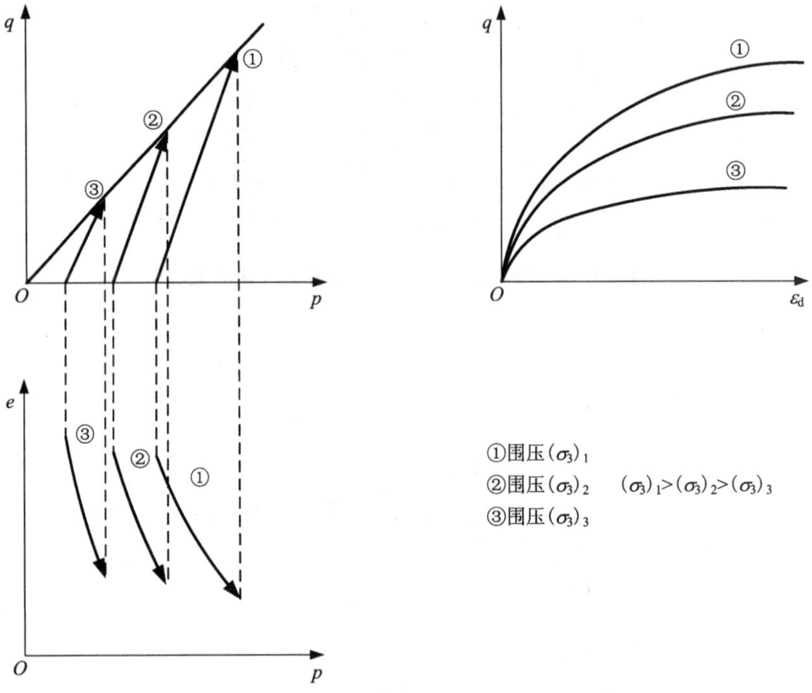

图 13－3　约束应力对剪切应力－应变曲线的影响

由图 13－3 可知：不同约束应力条件下应力－应变曲线的不同，其表现为约束压力越大能承受剪应力越大，即出现了压硬性，这是摩擦性材料所具有的特性，也是金属等材料所没有的特性。

5. 加卸载对应力－应变关系的影响

图 13－4 所示为在广义剪应力($q = \sigma_1 - \sigma_3$)和广义剪应变 ε_d 坐标下，加卸载时土的应力－应变关系曲线示意图。

由图 13－4 可知：从初始状态加载到点 A 所产生的变形为弹塑性变形，一旦有塑性变形产生即为屈服，A 是新的屈服点；从点 A 卸载到 B 产生弹性变形，称为回弹；从点 B 再加载到 A 产生弹性变形，加载过屈服点 A 后到 C 又产生弹塑性变形；再从 C 卸载到 D 及 D 加载到 C 仍为弹性变形，而 C 到 E 继续产生弹塑性变形等。因此，土体材料的变形一开始就由弹性和塑性两部分组成，同时随着载荷的增加屈服点也在不断地提高，对于多轴加载的塑性后继屈服面不断地扩大。

6. 应力历史对应力－应变关系的影响

应力历史对土的应力－应变关系的影响可以通过图 13－5 说明。

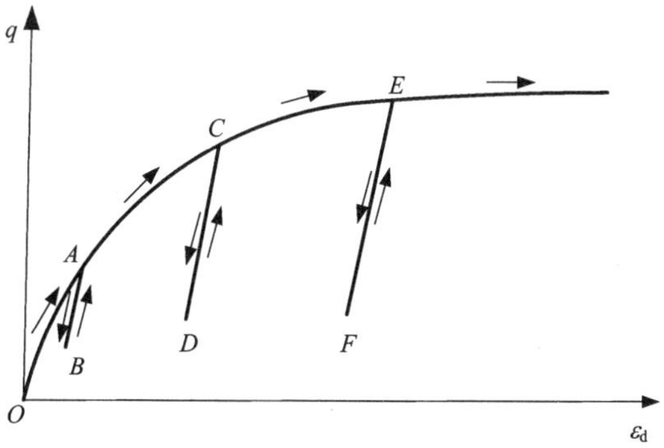

图 13－4　加卸载时土的应力－应变关系曲线

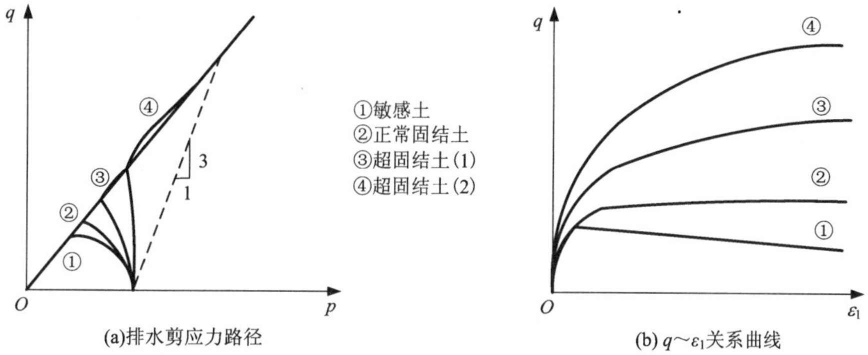

图 13－5　应力历史对土的应力－应变关系的影响

图 13－5(a)所示为三轴不排水剪有效应力路径。图中 4 条曲线虽然起点相同，但因为应力历史不同，有效应力路径亦不同。曲线①表示一种松散的砂或敏感的黏土的典型响应，应力－应变关系的软化现象是由于松散土体积有收缩的趋势，使超孔隙水压力增加，有效应力下降的结果；曲线②是正常固结曲线；曲线③是超固结曲线；曲线④的超固结度比曲线③更高。图 13－5(b)所示为对应的应力－应变关系曲线，可见应力历史不同，应力－应变关系也不同。

7. 初始各向异性和应力诱导各向异性

在沉积或地质作用的过程中，形成的土体在各个方向的应力－应变特性不同，称为初始各向异性。例如，天然沉积土一般表现为水平方向的横观各向同性。由于应力状态的不同引起强度和变形的不同称为应力诱导各向异性，如当体积应力相同时，土的三轴压缩强度大于三轴拉伸强度，就可以理解为应力诱导各向异性。

13.2 土次弹性本构模型

以弹性模量 E 和泊松比 ν 为基本参数。弹性模量 E 为常数，表示应力－应变为直线关系，泊松比 ν 为常数，表示垂直方向应变与水平方向应变之比为常数。由上节可知：土的应力－应变关系具有曲线形态，泊松比也不为常数。因此，土的弹性具有次弹性的性质，即

(1)在微小增量下可以看作是线性的，且服从增量线性的广义 Hooke 定律；

(2)应力或应变与应力路径相关，需根据当前应力状态求出新的应力增量；

(3)在当前应力水平下，应力－应变具有增量意义上的可逆性；

(4)不同初始条件会得到不同的本构方程。

最简单的土体次弹性模型是将其弹性刚度矩阵或柔度矩阵改为应力路径相关的切线刚度矩阵或切线柔度矩阵，即对应于不同的应力状态，土的弹性参数可取不同应力、应变下的切线值，例如切线模量 E_t 和泊松比 ν_t，如图 13－6 所示。

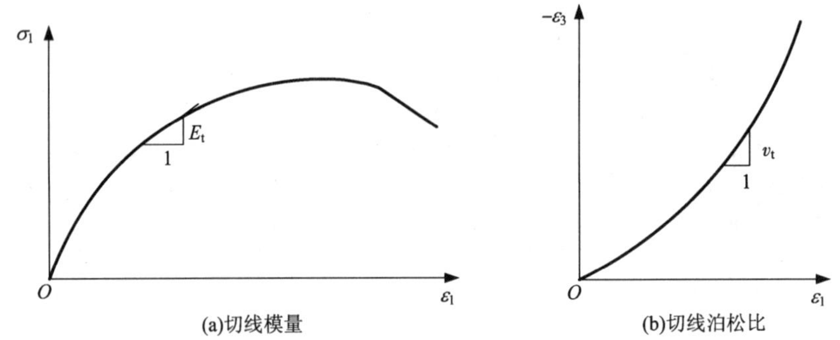

图 13－6　土的切线模量与泊松比

于是，土的次弹性本构方程为

$$\{d\sigma\} = [C^{et}]\{d\varepsilon\} \tag{13.1}$$

在各向同性情况下，有

$$\begin{Bmatrix} d\sigma_x \\ d\sigma_y \\ d\sigma_z \\ d\tau_{zy} \\ d\tau_{zx} \\ d\tau_{xy} \end{Bmatrix} = \frac{E}{(1+\nu_t)(1-2\nu_t)} \begin{bmatrix} (1-\nu_t) & \nu_t & \nu_t & 0 & 0 & 0 \\ \nu_t & (1-\nu_t) & \nu_t & 0 & 0 & 0 \\ \nu_t & \nu_t & (1-\nu_t) & 0 & 0 & 0 \\ 0 & 0 & 0 & \frac{1-2\nu_t}{2} & 0 & 0 \\ 0 & 0 & 0 & 0 & \frac{1-2\nu_t}{2} & 0 \\ 0 & 0 & 0 & 0 & 0 & \frac{1-2\nu_t}{2} \end{bmatrix} \begin{Bmatrix} d\varepsilon_x \\ d\varepsilon_y \\ d\varepsilon_z \\ d\gamma_{zy} \\ d\gamma_{zx} \\ d\gamma_{xy} \end{Bmatrix} \tag{13.2}$$

13.3　土弹塑性本构模型

土是由松散的颗粒组成的集合体，与土颗粒自身压碎相比更容易产生相对的滑移破坏，通常土的强度就是指其抗剪强度。与此同时，连接土颗粒间的黏结力几乎不存在，所以土的抗拉强度很低，一般认为它不能承受拉应力。在等向应力(静水压力)和侧限压缩时只能使土的孔隙减小，变得更加密实，不会发生滑动剪切破坏。另外，土是一种摩擦性材料，抗剪强度与正应力有关，正应力越大，能够承受的剪应力也越大，这是与金属材料明显不同的特点。

在研究土的弹塑性本构中，屈服函数除了常用岩石本构研究中的 Mohr - Coulomb 准则和 Drucker - Prager 准则外，还有如下几个准则。

1. Lade - Duncan 准则

Lade - Duncan 根据砂土真三轴实验成果提出的强度准则为

$$F(I_1, I_3) = \frac{I_1^3}{I_3} - k_1 = 0 \tag{13.3}$$

式中：k_1 为实验系数；I_1 和 I_3 分别为应力张量的第一和第三不变量，即

$$I_1 = \sigma_1 + \sigma_2 + \sigma_3 = \sigma_x + \sigma_y + \sigma_z \tag{13.4}$$

$$I_3 = \sigma_1\sigma_2\sigma_3 = \sigma_x\sigma_y\sigma_z + 2\tau_{xy}\tau_{yz}\tau_{zx} - (\sigma_x\tau_{yz}^2 + \sigma_y\tau_{zx}^2 + \sigma_z\tau_{xy}^2) \tag{13.5}$$

Lade - Duncan 准则属于剪切型屈服破坏面，假定土塑性势函数有与式(13.3)相似的表达式，则

$$g(I_1, I_3) = I_1^3 - k_2 I_3 = 0 \tag{13.6}$$

式中：k_2 为塑性势参数，由实验确定。

塑性势 g 随屈服面 f 的变化而变化，两者呈现一一对应的关系，也即一个 k_1 对应一个 k_2 值，并且通常有 $k_2 < k_1$。当 $k_2 = k_1$ 时，塑性势 g 与屈服面 f 重合，成为相关联流动，于是根据塑性流动法则，塑性应变增量为

$$\mathrm{d}\varepsilon_{ij}^{\mathrm{p}} = \mathrm{d}\lambda \frac{\partial g}{\partial \sigma_{ij}} = \mathrm{d}\lambda \left(\frac{\partial g}{\partial I_1}\frac{\partial I_1}{\partial \sigma_{ij}} + \frac{\partial g}{\partial I_3}\frac{\partial I_3}{\partial \sigma_{ij}} \right) \tag{13.7}$$

2. 松冈 - 中井(SMP)准则

松冈 - 中井提出的 SMP(spatially mobilized plane)准则，考虑了中主应力的影响，建立了三维应力条件下的强度准则，该准则认为当剪应力与正应力的比值达到临界值时材料破坏。

$$F(I_1, I_2, I_3) = \frac{I_1 I_2}{I_3} - 8\tan^2\varphi - 9 = 0 \tag{13.8}$$

式中：φ 为三轴压缩条件下土的内摩擦角。

3. 剑桥模型

剑桥模型是土力学的经典弹塑性模型，它是剑桥大学 Roscoe 等于 1963 年提出。剑桥模型的屈服函数为

$$f(p, q, \varepsilon_{\mathrm{v}}^{\mathrm{p}}) = c_{\mathrm{p}} \ln \frac{p}{p_0} + c_{\mathrm{p}} \frac{1}{M}\frac{p}{q} - \varepsilon_{\mathrm{v}}^{\mathrm{p}} = 0 \tag{13.9}$$

式中：p，q 分别为平均正应力和广义剪应力；$c_{\mathrm{v}} = \dfrac{\lambda - \kappa}{1 + e_0}$，并且 λ，κ，M 是土性基本参数；e_0

是初始平均正应力为 p_0 时的初始孔隙比。

根据正交条件，塑性应变增量与塑性势函数 g 正交，则土塑性体积应变增量为

$$\mathrm{d}\varepsilon_{\mathrm{v}}^{\mathrm{p}}=\Lambda\frac{\partial g}{\partial p} \tag{13.10}$$

采用屈服函数与塑性势函数相同的相关流动法则，则塑性势函数可取为

$$g(p,\ q)=M\ln p+\frac{p}{q}-C=0 \tag{13.11}$$

式中：C 为积分常数。

由式(13.9)可知

$$\frac{\partial f}{\partial p}\mathrm{d}p+\frac{\partial f}{\partial q}\mathrm{d}q+\frac{\partial f}{\partial\varepsilon_{v}^{\mathrm{p}}}\mathrm{d}\varepsilon_{\mathrm{v}}^{\mathrm{p}}=0 \tag{13.12}$$

和

$$\frac{\partial f}{\partial\varepsilon_{\mathrm{v}}^{\mathrm{p}}}=-1 \tag{13.13}$$

于是，有

$$\frac{\partial f}{\partial p}\mathrm{d}p+\frac{\partial f}{\partial q}\mathrm{d}q-\Lambda\frac{\partial g}{\partial p}=0 \tag{13.14}$$

从而得

$$\Lambda=\frac{\dfrac{\partial f}{\partial p}\mathrm{d}p+\dfrac{\partial f}{\partial q}\mathrm{d}q}{\dfrac{\partial g}{\partial p}} \tag{13.15}$$

由式(13.9)和式(13.11)得

$$\frac{\partial f}{\partial p}=c_{\mathrm{p}}\frac{1}{Mp}\left(M-\frac{p}{q}\right) \tag{13.16}$$

$$\frac{\partial f}{\partial q}=c_{\mathrm{p}}\frac{1}{Mp} \tag{13.17}$$

$$\frac{\partial g}{\partial p}=\frac{1}{p}\left(M-\frac{p}{q}\right) \tag{13.18}$$

于是有

$$\Lambda=c_{\mathrm{p}}\frac{1}{M}\left[\mathrm{d}p+\frac{1}{\left(M-\dfrac{p}{q}\right)}\mathrm{d}q\right] \tag{13.19}$$

将式(13.19)代入式(13.10)，得到剑桥模型塑性体积应变为

$$\mathrm{d}\varepsilon_{\mathrm{v}}^{\mathrm{p}}=c_{\mathrm{p}}\frac{1}{Mp}\left(M-\frac{p}{q}\right)\left[\mathrm{d}p+\frac{1}{\left(M-\dfrac{p}{q}\right)}\mathrm{d}q\right] \tag{13.20}$$

由剑桥模型应力比与塑性应变增量比关系，即

$$\frac{q}{p}=M-\frac{\mathrm{d}\varepsilon_{\mathrm{v}}^{\mathrm{p}}}{\mathrm{d}\varepsilon_{\mathrm{d}}^{\mathrm{p}}} \tag{13.21}$$

得塑性剪应变为

$$d\varepsilon_d^p = c_p \frac{1}{Mp}\left[dp + \frac{1}{\left(M - \frac{p}{q}\right)}dq\right] \tag{13.22}$$

总应变增量 $d\varepsilon_{ij}$为弹性应变增量 $d\varepsilon_{ij}^e$与塑性应变增量 $d\varepsilon_{ij}^p$，即

$$d\varepsilon_{ij} = d\varepsilon_{ij}^e + d\varepsilon_{ij}^p \tag{13.23}$$

或者

$$d\varepsilon_v = d\varepsilon_v^e + d\varepsilon_v^p \tag{13.24}$$

$$d\varepsilon_d = d\varepsilon_d^e + d\varepsilon_d^p \tag{13.25}$$

剑桥模型在计算弹性应变增量时，不考虑剪切与压缩的耦合，即认为弹性体应变增量仅由平均正应力的变化引起，弹性剪应变的增量仅由剪切应力引起。而剪切与压缩的耦合作用是通过建立塑性体应变增量 $d\varepsilon_v^p$ 和塑性剪应变增量 $d\varepsilon_d^p$ 之比与应力比的关系，即剪胀方程(13.20)来表示的。

根据各向同性广义 Hooke 定律，弹性应变增量 $d\varepsilon_{ij}^e$为

$$d\varepsilon_{ij}^e = \frac{1+\nu}{E}d\sigma_{ij} - \frac{\nu}{E}d\sigma_{kk}\delta_{ij} \tag{13.26}$$

由此得弹性体积应变

$$d\varepsilon_v^e = d\varepsilon_{11}^e + d\varepsilon_{22}^e + d\varepsilon_{33}^e = \frac{3(1-2\nu)}{E}dp \tag{13.27}$$

其中 $dp = \frac{1}{3}(d\sigma_{11} + d\sigma_{22} + d\sigma_{33})$。

而弹性剪切应变为

$$d\varepsilon_d^e = \frac{\sqrt{2}}{3}\sqrt{(d\varepsilon_{11}^e - d\varepsilon_{22}^e)^2 + (d\varepsilon_{22}^e - d\varepsilon_{33}^e)^2 + (d\varepsilon_{33}^e - d\varepsilon_{11}^e)^2} \tag{13.28}$$

将式(13.26)代入，得

$$d\varepsilon_d^e = \frac{2(1+\nu)}{3E}dq \tag{13.29}$$

另一方面，在等向固结实验中，剑桥模型得到弹性体积压缩公式

$$d\varepsilon_v^e = \frac{\kappa}{1+e_0}\frac{dp}{p} \tag{13.30}$$

比较式(13.30)和式(13.27)，得到

$$E = \frac{3(1-2\nu)(1+e_0)}{\kappa}p \tag{13.31}$$

由此可知：土的弹性模量不是常数，与平均压力 p 成正比。

将式(13.31)代入式(13.29)，并令 $c_\kappa = \frac{\kappa}{1+e_0}$，有

$$d\varepsilon_v^e = c_\kappa \frac{1}{p}dp \tag{13.32}$$

$$d\varepsilon_d^e = \frac{2}{9}\frac{1+\nu}{1-2\nu}c_\kappa \frac{1}{p}dp \tag{13.33}$$

最后，把弹性应变增量公式(13.32)、(13.33)和塑性应变增量公式(13.20)、(13.22)代入总应变增量公式(13.24)、(13.25)，并用矩阵表示，得到剑桥模型土的弹塑性本构方程为

$$\begin{Bmatrix} d\varepsilon_v \\ d\varepsilon_d \end{Bmatrix} = [S^{ep}]\begin{Bmatrix} dp \\ dq \end{Bmatrix} = \frac{1}{p}\begin{bmatrix} S_{pp} & S_{pq} \\ S_{qp} & S_{qq} \end{bmatrix}\begin{Bmatrix} dp \\ dq \end{Bmatrix} \tag{13.34}$$

其中

$$\begin{cases} S_{pp} = c_\kappa + \dfrac{c_p}{M}\left(M - \dfrac{p}{q}\right) \\ S_{pq} = \dfrac{c_p}{M} \\ S_{qp} = \dfrac{c_p}{M} \\ S_{qq} = \dfrac{2}{9}c_\kappa \dfrac{1+\nu}{1-2\nu} + \dfrac{c_p}{M}\dfrac{1}{\left(M - \dfrac{p}{q}\right)} \end{cases} \tag{13.35}$$

13.4 土黏弹塑本构模型

土体的应力、应变、强度等都受时间的影响，在载荷作用下表现出的特性兼具弹性、塑性和黏滞性，其中黏滞性在某些条件下还比较突出，不可忽视。

1. Komamura – Huang 模型

岩土工程中采用最多的是修正的 Komamura – Huang 模型，如图 13 – 7 所示。它是由 Hooke 弹性体、Bingham 黏塑性体以及 Kelvin 黏弹性体串联组成。

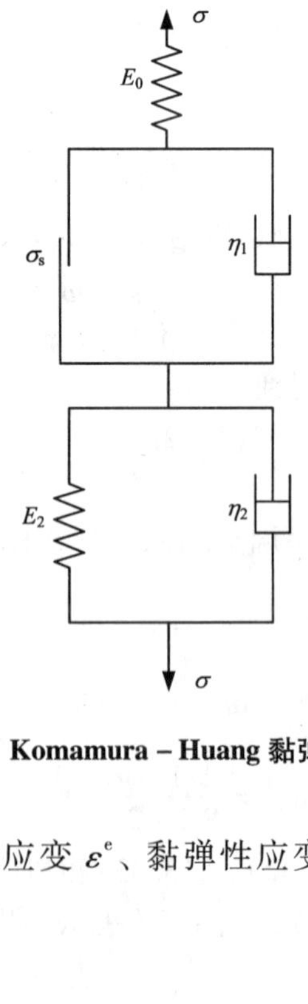

图 13 – 7　Komamura – Huang 黏弹塑性模型

于是，总应变可以看成是弹性应变 ε^e、黏弹性应变 ε^{ve} 和黏塑性应变 ε^{vp} 三部分的叠加，即

$$\varepsilon = \varepsilon^{e} + \varepsilon^{ve} + \varepsilon^{vp} \tag{13.36}$$

其中，弹性应变由 Hooke 定律，得

$$\varepsilon^{e} = \frac{\sigma}{E_0} \tag{13.37}$$

Kelvin 模型黏弹性变形本构方程是

$$\sigma = E_2\varepsilon^{ve} + \eta_2\dot{\varepsilon}^{ve} \tag{13.38}$$

求解得

$$\varepsilon^{ve} = \frac{\sigma}{E_2}[1 - e^{\left(\frac{E_2}{\eta_2}t\right)}] \tag{13.39}$$

Bingham 模型黏塑性变形本构方程为

$$\dot{\varepsilon}^{vp} = \begin{cases} 0 & \sigma \leqslant \sigma_s \\ \dfrac{\sigma - \sigma_s}{\eta_1} & \sigma > \sigma_s \end{cases} \tag{13.40}$$

求解得

$$\varepsilon^{vp} = \langle \sigma - \sigma_s \rangle \frac{t}{\eta_1} \tag{13.41}$$

式中：〈·〉为开关函数，即

$$\langle f \rangle = \begin{cases} 0 & f \leqslant 0 \\ f & f > 0 \end{cases} \tag{13.42}$$

于是，当应力为常数时，该模型蠕变规律为

$$\varepsilon = \frac{\sigma}{E_0} + \frac{\sigma}{E_2}[1 - e^{\left(\frac{E_2}{\eta_2}t\right)}] + \langle \sigma - \sigma_s \rangle \frac{t}{\eta_1} \tag{13.43}$$

2. 双屈服面黏弹 – 黏塑性模型

由于基于以上元件为基础的线性黏弹塑性模型只能针对理想塑性情况，因此必须发展能够反映土体软硬化变形的含屈服面的非线性黏弹 – 黏塑性模型。

将 Komamura – Huang 黏弹塑性模型的 Bingham 黏塑性体用具有椭圆 – 抛物线双屈服面黏弹塑性模型取代，如图 13 – 8 所示，就可以研究复杂应力状态下土体的弹性 – 黏弹性 – 黏塑性变形。

根据图 13 – 8 所示模型，在复杂应力状态下，总的应变可以写成

$$d\varepsilon_{ij} = d\varepsilon_{ij}^{e} + d\varepsilon_{ij}^{ve} + d\varepsilon_{ij}^{vp} \tag{13.44}$$

式中：$d\varepsilon_{ij}^{e}$，$d\varepsilon_{ij}^{ve}$和 $d\varepsilon_{ij}^{vp}$分别为土中一点在任意时刻 t 的瞬时弹性应变、黏弹性应变和黏塑性应变。

根据各向同性广义 Hooke 定律，瞬时弹性应变增量为

$$d\varepsilon_{ij}^{e} = \frac{1}{E_0}\left[\frac{1+\nu}{2}(\delta_{ik}\delta_{jl} + \delta_{jk}\delta_{il}) - \nu\delta_{ij}\delta_{kl}\right] = S_{ijkl}^{e}d\sigma_{kl} \tag{13.45}$$

根据 Kelvin 模型，假定黏弹性应变率在 dt 时段内

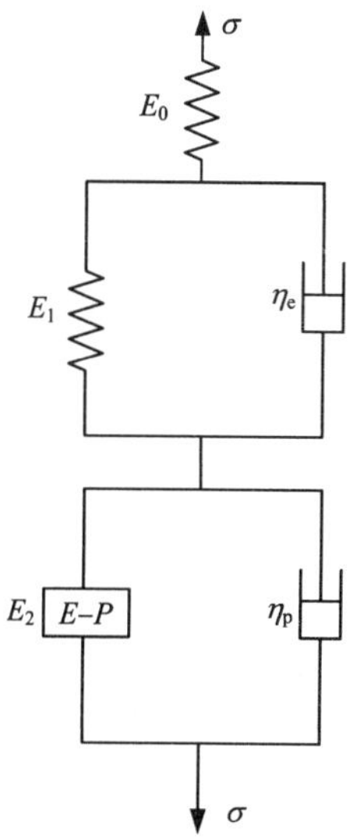

图 13 – 8　双屈服面黏弹 – 黏塑性模型

保持不变，则在 dt 时段内产生的黏弹性应变为

$$\mathrm{d}\varepsilon_{ij}^{\mathrm{ve}}=\mathrm{d}t\,\dot{\varepsilon}_{ij}^{\mathrm{ve}} \tag{13.46}$$

式中：$\dot{\varepsilon}_{ij}^{\mathrm{ve}}$ 为复杂应力状态下 t_0 时刻的应变速率

$$\dot{\varepsilon}_{ij}^{\mathrm{ve}}=\frac{E_1}{\eta_{\mathrm{e}}}\left\{\left[\frac{1+\nu}{2}(\delta_{ik}\delta_{jl}+\delta_{jk}\delta_{il})-\nu\delta_{ij}\delta_{kl}\right]\frac{\sigma_{kl}}{E_1}-\varepsilon_{ij}^{\mathrm{ve}}\right\} \tag{13.47}$$

式中：E_1 为 Kelvin 体弹性系数；η_{e} 为 Kelvin 体黏性系数。

根据 Bingham 模型，复杂应力下黏塑性应变速率为

$$\dot{\varepsilon}_{ij}^{\mathrm{vp}}=\eta_{\mathrm{p}}\left\langle\Phi\left(\frac{f}{f_0}\right)\right\rangle\frac{\partial g}{\partial\sigma_{ij}} \tag{13.48}$$

式中：η_{p} 为 Bingham 体黏滞系数；g 为塑性势函数；f 为屈服函数；f_0 为使比值 $\frac{f}{f_0}$ 为量纲一化的参考值；$\left\langle\Phi\left(\frac{f}{f_0}\right)\right\rangle$ 为开关函数，即

$$\left\langle\Phi\left(\frac{f}{f_0}\right)\right\rangle=\begin{cases}\Phi\left(\frac{f}{f_0}\right) & \Phi\left(\frac{f}{f_0}\right)>0\\ 0 & \Phi\left(\frac{f}{f_0}\right)\leqslant 0\end{cases} \tag{13.49}$$

考虑土体的压缩和膨胀屈服效应，并假定软土服从相关联流动法则，则有

$$\dot{\varepsilon}_{ij}^{\mathrm{vp}}=\eta_{\mathrm{p}}\left[\left\langle\Phi\left(\frac{f_1-f_1^0}{f_1^0}\right)\right\rangle\frac{\partial f_1}{\partial\sigma_{ij}}+\left\langle\Phi\left(\frac{f_2-f_2^0}{f_2^0}\right)\right\rangle\frac{\partial f_2}{\partial\sigma_{ij}}\right] \tag{13.50}$$

式中：f_1 和 f_2 为双屈服模型的第一、第二屈服函数，分别与土体的压缩和膨胀相联系。其对应的屈服面在 $p\sim q$ 平面上分别为椭圆和抛物线，如图 13－9 所示。

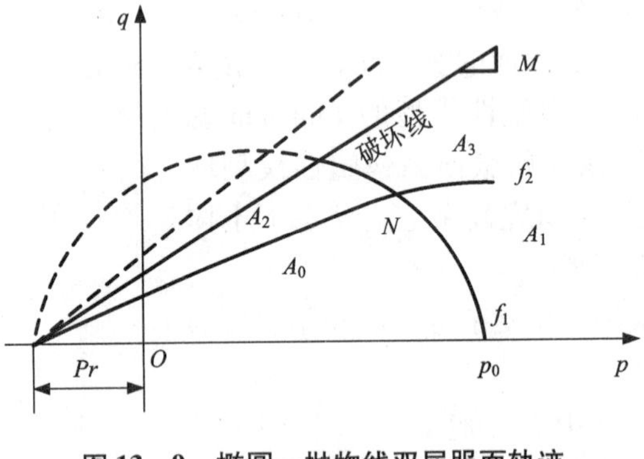

图 13－9　椭圆－抛物线双屈服面轨迹

对于与压缩有关的第一种塑性变形，殷宗泽给出的屈服函数为

$$f_1=p+\frac{q^2}{M_1^2(p+p_{\mathrm{r}})-q} \tag{13.51}$$

$$f_1^0=\frac{h\varepsilon_{\mathrm{v}}^{\mathrm{p}}}{1-m\varepsilon_{\mathrm{v}}^{\mathrm{p}}}p_{\mathrm{a}} \tag{13.52}$$

式中：$p=\dfrac{\sigma_1+2\sigma_3}{3}$；$q=\sigma_1-\sigma_3$。并且，$p_r$ 为破坏线在 p 轴上的截距；M_1 为反映椭圆形态的参数；p_0 为屈服轨迹与 p 轴交点的横坐标，p_a 为初始应力；h 和 m 为模型参数。

而对于与膨胀有关的第二种塑性变形，殷宗泽给出的屈服方程分别为

$$f_2=\frac{aq}{G}\sqrt{\frac{q}{M_2(p+p_r)-q}} \tag{13.53}$$

$$f_2^0=\varepsilon_s^p \tag{13.54}$$

式中：G 为剪切模量；ε_s^p 为塑性偏应变；a 和 M_2 分别为反映土体剪胀性大小的参数和模型参数。

当 dt 时段内应变率保持不变时，黏塑性应变增量为

$$\mathrm{d}\varepsilon_{ij}^{vp}=\mathrm{d}t\,\dot{\varepsilon}_{ij}^{vp}=\eta_p\left[\left\langle\Phi\left(\frac{f_1-f_1^0}{f_1^0}\right)\right\rangle\frac{\partial f_1}{\partial\sigma_{ij}}+\left\langle\Phi\left(\frac{f_2-f_2^0}{f_2^0}\right)\right\rangle\frac{\partial f_2}{\partial\sigma_{ij}}\right]\mathrm{d}t \tag{13.55}$$

式(13.55)中偏导数分别为

$$\left\{\frac{\partial f_1}{\partial\sigma_{ij}}\right\}=\left\{\frac{\partial f_1}{\partial p}\frac{\partial p}{\partial\sigma_{ij}}+\frac{\partial f_1}{\partial q}\frac{\partial q}{\partial\sigma_{ij}}\right\} \tag{13.56}$$

$$\left\{\frac{\partial f_2}{\partial\sigma_{ij}}\right\}=\left\{\frac{\partial f_2}{\partial p}\frac{\partial p}{\partial\sigma_{ij}}+\frac{\partial f_2}{\partial q}\frac{\partial q}{\partial\sigma_{ij}}\right\} \tag{13.57}$$

其中，

$$\frac{\partial f_1}{\partial p}=1-\frac{q^2}{M_1^2(p+p_r)} \tag{13.58}$$

$$\frac{\partial f_1}{\partial q}=\frac{2q}{M_1^2(p+p_r)} \tag{13.59}$$

$$\frac{\partial f_2}{\partial p}=\frac{1}{2}\frac{aM_2}{G}\frac{q^2}{\sqrt{\dfrac{q}{M_2(p+p_r)-q}}} \tag{13.60}$$

$$\frac{\partial f_2}{\partial q}=\frac{3}{2}\frac{a}{G}\left\{\sqrt{\frac{q}{M_2(p+p_r)-q}}+\frac{q^2[M_2(p+p_r)+1]}{\sqrt{\dfrac{q}{M_2(p+p_r)-q}}}\right\} \tag{13.61}$$

于是，双屈服面黏弹－黏塑模型总的应变可以写成

$$\mathrm{d}\varepsilon_{ij}=S_{ijkl}^{e}\mathrm{d}\sigma_{kl}+\mathrm{d}t\,\dot{\varepsilon}_{ij}^{ve}+\mathrm{d}t\,\dot{\varepsilon}_{ij}^{vp} \tag{13.62}$$

13.5　砂土黏弹塑性本构方程

无黏土壤(即砂土)的实验表明：砂土的体积变化由两种主要因素组成，一是静水压力所致的压实，它一般是非线性的，二是由偏斜应力引起的密实或膨胀(即剪胀效应)，这两种因素结合在一起造成了体积应力－应变曲线向应力轴弯曲的形状；偏斜应力响应曲线虽然与普通材料的形态一样是弯向应变轴的，但它受围压的影响很大，在无围压并忽略重力时，干砂是无剪切抗力的。除这两点以外还有其他的特性，如空隙比影响、液化现象等，为简化分析暂且不予考虑。

为了能将对砂土性质研究有重要影响的静水压力 σ_{kk} 和偏应力 S_{ij} 分开来研究，并用应力控制下的实验来分离有关因素并确定相应的材料参数，这里采用余能体系对应的描述。在等温条件下，取系统 Gibbs 自由能如下

$$\varphi=\varphi_{\mathrm{H}}(\sigma,\ q^h,\ q^d)+\varphi_{\mathrm{D}}(\sigma^0,\ S_{ij},\ p_{ij}^s) \tag{13.63}$$

式中：下标 H 和 D 分别表示自由能的静水部分和偏斜部分。$\sigma=\frac{1}{3}\sigma_{kk}$，$q^h=\frac{1}{3}q_{kk}^h$，$q^d=\frac{1}{3}q_{kk}^d$。这里，$q_{kk}^h$ 表示静水压力在砂土各向同性压实变形机制的内变量；q_{kk}^d 表示偏斜应力在砂土密实的变形机制的内变量；p_{ij}^s 表示偏斜应力响应相对应的不可逆变化的内变量；σ^0 表示任一偏应力施加前的静水应力。从形式上看，式(13.63)中 φ_{H} 和 φ_{D} 是分离的，但由于在 φ_{H} 中 q^d 的存在就意味着它包含了偏斜应力对体积膨胀的影响，反过来 φ_{D} 中 σ^0 的存在就包含了围压对偏斜应力的影响。将式(13.63)中的两项自由能分别展开为齐二次 Taylor 级数可得

$$\varphi_{\mathrm{H}}=\frac{1}{2}A\sigma^2-\sum_h B^h q^h\sigma+\frac{1}{2}\sum_h M^h q^h q^h-\sum_d C^d q^d\sigma+\frac{1}{2}\sum_h D^d q^d q^d \tag{13.64}$$

$$\varphi_{\mathrm{D}}=-\frac{1}{2}E_{ijkl}S_{ij}S_{kl}-\sum_s F_{ijkl}S_{ij}p_{kl}^s+\frac{1}{2}\sum_s G_{ijkl}^s p_{ij}^s p_{kl}^s \tag{13.65}$$

其中，A，B^h，M^h，C^d 和 D^d 都是正的材料常数；E_{ijkl}，F_{ijkl} 和 G_{ijkl}^s 为四阶材料张量，它们依赖于 σ^0，以考虑砂土的剪切响应的压力依赖性以及零围压时砂土不具有任何剪切抗力的特性。再考虑到四阶各向同性张量的不变量展开式，即

$$L_{ijkl}=L_1\delta_{ij}\delta_{kl}+\frac{1}{2}L_2(\delta_{ik}\delta_{jl}+\delta_{il}\delta_{jk}) \tag{13.66}$$

这里 L_1，L_2 为常数。于是，将式(13.64)、式(13.65) 和式(13.63) 代入方程(10.35)，就可以得到无黏砂土的本构方程

$$\varepsilon_{ij}=\frac{\partial\varphi}{\partial\sigma_{ij}}=\frac{1}{3}(A\sigma-\sum_h B^h q^h+\sum_d C^d q^d)\delta_{ij}+E_2S_{ij}+\sum_s F_2^s p_{ij}^s \tag{13.67}$$

这个方程可以等价地分解成下述两个方程

$$e_{ij}=E_2S_{ij}+\sum_s F_2^s p_{ij}^s \tag{13.68}$$

和

$$\varepsilon_{kk}=\varepsilon_{kk}^h+\varepsilon_{kk}^{\mathrm{d}} \tag{13.69}$$

式(13.69)表明砂土体积应变 ε_{kk} 由两部分组成，一项是由各向同性压实造成的体积应变 ε_{kk}^h，另一项是由于偏斜应力造成的密实应变 ε_{kk}^d，它们分别为

$$\varepsilon_{kk}^h=A\sigma+\sum_h B^h q^h \tag{13.70}$$

$$\varepsilon_{kk}^d=\sum_d C^d q^d \tag{13.71}$$

为了最终求得砂土本构方程的显式，必须分别研究三类不同的耗散机制，研究其相应的内变量演化方程。

对于偏斜机制的广义摩擦力$\left(-\frac{\partial\varphi_{\mathrm{D}}}{\partial p_{ij}^s}\right)$和对于密实机制的广义摩擦力$\left(-\frac{\partial\varphi_{\mathrm{H}}}{\partial q^d}\right)$，根据不可逆热力学内变量演化方程，它们都与其相应的内变量变化率成正比，即

$$\frac{\partial \varphi_{\mathrm{D}}}{\partial p_{ij}^{s}}+b^{s}\frac{\mathrm{d}p_{ij}^{s}}{\mathrm{d}Z_{s}}=0 \quad (s\text{ 不求和}) \tag{13.72}$$

$$\frac{\partial \varphi_{\mathrm{H}}}{\partial q^{d}}+a^{d}\frac{\mathrm{d}q^{d}}{\mathrm{d}Z_{d}}=0 \quad (d\text{ 不求和}) \tag{13.73}$$

式中：b^s 和 a^d 为常数，Z_s 是与内变量 p_{ij}^s 对应的内蕴时间，它用来描述偏斜应力响应相对应的不可逆变化，即

$$\mathrm{d}Z_s=\frac{\mathrm{d}\zeta_s}{f(\zeta_s,\ \sigma_r)} \tag{13.74}$$

式中：$\mathrm{d}\zeta_s=\|\mathrm{d}e_{ij}^{I}\|$，上标I表示不可逆非弹性应变，$\sigma_r$ 表示围压，强化函数 $f(\zeta_s,\ \sigma_r)$ 取下面线性形式

$$f(\zeta_s,\ \sigma_r)=1+\beta_1(\sigma_r)\zeta_s \tag{13.75}$$

其中 $\beta_1(\sigma_r)$ 可以由实验曲线确定。

同样，Z_d 是与内变量 q_{kk}^d 对应的内蕴时间，它用来描述偏斜应力在砂土密实相对应的不可逆变化，即

$$\mathrm{d}Z_d=\frac{\mathrm{d}\zeta_d}{g(\zeta_d)} \tag{13.76}$$

式中：$\mathrm{d}\zeta_d^2=K_{ijkl}^d\mathrm{d}e_{ij}\mathrm{d}e_{kl}$；$K_{ijkl}^d$ 为四阶正定的材料常数张量，强化函数 $g(\zeta_d)$ 取下面线性形式

$$g(\zeta_s)=1+\beta_2\zeta_d \tag{13.77}$$

其中 β_2 为一常数。

而涉及静水压力机制的压实内变量 q^h 的演化方程则比较复杂，原因在于无黏土壤各向同性强化的体积响应通常都是非线性的。因此，可假定广义摩擦力 $-\frac{\partial \varphi_H}{\partial q^h}$ 与内变量 q^h 的变化率 $\frac{\mathrm{d}q^h}{\mathrm{d}Z_h}$ 成非线性关系，即

$$\frac{\mathrm{d}q^h}{\mathrm{d}Z_h}=\chi^h(\sigma) \tag{13.78}$$

这里，Z_h 是与内变量 q_{kk}^h 对应的内蕴时间，它用来描述静水压力在砂土各向同性压实相对应的不可逆变化，即

$$\mathrm{d}Z_h=\frac{\mathrm{d}\zeta_h}{h(\zeta_h)} \tag{13.79}$$

式中：$\mathrm{d}\zeta_h=|\mathrm{d}\theta^h|$，其中 θ^h 为静水压下体积应变 ε_{kk}^h 的非弹性部分，强化函数 $h(\zeta_h)$ 取下面线性形式

$$h(\zeta_h)=(\sigma_f K-\zeta_h)^{-1} \tag{13.80}$$

其中 σ_f 由实验决定的常数。

将式(13.78)代入式(13.70)，可得

$$\mathrm{d}\varepsilon_{kk}^h=A\mathrm{d}\sigma+\sum_h B^h\chi^h(\sigma)\mathrm{d}Z_h \tag{13.81}$$

根据实验结果，可以确认下列近似的非线性关系

$$\sum_h B^h\chi^h(\sigma)=\frac{K_0}{\sigma_f}\mathrm{e}^{\frac{\lambda}{K_0}\sigma} \tag{13.82}$$

及

$$A = \frac{1}{K_0} \tag{13.83}$$

利用上面结果，可得

$$\varepsilon_{kk}^{h} = \frac{\sigma_f}{K_0}\left(\frac{\sigma}{\sigma_f} + 1 - \mathrm{e}^{\frac{\lambda}{K_0}\sigma}\right) \tag{13.84}$$

该式确定了静水应力的体积响应特性，将它与非线性的实验曲线比较，可以确定常数 σ_f 和 K_0。

将自由能函数式(13.64)代入方程式(13.73)，可以求得以平均应力 σ 的历史表示的 q^d 的演化方程，再将它代入式(13.71)，就可以得到描述密实的本构方程

$$\varepsilon_{kk}^{\mathrm{d}} = \sum_{d} I^{d}\left[\sigma - \sigma^{0}\mathrm{e}^{-\gamma_d Z_d} - \int_0^{Z_d} \mathrm{e}^{-\gamma_d (Z_d - Z_d')} \frac{\mathrm{d}\sigma}{\mathrm{d}Z'_d}\mathrm{d}Z'_d\right] \tag{13.85}$$

式中：$I^d = \frac{(C^d)^2}{D^d}$，$\gamma_d = \frac{D^d}{a^d}$。

将式(13.85)对 Z_d 微分，并只考虑一个内变量情况(即 $d = 1$)，可得

$$\mathrm{d}\varepsilon_{kk}^{\mathrm{d}} = I\gamma\left[\sigma - \frac{\varepsilon_{kk}^{d}}{I}\right]\mathrm{d}Z_d \tag{13.86}$$

将式(13.86)代入方程(13.69)，就得到考虑压实与密实后的体积应变

$$\mathrm{d}\varepsilon_{kk} = \frac{\mathrm{d}\sigma}{K_0} + \frac{K_0}{\sigma_f}\mathrm{e}^{\frac{\lambda}{K_0}\sigma}\mathrm{d}Z_h + I\gamma\left[\sigma_{kk} - \frac{\varepsilon_{kk}^{\mathrm{d}}}{I}\right]\mathrm{d}Z_d \tag{13.87}$$

再将式(13.65)自由能 φ_D 代入演化方程(13.72)，可求得以偏应力 S_{ij} 历史表示的内变量 p_{ij}^{s} 的演化方程，再将它代入方程式(13.68)，便得到描述偏斜应力响应的本构方程

$$S_{ij} = S^0 \frac{\mathrm{d}e_{ij}^{p}}{\mathrm{d}Z_s} + 2\mu e_{ij}^{p} + 2\mu \int_0^{Z_s} \mathrm{e}^{-\alpha(Z_s - Z_s')} \frac{\mathrm{d}e_{ij}^{p}}{\mathrm{d}Z'_s}\mathrm{d}Z'_s \tag{13.88}$$

其中方程(13.87)、式(13.88)的未知系数可以由相关实验确定。

练习与思考

1. 土体非线性变形的细观机理是什么?
2. 建立土体材料的本构模型需要考虑的主要因素有哪些?
3. 饱和土和非饱和土在建立本构模型上的主要区别是什么?

第14章　连续介质失稳理论

材料在外载荷作用下，由于内部微结构的损伤演化会出现均匀变形向变形局部化转变，造成局部化剪切带状分叉失稳现象，常见于金属、岩石、混凝土等工程材料的非弹性变形过程中。

工程材料(岩石、混凝土等)本质上属于非均匀材料，由于其内部具有大量随机分布的细观缺陷(损伤)，在外载荷作用下，新的缺陷不断生成并与其他缺陷汇合，连通成为宏观裂纹，并最终由这些宏观裂纹分布演化为条带状的局部化失稳破坏。损伤局部化是混凝土、岩石类材料破坏的开始。

应变(损伤)局部化是指非均匀材料破坏时其应变(损伤)集中于某局部狭窄带状区域的一种现象，局部化带内的剧烈变形会进一步发展导致结构的破坏。变形局部化是混凝土、岩土材料失稳的一个重要特征，其主要表现形式有断层、剪切带、断裂区、破坏面等。

然而，有关连续介质失稳的理论却非常少，大部分研究工作都借鉴能量原理进行分析。这里给出几个基于连续介质本构模型的失稳理论。

14.1　弹性失稳模型

第6章第4节有关次弹性本构方程的研究提供了材料破坏失稳的一个思路，即在没有任何应力状态改变的情况下发生变形增长的极限应力状态。从式(6.57)可得出如下的破坏应力条件

$$C_{ijkl}\dot{\varepsilon}_{kl}=0 \tag{14.1}$$

式(14.1)在如下情况下得到满足

$$\det\left|C_{ijkl}\right|=0 \tag{14.2}$$

为了便于式(14.2)行列式的计算，通常将坐标轴与主应力方向对准，则行列式的形式为

$$\begin{vmatrix} K_1 & K_{12} & K_{13} & 0 & 0 & 0 \\ K_{21} & K_2 & K_{23} & 0 & 0 & 0 \\ K_{31} & K_{32} & K_3 & 0 & 0 & 0 \\ 0 & 0 & 0 & K_4 & 0 & 0 \\ 0 & 0 & 0 & 0 & K_5 & 0 \\ 0 & 0 & 0 & 0 & 0 & K_6 \end{vmatrix}=0 \tag{14.3}$$

其中

$$
\left.\begin{aligned}
&K_{ij}=a_{01}+a_{11}I_1+a_{13}\sigma_i+a_{15}\sigma_j,\ i\neq j;\ i,\ j=1,\ 2,\ 3\\
&K_i=a_{01}+a_{02}+(a_{11}+a_{12})I_1+(a_{13}+2a_{14}+a_{15})\sigma_i,\ i=1,\ 2,\ 3\\
&K_4=\frac{1}{2}[\lambda+a_{14}(I_1-\sigma_3)]\\
&K_5=\frac{1}{2}[\lambda+a_{14}(I_1-\sigma_1)]\\
&K_6=\frac{1}{2}[\lambda+a_{14}(I_1-\sigma_2)]
\end{aligned}\right\}\tag{14.4}
$$

式中：$I_1=\sigma_{kk}$；$\lambda=a_{02}+a_{12}I_1$。

将方程(14.3)展开得

$$F(I_1,\ I_3,\ J_2)K_4K_5K_6=0\tag{14.5}$$

其中

$$
\begin{aligned}
F(I_1,\ I_3,\ J_2)=&\lambda\{-6a_{13}a_{15}J_2+\lambda[3a_{01}+a_{02}+(3a_{11}+a_{12}+a_{13}+a_{15})I_1]\}+\\
&2a_{14}\lambda^2I_1+4a_{14}\lambda I_1(a_{01}+a_{11}I_1)+2a_{14}\left(\frac{2}{3}I_1^2-2J_2\right)[a_{14}(a_{01}+a_{11}I_1)+\\
&\lambda(a_{13}+a_{14}+a_{15})]+2a_{14}(\tilde{I}_3-I_1J_2)[2a_{14}(3a_{13}+2a_{14}+3a_{15})+6a_{13}a_{15}]-\\
&2a_{14}a_{13}a_{15}\left(\frac{1}{3}I_1^3+2I_1J_2-3\tilde{I}_3\right)
\end{aligned}\tag{14.6}
$$

这里

$$J_2=\tilde{I}_2-\frac{1}{6}I_1^2\tag{14.7}$$

$$\tilde{I}_2=\frac{1}{2}\sigma_{ij}\sigma_{ji}=\frac{1}{2}(\sigma_1^2+\sigma_2^2+\sigma_3^2)\tag{14.8}$$

$$\tilde{I}_3=\frac{1}{3}\sigma_{ij}\sigma_{jk}\sigma_{kj}=\frac{1}{3}(\sigma_1^3+\sigma_2^3+\sigma_3^3)\tag{14.9}$$

式(14.5)的破坏准则能在几何上解释为主应力空间的两个面；第一个面是由 $K_4K_5K_6=0$ 给出，它呈现锥形；第二个面由 $F(I_1,\ I_3,\ J_2)=0$ 给出，它是一个包括原点最小区域的封闭曲线。

对 $a_{14}=0$ 的特殊情况，式(14.5)成为

$$(a_{02}+a_{12}I_1)\{-6a_{13}a_{15}J_2+(a_{02}+a_{12}I_1)[3a_{01}+a_{02}+(3a_{11}+a_{12}+a_{13}+a_{15})I_1]\}=0\tag{14.10}$$

它代表了两个破坏面。一个是与静水应力轴垂直相交的截面，另一个是 Mises 屈服准则的广义形式，即静水应力敏感形式。也可以看成是广义 Drucker－Prager 破坏准则。

下面我们再用次弹性破坏准则讨论在一个标准三轴实验下的强度特性。

在标准三轴实验下有，$\sigma_1=\sigma$，$\sigma_2=\sigma_3=p$，其他分量为零。其中 σ 为轴压应力，p 为围压应力。将它们代入方程(14.3)，得到

$$\begin{vmatrix} K_1 & K_{12} & K_{12} & 0 & 0 & 0 \\ K_{21} & K_2 & K_{23} & 0 & 0 & 0 \\ K_{21} & K_{23} & K_2 & 0 & 0 & 0 \\ 0 & 0 & 0 & K_5 & 0 & 0 \\ 0 & 0 & 0 & 0 & K_4 & 0 \\ 0 & 0 & 0 & 0 & 0 & K_5 \end{vmatrix} = 0 \tag{14.11}$$

其中

$$\left.\begin{aligned} K_1 &= a_{01} + a_{02} + (a_{11} + a_{12}) I_1 + (a_{13} + 2a_{14} + a_{15})\sigma \\ K_2 &= a_{01} + a_{02} + (a_{11} + a_{12}) I_1 + (a_{13} + 2a_{14} + a_{15}) p \\ K_{12} &= a_{01} + a_{11} I_1 + a_{13}\sigma + a_{15} p \\ K_{21} &= a_{01} + a_{11} I_1 + a_{13} p + a_{15}\sigma \\ K_{23} &= a_{01} + a_{11} I_1 + (a_{13} + a_{15}) p \\ K_4 &= \frac{1}{2}[a_{02} + a_{12} I_1 + 2a_{14} p] \\ K_5 &= \frac{1}{2}[a_{02} + a_{12} I_1 + a_{14}(\sigma + p)] \end{aligned}\right\} \tag{14.12}$$

这里，$I_1 = \sigma + 2p$。

有四种情况使式(14.11)中的行列式为零，每一种情况都有自己的破坏模式。这些条件及相应的破坏模式分别是

(1) $K_2 - K_{23} = 0$； $\mathrm{d}\varepsilon_{ij} = 0$ ($\mathrm{d}\varepsilon_2 = -\mathrm{d}\varepsilon_3$ 除外)　(14.13)

(2) $K_1 K_2 + K_1 K_{23} - 2K_{12}K_{21} = 0$； $\mathrm{d}\varepsilon_2 = \mathrm{d}\varepsilon_3$， $\dfrac{\mathrm{d}\varepsilon_1}{\mathrm{d}\varepsilon_2} = -\dfrac{2K_{12}}{K_1}$　(14.14)

(3) $K_5 = 0$； $\mathrm{d}\varepsilon_{ij} = 0$ ($\mathrm{d}\varepsilon_{12}$、$\mathrm{d}\varepsilon_{13}$除外)　(14.15)

(4) $K_4 = 0$； $\mathrm{d}\varepsilon_{ij} = 0$ ($\mathrm{d}\varepsilon_{23}$除外)　(14.16)

这些不同条件下的破坏模式是通过将相应的破坏条件代入式(14.11)而获得。从式(14.12)可以看出，破坏模式中的两个条件(1)和(2)是相同的，因而只存在三种可能的破坏模式。将式(14.12)代入条件各式，可得

(1)
$$\sigma = -2\left(1 + \frac{2a_{14}}{a_{12}}\right)p - \frac{a_{02}}{a_{12}} \tag{14.17}$$

(2)
$$\begin{aligned} &[a_{01} + a_{02} + (a_{11} + a_{12} + a_{13} + 2a_{14} + a_{15})\sigma + 2(a_{11} + a_{12})p] \times \\ &[2a_{01} + a_{02} + (2a_{11} + a_{12})\sigma + 2(2a_{11} + a_{12} + a_{13} + a_{14} + a_{15})p] - \\ &2[a_{01} + (a_{11} + a_{13})\sigma + (2a_{11} + a_{15})p][a_{01} + (a_{11} + a_{15})\sigma + (2a_{11} + a_{13})p] = 0 \end{aligned} \tag{14.18}$$

(3)
$$\sigma = -\frac{a_{02}}{a_{12} + a_{14}} - \frac{(2a_{12} + a_{14})}{a_{12} + a_{14}}p \tag{14.19}$$

式(14.19)给出了三种破坏模式的一种可能组合，如图 14-1 所示。图 14-1 所示三条曲线的精确关系由材料常数 $a_{01} \sim a_{15}$的具体数值决定。

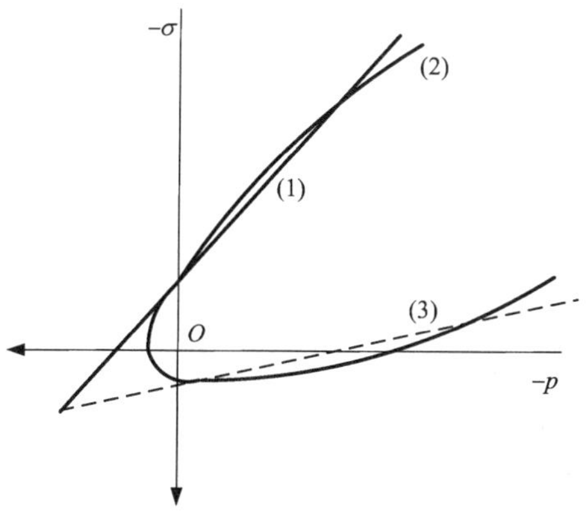

图 14－1　一阶次弹性三个破坏面

14.2　塑性失稳模型

颈缩是一种塑性变形局部集中的失稳现象，而分散性颈缩是集中性颈缩乃至材料破坏发生的前兆。相对集中性颈缩而言，分散性颈缩应变集中区域范围较大且在该区域内仍可以产生一定的塑性流动。Hill 塑性失稳理论是预测分散性颈缩极限的经典理论，它将材料的分散性失稳看作是从均匀变形向不均匀变形的转变过程，而这个均匀性问题的转变可以看成是关于运动容许速度场解的分叉问题，为此 Hill 给出了一个保证增量边值问题解的唯一性条件。

Hill 理论认为：保证边值问题解的唯一性，即保证材料稳定性，须满足下面的关系

$$\int_{V_0} \frac{\partial \boldsymbol{v}^*}{\partial \boldsymbol{X}} : \boldsymbol{L} : \frac{\partial \boldsymbol{v}^*}{\partial \boldsymbol{X}} \mathrm{d}V_0 > 0 \tag{14.20}$$

式中：$\boldsymbol{v}^*$ 为运动容许的虚速度场；$\boldsymbol{X}$ 为物质坐标；V_0 为物体在初始构形下的体积；$\boldsymbol{L}$ 为连接变形梯度时间导数与第一类 Piola－Kirchhoff 应力率的切线模量。当使用瞬时构形作为参考构形的 Lagrange 方法时，变形梯度与速度梯度相等，且切线模量张量 $\boldsymbol{L}$ 具有如下形式

$$L_{ijkl} = C_{ijkl}^{ep} + \sigma_{ij}\delta_{kl} - \frac{1}{2}(\sigma_{li}\delta_{jk} + \sigma_{ki}\delta_{jl}) - \frac{1}{2}(\sigma_{jk}\delta_{li} + \sigma_{jl}\delta_{ik}) \tag{14.21}$$

显然，满足式(14.20)的解的唯一性条件是它的不等号左边的被积函数大于零，于是只要保证切线模量 $\boldsymbol{L}$ 正定就可以排除一切分叉的可能性。该条件在有限元程序中的应用方法是检验切线模量 $\boldsymbol{L}$ 的对称部分，即 $\frac{1}{2}(\boldsymbol{L} + \boldsymbol{L}^{\mathrm{T}})$ 的特征值是否为正，当出现第一个小于零的特征值时，材料便发生分散性失稳。

从式(14.21)可以看出，Hill 失稳理论的计算依赖于所使用的材料的本构模型，它对材料力学行为的描述越接近真实，计算结果的应用价值越高。下面给出考虑各向异性情况的弹塑性本构方程的一般形式。

对弹塑性变形，其力学行为可以用等效弹性模型来表征，即

$$\dot{\boldsymbol{\sigma}} = \boldsymbol{C} : (\boldsymbol{D} - \boldsymbol{D}^p) \tag{14.22}$$

式中：$\dot{\boldsymbol{\sigma}}$ 为 Cauchy 应力张量的 Jaumann 应力率；$\boldsymbol{C}$ 为四阶的弹性切线模量张量，它具有主对称性与次对称性；$\boldsymbol{D}$ 为总变形率张量，即速度梯度张量的对称部分；$\boldsymbol{D}^p$ 为变形率张量的塑性部分。

根据塑性流动法则，形变率张量的塑性部分为

$$\boldsymbol{D}^p = \dot{\lambda}\,\frac{\partial g}{\partial \boldsymbol{\sigma}} \tag{14.23}$$

式中：$\dot{\lambda}$ 为标量塑性流动率，它确定了塑性变形率的大小；g 为塑性流动势，对关联流动情况，可以取它为屈服函数，即 $g=f$。

假定材料在一般应力状态下的加载函数是

$$f=\overline{\sigma}(\boldsymbol{\sigma},\ \boldsymbol{X})-Y=0 \tag{14.24}$$

式中：$\overline{\sigma}$ 为等效应力；Y 为确定屈服面大小的各向同性强化函数；$\boldsymbol{X}$ 为随动强化模型的背应力，它是一个用来表征屈服面在应力空间的平移的二阶张量。

表征各向同性强化与随动强化的变量 Y 和 $\boldsymbol{X}$ 也可以看成是材料的内变量，它们的演化与标量塑性流动率之间分别具有如下关系

$$\dot{Y}=H_Y\dot{\lambda} \tag{14.25}$$

$$\dot{\boldsymbol{X}}=\boldsymbol{H}_X\dot{\lambda} \tag{14.26}$$

式中：H_Y 为一个标量模量，它与材料各向同性强化常数有关；$\boldsymbol{H}_X$ 为一个二阶张量，除了与材料随动强化常数相关外，还与强化饱和方向有关。

为扩大考虑材料初始各向异性的影响，式(14.24)中的等效应力可以采用 Hill 的等效应力表达式，即

$$\overline{\sigma}(\boldsymbol{\sigma},\ \boldsymbol{X})=\sqrt{(\boldsymbol{S}-\boldsymbol{X}):\boldsymbol{M}:(\boldsymbol{S}-\boldsymbol{X})} \tag{14.27}$$

式中：$\boldsymbol{S}$ 为偏应力张量；$\boldsymbol{M}$ 则是由实验确定的6个 Hill 各向异性参数 G, H, F, N, M, L 组成的四阶张量。Mises 各向同性等效应力是 Hill 等效应力的一种特殊形式，即当 $G=H=F=\frac{1}{2}$，$N=M=L=\frac{3}{2}$时，式(14.24)则为相应的 Mises 各向同性屈服条件。

将上述各式代入一致性条件，即

$$\dot{f}=\dot{\overline{\sigma}}-\dot{Y}=0 \tag{14.28}$$

经过一些简单的推导，求得标量塑性流动率的表达式为

$$\dot{\lambda}=\frac{\dfrac{\partial f}{\partial \boldsymbol{\sigma}}:\boldsymbol{C}}{\dfrac{\partial f}{\partial \boldsymbol{\sigma}}:\boldsymbol{C}:\dfrac{\partial f}{\partial \boldsymbol{\sigma}}+\dfrac{\partial f}{\partial \boldsymbol{\sigma}}:\boldsymbol{H}_X+H_Y}:\boldsymbol{D} \tag{14.29}$$

将式(14.29)和式(14.23)代入式(14.22)，就得到应力率与总变形率之间的关系为

$$\dot{\boldsymbol{\sigma}}=\left[\boldsymbol{C}-a\,\frac{\left(\boldsymbol{C}:\dfrac{\partial f}{\partial \boldsymbol{\sigma}}\right)\otimes\left(\dfrac{\partial f}{\partial \boldsymbol{\sigma}}:\boldsymbol{C}\right)}{\dfrac{\partial f}{\partial \boldsymbol{\sigma}}:\boldsymbol{C}:\dfrac{\partial f}{\partial \boldsymbol{\sigma}}+\dfrac{\partial f}{\partial \boldsymbol{\sigma}}:\boldsymbol{H}_X+H_Y}\right]:\boldsymbol{D}=\boldsymbol{C}^{ep}:\boldsymbol{D} \tag{14.30}$$

式中：$\boldsymbol{C}^{ep}$为弹塑性切线模量张量。当材料处于弹性加载或卸载状态时，式中 $a=0$，当材料处

于塑性加载状态时，式中 $a=1$。

Hill 塑性失稳一般性分叉理论的计算通常采用有限元软件 Abaqus 进行，不能得到解析结果。

14.3　损伤失稳模型

材料均布微裂纹向集中裂纹发展，存在可能的弱面。

假定现时的准静平衡态可以由连续的位移 u_i，应力 σ_{ij}和应变 ε_{ij}来表征。当持续加载时，位移率 $\dot{u}_i$ 和位移率的梯度 $\dot{u}_{i,j}$的非连续分叉将在间断面(弱面)Ω 上发生。单位法向矢量 n_i 来表征间断面的方向，并采用 x_i 来表示沿间断面的坐标。在间断面 Ω 的两侧，位移场保持连续，而位移场的梯度在间断面的两侧会出现不连续的变化。在小变形情况下，可得到如下的应变梯度场

$$[\dot{\varepsilon}_{ij}]=\frac{1}{2}(c_in_j+c_jn_i) \tag{14.31}$$

式中：c_i 为任意矢量。

考虑到平衡条件，通过面 Ω 的应力率是连续的，因此有

$$[\dot{\sigma}_{ij}]n_j=0 \tag{14.32}$$

假定损伤材料本构方程可以写成如下形式

$$\dot{\sigma}_{ij}=K_{ijkl}\dot{\varepsilon}_{ij} \tag{14.33}$$

式中：K_{ijkl}为切线刚度张量，它在间断面 Ω 的两侧取相同的值。利用 $K_{ijkl}=K_{ijlk}$，从式(14.31)和式(14.32)可以得到

$$n_jK_{ijkl}n_kc_l=0 \tag{14.34}$$

定义如下的损伤材料的特征切线刚度张量

$$\boldsymbol{T}=T_{il}(\boldsymbol{n})=n_jK_{ijkl}n_k \tag{14.35}$$

则式(14.34)可以写成

$$T_{il}(\boldsymbol{n})c_l=0 \tag{14.36}$$

局部化分叉失稳发生的条件就是在变形历史中式(14.36)存在的非零解，于是局部化失稳破坏的问题就转化成求解张量 T_{il}的零特征值问题，局部化条件就成为

$$f(\boldsymbol{n})=\det[T_{il}(\boldsymbol{n})]=0 \tag{14.37}$$

要得到式(14.37)的解析解是非常困难的，在一些特定的简单情况下才有可能。

对于各向同性且无损伤的弹性材料，函数 $f(\boldsymbol{n})$成为如下的简单形式

$$f(\boldsymbol{n})=(\lambda+2\mu)\mu^2 \tag{14.38}$$

式中：λ，μ 为 Lame 常数。此时，$f(\boldsymbol{n})>0$，且与向量 $\boldsymbol{n}$ 无关，也就是说各向同性弹性材料不会发生局部化分叉现象。但是，随着载荷的增加，材料性质劣化，并丧失了各向同性弹性的性质，此时必然伴随着函数 $f(\boldsymbol{n})$随载荷的增加而减少，直至 $f(\boldsymbol{n})$小于零甚至出现负值，局部化发生。

对一般损伤材料，为得到局部化分叉的条件，将式(14.37)转换为下面的非线性规划问题

$$\left.\begin{aligned}&\min f(\boldsymbol{n})=f(\underset{n}{\boldsymbol{n}})=\det[T_{il}(\boldsymbol{n})]\\&\text{s.t.}\qquad |\boldsymbol{n}|=1\end{aligned}\right\} \tag{14.39}$$

式(14.39)还可以采用 Lagrange－Newton 方法变成如下等效形式的特征方程，即

$$\nabla f(\boldsymbol{n})-\nabla|\boldsymbol{n}|^2\lambda=\nabla f(\boldsymbol{n})-2\lambda n_i=0 \tag{14.40}$$

式中：λ 是 Lagrange 乘子。

式(14.40)对函数 f 求导后，可以得到

$$\det[\boldsymbol{T}(\boldsymbol{n})]K_{ijkl}T_{kj}^{-1}n_l-\lambda n_i=0 \tag{14.41}$$

定义如下 $\boldsymbol{S}$ 张量

$$S_{il}(\boldsymbol{n})=\det[\boldsymbol{T}(\boldsymbol{n})]K_{ijkl}T_{kj}^{-1} \tag{14.42}$$

则式(14.41)可以表示为如下简单的形式

$$S_{il}(\boldsymbol{n})n_l-\lambda n_i=0 \tag{14.43}$$

该方程求解可以用迭代法进行，即

$$S_{il}(\boldsymbol{n}^{(k)})n_l^{(k+1)}-\lambda^{(k+1)}n_i^{(k+1)}=0 \tag{14.44}$$

计算步骤如下：根据第 k 步迭代得出的结果 $\boldsymbol{n}^{(k)}$，每次都可以重新计算张量 $\boldsymbol{S}(\boldsymbol{n}^{(k)})$ 的值，代入式(14.44)可以求出其最小的特征向量，该特征向量即作为下一次迭代计算的 $\boldsymbol{n}^{(k+1)}$，直到满意的精度时停止。一旦得到了向量 $\boldsymbol{n}$ 的值，也就是得出了发生不连续的局部化分叉的方向，响应的向量 $\boldsymbol{c}$ 即可通过求解式(14.36)得。

下面推导损伤材料本构方程，以期给出切线刚度张量 K_{ijkl} 的具体形式。

根据广义 Hooke 定律有

$$\sigma_{ij}=C_{ijkl}\varepsilon_{kl} \tag{14.45}$$

式中：C_{ijkl} 是四阶弹性张量。对于损伤材料，随着细观微缺陷的发展材料弹性不断衰退，其损伤弹性模量张量可以写成

$$C_{ijkl}=(1-d)C_{ijkl}^0 \tag{14.46}$$

式中：C_{ijkl}^0 为无损伤初始弹性张量；d 为各向同性损伤内变量，并依赖于塑性应变历史。

对式(14.46)时间求导，可得

$$\dot{C}_{ijkl}=-\dot{d}C_{ijkl}^0 \tag{14.47}$$

在弹性加载、卸载和中性变载过程中，损伤内变量没有变化，因此

$$\dot{d}=\left(\frac{\partial d}{\partial\boldsymbol{\varepsilon}^{\mathrm{p}}}\right)\dot{\boldsymbol{\varepsilon}}^{\mathrm{p}} \tag{14.48}$$

式中：$\dot{\varepsilon}^{\mathrm{p}}$ 为塑性应变速率。

引入损伤加卸载函数

$$F(\sigma_{ij},\lambda)=0 \tag{14.49}$$

这里，λ 可以看成是弹性域内的一个内变量。式(14.49)表明，当材料的应力状态满足损伤屈服函数，即 $F=0$，材料就会发生进一步的损伤劣化。

于是，损伤材料的增量型本构方程就成为

$$\dot{\sigma}_{ij}=C_{ijkl}(\dot{\varepsilon}_{kl}-\dot{\varepsilon}_{kl}^{\mathrm{d}}) \tag{14.50}$$

式中：$\varepsilon_{kl}^{\mathrm{d}}$ 为由材料劣化引起的损伤应变。

假定存在损伤势函数 G，由于损伤势函数不同于屈服函数，因此利用非关联流动法则，损伤应变率可以通过下式描述

$$\dot{\varepsilon}_{kl}^{\mathrm{d}}=\dot{\lambda}\frac{\partial G}{\partial\sigma_{kl}}=\dot{\lambda}g_{kl} \tag{14.51}$$

式中：$g_{kl}=\dfrac{\partial G}{\partial \sigma_{kl}}$为应力空间损伤势函数的梯度函数。根据一致性条件，则有

$$\dot{F}=\frac{\partial F}{\partial \sigma_{ij}}\dot{\sigma}_{ij}+\frac{\partial F}{\partial \lambda}\dot{\lambda}=f_{ij}\dot{\sigma}_{ij}-H\dot{\lambda}=0 \tag{14.52}$$

式中：$f_{ij}=\dfrac{\partial F}{\partial \sigma_{ij}}$为加载函数的梯度函数；$H=-\dfrac{\partial F}{\partial \lambda}$为硬化或软化模量；$\dot{\lambda}$ 为非负的损伤乘子。

若采用柔度张量表示，则损伤材料流动法则可写为

$$\dot{\varepsilon}_{pq}^{\mathrm{d}}=\dot{S}_{pqrs}\sigma_{rs} \tag{14.53}$$

式中：$\dot{S}_{pqrs}=\dot{\lambda}M_{pqrs}$，这里 M_{pqrs}为初始柔度张量。

比较式(14.51)和式(14.53)，可得

$$g_{ij}=M_{ijkl}\sigma_{kl} \tag{14.54}$$

再由式(14.50)和式(14.52)，可得

$$\dot{\lambda}=\frac{1}{A}f_{ij}C_{ijkl}\dot{\varepsilon}_{kl} \tag{14.55}$$

其中

$$A=H+f_{pq}C_{pqrs}M_{rsuv}\sigma_{uv}>0 \tag{14.56}$$

将式(14.55)代入式(14.50)和式(14.51)，即可得下列各向同性损伤本构关系的增量方程

$$\dot{\sigma}_{ij}=K_{ijkl}\dot{\varepsilon}_{ij} \tag{14.57}$$

式中：弹性损伤切线模量张量 K_{ijkl}为

$$K_{ijkl}=C_{ijkl}-\frac{1}{A}C_{ijab}M_{abcd}\sigma_{cd}f_{xy}C_{xykl} \tag{14.58}$$

损伤加卸载准则服从下列的 Kuhn－Tucker 互补性条件，即

$$\dot{F}\leqslant 0,\ \dot{\lambda}\geqslant 0,\ \dot{F}\dot{\lambda}=0 \tag{14.59}$$

考虑到损伤的演变特性，式(14.55)中的损伤因子 $\dot{\lambda}$ 和初始柔度张量 M_{ijkl}分别取为

$$\dot{\lambda}=\frac{\dot{d}}{(1-d)^2},\ M_{ijkl}=\boldsymbol{S}_{jkl}^{0} \tag{14.60}$$

由式(14.54)可得

$$g_{ij}=M_{ijkl}\sigma_{kl}=S_{ijkl}^{0}\sigma_{kl}=\varepsilon_{ij}^{0} \tag{14.61}$$

采用 Carol 等提出的损伤加卸载函数，即

$$F=f(w^{0},\ \hat{d})-r(\hat{d})=0 \tag{14.62}$$

和

$$w^{0}=\frac{1}{2}\sigma_{ij}S_{ijkl}^{0}\sigma_{kl} \tag{14.63}$$

式中：$\hat{d}=\dfrac{1}{(1-d)}$；$f(w^{0},\ \hat{d})$为等效裂纹扩展驱动力；$r(\hat{d})$为损伤屈服面的代表半径，它表示材料的开裂或屈服取决于当前的累积损伤量。

将式(14.62)代入硬化模量定义式，有

$$H = -\frac{\partial F}{\partial \lambda} = -\frac{\partial f(w^0,\ \hat{d})}{\partial \hat{d}} + \frac{\partial r(\hat{d})}{\partial \hat{d}} \tag{14.64}$$

而加载函数的梯度函数成为

$$f_{ij} = \frac{\partial F}{\partial \sigma_{ij}} = \frac{\partial f(w^0,\ \hat{d})}{\partial w^0} S^0_{ijkl} \sigma_{kl} = \frac{\partial f(w^0,\ \hat{d})}{\partial w^0} \varepsilon^0_{ij} \tag{14.65}$$

将代入式(14.56)，便得

$$A = -\frac{\partial f(w^0,\ \hat{d})}{\partial \hat{d}} + \frac{\partial r(\hat{d})}{\partial \hat{d}} + 2(1-d) w^0 \frac{\partial f(w^0,\ \hat{d})}{\partial w^0} \tag{14.66}$$

于是，弹塑性损伤切线模量为

$$K_{ijkl} = (1-d) C^0_{ijkl} - \frac{(1-d)^2 \left(\frac{\partial f}{\partial w^0}\right)}{\frac{\partial r}{\partial \hat{d}} - \frac{\partial f}{\partial \hat{d}} + 2(1-d) w^0 \frac{\partial f}{\partial w^0}} \sigma_{ij} \sigma_{kl} \tag{14.67}$$

14.4 耗散算子理论

耗散算子理论是编著者根据规范空间热力学算子化原理提出的一个连续介质失稳理论。

假定连续介质内存在某种机制的耗散场，在规范空间理论框架下，它可以用一组标量模态内变量 q_i $(i=1,\ 2,\ \cdots,\ 6)$表征。根据热力学第二定律，系统耗散功率可以用下式表示

$$\Phi = \sum_{i=1}^{6} Q_i^* \dot{q}_i^* > 0 \tag{14.68}$$

式中：Q_i^* $(i = 1,\ 2,\ \cdots,\ 6)$ 是与耗散内变量增量对应的广义内摩擦力。为方便起见，将式(14.68) 写成广义力 $X_i = Q_i^*$ 和广义流 $J_i = \dot{q}_i^*$ 的形式，有

$$\Phi = \sum_i X_i J_i \geqslant 0 \tag{14.69}$$

根据 Onsager 原理，广义流 J_i 可以写成广义力 X_i 的线性函数，即

$$J_i = \sum_i L_{ij} X_j \qquad j = 1,\ 2,\ \cdots,\ 6 \tag{14.70}$$

式中：$L_{ij} = L_{ji}$。

由算子化原理，将式(14.69) 写成算子形式，有

$$\hat{\Phi} = \sum^{i} \hat{X}_i J_i \geqslant 0 \tag{14.71}$$

这里 $\hat{X}_i$ 为第 i 个耗散力算子，是空间坐标的微分算子。

根据最小耗散原理，准静态耗散场将是式(14.71)的基态方程，即

$$\hat{X}_i J_i = 0 \qquad i=1,\ 2,\ \cdots,\ 6 \tag{14.72}$$

这是一个二阶微分方程，从它可以获得耗散场分布的解。

当考虑动力学过程耗散场计算时，最小耗散原理将被本征耗散原理取代，耗散场的定态方程将以量子方程的形式出现，即

$$\hat{X}_i J_i = k_i J_i \qquad i=1,\ 2,\ \cdots,\ 6 \tag{14.73}$$

式中：k_i 为第 i 阶耗散能，并由边界条件确定。方程(14.73)的基态正是最小耗散原理式

(14.72)。

下面确定耗散力算子。

根据含内变量不可逆热力学，规范空间下的 Helmholtz 自由能可以写成下列形式

$$\psi=\psi(\varepsilon_i^*,\ q_i^*) \tag{14.74}$$

式中：ε_i^* ($i=1,2,\cdots,6$)为模态应变。

在小变形条件下，Helmholtz 自由能可以展开成为一个二次型函数，即

$$\psi=\frac{1}{2}A_{ij}\varepsilon_i^*\varepsilon_j^*+B_{ij}\varepsilon_i^*q_j^* \tag{14.75}$$

式中：A_{ij}为弹性系数；B_{ij}为弹性场和耗散场之间的耦合系数。

由于模态耗散场变量之间的彼此独立性，根据热力学关系，第 i 阶耗散力为

$$X_i=\frac{\partial\psi}{\partial q_i^*}=B_i\varepsilon_i^*\qquad i=1,2,\cdots,6 \tag{14.76}$$

对大多数材料，其非线性本构方程可以近似用下列函数描述，即

$$\varepsilon_i^*=f(\sigma_i^*)\qquad i=1,2,\cdots,6 \tag{14.77}$$

将式(14.77)代入方程(14,76)，并将力学量用相应的力学算子取代，则有

$$\hat{X}_i=F(\Delta_i^*)\qquad i=1,2,\cdots,6 \tag{14.78}$$

式中：Δ_i^* 和 $\hat{X}_i$ 分别为第 i 阶应力算子和耗散力算子。式(14.78)表明：如果已知材料的现象学非线性本构关系，则耗散力算子就可以由应力算子表示。

举例：具有二阶指数幂非线性本构方程的各向同性、不可压缩塑性材料。

相关性质如下

$$W=W_1^{(1)}[\boldsymbol{\varphi}_1]\oplus W_2^{(5)}[\boldsymbol{\varphi}_2,\ \cdots,\ \boldsymbol{\varphi}_6] \tag{14.79}$$

其中

$$\left.\begin{aligned}&\boldsymbol{\varphi}_1=\frac{\sqrt{3}}{3}[1,1,1,0,0,0]^{\mathrm{T}},\ \boldsymbol{\varphi}_2=\frac{\sqrt{2}}{2}[0,1,-1,0,0,0]^{\mathrm{T}}\\&\boldsymbol{\varphi}_3=\frac{\sqrt{6}}{6}[2,-1,-1,0,0,0]^{\mathrm{T}},\ \boldsymbol{\varphi}_i=\xi_i\quad(i=4,5,6)\end{aligned}\right\} \tag{14.80}$$

式中：$\boldsymbol{\xi}_i$ 为第 i 个元素为 1、其余元素为 0 的六阶矢量。

因此，各向同性材料有两个规范空间，一个是体积变形空间；另一个是剪切变形空间。其中体积变形空间的是纯弹性变形，本构方程为

$$\varepsilon_1^*=\frac{1}{K}\sigma_1^* \tag{14.81}$$

这里，K 为材料的体积模量。第 1 阶模态应力和模态应变分别为

$$\sigma_1^*=\frac{\sqrt{3}}{3}(\sigma_1+\sigma_2+\sigma_3) \tag{14.82}$$

$$\varepsilon_1^*=\frac{\sqrt{3}}{3}(\varepsilon_1+\varepsilon_2+\varepsilon_3) \tag{14.83}$$

而剪切空间是非线性变形，根据假定其本构方程为

$$\varepsilon_2^*=\varepsilon_s\left(\frac{\sigma_2^*}{\sigma_s}\right)^2 \tag{14.84}$$

这里 σ_s 和 ε_s 分别是材料在屈服点的应力和应变，第2阶模态应力和模态应变分别为

$$\sigma_2^* = \sqrt{\frac{1}{3}[(\sigma_1-\sigma_2)^2+(\sigma_2-\sigma_3)^2+(\sigma_3-\sigma_1)^2]} \tag{14.85}$$

$$\varepsilon_2^* = \sqrt{\frac{1}{3}[(\varepsilon_1-\varepsilon_2)^2+(\varepsilon_2-\varepsilon_3)^2+(\varepsilon_3-\varepsilon_1)^2]} \tag{14.86}$$

对各向同性材料，无论是体积变形空间还是剪切变形空间，其应力算子均为 Laplace 算子。

下面给出两个实例计算。

1. 单轴拉伸杆的颈缩

杆的单轴拉伸可以看成为一维问题。利用式(14.81)和式(14.84)本构关系，两个子空间下的应力场和耗散场方程分别为

$$\frac{d^2}{dx^2}\sigma_1^* = 0 \quad \frac{d^2}{dx^2}q_1^* = 0 \tag{14.87}$$

$$\frac{d^2}{dx^2}\sigma_2^* = 0 \quad \frac{d^4}{dx^4}q_2^* = 0 \tag{14.88}$$

利用杆件两端的边界条件，得到

$$\sigma_x = \sigma \quad q_1^* = 0 \tag{14.89}$$

$$\sigma_x = \sigma \quad q_2^* = -\frac{q_0}{L^2}(x^2 - L^2) \tag{14.90}$$

式中：L 为杆件长度。

从式(14.90)可以看出这几点结论：耗散场仅仅出现在剪切变形空间，体积变形空间没有耗散场；剪切空间耗散场的分布形态是在杆中点为最大值，然后沿着杆轴向两端以二阶幂指数的形式衰减，端部为零。

这个结论从理论上预测了为什么单向拉伸杆件总是在中间出现颈缩的现象。

2. 单向拉伸板的剪切带

板的单轴拉伸可以看成为二维问题。利用式(14.81)和式(14.84)本构关系，两个子空间下的应力场和耗散场方程分别为

$$\left(\frac{d^2}{dx^2}+\frac{d^2}{dy^2}\right)\sigma_1^* = 0 \quad \left(\frac{d^2}{dx^2}+\frac{d^2}{dy^2}\right)q_1^* = 0 \tag{14.91}$$

$$\left(\frac{d^2}{dx^2}+\frac{d^2}{dy^2}\right)\sigma_2^* = 0 \quad \left(\frac{d^2}{dx^2}+\frac{d^2}{dy^2}\right)^2 q_2^* = 0 \tag{14.92}$$

利用板端边界条件和变形的对称性质，得到

$$\sigma_x = \sigma \quad q_1^* = 0 \tag{14.93}$$

$$\sigma_x = \sigma \quad q_2^* \big|_{x=\pm y} = q_0 \tag{14.94}$$

从式(14.90)可以看出这几点结论：同一维拉伸杆件一样，耗散场仅仅出现在剪切变形空间，体积变形空间没有耗散场；剪切空间耗散场的分布形态是耗散最大值出现在 $x = \pm y$。

这个结论也从理论上预测了为什么单向拉伸板的剪切带总是在出现在板的 $x = \pm y$ 方向的现象。

练习与思考

1. 为什么连续介质最终都以局部化变形的形式破坏？引起局部化变形的机理是什么？
2. 4 种连续介质失稳模型依据的物理基础是什么？各有什么优点？

附录A　弹性规范空间

弹性力学的本征值问题归结为下面的本征值方程

$$(\hat{\boldsymbol{C}}-\lambda_i\boldsymbol{I})\boldsymbol{\varphi}_i=0 \tag{A1}$$

或

$$\left(\hat{\boldsymbol{S}}-\frac{1}{\lambda_i}\boldsymbol{I}\right)\boldsymbol{\varphi}_i=0 \tag{A2}$$

式中：$\hat{\boldsymbol{C}}$ 和 $\hat{\boldsymbol{S}}$ 分别为规范化弹性系数矩阵和规范化柔度系数矩阵；$\lambda_i(i=1,2,\cdots,6)$为弹性本征值，又称 Kelvin 弹性，这一概念最早由英国科学家 L. Kelvin 在 1856 年提出来；$\boldsymbol{\varphi}_i(i=1,2,\cdots,6)$为弹性本征矢。前者是与坐标无关的、纯粹反映材料弹性的量；后者与坐标选取有关，它反映了材料各向异性的主方向。以弹性本征矢作为基矢量可以构成物理表象空间，又称规范空间。

弹性本征值方程(A1)又可以写成

$$\hat{\boldsymbol{C}}\boldsymbol{\varphi}_i=\lambda_i\boldsymbol{\varphi}_i\quad(i=1,2,\cdots,6) \tag{A3}$$

或写成谱分解形式

$$\hat{\boldsymbol{C}}\boldsymbol{\Phi}\boldsymbol{\Lambda}\boldsymbol{\Phi}^{\mathrm{T}} \tag{A4}$$

式中：$\boldsymbol{\Lambda}=\mathrm{diag}[\lambda_1,\lambda_2,\cdots,\lambda_6]$是本征弹性矩阵，它是对角阵；$\boldsymbol{\Phi}=\{\boldsymbol{\varphi}_1,\boldsymbol{\varphi}_2,\cdots,\boldsymbol{\varphi}_6\}$称为材料模态矩阵，它是正交、正定矩阵，满足 $\boldsymbol{\Phi}^{\mathrm{T}}\boldsymbol{\Phi}=\boldsymbol{I}$。

例如，对各向同性弹性体，其本征弹性为

$$\left.\begin{aligned}&\lambda_1=c_{11}+2c_{12}=3K\\&\lambda_2=\lambda_3=\cdots=\lambda_6=c_{11}-c_{12}=2G\end{aligned}\right\} \tag{A5}$$

式中：K 为体积弹性模量；G 为剪切弹性模量。各向同性弹性体本征矢为

$$\left.\begin{aligned}&\boldsymbol{\varphi}_1=\frac{\sqrt{3}}{3}[1,1,1,0,0,0]^{\mathrm{T}},\ \boldsymbol{\varphi}_2=\frac{\sqrt{2}}{2}[0,1,-1,0,0,0]^{\mathrm{T}}\\&\boldsymbol{\varphi}_3=\frac{\sqrt{6}}{6}[2,-1,-1,0,0,0]^{\mathrm{T}},\ \boldsymbol{\varphi}_i=\boldsymbol{\xi}_i\quad(i=4,5,6)\end{aligned}\right\} \tag{A6}$$

式中：$\boldsymbol{\xi}_i$ 为第 i 个元素为 1、其余元素为 0 的六阶矢量。

弹性规范空间是材料的物理表象空间，它不同于经典弹性力学采用的三维坐标描述的几何表象空间。从这一特殊的材料表象空间，而非通常的几何表象空间入手，研究一般力学行为，可以为我们提供一个全新的视角。

弹性规范空间由材料的弹性本征矢作为基矢量构成，其空间结构为

$$W=W_1[\boldsymbol{\varphi}_1^*]\oplus\cdots\oplus W_M[\boldsymbol{\varphi}_M^*] \tag{A7}$$

式中：$\boldsymbol{\varphi}_i^*(i=1, 2, \cdots, M)$考虑了在求解弹性力本征值问题时可能遇到的重根情况，$M(\leqslant 6)$表示了规范空间中独立的子空间数目。下面我们就给出多重退化空间的确定方法。

假定弹性本征值方程(A1)有 $m(\leqslant 6)$个重根，于是 M 维的子空间 $W_i^{(M)}$ 由 $\boldsymbol{\varphi}_{M+1}, \boldsymbol{\varphi}_{M+2}, \cdots, \boldsymbol{\varphi}_{M+m}$基矢量组成，同时它包含了所有矢量 $\boldsymbol{\varphi}_{M+1}, \boldsymbol{\varphi}_{M+2}, \cdots, \boldsymbol{\varphi}_{M+m}$可能的线性组合，即模态矢量和 $\sigma_{M+1}^*\boldsymbol{\varphi}_{M+1}+\sigma_{M+2}^*\boldsymbol{\varphi}_{M+2}+\cdots+\sigma_{M+m}^*\boldsymbol{\varphi}_{M+m}$一定是子空间 $W_i^{(M)}$ 上的一个矢量，定义它为

$$\sigma_i^*\boldsymbol{\varphi}_i^*\left(\boldsymbol{\varphi}_i^{*\mathrm{T}}\cdot\boldsymbol{\varphi}_i^*=1, \boldsymbol{\varphi}_i^*\in W_i^{(M)}\right) \tag{A8}$$

式中：$\boldsymbol{\varphi}_i^*(i=1, 2, \cdots, M)$就是第 i 个独立的规范空间基矢；σ_i^* 就是该子空间上的模态应力。它们可以通过下面方法加以确定。

由矢量等效关系，有

$$\sigma_i^*\boldsymbol{\varphi}_i^*=\sigma_{i+1}^*\boldsymbol{\varphi}_{i+1}+\sigma_{i+2}^*\boldsymbol{\varphi}_{i+2}+\cdots+\sigma_{i+m}^*\boldsymbol{\varphi}_{i+m} \tag{A9}$$

式(A9)两边自乘，再利用基矢量的正交关系，得

$$\sigma_i^*=\pm\sqrt{(\sigma_{i+1}^*)^2+(\sigma_{i+2}^*)^2+\cdots+(\sigma_{i+m}^*)^2} \tag{A10}$$

将它再代入方程(A9)，有

$$\boldsymbol{\varphi}_i^*=\frac{1}{\sigma_i^*}\left(\sigma_{i+1}^*\boldsymbol{\varphi}_{i+1}+\sigma_{i+2}^*\boldsymbol{\varphi}_{i+2}+\cdots+\sigma_{i+m}^*\boldsymbol{\varphi}_{i+m}\right) \tag{A11}$$

附录 B 模态应力、模态应变与模态应变能

当我们在规范空间的物理表象下研究弹性力学问题，其首要任务之一是要将经典弹性力学规范化后的工程应力矢量和工程应变矢量通过表象变换，转到规范空间中来。为此，我们将式(6.40)和式(6.41)的规范应力矢量和规范应变矢量在规范空间各基轴上投影，则有

$$\hat{\boldsymbol{\sigma}} = \sigma_1^* \boldsymbol{\varphi}_1 + \sigma_2^* \boldsymbol{\varphi}_2 + \cdots + \sigma_6^* \boldsymbol{\varphi}_6 \tag{B1}$$

$$\hat{\boldsymbol{\varepsilon}} = \varepsilon_1^* \boldsymbol{\varphi}_1 + \varepsilon_2^* \boldsymbol{\varphi}_2 + \cdots + \varepsilon_6^* \boldsymbol{\varphi}_6 \tag{B2}$$

其中

$$\sigma_i^* = \boldsymbol{\varphi}_i^{\mathrm{T}} \cdot \hat{\boldsymbol{\sigma}} \quad i = 1, 2, \cdots, 6 \tag{B3}$$

$$\varepsilon_i^* = \boldsymbol{\varphi}_i^{\mathrm{T}} \cdot \hat{\boldsymbol{\varepsilon}} \quad i = 1, 2, \cdots, 6 \tag{B4}$$

式中：σ_i^* 和 ε_i^* 分别称为模态应力和模态应变，它们是标量状态参量，在物理意义上类似应力或应变张量的不变量。因此，当我们从规范空间考察应力和应变状态时，它们不再是张量或矢量，而成为了标量。式(B1)和式(B2)也可以看成模态叠加的有限和形式，它提供了对复杂对称性材料采用模态截断技术简化弹性力学计算的基础。

方程(B3)和方程(B4)也可以写成矩阵形式，即所谓的表现变换关系。

$$\boldsymbol{\sigma}^* = \boldsymbol{\Phi}^{\mathrm{T}} \cdot \hat{\boldsymbol{\sigma}} \tag{B5}$$

$$\boldsymbol{\varepsilon}^* = \boldsymbol{\Phi}^{\mathrm{T}} \cdot \hat{\boldsymbol{\varepsilon}} \tag{B6}$$

例如，对各向同性弹性体，其一阶模态应力和一阶模态应变分别为

$$\sigma_1^* = \boldsymbol{\varphi}_1^{\mathrm{T}} \cdot \hat{\boldsymbol{\sigma}} = \frac{\sqrt{3}}{3}(\sigma_{11} + \sigma_{22} + \sigma_{33}) \tag{B7}$$

$$\varepsilon_1^* = \boldsymbol{\varphi}_1^{\mathrm{T}} \cdot \hat{\boldsymbol{\varepsilon}} = \frac{\sqrt{3}}{3}(\varepsilon_{11} + \varepsilon_{22} + \varepsilon_{33}) \tag{B8}$$

由此可见：它们分别表示弹性固体的体积力和体积的改变。

第二阶模态应力计算可通过如下公式

$$\sigma_{II}^* = \sqrt{(\sigma_2^*)^2 + (\sigma_3^*)^2 + (\sigma_4^*)^2 + (\sigma_5^*)^2 + (\sigma_6^*)^2} \tag{B9}$$

其中

$$\left.\begin{aligned}\sigma_2^* &= \boldsymbol{\varphi}_2^{\mathrm{T}} \cdot \hat{\boldsymbol{\sigma}} = \frac{\sqrt{2}}{2}(\sigma_{22}-\sigma_{33})\\ \sigma_3^* &= \boldsymbol{\varphi}_3^{\mathrm{T}} \cdot \hat{\boldsymbol{\sigma}} = \frac{\sqrt{6}}{6}(2\sigma_{11}-\sigma_{22}-\sigma_{33})\\ \sigma_4^* &= \boldsymbol{\varphi}_4^{\mathrm{T}} \cdot \hat{\boldsymbol{\sigma}} = \sqrt{2}\tau_{23}\\ \sigma_5^* &= \boldsymbol{\varphi}_5^{\mathrm{T}} \cdot \hat{\boldsymbol{\sigma}} = \sqrt{2}\tau_{31}\\ \sigma_6^* &= \boldsymbol{\varphi}_6^{\mathrm{T}} \cdot \hat{\boldsymbol{\sigma}} = \sqrt{2}\tau_{12}\end{aligned}\right\} \tag{B10}$$

于是有

$$\sigma_{II}^* = \frac{\sqrt{3}}{3}\sqrt{(\sigma_1-\sigma_2)^2+(\sigma_2-\sigma_3)^2+(\sigma_3-\sigma_1)^2+6(\tau_{23}^2+\tau_{31}^2+\tau_{12}^2)^2} \tag{B11}$$

由此可以看出：式(B11)等效于八面体上的剪应力，表示了弹性固体的纯剪切变形。

根据弹性力学，弹性应变能为

$$W = \frac{1}{2}\boldsymbol{\sigma}^{\mathrm{T}} \cdot \boldsymbol{\varepsilon} \tag{B12}$$

将规范变换关系式(6.38)、式(6.39)代入式(B12)，有

$$W = \frac{1}{2}(\boldsymbol{P}^{-1}\hat{\boldsymbol{\sigma}})^{\mathrm{T}} \cdot (\boldsymbol{P}\hat{\boldsymbol{\varepsilon}}) = \frac{1}{2}\hat{\boldsymbol{\sigma}}^{\mathrm{T}}(\boldsymbol{P}^{-1}\boldsymbol{P})\hat{\boldsymbol{\varepsilon}} = \frac{1}{2}\hat{\boldsymbol{\sigma}}^{\mathrm{T}}\hat{\boldsymbol{\varepsilon}} \tag{B13}$$

再将表象变换关系式(B5)、式(B6)代入，则有

$$W = \frac{1}{2}(\boldsymbol{\Phi}^{-\mathrm{T}}\boldsymbol{\sigma}^*)^{\mathrm{T}} \cdot (\boldsymbol{\Phi}^{-\mathrm{T}}\boldsymbol{\varepsilon}^*) = \frac{1}{2}\boldsymbol{\sigma}^{*\mathrm{T}}(\boldsymbol{\Phi} \cdot \boldsymbol{\Phi}^{\mathrm{T}})^{-1}\boldsymbol{\varepsilon}^* = \frac{1}{2}\boldsymbol{\sigma}^{*\mathrm{T}}\boldsymbol{\varepsilon}^* \tag{B14}$$

将式(B14)展开，得到模态应变能为

$$W = \sum_i \frac{1}{2}\sigma_i^* \varepsilon_i^* = \sum_i W_i \tag{B15}$$

其中，模态应变能 W_i 为

$$W_i = \frac{1}{2}\sigma_i^* \varepsilon_i^* \tag{B16}$$

附录C 应力算子、应变算子与应变能算子

几何表象下经典张量形式的弹性动力学方程转换到物理表象下的模态形式，需要矢量弹性力学这样一个中间环节。而矢量弹性力学的状态变量正是规范化后的工程应力矢量和工程应变矢量。

首先，我们研究弹性力学运动方程。

忽略体积力的经典张量形式的弹性力学运动方程是

$$\sigma_{ik,k}=\rho\ddot{u}_i \tag{C1}$$

或

$$\sigma_{jk,k}=\rho\ddot{u}_j \tag{C2}$$

让式(C1)对j坐标微分，式(C2)对i坐标微分，再将两者加起来，并利用下面的几何方程

$$\varepsilon_{ij}=\frac{1}{2}(u_{i,j}+u_{j,i}) \tag{C3}$$

我们可以得到

$$\sigma_{ik,kj}+\sigma_{jk,ki}=2\rho\ddot{\varepsilon}_{ij} \tag{C4}$$

将式(C4)中的哑标自然展开，有

$$\left.\begin{aligned}
\sigma_{11,11}+\sigma_{12,21}+\sigma_{13,31}+\sigma_{11,11}+\sigma_{12,21}+\sigma_{13,31}&=2\rho\ddot{\varepsilon}_{11}\\
\sigma_{21,12}+\sigma_{22,22}+\sigma_{23,32}+\sigma_{21,12}+\sigma_{22,22}+\sigma_{23,32}&=2\rho\ddot{\varepsilon}_{22}\\
\sigma_{31,13}+\sigma_{32,23}+\sigma_{33,33}+\sigma_{31,13}+\sigma_{32,23}+\sigma_{33,33}&=2\rho\ddot{\varepsilon}_{33}\\
\sigma_{21,13}+\sigma_{22,23}+\sigma_{23,33}+\sigma_{31,12}+\sigma_{32,22}+\sigma_{33,32}&=2\rho\ddot{\varepsilon}_{23}\\
\sigma_{31,11}+\sigma_{32,21}+\sigma_{33,31}+\sigma_{11,13}+\sigma_{12,23}+\sigma_{13,33}&=2\rho\ddot{\varepsilon}_{31}\\
\sigma_{11,12}+\sigma_{12,22}+\sigma_{13,32}+\sigma_{21,11}+\sigma_{22,21}+\sigma_{23,31}&=2\rho\ddot{\varepsilon}_{12}
\end{aligned}\right\} \tag{C5}$$

由于指标(i,j)的对称性，我们可以把它们写成矩阵形式

$$\boldsymbol{\Delta\sigma}=\rho\nabla_{tt}\boldsymbol{\varepsilon} \tag{C6}$$

这里，

$$\boldsymbol{\sigma}=\{\sigma_{11},\sigma_{22},\sigma_{33},\sigma_{23},\sigma_{31},\sigma_{12}\}^{\mathrm{T}} \tag{C7}$$

$$\boldsymbol{\varepsilon}=\{\varepsilon_{11},\varepsilon_{22},\varepsilon_{33},2\varepsilon_{23},2\varepsilon_{31},2\varepsilon_{12}\}^{\mathrm{T}} \tag{C8}$$

$$\boldsymbol{\Delta}=\begin{bmatrix}\partial_{11} & 0 & 0 & 0 & \partial_{31} & \partial_{21}\\ 0 & \partial_{22} & 0 & \partial_{32} & 0 & \partial_{21}\\ 0 & 0 & \partial_{33} & \partial_{32} & \partial_{31} & 0\\ 0 & \partial_{23} & \partial_{23} & (\partial_{22}+\partial_{33}) & \partial_{21} & \partial_{31}\\ \partial_{13} & 0 & \partial_{13} & \partial_{12} & (\partial_{11}+\partial_{33}) & \partial_{32}\\ \partial_{12} & \partial_{12} & 0 & \partial_{13} & \partial_{23} & (\partial_{22}+\partial_{11})\end{bmatrix} \tag{C9}$$

从上式可以看出：$\boldsymbol{\Delta}$ 是一个对称的二阶微分算子矩阵，其中$\partial_{ij}=\partial_{ji}=\partial^2/\partial x_i\partial x_j$，并且$\nabla_{tt}=\partial^2/\partial_t\partial_t$。

利用规范应力矢量和规范应变矢量关系式(6.38)、式(6.39)，则式(C6)成为

$$\hat{\boldsymbol{\Delta}}\hat{\boldsymbol{\sigma}}=\rho\,\nabla_{tt}\hat{\boldsymbol{\varepsilon}} \tag{C10}$$

其中

$$\hat{\boldsymbol{\Delta}}=\boldsymbol{P}^{-1}\boldsymbol{\Delta}\boldsymbol{P}^{-1} \tag{C11}$$

将其展开，得

$$\hat{\boldsymbol{\Delta}}=\begin{bmatrix}\partial_{11} & 0 & 0 & 0 & \frac{\sqrt{2}}{2}\partial_{31} & \frac{\sqrt{2}}{2}\partial_{21}\\ 0 & \partial_{22} & 0 & \frac{\sqrt{2}}{2}\partial_{32} & 0 & \frac{\sqrt{2}}{2}\partial_{21}\\ 0 & 0 & \partial_{33} & \frac{\sqrt{2}}{2}\partial_{32} & \frac{\sqrt{2}}{2}\partial_{31} & 0\\ 0 & \frac{\sqrt{2}}{2}\partial_{23} & \frac{\sqrt{2}}{2}\partial_{23} & \frac{1}{2}(\partial_{22}+\partial_{33}) & \frac{1}{2}\partial_{21} & \frac{1}{2}\partial_{31}\\ \frac{\sqrt{2}}{2}\partial_{13} & 0 & \frac{\sqrt{2}}{2}\partial_{13} & \frac{1}{2}\partial_{12} & \frac{1}{2}(\partial_{11}+\partial_{33}) & \frac{1}{2}\partial_{32}\\ \frac{\sqrt{2}}{2}\partial_{12} & \frac{\sqrt{2}}{2}\partial_{12} & 0 & \frac{1}{2}\partial_{13} & \frac{1}{2}\partial_{23} & \frac{1}{2}(\partial_{22}+\partial_{11})\end{bmatrix} \tag{C12}$$

式(C10)即是规范化的弹性力学运动方程的矢量形式。

利用表象变换关系，弹性动力学方程(C10)可以转换成物理表象下标量形式的模态方程。

首先，我们证明弹性动力学运动方程的算子形式。

根据广义 Hooke 定律，若令 $\hat{\boldsymbol{\sigma}}=\lambda\alpha\boldsymbol{\varphi}$，则有 $\hat{\boldsymbol{\varepsilon}}=\alpha\boldsymbol{\varphi}$，将它们代入运动方程(C10)，得

$$\hat{\boldsymbol{\Delta}}(\alpha\boldsymbol{\varphi})=\frac{\rho\,\nabla_{tt}}{\lambda}(\alpha\boldsymbol{\varphi}) \tag{C13}$$

从式(C13)可以看出：在弹性条件下，运动方程中的几何微分算子矩阵 $\hat{\boldsymbol{\Delta}}$ 也具有本征值性质。我们改写方程(C13)为

$$(\hat{\boldsymbol{\Delta}}-\Delta\boldsymbol{I})(\alpha\boldsymbol{\varphi})=0 \tag{C14}$$

这里，$\Delta=\frac{\rho\,\nabla_{tt}}{\lambda}$。对上式进行转置，有

$$\alpha\boldsymbol{\varphi}^{\mathrm{T}}(\hat{\boldsymbol{\Delta}}-\Delta\boldsymbol{I})=0 \tag{C15}$$

这里，α 不能为零，否则就会是零响应，于是

$$\boldsymbol{\varphi}^{\mathrm{T}}(\hat{\boldsymbol{\Delta}}-\Delta\boldsymbol{I})=0 \tag{C16}$$

式(C16)表明：Δ 和 $\boldsymbol{\varphi}$ 分别是几何微分算子矩阵 $\hat{\boldsymbol{\Delta}}$ 的本征值和本征矢。由于 $\boldsymbol{\varphi}$ 同时也是材料物理表象的规范空间的基矢量，则如果我们将运动方程中的几何微分算子矩阵 $\hat{\boldsymbol{\Delta}}$ 在规范空间中投影，那么它的本征值将正比于时间微分算子。

于是，从方程(C16)，有

$$\hat{\boldsymbol{\Delta}}\boldsymbol{\varphi}_i=\Delta\boldsymbol{\varphi}_i \quad i=1,2,\cdots,6 \tag{C17}$$

很明显，它是一个本征值方程。重新写它在矩阵的形式，有

$$\hat{\boldsymbol{\Delta}}\boldsymbol{\Phi}=\boldsymbol{\Phi}\boldsymbol{\Delta}^* \tag{C18}$$

这里，$\boldsymbol{\Delta}^*$ 是本征几何微分算子矩阵，是对角阵。因此，Δ 能够看成是矩阵 $\boldsymbol{\Delta}^*$ 的一个元素，并且是一个几何微分算子。

利用模态矩阵的正交性质，方程(C18)又可以写成

$$\hat{\boldsymbol{\Delta}}=\boldsymbol{\Phi}\boldsymbol{\Delta}^*\boldsymbol{\Phi}^{-1}=\boldsymbol{\Phi}\boldsymbol{\Delta}^*\boldsymbol{\Phi}^{\mathrm{T}} \tag{C19}$$

将它代入运动方程(C10)，有

$$\boldsymbol{\Phi}^{\mathrm{T}}\hat{\boldsymbol{\sigma}}=\rho\nabla_u\boldsymbol{\Delta}^{*-1}\boldsymbol{\Phi}^{\mathrm{T}}\hat{\boldsymbol{\varepsilon}} \tag{C20}$$

再使用表象变换关系式(B5)、式(B6)，得

$$\boldsymbol{\sigma}^*=\rho\nabla_u\boldsymbol{\Delta}^{*-1}\boldsymbol{\varepsilon}^* \tag{C21}$$

或

$$\boldsymbol{\Delta}^*\boldsymbol{\sigma}^*=\rho\nabla_u\boldsymbol{\varepsilon}^* \tag{C22}$$

将它写成标量形式，最后得

$$\Delta_i^*\sigma_i^*=\rho\nabla_u\varepsilon_i^* \quad (i=1,2,\cdots,6) \tag{C23}$$

这里，Δ_i^* 称为应力算子，它的计算公式是

$$\Delta_i^*=\boldsymbol{\varphi}_i^{\mathrm{T}}\hat{\boldsymbol{\Delta}}\boldsymbol{\varphi}_i \quad i=1,2,\cdots,6 \tag{C24}$$

其次，我们研究弹性力学协调方程。

以应变张量表示的经典弹性力学位移协调方程为

$$\varepsilon_{ij,kl}-\varepsilon_{kj,li}+\varepsilon_{kl,ij}-\varepsilon_{il,kj}=0 \tag{C25}$$

将式(C25)展开，可以得到如下六个独立的位移协调方程

$$\left.\begin{aligned}
&\varepsilon_{22,33}+\varepsilon_{33,22}-2\varepsilon_{23,32}=0\\
&\varepsilon_{11,33}+\varepsilon_{33,11}-2\varepsilon_{13,31}=0\\
&\varepsilon_{11,22}+\varepsilon_{22,11}-2\varepsilon_{12,21}=0\\
&-\varepsilon_{11,23}-\varepsilon_{23,11}+\varepsilon_{13,21}+\varepsilon_{21,13}=0\\
&-\varepsilon_{22,13}+\varepsilon_{23,12}-\varepsilon_{13,22}+\varepsilon_{12,23}=0\\
&-\varepsilon_{33,12}+\varepsilon_{32,13}+\varepsilon_{13,32}-\varepsilon_{12,33}=0
\end{aligned}\right\} \tag{C26}$$

由于 ε_{ij} 指标(i,j)的对称性以及 $\varepsilon_{ij,kl}$ 指标(k,l)的对称性，式(C26)可以写成下列矩阵形式

$$\nabla\boldsymbol{\varepsilon}=0 \tag{C27}$$

式中：$\boldsymbol{\varepsilon}=\{\varepsilon_{11},\varepsilon_{22},\varepsilon_{33},2\varepsilon_{23},2\varepsilon_{31},2\varepsilon_{12}\}^{\mathrm{T}}$；$\nabla$ 也是一个对称的二阶微分算子矩阵，它是

$$
\nabla = \begin{bmatrix}
0 & \partial_{33} & \partial_{22} & -\partial_{23} & 0 & 0 \\
\partial_{33} & 0 & \partial_{11} & 0 & -\partial_{13} & 0 \\
\partial_{22} & \partial_{11} & 0 & 0 & 0 & -\partial_{12} \\
-\partial_{23} & 0 & 0 & -\frac{1}{2}\partial_{11} & \frac{1}{2}\partial_{12} & \frac{1}{2}\partial_{13} \\
0 & -\partial_{13} & 0 & \frac{1}{2}\partial_{12} & -\frac{1}{2}\partial_{22} & \frac{1}{2}\partial_{23} \\
0 & 0 & -\partial_{12} & \frac{1}{2}\partial_{13} & \frac{1}{2}\partial_{23} & -\frac{1}{2}\partial_{33}
\end{bmatrix} \tag{C28}
$$

将式(6.39)规范应变代入式(C27)，则有

$$
\hat{\nabla}\hat{\boldsymbol{\varepsilon}} = 0 \tag{C29}
$$

其中

$$
\hat{\nabla} = \boldsymbol{P}\,\nabla\,\boldsymbol{P} \tag{C30}
$$

将其展开，得

$$
\hat{\nabla} = \begin{bmatrix}
0 & \partial_{33} & \partial_{22} & -\sqrt{2}\partial_{23} & 0 & 0 \\
\partial_{33} & 0 & \partial_{11} & 0 & -\sqrt{2}\partial_{13} & 0 \\
\partial_{22} & \partial_{11} & 0 & 0 & 0 & -\sqrt{2}\partial_{12} \\
-\sqrt{2}\partial_{23} & 0 & 0 & -\partial_{11} & \partial_{12} & \partial_{13} \\
0 & -\sqrt{2}\partial_{13} & 0 & \partial_{12} & -\partial_{22} & \partial_{23} \\
0 & 0 & -\sqrt{2}\partial_{12} & \partial_{13} & \partial_{23} & -\partial_{33}
\end{bmatrix} \tag{C31}
$$

对静力学问题，运动方程(C10)成为静力方程，即

$$
\hat{\boldsymbol{\Delta}}\hat{\boldsymbol{\sigma}} = 0 \tag{C32}
$$

将规范化广义 Hooke 定律(6.45)代入式(C32)，并与式(C29)比较，有

$$
\hat{\nabla} = \hat{\boldsymbol{\Delta}}\hat{\boldsymbol{C}} \tag{C33}
$$

分别将式(C19)和式(A4)代入式(C33)，得

$$
\hat{\nabla} = \boldsymbol{\Phi}\boldsymbol{\Delta}^{*}\boldsymbol{\Phi}^{\mathrm{T}}\boldsymbol{\Phi}\boldsymbol{\Lambda}\boldsymbol{\Phi}^{\mathrm{T}} \tag{C34}
$$

利用模态矩阵的正交性质，式(C34)成为

$$
\hat{\nabla} = \boldsymbol{\Phi}\,\nabla^{*}\boldsymbol{\Phi}^{\mathrm{T}} \tag{C35}
$$

其中

$$
\nabla^{*} = \boldsymbol{\Delta}^{*}\boldsymbol{\Lambda} \tag{C36}
$$

或

$$
\nabla_i^{*} = \lambda_i \Delta_i^{*} \quad i = 1, 2, \cdots, 6 \tag{C37}
$$

式中：∇_i^{*} 称为应变算子，它的计算公式是

$$
\nabla_i^{*} = \boldsymbol{\varphi}_i^{\mathrm{T}}\,\hat{\nabla}\boldsymbol{\varphi}_i \quad i = 1, 2, \cdots, 6 \tag{C38}
$$

根据模态应变能公式(B16)，可以得到相应的应变能算子公式如下：

$$
\square_i^{*} = \frac{1}{2}\Delta_i^{*}\,\nabla_i^{*} \quad i = 1, 2, \cdots, 6 \tag{C39}
$$

式中：$\square_i^{*}$ 为应变能算子。

练习与思考部分答案

第2章

7.

$$\Gamma_{\theta\theta}^{r} = -r,\ \Gamma_{\varphi\varphi}^{r} = -r\sin^2\theta,\ \Gamma_{r\theta}^{\theta} = \Gamma_{\theta r}^{\theta} = \frac{1}{r}$$

$$\Gamma_{\varphi\varphi}^{\theta} = -\sin\theta\cos\theta,\ \Gamma_{r\varphi}^{\varphi} = \Gamma_{\varphi r}^{\varphi} = \frac{1}{r},\ \Gamma_{\varphi\theta}^{\varphi} = \Gamma_{\theta\varphi}^{\varphi} = \cot\theta$$

，其余为零。

8.

(1)基矢量和度量张量

$$\boldsymbol{g}_1 = a\boldsymbol{i} + a\sqrt{\frac{x^2}{x^1}}\boldsymbol{j},\ \boldsymbol{g}^1 = \frac{1}{a(x^1+x^2)}(x^1\boldsymbol{i} + \sqrt{x^1x^2}\boldsymbol{j})$$

$$\boldsymbol{g}_2 = -a\boldsymbol{i} + a\sqrt{\frac{x^1}{x^2}}\boldsymbol{j},\ \boldsymbol{g}^2 = \frac{1}{a(x^1+x^2)}(-x^2\boldsymbol{i} + \sqrt{x^1x^2}\boldsymbol{j})$$

$$\boldsymbol{g}_3 = -\boldsymbol{k},\ \boldsymbol{g}^3 = \boldsymbol{k}$$

$$[g_{ij}] = \begin{bmatrix} \frac{(a)^2}{x^1}(x^1+x^2) & 0 & 0 \\ 0 & \frac{(a)^2}{x^2}(x^1+x^2) & 0 \\ 0 & 0 & 1 \end{bmatrix}$$

$$[g^{ij}] = \begin{bmatrix} \frac{x^1}{(a)^2}(x^1+x^2)^{-1} & 0 & 0 \\ 0 & \frac{x^2}{(a)^2}(x^1+x^2)^{-1} & 0 \\ 0 & 0 & 1 \end{bmatrix}$$

(2)第一类 Christoffel 符号分量

$$[\Gamma_{ij,1}] = \begin{bmatrix} -\frac{x^2}{2(a)^2(x^1+x^2)^2} & -\frac{x^1}{2(a)^2(x^1+x^2)^2} & 0 \\ -\frac{x^1}{2(a)^2(x^1+x^2)^2} & -\frac{(x^1)^2}{2x^2(a)^2(x^1+x^2)^2} & 0 \\ 0 & 0 & 0 \end{bmatrix}$$

$$[\Gamma_{ij,2}]=\begin{bmatrix}-\frac{(x^2)^2}{2(a)^2x^1(x^1+x^2)^2} & -\frac{x^2}{2(a)^2(x^1+x^2)^2} & 0\\ -\frac{x^2}{2(a)^2(x^1+x^2)^2} & -\frac{x^1}{2(a)^2(x^1+x^2)^2} & 0\\ 0 & 0 & 0\end{bmatrix}$$

$$[\Gamma_{ij,3}]=\begin{bmatrix}0&0&0\\0&0&0\\0&0&0\end{bmatrix}$$

第二类 Christoffel 符号分量

$$[\Gamma_{ij}^1]=\begin{bmatrix}-\frac{x^2}{2x^1(x^1+x^2)} & -\frac{1}{2(x^1+x^2)} & 0\\ -\frac{1}{2(x^1+x^2)} & -\frac{x^1}{2x^2(x^1+x^2)} & 0\\ 0 & 0 & 0\end{bmatrix}$$

$$[\Gamma_{ij}^2]=\begin{bmatrix}-\frac{x^2}{2x^1(x^1+x^2)} & -\frac{1}{2(x^1+x^2)} & 0\\ -\frac{1}{2(x^1+x^2)} & -\frac{x^1}{2x^2(x^1+x^2)} & 0\\ 0 & 0 & 0\end{bmatrix}$$

$$[\Gamma_{ij}^3]=\begin{bmatrix}0&0&0\\0&0&0\\0&0&0\end{bmatrix}$$

9.

(1)基矢量和度量张量

$$\boldsymbol{g}_1=-\frac{a\cos x^3(\cos x^2\cosh x^1-1)}{(\cos x^2-\cosh x^1)^2}\boldsymbol{i}-\frac{a\sin x^3(\cos x^2\cosh x^1-1)}{(\cos x^2-\cosh x^1)^2}\boldsymbol{j}-\frac{a\sin x^2\sinh x^1}{(\cos x^2-\cosh x^1)^2}\boldsymbol{k}$$

$$\boldsymbol{g}_2=-\frac{a\cos x^3\sin x^2\sinh x^1}{(\cos x^2-\cosh x^1)^2}\boldsymbol{i}-\frac{a\sin x^2\sin x^3\sinh x^1}{(\cos x^2-\cosh x^1)^2}\boldsymbol{j}+\frac{a(\cos x^2\cosh x^1-1)}{(\cos x^2-\cosh x^1)^2}\boldsymbol{k}$$

$$\boldsymbol{g}_3=\frac{a\sin x^3\sinh x^1}{\cos x^2-\cosh x^1}\boldsymbol{i}-\frac{a\cos x^3\sinh x^1}{\cos x^2-\cosh x^1}\boldsymbol{j}$$

$$\boldsymbol{g}^1=-\frac{\cos x^3(\cos x^2\cosh x^1-1)}{a}\boldsymbol{i}-\frac{\sin x^3(\cos x^2\cosh x^1-1)}{a}\boldsymbol{j}-\frac{\sin x^2\sinh x^1}{a}\boldsymbol{k}$$

$$\boldsymbol{g}^2=-\frac{\cos x^3\sin x^2\sinh x^1}{a}\boldsymbol{i}-\frac{\sin x^2\sin x^3\sinh x^1}{a}\boldsymbol{j}+\frac{\cos x^2\cosh x^1-1}{a}\boldsymbol{k}$$

$$\boldsymbol{g}^3=\frac{\sin x^3(\cos x^2-\cosh x^1)}{a\sinh x^1}\boldsymbol{i}-\frac{\cos x^3(\cos x^2-\cosh x^1)}{a\sinh x^1}\boldsymbol{j}$$

$$\boldsymbol{g}_{11}=\frac{a^2}{(\cos x^2-\cosh x^1)^2}\qquad \boldsymbol{g}_{22}=\frac{a^2}{(\cos x^2-\cosh x^1)^2}$$

$$\boldsymbol{g}_{33}=\frac{a^2[(\cosh x^1)^2-1]}{(\cos x^2-\cosh x^1)^2}$$

$$\boldsymbol{g}_{12}=\boldsymbol{g}_{21}=\boldsymbol{g}_{13}=\boldsymbol{g}_{31}=\boldsymbol{g}_{23}=\boldsymbol{g}_{32}=0$$

$$g^{11}=\frac{(\cos x^2-\cosh x^1)^2}{a^2}\qquad g^{22}=\frac{(\cos x^2-\cosh x^1)^2}{a^2}$$

$$g^{33}=\frac{(\cos x^2-\cosh x^1)^2}{a^2[(\cosh x^1)^2-1]}$$

$$g^{12}=g^{21}=g^{13}=g^{31}=g^{23}=g^{32}=0$$

(2)第一类 Christoffel 符号分量

$$[\Gamma_{ij,1}]=\begin{bmatrix}\frac{a^2\sinh x^1}{(\cos x^2-\cosh x^1)^3} & \frac{a^2\sin x^2}{(\cos x^2-\cosh x^1)^3} & 0\\ \frac{a^2\sin x^2}{(\cos x^2-\cosh x^1)^3} & -\frac{a^2\sinh x^1}{(\cos x^2-\cosh x^1)^3} & 0\\ 0 & 0 & -\frac{a^2\sinh x^1(\cos x^2\cosh x^1-1)}{(\cos x^2-\cosh x^1)^3}\end{bmatrix}$$

$$[\Gamma_{ij,2}]=\begin{bmatrix}-\frac{a^2\sin x^2}{(\cos x^2-\cosh x^1)^3} & \frac{a^2\sinh x^1}{(\cos x^2-\cosh x^1)^3} & 0\\ \frac{a^2\sinh x^1}{(\cos x^2-\cosh x^1)^3} & \frac{a^2\sin x^2}{(\cos x^2-\cosh x^1)^3} & 0\\ 0 & 0 & -\frac{a^2\sin x^2[(\cosh x^1)^2-1]}{(\cos x^2-\cosh x^1)^3}\end{bmatrix}$$

$$[\Gamma_{ij}^3]=\begin{bmatrix}0 & 0 & -\frac{a^2(2\cos x^2\cosh x^1-2)[(\cosh x^1)^2-1]}{(\cos x^2-\cosh x^1)^2[\sinh(2x^1)-2\cos x^2\sinh x^1]}\\ 0 & 0 & \frac{a^2\sin x^2[(\cosh x^1)^2-1]}{(\cos x^2-\cosh x^1)^3}\\ -\frac{a^2(2\cos x^2\cosh x^1-2)[(\cosh x^1)^2-1]}{(\cos x^2-\cosh x^1)^2[\sinh(2x^1)-2\cos x^2\sinh x^1]} & \frac{a^2\sin x^2[(\cosh x^1)^2-1]}{(\cos x^2-\cosh x^1)^3} & 0\end{bmatrix}$$

第二类 Christoffel 符号分量

$$[\Gamma_{ij}^1]=\begin{bmatrix}\frac{\sinh x^1}{\cos x^2-\cosh x^1} & \frac{\sin x^2}{\cos x^2-\cosh x^1} & 0\\ \frac{\sin x^2}{\cos x^2-\cosh x^1} & -\frac{\sinh x^1}{\cos x^2-\cosh x^1} & 0\\ 0 & 0 & -\frac{\sinh x^1(\cos x^2\cosh x^1-1)}{\cos x^2-\cosh x^1}\end{bmatrix}$$

$$[\Gamma_{ij}^2]=\begin{bmatrix}-\frac{\sin x^2}{\cos x^2-\cosh x^1} & \frac{\sinh x^1}{\cos x^2-\cosh x^1} & 0\\ \frac{\sinh x^1}{\cos x^2-\cosh x^1} & \frac{\sin x^2}{\cos x^2-\cosh x^1} & 0\\ 0 & 0 & -\frac{\sin x^2[(\cosh x^1)^2-1]}{\cos x^2-\cosh x^1}\end{bmatrix}$$

$$[\Gamma_{ij}^3]=\begin{bmatrix}0 & 0 & -\frac{2\cos x^2\cosh x^1-2}{\sinh(2x^1)-2\cos x^2\sinh x^1}\\ 0 & 0 & \frac{\sin x^2}{\cos x^2-\cosh x^1}\\ -\frac{2\cos x^2\cosh x^1-2}{\sinh(2x^1)-2\cos x^2\sinh x^1} & \frac{\sin x^2}{\cos x^2-\cosh x^1} & 0\end{bmatrix}$$

10.

$\boldsymbol{g}^1=(0,0,1)^{\mathrm{T}}$, $\boldsymbol{g}^2=(0.5,-0.5,0.5)^{\mathrm{T}}$, $\boldsymbol{g}^3=(0,1,-1)^{\mathrm{T}}$

$$[g^{ij}]=\begin{bmatrix}1 & 0.5 & -1\\ 0.5 & 0.75 & -1\\ -1 & -1 & 2\end{bmatrix}$$

$(2p+r,\ 4q+2r,\ p+2q+2r)^{\mathrm{T}}$

第3章

1.

为了研究曲线坐标下连续介质有限变形，可以先取一个固结于空间不动动参考系$\{X^i\}$，然后再采用一个所谓的拖带坐标系$\{x^i\}$，即假设该坐标系嵌入物体中，并随物体变形而伸缩、旋转和弯曲，并保持各质点的坐标值x^i不变，但坐标线的尺度变了。连续介质质点的位置矢径由空间不动动参考系原点出发指向质点，如下图所示。

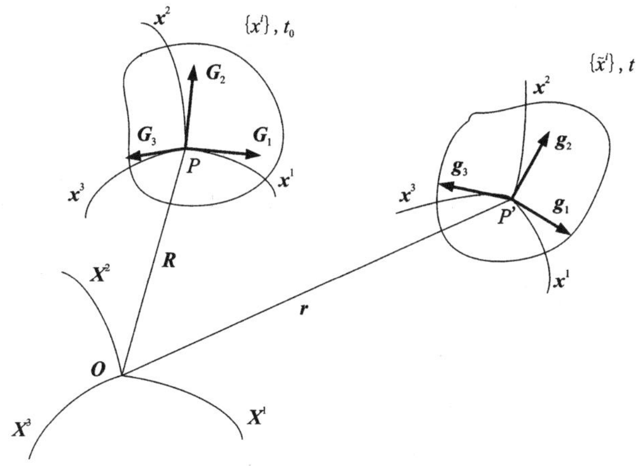

图　有限变形拖带坐标系

设变形前质点的位置矢径为

$$\boldsymbol{R}=\boldsymbol{R}(x^1,\ x^2,\ x^3,\ t_0)$$

这里x^i为质点的拖带坐标。变形前的坐标基矢量设为

$$\boldsymbol{G}_i=\frac{\partial\boldsymbol{R}}{\partial x^i}$$

因而其度量张量为

$$G_{ij}=\boldsymbol{G}_i\cdot\boldsymbol{G}_j$$

而变形后质点的位置矢径变为

$$\boldsymbol{r}=\boldsymbol{r}(x^1,\ x^2,\ x^3,\ t)$$

因此变形后的坐标基矢量为

$$\boldsymbol{g}_i=\frac{\partial\boldsymbol{r}}{\partial x^i}$$

而其度量张量为

$$g_{ij} = \boldsymbol{g}_i \cdot \boldsymbol{g}_j$$

显然，物体的变形就反映在拖带坐标系的变形中，因而反映在度量张量的变化中。需要注意的是，虽然坐标值 x^i 不变，但坐标系发生变化。

变形前的物质线元为

$$\mathrm{d}\boldsymbol{R} = \frac{\partial \boldsymbol{R}}{\partial x^i}\mathrm{d}x^i = \boldsymbol{G}_i \mathrm{d}x^i$$

则变形前线元长度的平方为

$$\mathrm{d}s_0^2 = \mathrm{d}\boldsymbol{R} \cdot \mathrm{d}\boldsymbol{R} = G_{ij}\mathrm{d}x^i \mathrm{d}x^j$$

变形后的物质线元为

$$\mathrm{d}\boldsymbol{r} = \frac{\partial \boldsymbol{r}}{\partial x^i}\mathrm{d}x^i = \boldsymbol{g}_i \mathrm{d}x^i$$

而变形后前线元长度的平方为

$$\mathrm{d}s^2 = \mathrm{d}\boldsymbol{r} \cdot \mathrm{d}\boldsymbol{r} = g_{ij}\mathrm{d}x^i \mathrm{d}x^j$$

线元的变形可以由变形前后线元平方之差来度量，即

$$\mathrm{d}s^2 - \mathrm{d}s_0^2 = (g_{ij} - G_{ij})\mathrm{d}x^i \mathrm{d}x^j = 2E_{ij}\mathrm{d}x^i \mathrm{d}x^j$$

式中 E_{ij} 为

$$E_{ij} = \frac{1}{2}(g_{ij} - G_{ij})$$

它是无因次量，反映了质点领域的相对变形，是二阶应变张量 E 的协变分量，是对称张量。

若以 $\boldsymbol{u}$ 表示质点的位移，则由上图可知

$$\boldsymbol{u} = \boldsymbol{u}(x^i, t) = \boldsymbol{r} - \boldsymbol{R}$$

由此得

$$\frac{\partial \boldsymbol{u}}{\partial x^i} = \boldsymbol{g}_i - \boldsymbol{G}_i$$

以及

$$g_{ij} = \left(\frac{\partial \boldsymbol{u}}{\partial x^i} + \boldsymbol{G}_i\right) \cdot \left(\frac{\partial \boldsymbol{u}}{\partial x^j} + \boldsymbol{G}_j\right) = G_{ij} + \boldsymbol{G}_i \frac{\partial \boldsymbol{u}}{\partial x^j} + \boldsymbol{G}_j \frac{\partial \boldsymbol{u}}{\partial x^i} + \frac{\partial \boldsymbol{u}}{\partial x^i}\frac{\partial \boldsymbol{u}}{\partial x^j}$$

$$G_{ij} = \left(\boldsymbol{g}_i - \frac{\partial \boldsymbol{u}}{\partial x^i}\right) \cdot \left(\boldsymbol{g}_j - \frac{\partial \boldsymbol{u}}{\partial x^j}\right) = g_{ij} - \boldsymbol{g}_i \frac{\partial \boldsymbol{u}}{\partial x^j} - \boldsymbol{g}_j \frac{\partial \boldsymbol{u}}{\partial x^i} + \frac{\partial \boldsymbol{u}}{\partial x^i}\frac{\partial \boldsymbol{u}}{\partial x^j}$$

由此得

$$E_{ij} = \frac{1}{2}\left[\boldsymbol{G}_i \frac{\partial \boldsymbol{u}}{\partial x^j} + \boldsymbol{G}_j \frac{\partial \boldsymbol{u}}{\partial x^i} + \frac{\partial \boldsymbol{u}}{\partial x^i}\frac{\partial \boldsymbol{u}}{\partial x^j}\right]$$

或

$$e_{ij} = \frac{1}{2}\left[\boldsymbol{g}_i \frac{\partial \boldsymbol{u}}{\partial x^j} + \boldsymbol{g}_j \frac{\partial \boldsymbol{u}}{\partial x^i} - \frac{\partial \boldsymbol{u}}{\partial x^i}\frac{\partial \boldsymbol{u}}{\partial x^j}\right]$$

现以变形之前构形为参考构形，其坐标系为 $\{x^i\}$，将 $\boldsymbol{u}$ 向变形前基矢量分解，有

$$\boldsymbol{u} = u^i \boldsymbol{G}_i = u_i \boldsymbol{G}^i$$

$$\frac{\partial \boldsymbol{u}}{\partial x^i} = \boldsymbol{G}_k \nabla_i u^k = \boldsymbol{G}^k \nabla_i u_k$$

于是得 Green 应变张量 E_{ij} 有

$$E_{ij}=\frac{1}{2}[\nabla_j u_i+\nabla_i u_j+\nabla_i u^k\nabla_j u_k]$$

若以变形之后构形为参考构形，其坐标系为 $\{\tilde{x}^i\}$，将 $\boldsymbol{u}$ 向变形后基矢量分解，有

$$\boldsymbol{u}=u^i\boldsymbol{g}_i=u_i\boldsymbol{g}^i$$

$$\frac{\partial\boldsymbol{u}}{\partial x^i}=\boldsymbol{g}_k\nabla_i u^k=\boldsymbol{g}^k\nabla_i u_k$$

于是得 Almansi 应变张量 e_{ij} 有

$$e_{ij}=\frac{1}{2}[\nabla_j u_i+\nabla_i u_j-\nabla_i u^k\nabla_j u_k]$$

2.

选瞬时构形 $\{\tilde{x}^i\}$ 为参考构形，则有

$$\frac{\partial\boldsymbol{G}_i}{\partial t}=0,\ \frac{\partial G_{ij}}{\partial t}=0$$

于是，由 $E_{ij}=\frac{1}{2}(g_{ij}-G_{ij})$ 式有

$$\frac{\partial E_{ij}}{\partial t}=\frac{1}{2}\frac{\partial g_{ij}}{\partial t}$$

而质点在 t 瞬时的速度 $\boldsymbol{v}$ 及其在变形后坐标的基矢量方向上的分解为

$$\boldsymbol{v}=\frac{\partial\boldsymbol{u}}{\partial t}=\frac{\partial}{\partial t}(\boldsymbol{r}-\boldsymbol{R})=\frac{\partial\boldsymbol{r}}{\partial t}=v^k\boldsymbol{g}_k=v_k\boldsymbol{g}^k$$

对基矢量求时间导数，则有

$$\frac{\partial\boldsymbol{g}_i}{\partial t}=\frac{\partial}{\partial t}\left(\frac{\partial\boldsymbol{r}}{\partial x^i}\right)=\frac{\partial}{\partial x^i}\left(\frac{\partial\boldsymbol{r}}{\partial t}\right)=\frac{\partial\boldsymbol{v}}{\partial x^i}=\boldsymbol{g}_k\nabla_i v^k=\boldsymbol{g}^k\nabla_i v_k$$

由此得

$$\frac{\partial g_{ij}}{\partial t}=\boldsymbol{g}_i\frac{\partial\boldsymbol{g}_j}{\partial t}+\boldsymbol{g}_j\frac{\partial\boldsymbol{g}_i}{\partial t}=\boldsymbol{g}_i\boldsymbol{g}^k\nabla_j v_k+\boldsymbol{g}_j\boldsymbol{g}^k\nabla_i v_k=\nabla_i v_j+\nabla_j v_i$$

于是得到应变速率为

$$\frac{\partial E_{ij}}{\partial t}=\frac{1}{2}(\nabla_i v_j+\nabla_j v_i)$$

5.

①$\boldsymbol{E}=\begin{bmatrix}0&0&0\\0&\frac{a^2}{2}&a\\0&a&\frac{a^2}{2}\end{bmatrix}$，$\boldsymbol{e}=\begin{bmatrix}0&0&0\\0&\frac{a^4-3a^2}{2(1-a^2)^2}&\frac{a}{(1-a^2)^2}\\0&\frac{a}{(1-a^2)^2}&\frac{a^4-3a^2}{2(1-a^2)^2}\end{bmatrix}$

②$E_2=E_3=\sqrt{(1+2a^2)}-1$

③$E_N=\frac{a^2}{2}+\frac{\sqrt{3}a}{2}$，$\lambda_N=\sqrt{(1+2E_N)}$

$\boldsymbol{n}=\left(0,\ \frac{1}{2\lambda_N}(a+\sqrt{3}),\ \frac{1}{2\lambda_N}(a\sqrt{3}+1)\right)$

④

$$U=\begin{bmatrix}1 & 0 & 0\\ 0 & \dfrac{|a-1|+|a+1|}{2} & \dfrac{|a+1|-|a-1|}{2}\\ 0 & \dfrac{|a+1|-|a-1|}{2} & \dfrac{|a-1|+|a+1|}{2}\end{bmatrix}$$

$$R=\begin{bmatrix}1 & 0 & 0\\ 0 & \dfrac{|a-1|+|a+1|+a|a-1|-a|a+1|}{2|a-1||a+1|} & \dfrac{|a-1|-|a+1|+a|a-1|+a|a+1|}{2|a-1||a+1|}\\ 0 & \dfrac{|a-1|-|a+1|+a|a-1|+a|a+1|}{2|a-1||a+1|} & \dfrac{|a-1|+|a+1|+a|a-1|-a|a+1|}{2|a-1||a+1|}\end{bmatrix}$$

6.

$$E=\begin{bmatrix}2 & -2 & 0\\ -2 & 2 & 0\\ 0 & 0 & 4\end{bmatrix}$$，主值为4，0，4

$$e=\frac{1}{9}\begin{bmatrix}2 & -2 & 0\\ -2 & 2 & 0\\ 0 & 0 & 4\end{bmatrix}$$，主值为$\frac{4}{9}$，0，$\frac{4}{9}$

7.

$$U=\begin{bmatrix}\sqrt{3} & 0 & 0\\ 0 & \dfrac{1}{2\sqrt{2}}(3\sqrt{3}+1) & \dfrac{1}{2\sqrt{2}}(\sqrt{3}-3)\\ 0 & \dfrac{1}{2\sqrt{2}}(\sqrt{3}-3) & \dfrac{1}{2\sqrt{2}}(\sqrt{3}+3)\end{bmatrix}$$

$$R=\begin{bmatrix}\sqrt{3} & 0 & 0\\ 0 & \dfrac{1}{2\sqrt{2}}(\sqrt{3}+1) & \dfrac{1}{2\sqrt{2}}(\sqrt{3}-1)\\ 0 & \dfrac{1}{4\sqrt{2}}(2-2\sqrt{3}) & \dfrac{1}{4\sqrt{2}}(2+2\sqrt{3})\end{bmatrix}$$

8.

①$a_1=0$，$a_2=\dfrac{2x_2}{(1+t)^2}$，$a_3=\dfrac{6x_3}{(1+t)^2}$

②$a_1=0$，$a_2=2X_2$，$a_3=\dfrac{6X_3}{1+t}$

③$x_1=X_1(1+t)$，$x_2=X_2(1+t)^2$，$x_3=X_3(1+t)^3$

9.

$$L=\begin{bmatrix}6x_1x_2 & 3x_1^2 & 0\\ 0 & 4x_2x_3 & 2x_2^2\\ x_2x_3^2 & x_1x_3^2 & 2x_1x_2x_3\end{bmatrix},\ V=\begin{bmatrix}6 & 1.5 & 0.5\\ 1.5 & 4 & 1.5\\ 0.5 & 1.5 & 2\end{bmatrix}$$

伸长率为 $\dot{\lambda}=\frac{74}{25}$，剪切率 $\dot{\gamma}=\frac{89}{25}$。

10.

$(\boldsymbol{I}+2\boldsymbol{E})(\boldsymbol{I}-2\boldsymbol{e})^{\mathrm{T}}=\boldsymbol{I}$

11.

①$\boldsymbol{F}=\begin{bmatrix}1 & \frac{\sqrt{2}}{2} & 0\\ \frac{\sqrt{2}}{2} & 1 & 0\\ 0 & 0 & 1\end{bmatrix}$　　②$\boldsymbol{B}=\begin{bmatrix}\frac{3}{2} & \sqrt{2} & 0\\ \sqrt{2} & \frac{3}{2} & 0\\ 0 & 0 & 1\end{bmatrix}$

③$\boldsymbol{C}=\begin{bmatrix}\frac{3}{2} & \sqrt{2} & 0\\ \sqrt{2} & \frac{3}{2} & 0\\ 0 & 0 & 1\end{bmatrix}$　　④$\boldsymbol{E}=\begin{bmatrix}\frac{1}{4} & \frac{\sqrt{2}}{2} & 0\\ \frac{\sqrt{2}}{2} & \frac{1}{4} & 0\\ 0 & 0 & 0\end{bmatrix}$

⑤$\boldsymbol{e}=\begin{bmatrix}-\frac{5}{2} & 2\sqrt{2} & 0\\ 2\sqrt{2} & -\frac{5}{2} & 0\\ 0 & 0 & 0\end{bmatrix}$

12.

①$\boldsymbol{L}=\begin{bmatrix}1 & a\\ 0 & 0\end{bmatrix}$

②$\boldsymbol{V}=\frac{1}{2}\begin{bmatrix}1 & a\\ a & 0\end{bmatrix}$

③$\dot{\boldsymbol{E}}=\frac{1}{2}\begin{bmatrix}0 & a\\ a & 2a^2t\end{bmatrix}$

第4章

1.

采用曲线坐标。在连续介质域中任一点 P 处取由三个坐标面和一个任意倾斜面构成的微四面体。坐标系在 P 点处的三个基矢量 $\boldsymbol{g}_1$，$\boldsymbol{g}_2$，$\boldsymbol{g}_3$ 分别沿四面体的三个棱边 PP_1，PP_2，PP_3。三个坐标面的外法线方向分别沿逆变基矢 $\boldsymbol{g}^1$，$\boldsymbol{g}^2$，$\boldsymbol{g}^3$ 的负向，而斜面 $P_1P_2P_3$的单位外法线矢量用 $\boldsymbol{N}$ 表示，如下图所示。

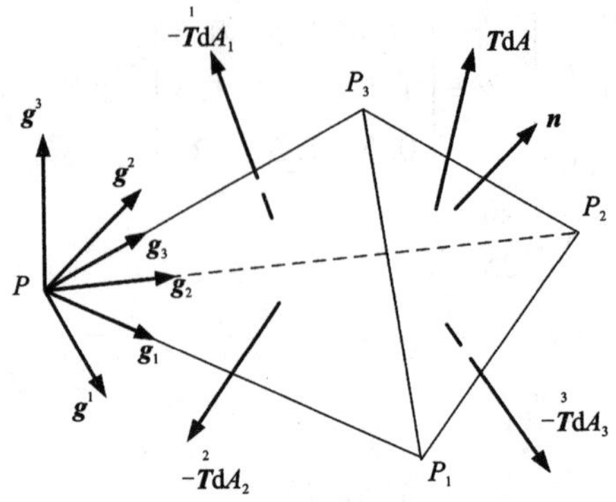

图　曲线坐标下的四面体

设四面体斜面 $P_1P_2P_3$ 上的应力矢量用 $\boldsymbol{T}$ 表示，而各坐标面上的应力分别以 $-\overset{1}{\boldsymbol{T}}$，$-\overset{2}{\boldsymbol{T}}$，$-\overset{3}{\boldsymbol{T}}$ 表示。再设以 dA 和 dA_1，dA_2，dA_3 分别表示四面体斜面和各坐标面的面积。于是由四面体平衡条件(体积力为高一阶的微量，略去)，可得

$$\boldsymbol{T}dA - \overset{i}{\boldsymbol{T}}dA_i = 0$$

四面体斜面面积矢量 $d\boldsymbol{A}$ 在三个坐标面面积矢量 $d\boldsymbol{A}_1$，$d\boldsymbol{A}_2$，$d\boldsymbol{A}_3$ 的方向 $\boldsymbol{g}^1$，$\boldsymbol{g}^2$，$\boldsymbol{g}^3$ 的投影为

$$d\boldsymbol{A} = da_i\boldsymbol{g}^i$$

其中

$$d\boldsymbol{A}_i = da_i\boldsymbol{g}^i$$

由此可见 da_i 实为 $d\boldsymbol{A}$ 的协变分量。于是面元 $d\boldsymbol{A}$ 面积的平方为

$$dA^2 = g^{ij}da_i da_j$$

由此可见逆变度量张量 g^{ij} 起着度量面积的作用。

由 $d\boldsymbol{A}_i = da_i\boldsymbol{g}^i$ 可得坐标面各面元矢量 $d\boldsymbol{A}_i$ 的物理分量，即各面元的面积 dA_i

$$dA_i = da_i\sqrt{g^{(ii)}}$$

注意到

$$d\boldsymbol{A} = dA\boldsymbol{N} = dAn_i\boldsymbol{g}^i$$

上式与 $d\boldsymbol{A}_i = da_i\boldsymbol{g}^i$ 比较，得

$$da_i = n_i dA$$

于是，可得

$$dA_i = n_i\sqrt{g^{(ii)}}dA$$

将它代入四面体平衡条件式，有

$$\boldsymbol{T} = n_i\sqrt{g^{(ii)}}\overset{i}{\boldsymbol{T}} = n_i\boldsymbol{\tau}^i$$

式中

$$\boldsymbol{\tau}^i = \sqrt{g^{(ii)}}\overset{i}{\boldsymbol{T}}$$

注意到单位外法线矢量 $\boldsymbol{N}$ 的协变分量为

$$n_i = \boldsymbol{N} \cdot \boldsymbol{g}_i$$

则有

$$\boldsymbol{T} = \boldsymbol{N} \cdot \boldsymbol{g}_i \boldsymbol{\tau}^i = \boldsymbol{N} \cdot \boldsymbol{\tau}$$

由于 $\boldsymbol{T}$ 和 $\boldsymbol{N}$ 均为一阶张量，故可知 $\boldsymbol{\tau}$ 为二阶张量，称为曲线坐标下的应力张量

$$\boldsymbol{\tau} = \boldsymbol{g}_i \boldsymbol{\tau}^i = \boldsymbol{\tau}^{ij} \boldsymbol{g}_i \boldsymbol{g}_j = \boldsymbol{\tau}^i_j \boldsymbol{g}_i \boldsymbol{g}^j = \boldsymbol{\tau}_{ij} \boldsymbol{g}^i \boldsymbol{g}^j$$

其中，$\boldsymbol{\tau}^{ij}$ 为应力张量的二阶逆变分量，它是法线为 $\boldsymbol{g}^i$ 的坐标面上沿 $\boldsymbol{g}_j$ 方向的应力张量分量，$\boldsymbol{\tau}^i_j$ 为应力张量的二阶混变分量，它是法线为 $\boldsymbol{g}^i$ 的坐标面上沿 $\boldsymbol{g}^j$ 方向的应力张量分量，而 τ_{ij} 为应力张量的二阶协变分量，它是法线为 $\boldsymbol{g}_i$ 的坐标面上沿 $\boldsymbol{g}^j$ 方向的应力张量分量，如下图所示。

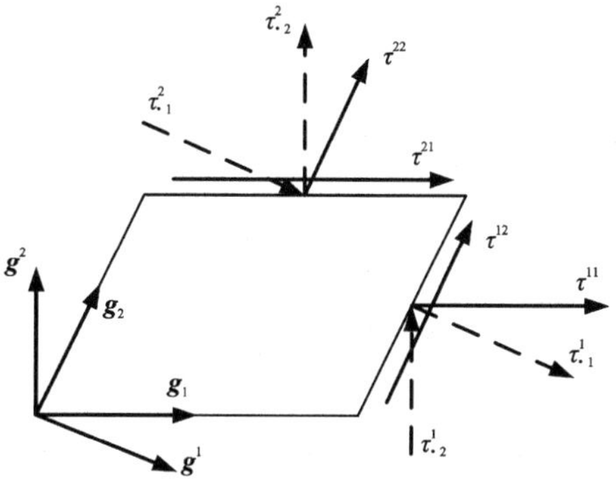

图　曲线坐标下的应力张量分量

由一阶张量展开式有

$$\boldsymbol{T} = T^j \boldsymbol{g}_j$$

同时也有

$$\boldsymbol{T} = \boldsymbol{N} \cdot \boldsymbol{\tau} = n_r \boldsymbol{g}^r \cdot \tau^{ij} \boldsymbol{g}_i \boldsymbol{g}_j = n_r \tau^{ij} (\boldsymbol{g}^r \cdot \boldsymbol{g}_i) \boldsymbol{g}_j = n_r \tau^{ij} \delta^r_i \boldsymbol{g}_j = n_i \tau^{ij} \boldsymbol{g}_j$$

比较上两式可得

$$T^j = \tau^{ij} n_i$$

这便是曲线坐标下 Cauchy 应力基本定理。式中 T^j 是外法线为 $\boldsymbol{N}$ 的面元上应力矢量 T 的逆变分量。

利用公式 $\boldsymbol{T} = n_i \tau^{ij} \boldsymbol{g}_j = n_i \tau^i{}_{\cdot j} \boldsymbol{g}^j$ 及其不变性，可以将其中的外法线矢量分量及协变与逆变基矢量分量均转换为物理分量，即

$$\boldsymbol{T} = \left(n_i \sqrt{g^{(ii)}}\right)\left(\tau^{ij}\sqrt{\frac{g_{(jj)}}{g^{(ii)}}}\right)\left(\frac{\boldsymbol{g}_j}{\sqrt{g_{(jj)}}}\right) = \left(n_i \sqrt{g^{(ii)}}\right)\left(\tau^i{}_{\cdot j}\sqrt{\frac{g^{(jj)}}{g^{(ii)}}}\right)\left(\frac{\boldsymbol{g}^j}{\sqrt{g^{(jj)}}}\right)$$

于是得到曲线坐标下 Cauchy 应力张量的物理分量，即

$$\sigma^{ij} = \tau^{ij}\sqrt{\frac{g_{(jj)}}{g^{(ii)}}}$$

及

$$\sigma^i{}_{\cdot j} = \tau^i{}_{\cdot j}\sqrt{\frac{g^{(jj)}}{g^{(ii)}}}$$

此时，σ^{ij} 和 $\sigma^i{}_{\cdot j}$ 具有应力的因次，同时也仅仅在正交曲线坐标下，σ^{ij} 和 $\sigma^i{}_{\cdot j}$ 才具有通常的

正应力和剪应力的意义，且有 $\sigma^{ij}=\sigma^{i}{}_{\cdot j}$。因为正交曲线坐标下有

$$g_{ij}=g^{ij}=0 \quad i\neq j$$

$$g^{(ii)}=\frac{1}{g_{(ii)}}$$

2.

证明：考虑一个区域 V，其被一个物质面 σ 分割为两部分 V_1 和 V_2，如下图所示。假设在运动过程中 σ 始终都是由同一质点集合构成，区域 V_1 的界面为 S_1 和 σ，区域 V_2 的界面为 S_2 和 σ。

由于动量守恒定律可知，对连续体内的任一部分成立，因此它也必然分别对 V_1 和 V_2 部分成立。设 $\boldsymbol{m}$ 表示 σ 的指向 V_2 内的单位法线矢量，则

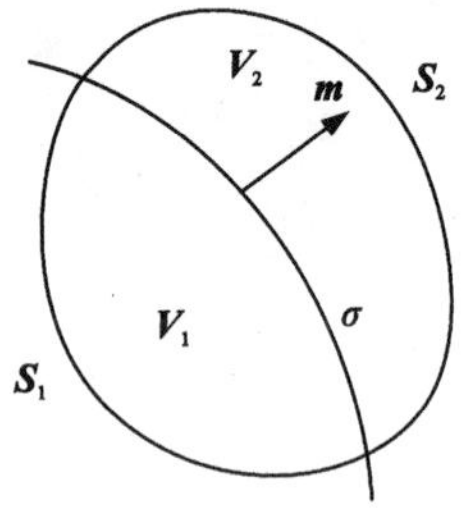

图　物质域分割为两个部分

$$\frac{D}{Dt}\int_{V_1}\rho\boldsymbol{v}\,\mathrm{d}V=\int_{V_1}\rho\boldsymbol{f}(\boldsymbol{x})\,\mathrm{d}V+\int_{S_1}\boldsymbol{T}(\boldsymbol{x},\boldsymbol{n})\,\mathrm{d}s+\int_{\sigma}\boldsymbol{T}(\boldsymbol{x},\boldsymbol{m})\,\mathrm{d}s$$

$$\frac{D}{Dt}\int_{V_2}\rho\boldsymbol{v}\,\mathrm{d}V=\int_{V_2}\rho\boldsymbol{f}(\boldsymbol{x})\,\mathrm{d}V+\int_{S_2}\boldsymbol{T}(\boldsymbol{x},\boldsymbol{n})\,\mathrm{d}s+\int_{\sigma}\boldsymbol{T}(\boldsymbol{x},-\boldsymbol{m})\,\mathrm{d}s$$

注意到 $S=S_1+S_2$，$V=V_1+V_2$。将上面二式相加，再减去动量定律式，即得

$$\int_{\sigma}[\boldsymbol{T}(\boldsymbol{x},\boldsymbol{m})-\boldsymbol{T}(\boldsymbol{x},-\boldsymbol{m})]\,\mathrm{d}s=0$$

该式对界面 σ 上任意小部分成立，即有

$$\boldsymbol{T}(\boldsymbol{x},-\boldsymbol{m})=-\boldsymbol{T}(\boldsymbol{x},\boldsymbol{m})$$

证毕。

3.

① $\boldsymbol{T}(\boldsymbol{n})=4\boldsymbol{i}-\frac{10}{3}\boldsymbol{j}$

② $\sigma_n=\frac{44}{9}$

4.

$$\sigma_0=\begin{bmatrix}8&0&0\\0&8&0\\0&0&8\end{bmatrix},\ S_{ij}=\begin{bmatrix}4&4&0\\4&1&-2\\0&-2&-5\end{bmatrix}$$

5.

$\sigma_{\mathrm{oct}}=50$；$\tau_{\mathrm{oct}}=20.41$

6.

$r_\sigma=14.9220\times10^5\ \mathrm{Pa}$，$\theta_\sigma=-25.9599°$

7.

$a=b=c=-\frac{1}{2}$

8.

$\sigma_1=4$，$\sigma_2=1$，$\sigma_3=-2$

$$\begin{cases} n_1^{(1)} = -\dfrac{2}{\sqrt{6}},\ n_2^{(1)} = -\dfrac{1}{\sqrt{6}},\ n_3^{(1)} = -\dfrac{1}{\sqrt{6}} \\ n_1^{(2)} = \dfrac{1}{\sqrt{3}},\ n_2^{(2)} = -\dfrac{1}{\sqrt{3}},\ n_3^{(2)} = -\dfrac{1}{\sqrt{3}} \\ n_1^{(3)} = 0,\ n_2^{(3)} = \dfrac{1}{\sqrt{2}},\ n_3^{(3)} = -\dfrac{1}{\sqrt{2}} \end{cases}$$

9.

主应力为 a，$-a$，$8a$

最大剪应力为 $\pm 4.5a$

主偏斜应力为 $-\dfrac{11}{3}a$，$-\dfrac{5}{3}a$，$\dfrac{16}{3}a$

第5章

7.

$(EAu')' - \mu\ddot{u} + F(x,t) = 0$

$x=0$，$N_0 = (EAu')_{x=0}$ 或 $\delta u(0,t)=0$

$x=L$，$N_L = (EAu')_{x=L}$ 或 $\delta u(L,t)=0$

其中，$F(x,t)$为沿杆轴线作用的分布载荷，$\mu(x)$为杆件单位长度质量，$u(x)$为杆轴线上任一点的轴向位移。

8.

①柱面坐标

$$\frac{\partial T_{rr}}{\partial r} + \frac{1}{r}\frac{\partial T_{\theta r}}{\partial \theta} + \frac{\partial T_{zr}}{\partial z} + \frac{T_{rr} - T_{\theta\theta}}{r} + \rho f_r = \rho a_r$$

$$\frac{\partial T_{r\theta}}{\partial r} + \frac{1}{r}\frac{\partial T_{\theta\theta}}{\partial \theta} + \frac{\partial T_{z\theta}}{\partial z} + \frac{T_{r\theta} - T_{\theta r}}{r} + \rho f_\theta = \rho a_\theta$$

$$\frac{\partial T_{rz}}{\partial r} + \frac{1}{r}\frac{\partial T_{\theta z}}{\partial \theta} + \frac{\partial T_{zz}}{\partial z} + \frac{T_{rz}}{r} + \rho f_z = \rho a_z$$

②球面坐标

$$\frac{\partial T_{rr}}{\partial r} + \frac{1}{r}\frac{\partial T_{\theta r}}{\partial \theta} + \frac{1}{r\sin\theta}\frac{\partial T_{\varphi r}}{\partial \varphi} + \frac{1}{r}(2T_{rr} + \cot\theta T_{\theta r} - T_{\theta\theta} - T_{\varphi\varphi}) + \rho f_r = \rho a_r$$

$$\frac{\partial T_{r\theta}}{\partial r} + \frac{1}{r}\frac{\partial T_{\theta\theta}}{\partial \theta} + \frac{1}{r\sin\theta}\frac{\partial T_{\varphi\theta}}{\partial \varphi} + \frac{1}{r}[2T_{r\theta} + T_{\theta r} + \cot(T_{\theta\theta} - T_{\varphi\varphi})] + \rho f_\theta = \rho a_\theta$$

$$\frac{\partial T_{r\varphi}}{\partial r} + \frac{1}{r}\frac{\partial T_{\theta\varphi}}{\partial \theta} + \frac{1}{r\sin\theta}\frac{\partial T_{\varphi\varphi}}{\partial \varphi} + \frac{1}{r}[2T_{r\varphi} + T_{\varphi r} + \cot\theta(T_{\theta\varphi} - T_{\varphi\theta})] + \rho f_\varphi = \rho a_\varphi$$

第6章

3.

证明：正交各向异性材料有三个正交的弹性对称面，取这三个对称面为笛卡尔坐标面。例如相对于 x_2x_3 坐标面来说，应变 $\boldsymbol{\varepsilon}$ 的象为 $\boldsymbol{R}_1\boldsymbol{\varepsilon}$，而应力 $\boldsymbol{\sigma}$ 的象为 $\boldsymbol{R}_1\boldsymbol{\sigma}$，于是由弹性胡克定律可得 $\boldsymbol{R}_1\boldsymbol{\sigma} = \boldsymbol{c}\boldsymbol{R}_1\boldsymbol{\varepsilon}$，其中

$$\boldsymbol{R}_1=\begin{bmatrix}1&0&0&0&0&0\\0&1&0&0&0&0\\0&0&1&0&0&0\\0&0&0&1&0&0\\0&0&0&0&-1&0\\0&0&0&0&0&-1\end{bmatrix}$$

将 $\boldsymbol{R}_1\boldsymbol{\sigma}=\boldsymbol{c}\boldsymbol{R}_1\boldsymbol{\varepsilon}$ 两边用 $\boldsymbol{R}_1$ 左乘，得 $\boldsymbol{\sigma}=\boldsymbol{R}_1\boldsymbol{c}\boldsymbol{R}_1\boldsymbol{\varepsilon}$，因此有 $\boldsymbol{c}=\boldsymbol{R}_1\boldsymbol{c}\boldsymbol{R}_1$。由此得：

$$c_{15}=c_{16}=c_{25}=c_{26}=c_{35}=c_{36}=c_{45}=c_{46}=0$$

同样，相对于 x_1x_3 坐标面来说，应变 $\boldsymbol{\varepsilon}$ 的象为 $\boldsymbol{R}_2\boldsymbol{\varepsilon}$，而应力 $\boldsymbol{\sigma}$ 的象为 $\boldsymbol{R}_2\boldsymbol{\sigma}$，于是由弹性胡克定律可得 $\boldsymbol{R}_2\boldsymbol{\sigma}=\boldsymbol{c}\boldsymbol{R}_2\boldsymbol{\varepsilon}$，其中

$$\boldsymbol{R}_2=\begin{bmatrix}1&0&0&0&0&0\\0&1&0&0&0&0\\0&0&1&0&0&0\\0&0&0&-1&0&0\\0&0&0&0&1&0\\0&0&0&0&0&-1\end{bmatrix}$$

将 $\boldsymbol{R}_2\boldsymbol{\sigma}=\boldsymbol{c}\boldsymbol{R}_2\boldsymbol{\varepsilon}$ 两边用 $\boldsymbol{R}_2$ 左乘，得 $\boldsymbol{\sigma}=\boldsymbol{R}_2\boldsymbol{c}\boldsymbol{R}_2\boldsymbol{\varepsilon}$，因此有 $\boldsymbol{c}=\boldsymbol{R}_2\boldsymbol{c}\boldsymbol{R}_2$。由此得：

$$c_{14}=c_{24}=c_{34}=c_{56}=0$$

另外还有一个相对于 x_1x_2 坐标面的对称性可得 $\boldsymbol{c}=\boldsymbol{R}_3\boldsymbol{c}\boldsymbol{R}_3$，其中

$$\boldsymbol{R}_3=\begin{bmatrix}1&0&0&0&0&0\\0&1&0&0&0&0\\0&0&1&0&0&0\\0&0&0&-1&0&0\\0&0&0&0&-1&0\\0&0&0&0&0&1\end{bmatrix}$$

这个条件没有给出新的为零的弹性系数的个数。

4.

$$w=\left(\frac{\lambda}{2}+\mu\right)I_{(1)}^2-2\mu I_{(2)}$$

5.

$$\sigma_{ii}=3\left(-p-\frac{2}{3}\alpha J_{(2)}\right)$$

其中 $J_{(2)}$ 为形变率张量 V_{ij} 的第二不变量。

8.

$$\left.\begin{aligned}\lambda_1&=\frac{c_{11}+c_{12}+c_{33}}{2}+\sqrt{\left(\frac{c_{11}+c_{12}-c_{33}}{2}\right)^2+2c_{13}^2}\\\lambda_2&=\frac{c_{11}+c_{12}+c_{33}}{2}-\sqrt{\left(\frac{c_{11}+c_{12}-c_{33}}{2}\right)^2+2c_{13}^2}\\\lambda_3&=\lambda_6=c_{11}-c_{12},\quad\lambda_4=\lambda_5=c_{44}\end{aligned}\right\}$$

9.

$\nu=\frac{\lambda}{2(\lambda+\mu)}$，$E=\frac{\mu(3\lambda+2\mu)}{\lambda+\mu}$

10.

$$u=\frac{1}{2}(C_{11}\varepsilon_{11}+2C_{12}\varepsilon_{22}+2C_{13}\varepsilon_{33})\varepsilon_{11}+\frac{1}{2}(C_{22}\varepsilon_{22}+2C_{23}\varepsilon_{33})\varepsilon_{22}+$$
$$C_{33}\varepsilon_{33}^2+C_{44}\varepsilon_{23}^2+C_{55}\varepsilon_{13}^2+C_{66}\varepsilon_{12}^2$$

第 7 章

4.

Tresca 准则：$\sigma_1-\sigma_3=200\ \text{MPa}>\sigma_s$，所以该点处于塑性状态；

Mises 准则：$\frac{1}{\sqrt{2}}\sqrt{(\sigma_1-\sigma_2)^2+(\sigma_2-\sigma_3)^2+(\sigma_3-\sigma_1)^2}=173\ \text{MPa}<\sigma_s$，所以该点处于弹性状态。

5.

Tresca 准则：$f=\sigma_1-\sigma_3-2k$，$\frac{\partial f}{\partial\sigma_{ij}}d\sigma_{ij}=-10<0$ ，所以是卸载；

Mises 准则：$f=(\sigma_1-\sigma_2)^2+(\sigma_2-\sigma_3)^2+(\sigma_3-\sigma_1)^2-6k$，$\frac{\partial f}{\partial\sigma_{ij}}d\sigma_{ij}<0$，卸载

6.

$$\sigma_1-\sigma_3=\frac{2}{\sqrt{3+\mu_\sigma^2}}\sigma_s$$

7.

Tresca 屈服准则的屈服曲线：$\sigma^2+4\tau^2=\sigma_s^2$

Mises 屈服准则的屈服曲线：$\sigma^2+3\tau^2=\sigma_s^2$

8.

$-1:1:0$

9.

①$\sigma_0=\frac{\sigma_s}{\sqrt{\nu^2-\nu+1}}$

②$\mathrm{d}\sigma_z=\frac{2-\nu}{1-2\nu}\mathrm{d}\sigma$　$\mathrm{d}\varepsilon_x^p=\frac{2(1-\nu+\nu^2)(2-\nu)}{(1-2\nu)^2E}\mathrm{d}\sigma$　$\mathrm{d}\varepsilon_y^p=-\frac{2(1-\nu+\nu^2)(2+\nu)}{(1-2\nu)^2E}\mathrm{d}\sigma$

10.

$$\frac{\mathrm{d}\tau}{\mathrm{d}\gamma}=\left[\frac{1}{G}+\frac{36\sqrt{3}}{E}\left(\frac{\tau}{\sigma_s}\right)^3\right]^{-1}$$

11.

①$\mathrm{d}\varepsilon_1^p:\mathrm{d}\varepsilon_2^p:\mathrm{d}\varepsilon_3^p=2:(-1):(-1)$

②$\mathrm{d}\varepsilon_1^p:\mathrm{d}\varepsilon_2^p:\mathrm{d}\varepsilon_3^p=1:0:(-1)$

第8章

1.

$$\varepsilon=\frac{\lambda}{E}\{[t+\tau_k(\mathrm{e}^{-\frac{t}{\tau_k}}-1)]H(t)-[(t-t_1)+\tau_k(\mathrm{e}^{\frac{t_1-t}{\tau_k}}-1)]H(t-t_1)\}$$

式中：$\tau_k=\frac{\eta}{E}$，$H(t)$，$H(t-t_1)$为阶跃函数。

当$t\to\infty$时，$\varepsilon=\frac{\lambda}{E}t_1=\frac{\sigma}{E}$。

2.

$$\ddot{\sigma}+\left(\frac{E_1}{\eta_2}+\frac{E_2}{\eta_2}+\frac{E_1}{\eta_1}\right)\dot{\sigma}+\frac{E_1E_2}{\eta_1\eta_2}\sigma=E_1\ddot{\varepsilon}+\frac{E_1E_2}{\eta_2}\dot{\varepsilon}$$

当$\eta_1\to\infty$时，上式变为：

$$\ddot{\sigma}+\left(\frac{E_1}{\eta_2}+\frac{E_2}{\eta_2}\right)\dot{\sigma}=E_1\ddot{\varepsilon}+\frac{E_1E_2}{\eta_2}\dot{\varepsilon}$$

3.

$t<2\tau_2$ 时，$\varepsilon=\sigma_0\left[\frac{1}{E_1}+\frac{1}{E_2}(1-\mathrm{e}^{\frac{t}{\tau_2}})\right]$

$t=2\tau_2$ 时，$\varepsilon=\frac{\sigma_0(1-\mathrm{e}^{-2})}{E_2}$

$t>2\tau_2$ 时，$\varepsilon=\frac{\sigma_0(\mathrm{e}^2-1)\mathrm{e}^{-\frac{t}{\tau_2}}}{E_2}$

4.

$$J(t)=\frac{1}{E_2}-\frac{E_1\mathrm{e}^{-\frac{E_2t}{(E_1+E_2)\tau_1}}}{E_2}(E_1+E_2)$$

$$E(t)=E_2+E_1\mathrm{e}^{-t/\tau_1}$$

5.

$$\sigma=\varepsilon_0(2\eta+Et-\eta\mathrm{e}^{-t/\tau})t_1$$

6.

求解提示：根据题设条件松弛模量函数，易知该线性黏弹性材料为 Maxwell 模型材料，其应力相应如下式所示。

$$\sigma(t)=\int_0^t E(t-\tau)\frac{\mathrm{d}\varepsilon}{\mathrm{d}\tau}\mathrm{d}\tau=\int_0^t E_0\mathrm{e}^{-\frac{t}{T_0}}H(t)\frac{\mathrm{d}\varepsilon}{\mathrm{d}T_0}\mathrm{d}T_0$$

式中：ε为应变历史函数函数，$H(t)$为阶跃函数，T_0为 Maxwell 模型的松弛时间。写出3种应变历史函数带入上式即可得到所求结果。

7.

$$\varepsilon_{11}=\frac{\sigma_0(3K+G)(1-\mathrm{e}^{-t/\tau})H(t)}{9KG}+\frac{\sigma_0\mathrm{e}^{-t/\tau}H(t)}{9K}$$

8.

$$\eta_1\dot{\sigma}+E_1\sigma=\eta_1\eta_2\ddot{\varepsilon}+(E_1\eta_1+E_2\eta_1+E_1\eta_2)\dot{\varepsilon}+E_1E_2\varepsilon$$

9.

$$\sigma_{rr}=\frac{3P_0}{2\pi}\left[\left(\frac{E}{3K+E}+\frac{3K}{3K+E}e^{-(3K+E)t/\eta}\right)\alpha(r,\ z)-\beta(r,\ z)\right]$$

10.

$$v=\frac{q}{4\eta}(R^2-r^2)-\frac{\tau_s}{\eta}(R-r)$$

其中：q 为压力梯度；τ_s 为屈服应力；η 为黏性系数。

12.

$$\sigma(t)=E\varepsilon_0 e^{-\frac{t}{\tau_m}}H(t)$$

13.

Kelvin 模型的本构方程是

$$\sigma=k\varepsilon+\eta\cdot\frac{d\varepsilon}{dt}=E\varepsilon+\eta\cdot\frac{d\varepsilon}{dt}$$

对 t 求导，并令$\frac{d\sigma}{dt}=0$ 有 $E\frac{d\varepsilon}{dt}+\eta\cdot\frac{d^2\sigma}{dt^2}=0$

其特征方程为：

$$\eta r^2+Er=0$$

其对应的特征根为：$r_1=0$，$r_1=-\frac{E}{\eta}$

通解为：$\varepsilon(t)=C_1+C_2e^{-\frac{E}{\eta}t}$

由初始条件，$t=0$，$\varepsilon=0$ 和$\left.\frac{d\varepsilon}{dt}\right|_{t=0}=\frac{\sigma}{\eta}$

得：$C_2=-\frac{\sigma}{E}$，$C_1=\frac{\sigma}{E}$

所以：$\varepsilon(t)=\frac{\sigma}{E}(1-e^{-\frac{E}{\eta}t})$

令 $\lambda=\frac{\eta}{E}$，表示黏度与弹性模量之比，则有：$\varepsilon(t)=\frac{\sigma}{E}(1-e^{-\frac{1}{\lambda}t})$

第 9 章

1.

弹性损伤、塑性损伤、疲劳损伤、蠕变损伤、腐蚀损伤、辐照损伤及剥落损伤等。

2.

工程材料中表征损伤的状态变量有：有效面积、弹性模量、材料密度、电阻及声波等。

第 10 章

3.

考虑热力学熵

$$ds=ds_e+ds_i$$

其中，熵的可逆部分为 $\mathrm{d}s_e = \dfrac{\mathrm{d}Q}{T_0}$。根据热力学第二定律，可知：系统总熵 $\mathrm{d}s \geqslant 0$。于是，熵的不可逆部分有 $\mathrm{d}s_i \geqslant 0$。

考虑单位体积物体，在不涉及内部热源的情况下，则上式可以用熵密度改写成

$$T_0\rho\dot{\eta} = -q_{i,i} + T_0\rho\dot{\eta}_i$$

由于 $\mathrm{d}\eta_i \geqslant 0$，因此系统需要保持 $\mathrm{d}\dot{\eta} \leqslant 0$，即它是维持稳定的热力学过程的必要条件。因此，我们假设系统熵密度速率的不可逆部分正比于总熵密度加速率的负值。即

$$\dot{\eta}_i = -\tau\ddot{\eta}$$

这里，比例系数 τ 仍为弛豫时间。合并上面二式，于是有

$$q_{i,i} = -T_0\rho(1 + \tau\nabla_t)\dot{\eta}$$

或

$$T_0\rho\tau\frac{\partial^2\eta}{\partial t^2} + T_0\rho\frac{\partial\eta}{\partial t} = -\nabla\cdot\boldsymbol{q}$$

这就是热场动力学方程。

类似弹性介质或电磁介质，热介质本构方程由如下的熵关系方程构成

$$\rho\eta = \nu(T - T_0)$$

其中，ν 为物体比热。

采用经典的傅里叶热传导方程

$$\boldsymbol{q} = -k\nabla T$$

它们就构成了连续介质系统的热动力学方程组，可以由此方程组导出得变形体中的热波方程为

$$T_0\nu\frac{\partial T}{\partial t} + T_0\tau\nu\frac{\partial^2 T}{\partial t^2} = k\nabla^2 T$$

或

$$\nabla_{tt}T + \frac{1}{\tau}\nabla_t T = s_2^2\nabla^2 T$$

其中，变形体中的热波波速为

$$s_2 = \sqrt{\frac{k}{T_0\nu\tau}}$$

参考文献

[1] Kachanov L M. Introduction to continuum damage mechanics[M]. The Dordrecht, Netherlands: Martinus Nijhoff Publishers, 1986.
[2] Lemaitre J. A course on damage mechanics[M]. New York: Spring - Verlag, 1992.
[3] Krajcinovic D. Damage mechanics[M]. North - Holland: Elsevier Science Publishers, 1996.
[4] Desai C S, Siriwardane H J. Constitutive law for engineering materials[M]. New Jersey: Prentice - Hall, Inc., 1984.
[5] Truesdell C. The elements of continuum mechanics[M]. New York: Springer - Verlag, 1966.
[6] Oden J T. Finite elements of nonlinear continua[M]. New York: McGraw - Hill, 1972.
[7] Eringen A C. Mechanics of continuum[M]. Huntington: Robert E. Krieger Pub. Co., 1980.
[8] 德冈辰雄. 理论连续介质力学入门[M]. 赵镇, 苗天德, 程昌钧, 译. 北京: 科学出版社, 1982.
[9] 刘新东, 郝际平. 连续介质损伤力学[M]. 北京: 国防工业出版社, 2011.
[10] 范镜泓, 高芝晖. 非线性连续介质力学基础[M]. 重庆: 重庆大学出版社, 1987.
[11] 黄筑平. 连续介质力学基础[M]. 北京: 高等教育出版社, 2012.
[12] 郑颖人, 沈珠江, 龚晓南. 岩土塑性力学原理[M]. 北京: 中国建筑工业出版社, 2002.
[13] 卓家寿, 黄丹. 工程材料的本构演绎[M]. 北京: 科学出版社, 2009.
[14] 张清, 杜静. 岩石力学基础[M]. 北京: 中国铁道出版社, 1997.
[15] 殷有泉. 岩石类材料塑性力学[M]. 北京: 北京大学出版社, 2014.
[16] 易顺民, 朱珍德. 裂隙岩体损伤力学导论[M]. 北京: 科学出版社, 2005.
[17] 刘艳, 赵成刚, 蔡国庆. 理性土力学与热力学[M]. 北京: 科学出版社, 2016.
[18] 罗汀, 姚仰平, 侯伟. 土的本构关系[M]. 北京: 人民交通出版社, 2010.
[19] 陈晓平, 杨光华, 杨雪强. 土的本构关系[M]. 北京: 中国水利水电出版社, 2011.
[20] 赵维炳, 施健勇. 软土固结与流变[M]. 南京: 河海大学出版社, 1996.
[21] 陈惠发, A F 萨里普. 混凝土和土的本构方程[M]. 北京: 中国建筑工业出版社, 2004.
[22] 郭少华. 多场耦合动力学[M]. 北京: 科学出版社, 2017.
[23] 郭少华. 混凝土破坏理论研究进展[J]. 力学进展, 1993, 23(4): 520 - 529.
[24] 郭少华. 各向异性广义塑性力学的规范空间理论[J]. 岩石力学与工程学报, 2005, 24(13): 2293 - 2297.
[25] Guo S H. An eigen theory of rheology for complex media[J]. Acta Mechanica, 2008, 198(3/4): 253 - 260.
[26] Guo S H. A thermodynamic theory of localized deformation based on the operator principle[J]. Acta Mechanica, 2012, 223(3): 541 - 547.